R 통계학 총서 ①

# R과 함께하는 통계학

배현웅 | 문호석 지음

KYOWOOSA 교우사

# 머리말

통계학은 자료를 처리하고, 분석하는 학문이다. 따라서 자료 처리를 위해서는 통계 패키지의 사용은 필수적이다. 일반적으로 많이 사용되고 있는 통계 패키지로는 SAS, SPSS, MINITAB, BMDP 등 여러 가지가 있다. 하지만 이러한 통계 패키지는 구입 비용이 비쌀뿐만 아니라 계속해서 사용함에 있어 유지비용이 많이 들고, 게다가 철저하게 패키지화 되어 있어서 사용자들이 사용함에 있어서 많은 불편이 따르고 있다. 이에 비해 프로그래밍 언어로 개발되었지만 통계 패키지로서의 기능을 갖추고 있으면서 구입 및 유지비용이 전혀 들지 않는 프로그램이 있다. 바로 R이다. R은 C나 JABA와 같은 전산 프로그램들처럼 문법이 복잡하고 어렵지 않아 쉽게 배울 수 있을 뿐만 아니라 인터넷에서 무료로 다운로드 받을 수 있다. 게다가 세계 각국의 연구자들이 개발한 각종 알고리즘을 R에 제공하고 있기 때문에 기존의 통계 패키지에서 사용할 수 없는 최신의 분석기법을 R을 통하여 획득할 수 있다. 이에 따라 최근 들어 R을 사용하는 사람들은 급증하고 있으며, 대학에서도 R을 이용한 통계학 강의가 점점 늘어나고 있는 추세이다. 이러한 시점에 통계학을 사용하는 사람들이 쉽게 R과 함께 통계학의 기본 개념을 배우면서 실습을 겸할 수 있는 책을 발간할 수 있게 되어 필자는 긍지와 자부심을 느끼게 된다.

이 책은 총 10개의 장으로 구성되어 있다. 제1장은 R에 대한 소개와 설치, 그리고 사용을 위한 기초 지식을, 제2장과 제3장에서는 자료를 정리하고 요약하는 방법을, 제4장에서는 표본의 추출과 관련된 내용을, 제5장에서는 확률에 대한 개념을, 제6장과 제7장은 추측통계학의 기초가 되는 확률분포와 표본분포에 대한 기초 이론을, 제8장부터 제10장까지는 추정과 검정문제를 다루고 있다.

본 책에서는 통계학의 기본적인 이론을 토대로 R 프로그램의 구현방법을 설명하기 위하여 각 장의 뒷부분에 R 실습을 배치하였다. 따라서 각 장에서 배운 통계이론을 기초로 실습부분에 있는 R 코드를 따라 하게 되면 자연적으로 R에 익숙해 질 것이다.

이 책이 나오기까지 도움을 주신 분들에게 감사드리고, 이 책의 출판을 흔쾌히 허락해 주신 교우사 오판근 사장님께 감사드린다.

화랑대에서

저자

# 차 례

## 3장 자료의 정리와 요약 / 51

## 4장 표본의 추출 / 113

## 5장 확 률 / 135



## 6장 확률분포 / 161

## 9장 통계적 검정 / 271

## 10장 두 집단의 비교 / 313

# 1장 R의 소개

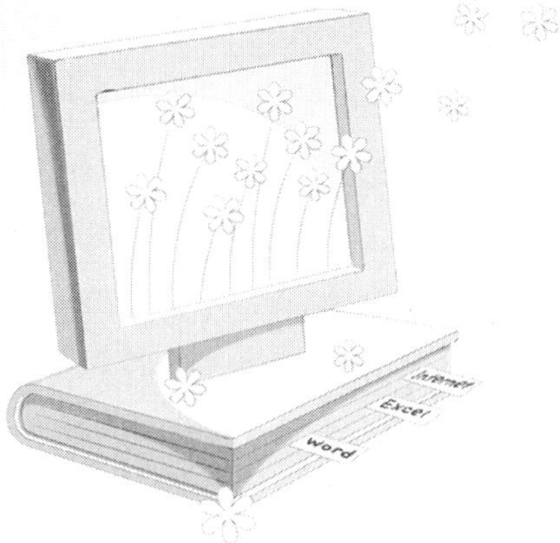

# 1.1 R이란?

R은 R. Becker, J. Chamber, A. Wilks 등이 S언어를 확장하여 개발한 하나의 프로그래밍 언어이다. 하지만 R은 기존의 프로그래밍 언어와는 달리 SAS, SPSS, Minitab 등과 같은 통계 패키지로서의 기능을 함께 갖추고 있으면서 구입 및 유지비용이 전혀 들지 않는다는 커다란 장점을 가지고 있다. 그리고 기존의 통계 패키지가 철저하게 패키지화되어 있어 사용자가 필요에 따라 프로그램을 자유롭게 조절할 수 없는 단점을 가지고 있는 반면에, R은 많은 함수들을 내장하고 있으며 또한 이 함수들을 적절히 조합하여 사용자가 자신의 요구에 맞게끔 새로운 함수를 직접 만들어 사용할 수 있다는 장점도 가지고 있다. 이러한 이유로 많은 학자들은 R 언어를 이용하여 자료분석을 위한 새로운 프로그램을 개발하고, 이를 패키지화하여 R에 포함시키고 있기 때문에 기존의 통계 패키지에서 사용할 수 없는 최신의 분석기법을 R에서 사용할 수 있다.

**TIP R의 특징과 장점**

(1) 사용료를 지불하지 않는 공개용 무료 통계 패키지이며, 프로그래밍 언어이다.
(2) 사용자의 요구에 맞추어 새로운 함수를 쉽게 생성할 수 있다.
(3) 최신 통계 기법에 의한 자료의 처리와 분석이 용이하다.
(4) "Help" 기능이 잘 갖추어 있으며, 예제를 따라하면서 쉽게 배울 수 있다.

## 1.1.1 R의 설치

R을 설치하기 위해서는 먼저, 인터넷의 주소창에서 "http://www.r-project.org"를 입력한 후 클릭을 하여야 한다. <그림 1.1>과 같은 R의 시작을 알리는 화면이 나타나면 왼쪽 메뉴 가운데에 있는 "Download" 아래의 "CRAN"을 클릭한다. <그림 1.2>는 R을 어디로부터 다운로드 받을 것인지를 선택하는 화면으로, 각 나라별로 R 서버가 있는 위

치를 알려준다. 우리나라는 서울대학교에 서버가 있기 때문에, 여기서는 "korea" 아래에 있는 사이트 "http://bibs.snu.ac.kr/R/"을 선택하여 클릭하면 된다.

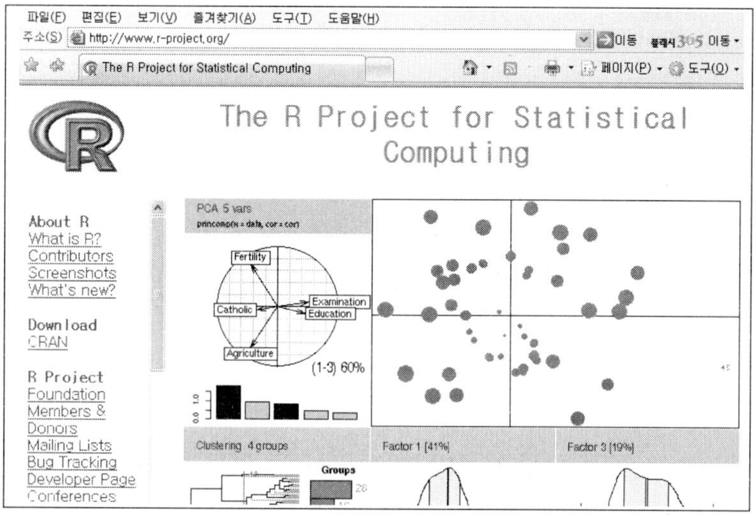


〈그림 1.1〉 R 인터넷 시작 화면

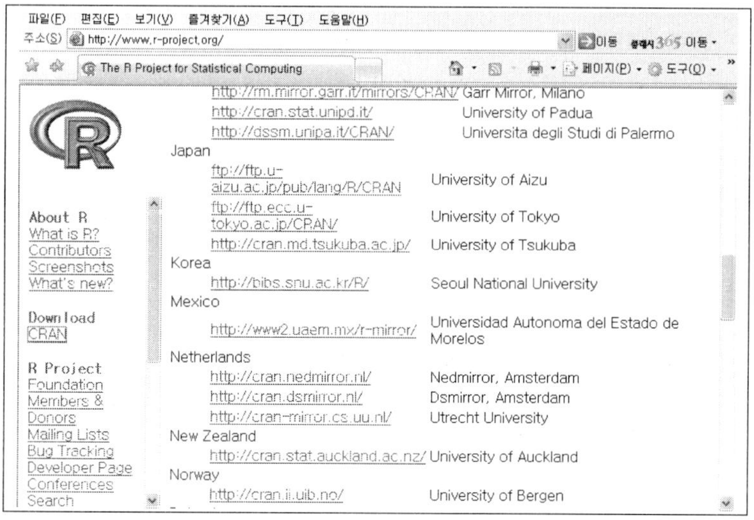


〈그림 1.2〉 다운로드 사이트 선택 화면

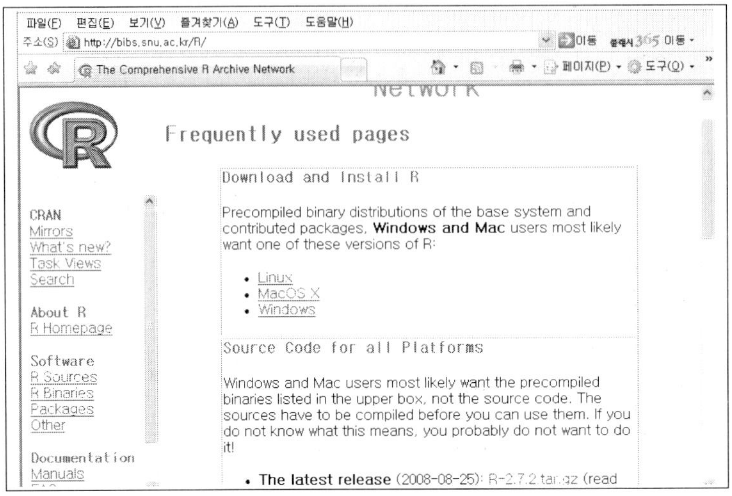


〈그림 1.3〉 운영시스템 선택 화면

<그림 1.3>과 같은 운영시스템 선택 화면이 나타나면 “Windows”를 선택하여 클릭한다(사용하는 운영시스템이 window가 아닐 경우, 해당되는 시스템을 선택하면 된다). <그림 1.4>와 같은 화면이 나타나면 “base”를 선택하여 클릭한다.

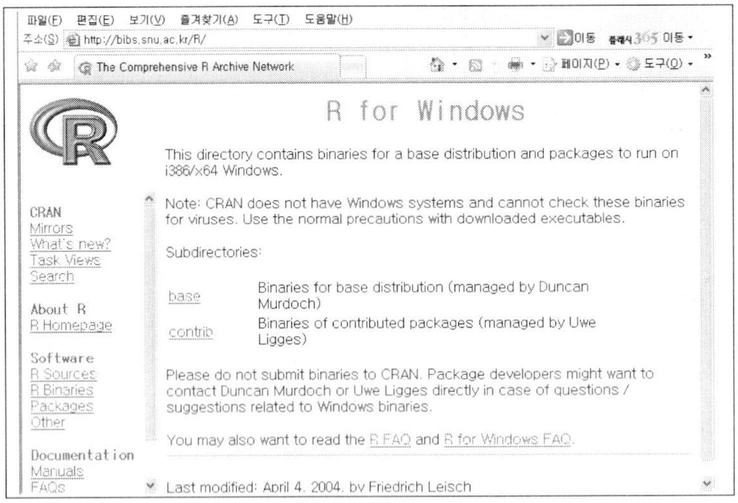


〈그림 1.4〉 base 선택 화면

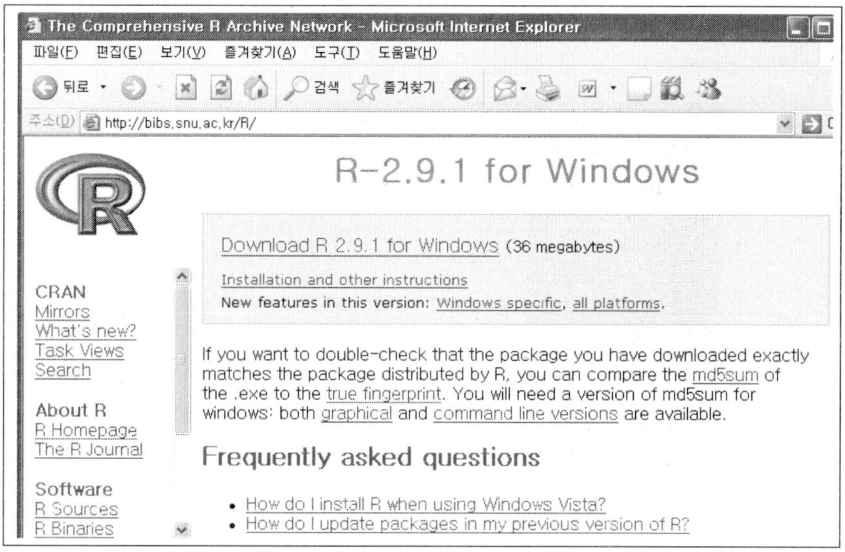


〈그림 1.5〉 실행파일 다운로드 화면

<그림 1.5>와 같은 화면이 나타나면, “Download R 2.91 for Windows”를 클릭한다(R은 계속해서 업데이트되기 때문에 독자들이 R을 다운로드할 때에는 <그림 1.5>의 화면보다 더 최근 버전이 출시되었을 것이다).

R을 다운로드 받은 후(직접 인터넷 상에서 실행을 시켜도 무방하다) 실행시키면, <그림 1.6>과 같은 화면이 나타나게 된다. 여기서 사용자가 원하는 언어 즉, “한국어”를 선택한 후에 “확인”을 클릭한다.

〈그림 1.6〉 설치과정 1

<그림 1.7>과 같은 설치 안내 화면이 나타나면 "다음"을 클릭한다.

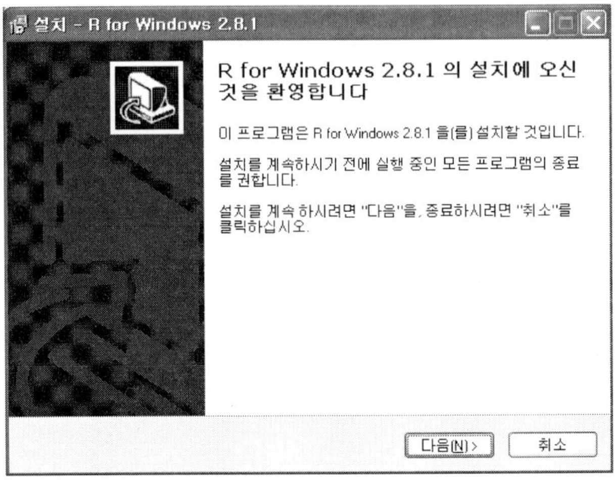


〈그림 1.7〉 설치과정 2

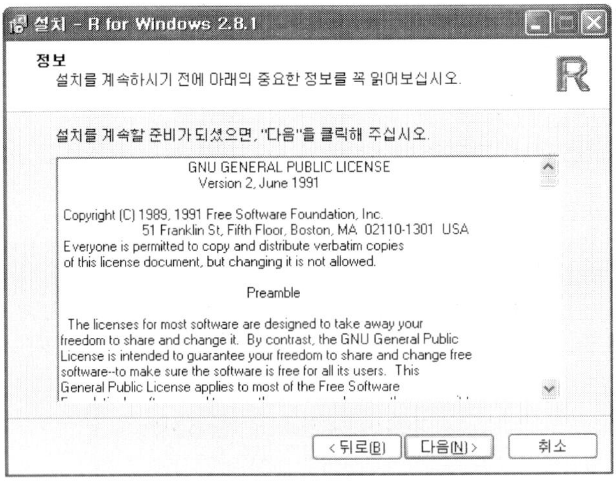


〈그림 1.8〉 설치과정 3

<그림 1.8>과 같은 정보 화면이 나타나면 "다음"을 클릭한다. <그림 1.9>와 같은 설치할 위치 선택 화면이 나타나면 특별히 설치하기를 원하는 위치가 있을 경우에는 지정하고, 그렇지 않으면 "다음"을 클릭한다.

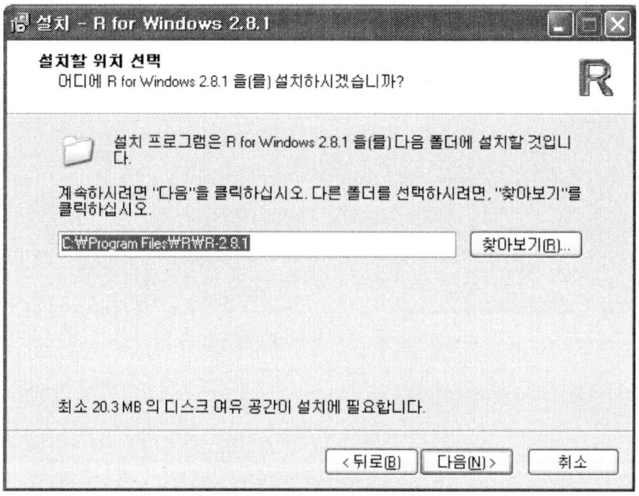


〈그림 1.9〉 설치과정 4

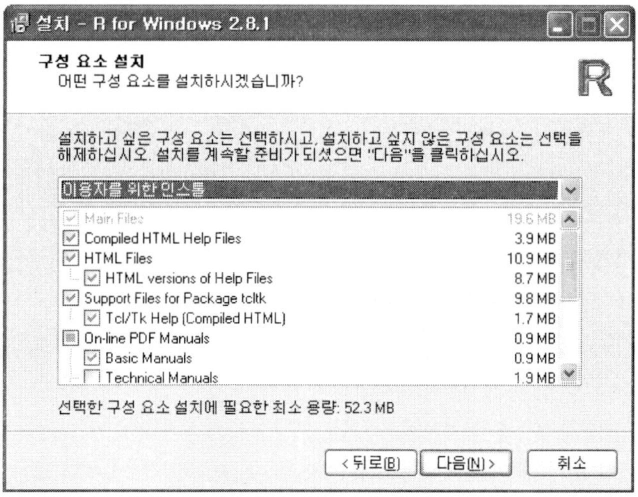


〈그림 1.10〉 설치과정 5

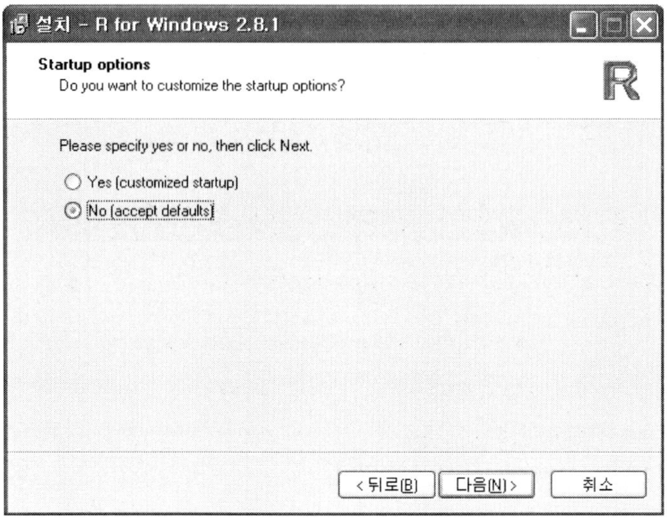


〈그림 1.11〉 설치과정 6

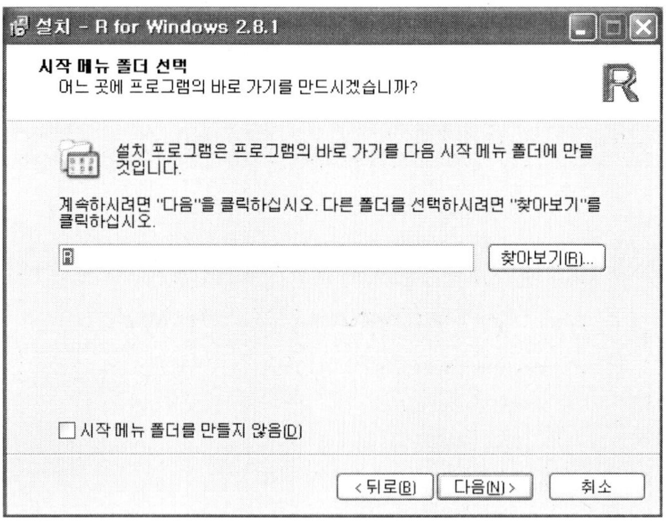


〈그림 1.12〉 설치과정 7

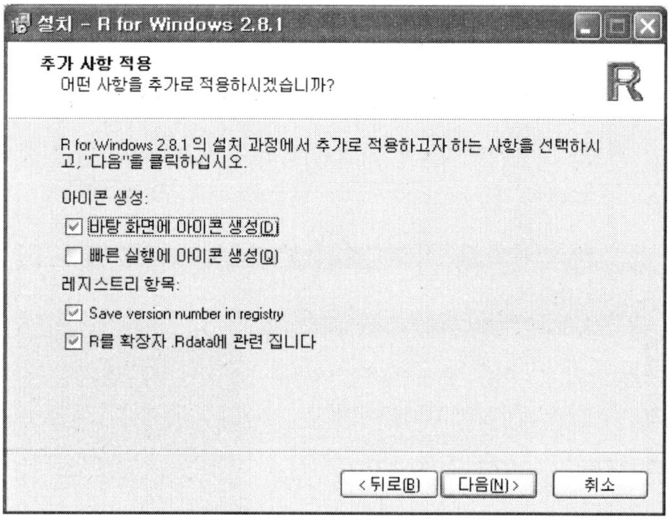


〈그림 1.13〉 설치과정 8

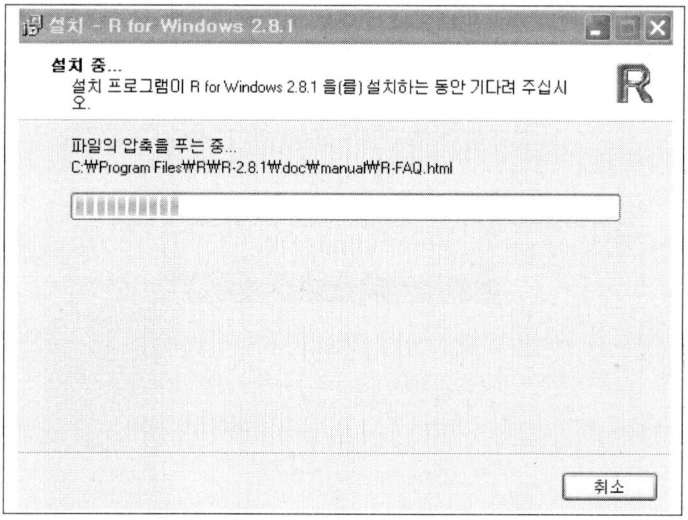


〈그림 1.14〉 설치과정 8

<그림 1.10>에서 <그림 1.14>까지 순서대로 따라하면 R 설치가 완료되고, 바탕화면에는 아이콘 R이 생성된다.

## 1.1.2 R의 실행

바탕화면에서 R을 클릭하면 <그림 1.15>와 같은 초기화면이 나타난다. 이때 화면 속에는 작성된 R 프로그램(R코드라 부르기도 함)이 실제 실행되는 "R Console"창이 함께 나타나게 된다.

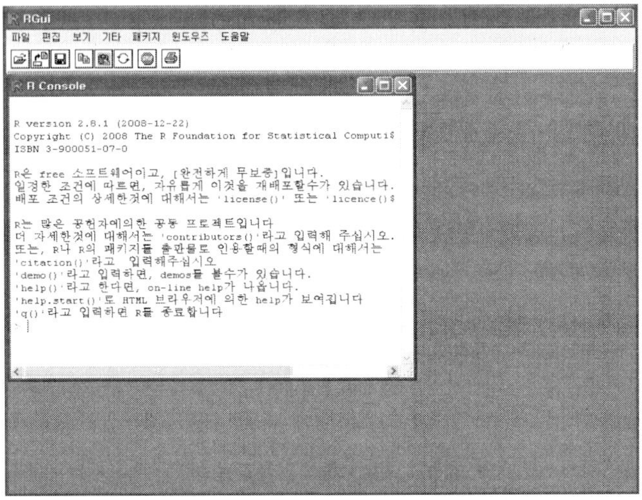


〈그림 1.15〉 R 실행 초기 화면

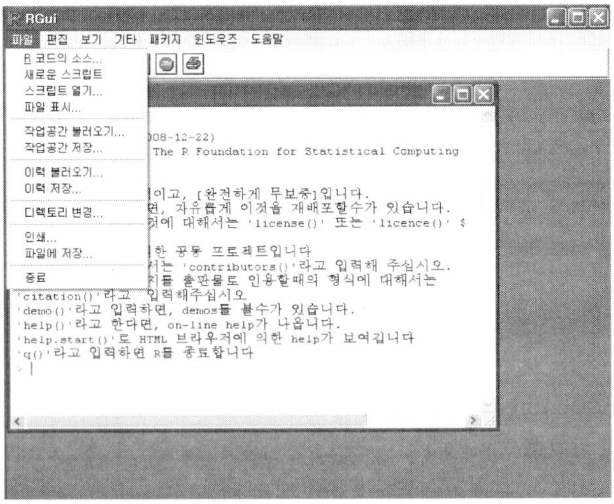


〈그림 1.16〉 파일 메뉴 화면

<그림 1.15>의 상단 메뉴 중에서 "파일"을 클릭하면 <그림 1.16>과 같이 하위 메뉴가 나타나며, 각 메뉴의 기능은 <표 1.1>에 설명되어 있다.

〈표 1.1〉 파일 메뉴의 기능

| 하위 메뉴 | 기 능 |
|---|---|
| R 코드의 소스… | 확장자가 ".R"인 R 소스 파일을 프로그램상에서 바로 실행시키고자 할 때 사용한다. |
| 새로운 스크립트 | 프로그램을 작성하고, 편집할 때 사용되는 창을 스크립트라고 부르며, 새로운 스크립트를 열고자 할 때 사용한다.[1)] |
| 스크립트 열기 | 이전 작업에서 사용한 후 저장되어 있는 스크립트를 불러들일 때 사용한다. |
| 파일 표시… | 선택된 파일의 위치를 나타내고자 할 때 사용한다. |
| 작업공간 불러오기 | 필요한 데이터가 이전 작업공간에 저장되어 있는 경우 해당 작업공간을 불러들일 때 사용한다. |
| 작업공간 저장… | 현재 사용중인 작업공간을 저장하고자 할 때 사용한다. |
| 이력 불러오기… | 이력이란 R console창에서 실행하기 위하여 입력하였던 R 프로그램을 줄 단위로 R이 기억하고 있는 것을 말하며, 화살표 "↑" 또는 "↓"를 이용하여 실행하였던 R 프로그램을 줄 단위로 불러들일 수 있다. 이력을 저장하지 않으면 작업이 종료됨과 동시에 자동적으로 사라지게 된다. 저장되어 있는 이력을 불러들일 때 사용한다. |
| 이력 저장… | 이력을 저장하고자 할 때 사용한다. |
| 디렉토리 변경 | 작업중인 디렉토리를 변경하거나 또는 새로운 폴더를 만들고자 할 때 사용한다. |
| 인쇄 | R console창의 내용을 인쇄하고자 할 때 사용한다. |
| 파일에 저장 | R console창의 내용을 텍스트 파일로 저장하고자 할 때 사용한다. |

1) R console창에서 프로그램의 실행은 한 줄 단위로만 이루어지지 때문에 프로그램을 작성하고 편집함에 있어서 불편하다. 따라서 필요한 프로그램을 스크립트 창에서 한꺼번에 작성한 후, 작성된 실행문 전체를 한꺼번에 R console창에 복사하여 실행시키는 것이 편리하다.

R에서 프로그램의 작성은 R console창 또는 스크립트창에서 할 수 있다. 하지만 R console창은 프로그램의 실행이 한 줄 단위로 이루어지는 창이기 때문에 여러 줄로 이루어진 프로그램일 경우 R console창을 이용하여 프로그램을 작성하는 것은 불편하다. 또한 R console창에서는 실행된 프로그램을 다시 불러들여 수정을 하는 것도 불편하도록 되어 있다. 반면에 스크립트창은 프로그램 편집만을 위한 창이기 때문에 프로그램을 새로 작성하거나 또는 작성되어 있는 프로그램을 수정하고 편집하는 것이 매우 용이하다. 이러한 이유로 프로그램 작성 시 R console창보다 스크립트창을 이용하는 것이 일반적인 경향이다. R 프로그램의 실행은 일반적으로 다음과 같은 단계를 거치게 된다.

| 단 계 | 내 용 |
|---|---|
| 1단계 | 메뉴 "파일"에서 하위 메뉴 "새로운 스크립트"를 클릭한다. 이미 저장되어 있는 스크립트를 필요로 할 경우 "스크립트 열기"를 통하여 불러오면 된다. |
| 2단계 | 스크립트창에서 R 프로그램을 작성 또는 수정한다. |
| 3단계 | 작성된 R 프로그램을 복사하여 R console창으로 옮겨 실행시킨다.<br>※ 스크립트창에서 작성된 프로그램의 실행법: 실행문을 복사하여 R console 창으로 옮겨도 되지만 보다 쉬운 방법은 실행문을 블록으로 지정한 후, "Ctrl+R" 키를 동시에 누르면 선택된 실행문은 자동적으로 R console창에서 실행된다. |
| 4단계 | 사용한 스크립트를 저장한다.<br>※ 저장 요령: 저장하고자 하는 스크립트가 활성화되어 있는 상태에서 메뉴의 "파일"에서 하위 메뉴 "저장"을 클릭하면 된다. |

# 1.2 R사용을 위한 기초 지식

이 절에서는 자료의 입력과 저장, 그리고 저장된 자료를 읽어 들이는 요령과 R의 주요 기능 등에 대하여 알아보도록 할 것이다.

## 1.2.1 자료의 입력

R에서의 자료는 기본적으로 벡터 또는 행렬 형태로 입력되어지며, 이때 입력되는 자료는 반드시 숫자 또는 문자 중 어느 한 가지로 통일되어야 한다. 그러나 통계 분석을 위한 자료는 숫자와 문자가 혼합되어 있는 경우가 대부분이며, 이러한 경우에는 데이터 프레임(data frame)이라는 일종의 행렬 형태로 자료를 입력하게 된다.

### (1) 벡터 형태

① 자료값이 숫자일 경우

자료를 벡터 형태로 만들어주기 위해서 R에서는 c 함수를 사용한다. 예를 들어, x라는 변수가 5개의 값 1, 2, 3, 4, 5를 가진다고 할 경우 R console창에서 아래와 같이 입력한 후 enter키를 누르면 된다. 그리고 입력된 값들을 화면에 나타나도록 하기 위해서는 x를 타이핑한 후 enter키를 누르면 된다. 출력결과에서 "[1]"은 x벡터의 첫 번째 값부터 화면에 표시되었다는 것을 의미한다.[2)]

변수 이름를 지정하지 않고 c 함수만을 사용하여 자료값들을 입력한 후 enter키를 누르게 되면 입력된 값들은 바로 화면에 나타나게 된다.

---

2) 만약 x가 특정한 하나의 값 예를 들어, 3을 나타낼 경우에는 c 함수를 사용하지 않고 x=3과 같이 입력하면 된다.

```
> x = c(1, 2, 3, 4, 5)
> x
 [1] 1 2 3 4 5
> c(1, 2, 3, 4, 5)
 [1] 1 2 3 4 5
```

벡터 형태인 두 자료를 하나로 결합하기 위해서는 다음과 같이 하면 된다.

```
> x = c(1, 2, 3, 4, 5)
> y = c(6, 7, 8, 9, 10)
> z = c(x, y)
> z
 [1] 1 2 3 4 5 6 7 8 9 10
```

연속해서 이어지는 수는 c 함수보다 seq 함수를 사용하는 것이 간편하다. 예를 들어 변수 x가 1부터 10까지의 정수값을 가질 경우 다음과 같이 하면 된다.

```
> x = seq(1, 10)
> x
 [1] 1 2 3 4 5 6 7 8 9 10
```

seq 함수 대신 x=1:10과 같이 해도 동일한 결과를 얻을 수 있다.

```
> x = 1:10
> x
 [1] 1 2 3 4 5 6 7 8 9 10
```

일정한 간격을 가진 숫자의 배열은 명령어 by를 이용하여 간단하게 나타낼 수 있다. 예를 들어, 1부터 10사이에서 2간격을 둔 값 1, 3, 5, 7, 9는 다음과 같이 하면 된다.

```
> x = seq(1, 10, by=2)
> x
  [1] 1 3 5 7 9
```

동일한 수를 반복하고자 할 경우에는 rep 함수를 사용한다. 예를 들어, 1을 5번 반복하고자 할 경우 rep(1, 5)와 같이 표현하면 된다. 그리고 여러 개의 값들이 반복될 경우에도 rep 함수를 사용하여 간단하게 나타낼 수 있다. 즉, {1, 2, 3}이 3번 반복될 경우 rep(1:3, 3)와 같이 표현하면 된다.

```
> rep(1, 5)
  [1] 1 1 1 1 1
> rep(1:3, 3)
  [1] 1 2 3 1 2 3 1 2 3
```

**예제 1.1** 변수 z가 {3, 5, 2, 1, 4, 9, 9, 9, 9, 9}의 값을 가질 때 c와 rep 함수를 사용하여 z가 출력되도록 R 코드를 작성하여라.

**풀이**

```
> x = c(3, 5, 2, 1, 4)
> y = rep(9, 5)
> z = c(x, y)
> z
[1] 3 5 2 1 4 9 9 9 9 9
```

❀

**예제 1.2** 자료값이 {1, 3, 5, 7, 9, 1, 3, 5, 7, 9}일 때 seq와 rep 함수를 사용하여 자료값이 출력되도록 R 코드를 작성하여라.

**풀이**
```
> rep(seq(1, 10, by=2), 2)
[1] 1 3 5 7 9 1 3 5 7 9
```
❀

자료가 벡터 형태일 때 특정한 값 또는 특정한 조건을 만족하는 값을 선택할 수 있으며, 이러한 경우에는 변수 이름 다음에 대괄호[ ]를 사용한다. 예를 들어, 벡터 x의 첫 번째 값을 선택하고자 할 경우에는 x[1], 첫 번째부터 네 번째 사이의 값 모두를 선택하고자 할 경우에는 x[1:4], 벡터 x에서 첫 번째 값만을 제외하고자 할 경우에는 x[-1]과 같이 하면 된다. 그리고 x[x>0]은 0보다 큰 x값만을 선택하라는 것을 의미한다.

```
> x = c(-2, -1, 0, 1, 2, 3)
> x[3]
  [1] 0
> x[2:4]
  [1] -1 0 1
> x[-1]
  [1] -1 0 1 2 3
> x[-c(1, 2, 6)]
  [1] 0 1 2
> x[x >0]
  [1] 1 2 3
```

**예제 1.3** −3에서 3까지 0.5의 간격으로 배열된 값들 중에서 양수인 값만을 선택하기 위한 R 코드를 작성하여라.

**풀이**
```
> x = seq(-3, 3, by=0.5)
> x[x>0]
[1] 0.5 1 1.5 2 2.5 3
```
❀

**예제 1.4** R 코드

score = c(74, 82, 77, 68, 90, 80, 65, 91, 56, 83)

에 대해서 아래 R 코드가 의미하는 바를 설명하여라.

(1) > score[1]; score[5]

(2) > score[1:4]

(3) > score[-1]

(4) > score[-c(1,3,5,7,9)]

(5) > score[score>85]

**풀이** (1) R 코드의 실행은 한 줄 단위로 이루어진다. 만약 두 개 이상의 실행문을 한 줄에 표시하여 함께 실행시키고자 할 경우에는 실행문과 실행문 사이에 세미콜론(;)을 사용하면 된다. 따라서 score[1]; score[5]는 첫 번째 실행에서는 첫 번째의 값을 선택하고, 두 번째 실행에서는 5번째의 값을 선택하라는 의미가 된다.

출력 결과 : [1] 74
[1] 90

(2) score[1:4]는 첫 번째부터 네 번째 값까지 선택하라는 의미이다.

출력 결과 : [1] 74 82 77 68

(3) score[-1]는 첫 번째 값을 제외한 나머지 값을 선택하라는 의미이다.

출력 결과 : [1] 82 77 68 90 80 65 91 56 83

(4) score[-c(1,3,5,7,9)]는 자료에서 1,3,5,7,9번째 값을 제외한 나머지 값을 선택하라는 의미이다.

출력 결과 : [1] 82 68 80 91 83

(5) score[score > 85]는 85보다 큰 값만 선택하라는 의미이다.

출력 결과 : [1] 90 91 ❀

R에서의 기본 연산은 연산자 +(덧셈), -(뺄셈), *(곱셈), /(나눗셈), ^(멱승) 등을 사용하여 이루어지며, 모든 연산은 벡터 연산 규칙에 따른다. 즉, 연산 순서에서 *은 +또는 -보다 우선하며, 덧셈과 뺄셈은 벡터의 크기가 동일할 경우에만 가능하다.

```
> x = c(1, 2, 3)
> y = c(4, 5, 6)
> z = c(7, 8)
> w = 2*x+y
  [1] 6 9 12
> v = x-z
Warning message:
In x - z : longer object length is not a multiple of shorter object length
```

② 자료값이 문자일 경우

자료값이 문자일 경우 " "의 사용을 기본으로 한다. 예를 들어 변수 x가 혈액형 A, B, AB, O을 나타낼 경우 "A", "B", "AB", "O"와 같이 입력하여야 한다.

```
> x = c("A", "B", "AB", "O")
> x
  [1] "A", "B", "AB", "O"
> y = c("RH+", "RH-")
  [1] "RH+", "RH-"
> z = c(x, y)
> z
  [1] "A", "B", "AB", "O", "RH+", "RH-"
> rep(c("M", "F"), c(2, 1))
  [1] "M", "M", "F"
```

### (2) 행렬(matrix) 형태

행렬 형태의 자료를 만들고자 할 경우에는 matrix 함수를 사용한다. 예를 들어 4개의 값 95, 85, 90, 80을 이용하여 2x2 행렬로 만들고자 할 경우, matrix(c(95, 85, 90, 80), nrow=2, byrow=F)와 같이 입력하면 된다.[3] 여기서 nrow=2는 행이 2개인 행렬을 만들라는 의미이고, byrow=F는 열을 기준으로 채워나가라는 의미이다. 행을 기준으로 채워나가고 싶을 경우에는 byrow=T라고 하면 된다. byrow 문장을 생략하게 되면 byrow=F와 동일한 결과가 나타나게 된다.

```
> x = matrix(c(95, 85, 90, 80), nrow=2, byrow=F)
> x
      [,1] [,2]
[1,]  95   90
[2,]  85   80
> y = matrix(c(95,85,90,80), nrow=2, byrow=T)
> y
      [,1] [,2]
[1,]  95   85
[2,]  90   80
```

행과 열에 이름을 지정할 경우에는 rownames 함수와 colnames 함수를 사용한다. 예를 들어 1행을 국어, 2행을 수학으로 지정할 경우에는 rownames(x)=c("국어", "수학"), 1열을 철수, 2열을 영희로 지정할 경우에는 colnames(x)=c("철수", "영희")와 같이 입력하면 된다.

3) F는 FALSE를, T는 TRUE를 의미한다.

```
> rownames(x) = c("국어", "수학")
> colnames(x) = c("철수", "영희")
> x
     철수  영희
국어   95    90
수학   85    80
```

**예제 1.5** 다음과 같은 행렬 형태의 자료를 만들기 위한 R 코드를 작성하여라.

| | x | y | z |
|---|---|---|---|
| a | 1 | 2 | 3 |
| b | 4 | 5 | 6 |
| c | 7 | 8 | 9 |

**풀이**

```
> A = matrix(1:9, nrow=3, byrow=T)
> rownames(A) = c("a", "b", "c")
> colnames(A) = c("x", "y", "z")
```

❀

벡터 형태의 경우와 마찬가지로 행렬 형태에서도 특정한 행이나 열 또는 특정한 원소를 선택할 수 있다. 예를 들어 1행만을 선택하고자 할 경우에는 x[1,], 2열만을 선택하고자 할 경우에는 x[,2], 1행, 1열의 원소를 선택하고자 할 경우에는 x[1,1]과 같이 하면 된다. 그리고 행과 열의 크기를 구하기 위해서는 함수 dim()을 사용하는데 이때 출력되는 두 값중 앞의 값은 행의 크기를 뒤의 값은 열의 크기를 각각 나타낸다. 행의 크기만을 출력하고자 할 경우에는 dim(x)[1], 열의 크기만을 출력하고자 할 경우에는 dim(x)[2]와 같이 입력하면 된다.

```
> x[1,]
  [1] 95 90
> x[,2]
  [1] 90 80
> dim(x)
  [1] 2 2
> dim(x)[1]
  [1] 2
```

행렬에 대한 연산은 일반적인 행렬 연산규칙을 따른다. 즉, 두 행렬의 합 또는 차를 계산할 경우 두 행렬의 크기는 같아야 하며, 두 행렬 A와 B를 곱할 경우 앞에서 곱해지는 행렬 A의 열의 크기와 뒤에서 곱해지는 행렬 B의 행의 크기는 같아야만 한다. 행렬의 곱셈은 일반 변수의 곱셈과 구별하기 위하여 연산자 %*%를 사용하며, 전치행렬을 구하기 위해서는 t 함수를 사용한다.

```
> A = matrix(1:4, nrow=2)
> B = matrix(1:2, ncol=1)
> C = matrix(5:8, nrow=2)
> A+C
      [,1] [,2]
 [1,]    6   10
 [2,]    8   12
> A%*%B
      [,1]
  [1,]  7
  [2,] 10
> t(A)
      [,1] [,2]
  [1,]   1    2
  [2,]   3    4
> B%*%A
  이하에 에러 y%*%x : 적절한 인수가 아닙니다.
```

**예제 1.6** 행렬 $A=\begin{bmatrix} 2 & -1 & 0 \\ 2 & 1 & 3 \end{bmatrix}$, $B=\begin{bmatrix} 2 & 3 & 1 \\ 1 & 2 & 3 \end{bmatrix}$, $C=\begin{bmatrix} 1 & -1 \\ 2 & 1 \end{bmatrix}$일 때 $A+B$, $CA$를 계산하기 위한 R 코드를 작성하여라.

**풀이**

```
> A=matrix(c(2, -1, 0, 2, 1, 3), nrow=2, byrow=T)
> B=matrix(c(2, 3, 1, 1, 2, 3), nrow=2, byrow=T)
> C=matrix(c(1, -1, 2, 1), nrow=2, byrow=T)
> A+B
     [,1] [,2] [,3]
[1,]    4    2    1
[2,]    3    3    6
> C%*%A
     [,1] [,2] [,3]
[1,]    0   -2   -3
[2,]    6   -1    3
```

❀

## (3) 데이터 프레임 형태

통계 분석을 위한 자료는 숫자는 물론 문자도 함께 포함되어 있는 경우가 대부분이며, 또한 각 변수에 대한 이름도 주어져 있다. 하지만 문자와 숫자가 혼합된 경우에는 앞에서 배운 벡터 또는 행렬 형태로 자료를 입력할 수 없다. 이러한 경우 R에서는 데이터 프레임(data frame)이라는 또다른 행렬 형태로 자료를 만들도록 요구하고 있다. 데이터 프레임 형태로 자료를 만들기 위해서는 data.frame 함수를 사용하며, 그 요령은 다음과 같다.

```
> a = c(10, 20, 30, 40)
> b = c("A", "B", "C", "D")
> data0 = data.frame(x=a, y=b)
> data0
     x   y
  1  10  A
  2  20  B
  3  30  C
  4  40  D
```

여기서 x와 y는 변수 이름을 각각 나타낸다. 데이터 프레임 data0에서 특정 변수의 값을 확인하고 싶을 경우에는 데이터 프레임 이름 data0 다음에 $ 기호, 변수 이름을 차례로 입력하면 된다. 예를 들어, 변수 x의 값을 알고 싶을 경우 data0$x라고 입력한 후 enter키를 누르면 된다.

```
> data0$x
  [1] 10 20 30 40
> data0$y
  [1] A B C D
> data0[1,]
     x   y
  1  10  A
> data0[,2]
    [1] A B C D
```

**예제 1.7** 다음과 같은 데이터 프레임(이름은 total)을 만들기 위한 R 코드를 작성하여라.

| | score | credit |
|---|---|---|
| 국어 | 78 | C |
| 영어 | 96 | A |
| 수학 | 77 | C |

**풀이**

```
> x = c(78, 96, 77)
> y = c("C", "A", "C")
> total = data.frame(score=x, credit=y)
> rownames(total) = c("국어", "영어", "수학")
> total
```

❀

### (4) 리스트 형태

R에서는 크기가 서로 다른 형태의 자료를 하나로 묶어 저장할 수 있으며, 이러한 경우에 사용되는 것이 list 함수이다. 예를 들어 어떤 학생이 세 번의 국어시험에서 92, 86, 77점을, 두 번의 영어시험에서 85, 91점, 네 번의 수학시험에서 98, 88, 82, 75점을 받았다고 하자. 이때 list 함수를 이용하면 세과목의 시험점수를 하나로 묶어 저장할 수 있다.

```
>x = c(92, 86, 77)
>y = c(85, 91)
>z = c(98, 88, 82, 75)
>score = list(국어 = x, 영어 = y, 수학 = z)
>score
  $국어
  [1] 92 86 77
  $영어
  [1] 85 91
  $수학
  [1] 98 88 82 75
>score$국어
  [1] 92 86 77
```

데이터 프레임과 리스트의 차이점은 데이터 프레임이 사각형 형태로 자료를 저장하는 구조라면, 리스트는 자료를 일렬로 연결하여 저장하는 구조라고 할 수 있다.

## 1.2.2 자료 읽어 들이기와 저장

### (1) 실행 디렉토리에 저장된 자료 읽어 들이기와 저장

R이 실행되고 있는 디렉토리에서 자료를 읽어 들이기 위해서는 파일이 .csv 또는 .txt 형식으로 저장되어 있어야만 한다. 예를 들어 R이 실행되고 있는 디렉토리에 data.csv란 이름으로 <그림 1.17>과 같은 자료가 저장되어 있다고 하자. 이때 파일 data.csv를 temp란 이름의 데이터 프레임으로 읽어 들이기 위해서 read.csv 함수를 사용하면 된다.

| | 나이 | 혈압 |
|---|---|---|
| 1 | 36 | 128 |
| 2 | 28 | 130 |
| 3 | 30 | 110 |

〈그림 1.17〉 파일 data.csv

```
> temp = read.csv("data.csv", header=T)
> temp
    나이 혈압
  1   36  128
  2   28  130
  3   30  110
> temp$나이
[1] 36 28 30
```

여기서 header=T는 저장되어 있는 자료의 첫 번째 행이 변수 이름으로 되어있다는 의미이며, 만약 첫 번째 행이 변수 이름이 아니라 자료값으로 되어 있다고 할 경우에는 header=F로 하면 된다. 확장자가 txt인 파일일 경우에는 read.table 함수를 사용하여야 하고, 나머지 과정은 read.csv 함수의 경우와 동일하다.

**예제 1.8** 다음과 같은 자료가 파일이름 test.txt로 R이 실행되고 있는 디렉토리에 저장되어 있을 경우 자료값을 읽어 들이기 위한 R 코드를 작성하여라.

| A | B | C |
|---|---|---|
| 71 | 84 | 68 |
| 87 | 63 | 77 |
| 57 | 73 | 74 |

**풀이**

```
> temp = read.table("test.txt", header=T)
> temp
```

❀

R이 실행되고 있는 디렉토리(폴더)에 파일을 저장하기 위해서는 write.csv 함수 또는 write.table 함수를 사용한다. 이때 파일의 확장자는 반드시 csv 또는 txt이어야 한다. 예를 들어, 데이터 프레임의 이름이 temp이고, 저장하고자 하는 파일 이름을 newdata.csv로 할 경우 다음과 같이 하면 된다.

```
> write.csv(temp, "newdata.csv")
```

txt 파일로 저장할 경우에는 write.table 함수를 사용한다는 차이 이외에 나머지는 csv 파일로 저장할 때와 동일하다.

### (2) 외부로부터 자료 읽어 들이기

R이 실행되고 있는 디렉토리가 아닌 외부로부터에서 자료를 읽어 들이기 위해서는

파일이 있는 경로를 지정해주면 된다. 단, 이때 파일은 확장자가 csv 또는 txt인 형식으로 저장되어 있어야 한다. 예를 들어 USB에 <표 1.2>와 같은 자료가 파일 이름 data.txt로 저장되어 있고, 이 파일을 디스크 E로부터 읽어 들인다고 하자.

〈표 1.2〉 파일 data.txt

| sex | edu | age | income | sex | edu | age | income |
|---|---|---|---|---|---|---|---|
| 남 | 고졸 | 21 | 85 | 남 | 대졸 | 35 | 170 |
| 남 | 대졸 | 33 | 150 | 여 | 대졸 | 26 | 120 |
| 남 | 중졸 | 28 | 120 | 여 | 대졸 | 32 | 150 |
| 여 | 고졸 | 30 | 100 | 남 | 고졸 | 35 | 180 |
| 여 | 대졸 | 38 | 150 | 남 | 중졸 | 40 | 150 |

이때 자료를 읽어 들이기 위해서 read.table 함수가 사용되고, 읽어들인 자료를 temp라는 이름으로 저장하기 위해서는 다음과 같이 입력하면 된다.

```
> temp = read.table("E:data.txt", header=T)
```

여기서 header=T는 첫 번째 행이 변수 이름으로 되어 있기 때문에 사용되었다. 이렇게 읽어들인 자료는 temp라는 데이터 프레임의 이름으로 존재하게 된다.

**예제 1.9** 위의 자료 temp에서 (1) 변수 sex의 값, (2) 1행, (3) 표본의 크기와 변수의 개수를 출력하기 위한 R 코드를 작성하여라.

**풀이**

```
> temp$sex
  [1] 남 남 남 여 여 남 여 여 남 남
  Levels: 남 여
> temp[1,]
      sex  edu   age  income
  [1] 남   고졸  21   85
> dim(temp)
  [1] 10  4
```

❀

디스크나 USB에 저장된 자료는 scan 함수를 이용하여 읽어 들일 수도 있다. 예를 들어 "E:\data.txt"에 다음과 같은 자료가 저장되어 있다고 하자.

```
71 84 68 75 91
87 63 77 81 98
57 73 74 85 50
62 66 78 65 75
89 94 93 86 61
```

이때 scan 함수를 이용하여 자료를 읽어 들이기 위해서는 다음과 같이 하면 된다.

```
> x = scan("E:data.txt")
 Read 25 items
> x
 [1] 71 84 68 75 91 87 63 77 81 98 57 73 74 85 50 62 66 78 65 75 89 94 93 86
 [25] 61
```

여기서 자료를 행렬 형태로 읽어 들이고자 할 경우에는 matrix 함수를 사용하여 다음과 같이 명령하면 된다.

```
> y = matrix(scan("E:data.txt"), nrows=5, byrow=T)
  Read 25 items
> y
         [,1] [,2] [,3] [,4] [,5]
    [1,]  71   84   68   75   91
    [2,]  87   63   77   81   98
    [3,]  57   73   74   85   50
    [4,]  62   66   78   65   75
    [5,]  89   94   93   86   61
```

**예제 1.10** 위에서 만들어진 행렬에서 행의 이름을 a, b, c, d, e, 열의 이름을 1, 2, 3, 4, 5로 부여하기 위한 R 코드를 작성하여라.

**풀이**

```
> rownames(y)=c("a", "b", "c", "d", "e")
> colnames(y)=c(1,2,3,4,5)
> y
   1  2  3  4  5
a 71 84 68 75 91
b 87 63 77 81 98
c 57 73 74 85 50
d 62 66 78 65 75
e 89 94 93 86 61
```

❀

위에서와 같이 행렬 형태로 만들어진 자료 y를 디스크 E에 있는 USB에 다시 저장하려면 write 함수를 사용하여 다음과 같이 명령하면 된다.

```
> write.table(y, "E:y.txt")
```

이때 USB에 저장된 파일 y.txt를 메모장을 이용하여 확인해 보면 행과 열의 순서가 바뀌어 있다는 것을 알 수 있을 것이다. 이를 해결하기 위해서는 저장 시 y 대신 y의 전치행렬 t(y)를 사용하여 write.table(t(y), "E:y.txt")와 같이 명령하면 된다.

### 1.2.3 자료의 편집

#### (1) 자료의 분할

R에서도 다른 통계 패키지처럼 지정된 변수값에 대하여 자료를 분할하여 새로운 자료를 만들 수 있다. 예를 들어 <표 1.2>의 자료에서 여자들만을 선택하여 female이라는 데이터 프레임으로 만들고자 할 경우에는 다음과 같이 하면 된다.

```
> female=temp[temp$sex=="여",]
> female
   sex  edu  age  income
4  여  고졸  30    100
5  여  대졸  38    150
7  여  대졸  26    120
8  여  대졸  32    150
```

**예제 1.11** temp에서 age가 30세 미만인 사람들만을 선택하여 young이라는 데이터 프레임으로 만들기를 위한 R 코드를 작성하여라.

**풀이**

```
> young=temp[temp$age<30 ,]
> young
   sex  edu  age  income
1  남  고졸  21     85
3  남  중졸  28    120
7  여  대졸  26    120
```

❀

#### (2) 자료의 덧붙이기

두개의 자료를 가로로 덧붙인다던지 또는 세로로 덧붙이고자 할 경우에는 rbind 함수 또는 cbind 함수를 사용한다.[4] 그리고 덧붙인 자료의 행과 열에 이름을 부여하기 위해서는 rownames 함수와 colnames 함수를 사용하면 된다.

```
> x = c(80, 75, 90)
> y = c(76, 92, 86)
> xy = cbind(x, y)
> xy
      x  y
[1,] 80 76
[2,] 75 92
[3,] 90 86
> rownames(xy) = c("국어", "영어", "수학")
> colnames(xy) = c("x", "y")
> xy
      x  y
국어  80 76
영어  75 92
수학  90 86
```

**예제 1.12** 위의 예에서 x와 y의 과학 점수가 각각 95점, 92점이라고 할 때 이를 수학 점수 아래에 추가하기 위한 R 코드를 작성하여라.

**풀이**

```
> z = c(95, 92)
> total = rbind(xy, z)
> rownames(total)[4] = c("과학")
> total
```

4) cbind는 column binding을, rbind는 row binding을 의미한다.

| | x | y |
|---|---|---|
| 국어 | 80 | 76 |
| 영어 | 75 | 92 |
| 수학 | 90 | 86 |
| 과학 | 95 | 92 |

❀

**예제 1.13** 자료 A와 B가 다음과 같을 때 두 자료를 세로로 덧붙이기 위한 R 코드를 작성하여라.

$$A : \begin{array}{c} \\ x \\ y \end{array} \begin{array}{c} \begin{array}{ccc} 1 & 2 & 3 \end{array} \\ \begin{bmatrix} 85 & 76 & 92 \\ 66 & 85 & 96 \end{bmatrix} \end{array} \qquad B : \begin{array}{c} \\ w \\ z \end{array} \begin{array}{c} \begin{array}{ccc} 1 & 2 & 3 \end{array} \\ \begin{bmatrix} 80 & 96 & 92 \\ 76 & 89 & 85 \end{bmatrix} \end{array}$$

**풀이**

```
> x = c(85, 76, 92)
> y = c(66, 85, 96)
> A = rbind(x, y)
> w = c(80, 96, 92)
> z = c(76, 89, 85)
> B = rbind(w, z)
> AB = rbind(A, B)
> AB
  [,1] [,2] [,3]
x   80   76   92
y   66   85   96
w   80   96   92
z   76   89   85
```

❀

### 1.2.4 사용자 함수 만들기

프로그램 작성 시 함수가 필요한 경우 R에서 제공하는 함수를 이용할 수도 있지만 사용자가 자신의 요구에 맞게끔 함수를 직접 만들어서 사용할 수도 있다. 이처럼 사용자에 의해서 만들어진 함수를 사용자 함수라고 부른다. 특정한 형태의 함수를 만들기 위한 프로그램 작성 시 그 실행을 부분적으로 통제하기 위하여 제어문이 많이 사용되고 있으며, 그 중 조건 제어문 if와 반복 제어문 for 또는 while 등이 많이 사용되고 있다. 여기서는 이러한 제어문에 대하여 먼저 알아본 뒤, 사용자 함수를 만드는 방법에 대해서 설명하도록 하겠다.

#### (1) 조건 제어문: if

조건이 참일 때와 거짓일 때에 따라 다르게 프로그램이 실행되도록 하고자 할 때 사용하는 제어문이 조건 제어문이다. 대표적인 조건문으로는 if문이 있으며 그 기본 형태는 <그림 1.18>에 주어져 있다.

| if else 문 | if else if else 문 |
|---|---|
| if(조건){<br>… 실행문<br>}else{<br>… 실행문<br>} | if(조건1){<br>… 실행문<br>}else if(조건2){<br>… 실행문<br>}else{<br>… 실행문<br>} |

〈그림 1.18〉 if 문의 형태

<그림 1.18>의 “if else문”은 if문 다음에 주어진 괄호( )안의 조건에 맞으면 그 다음에 나오는 중괄호 { }에서 주어진 문장을 실행하고, 괄호( )안의 조건에 맞지 않으면 else 다음의 중괄호 { }에서 주어진 문장을 실행한다. 조건이 여러 개일 때는 “if else if else문” 형태로 문장을 실행한다. 조건 제어문을 이용하여 프로그램을 작성할 때 사용되는 연산자를 관계 연산자라고 하며, 그 종류는 <표 1.3>에 주어져 있다.

〈표 1.3〉 관계 연산자와 그 의미

| 관계 연산자 | 의미 | 관계 연산자 | 의미 |
|---|---|---|---|
| A == B | A와 B가 같다 | A >= B | A가 B보다 크거나 같다 |
| A != B | A와 B가 같지 않다 | A < B | A가 B보다 작다 |
| ! A | A가 아니다 | A <= B | A가 B보다 작거나 같다 |
| A > B | A가 B보다 크다 | | |

**예제 1.14** x의 값이 25보다 클 때 “x is greater than 25”가 출력되고, 25보다 작을 때에는 “x is less than 25”가 출력되도록 R 코드를 작성하여라. 참고적으로, print 함수는 print 함수에서 주어진 내용을 그대로 출력해주고자 할 때 사용된다.

**풀이**

```
> x=30
> if(x>25){
+ print(“x is greater than 25”)
+ } else {
+ print(“x is less than 25”)
+ }
[1] “x is greater than 25”
```

❀

**예제 1.15** 예제 1.14)에서 x의 값이 25보다 클 때 "x is greater than 25"가 출력되고, 15보다 작을 때 "x is less than 15", 그 이외에는 "x is between 25 and 15"가 출력되도록 R 코드를 작성하여라.

**풀이**

```
> x=30
> if(x>25){
+ print("x is greater than 25")
+ } else if(x<15) {
+ print("x is less than 15")
+} else {
+ print("x is between 25 and 15")
+ }
[1] "x is greater than 25"
```

❀

### (2) 반복 제어문: for, while

반복 제어문은 동일한 내용을 반복적으로 수행할 때 또는 일정한 규칙이 있는 일이 여러 번 수행될 때 사용되는 제어문이다. 일반적으로 많이 사용되는 반복 제어문으로는 for문과 while문 등이 있다.

| for 문 | while 문 |
|---|---|
| for(index in 반복 조건){<br>… 실행문<br>} | while(조건){<br>… 실행문<br>} |

〈그림 1.19〉 반복 제어문의 형태

<그림 1.19>에서 for문 index로는 임의의 변수를 사용하면 된다. index가 반복 조건 안에 있을 동안에 괄호{ } 안의 문장들을 실행하게 되며, while문에서는 조건이 참일 동안 괄호 { } 안의 문장들을 실행하게 된다.

**예제 1.16** x={1, 5, 3, 4, 1, 3, 4, 3, 2, 3}일 때 x에 포함되어 있는 3의 개수를 출력하기 위한 R 코드를 작성하여라.

**풀이**

```
> x = c(1, 5, 3, 4, 1, 3, 4, 3, 2, 3)
> count = 0
> for(i in 1:length(x)){
+ if(x[i] == 3) count = count + 1
+}
>print("x 안의 3의 개수는?")
[1] "x 안의 3의 개수는?"
>print(count)
[1] 4
```

for문에서는 index로 i를 사용했고, i는 1부터 x에 포함되어 있는 값의 개수만큼 x의 값을 읽어들이되 만약 x의 값이 3이면 1씩 더해지도록 if문에서 명령하고 있다. 여기서 length 함수는 벡터 x의 길이를 출력해 준다.

반복문을 쓰지 않고 다음과 같이 작성하여도 동일한 결과를 얻을 수 있다. 이때 x3 = x[x==3]은 x의 값들 중에서 3인 값만을 x3에 포함시키라는 의미이다.

```
> x = c(1, 5, 3, 4, 1, 3, 4, 3, 2, 3)
> x3 = x[x == 3]
> length(x3)
 [1] 4
```

❀

**예제 1.17** 예제 1.16에서 while 문을 사용하여 R 코드를 작성하여라.

**풀이**

```
> x = c(1, 5, 3, 4, 1, 3, 4, 3, 2, 3)
> count = 0
> i = 1
> while(i <= length(x)){
+   if(x[i] == 3){count = count + 1}
+   i = i + 1
+}
>print("x에 포함된 3의 개수는?")
 [1] "x에 포함된 3의 개수는?"
>print(count)
 [1] 4
```

❀

### (3) 사용자 함수 만들기

사용자 함수를 만드는 형식은 아래와 같으며, 여기서 "함수명"은 만들고자 하는 함수의 이름을, "수행 과정"은 사용자의 요구 조건에 맞도록 입력값이 수행되기 위한 프로그램을, return 함수는 수행 과정을 거친 결과가 출력되도록 명령할 때 사용된다. 그리고 수행 과정이 시작되기 전과 return 함수 뒤에는 반드시 중괄호 { }로 묶어주어야 한다.

```
함수명 = function(변수){
          수행 과정 ....
  return(값)
}
```

사용자 함수의 예로서 절대값을 출력하는 함수를 만들어 보도록 하자. 먼저 절대값을 출력하는 함수명을 absolute로 할 경우, absolute=function(x)와 같이 입력한 후 중괄호 { 로서 처리 과정이 시작됨을 알린다. 그런 후에 if 조건문을 사용하여 입력되는 값이 양수이면 그대로 출력하고, 그렇지 않으면 −를 곱하여 출력하도록 프로그램을 작성한다. 마지막으로 return 함수를 입력한 후 중괄호 }로서 사용자 함수의 작성이 끝났다는 것을 알리면 된다. 예를 들어, −10의 절대값을 구하고자 할 경우 "absolute(−10)"과 같이 함수명을 쓰고 괄호안에 값을 입력하면 된다.

```
> absolute = function(x){
 + if(x >= 0) y = x
 + else y = -x
 + return(y)
 + }
 > absolute(-10)
   [1] 10
```

**예제 1.18** 1에서 10까지의 정수를 모두 더하는 함수를 for문을 사용하여 작성하여라. (단, 함수명은 summation으로 할 것.)

**풀이**

```
> summation = function(x)
+ {
+ result = 0
+ for(i in 1:length(x)) result = result + x[i]
+ return(result)
+ }
> y = 1:10
> summation(y)
  [1] 55
```

**예제 1.19** 예제 1.18)에서 만든 summation 함수와 동일한 기능을 수행하는 함수를 while문을 사용하여 작성하여라. (단, 함수명은 newsum으로 할 것.)

**풀이**

```
> newsum = function(x)
+ {
+ i = 1
+ result = 0
+ while(i <= length(x))
+ { result = result + x[i]
+ i = i+1 }
+ return(result)
+ }
> y = 1:10
> newsum(y)
[1] 55
```

❀

## 1.2.5 R의 추가적인 기능

### (1) 계산기 기능

R은 일반적인 연산과 제곱근, 삼각함수 등의 값을 간편하게 계산할 수 있도록 해주는 기능을 가지고 있으며, 사용하는 요령은 다음 예제를 참고하기 바란다.

**예제 1.20** 연산자 사용 예

풀이

| 용 도 | 함수명 | 예 제 | 결 과 |
|---|---|---|---|
| 덧셈 | + | 5+5 | 10 |
| 뺄셈 | − | 5-4 | 1 |
| 곱셈 | * | 5*3 | 15 |
| 나눗셈 | / | 4/2 | 2 |
| 자승 | ^ | 6^2 | 36 |

❀

**예제 1.21** 함수 사용 예

풀이

| 용 도 | 함수명 | 예 제 | 결 과 |
|---|---|---|---|
| 제곱근 계산 | sqrt | sqrt(2) | 1.414214 |
| 삼각함수 | cos, sin, tan | cos(0) | 1 |
| 지수함수 | exp | exp(1) | 2.718282 |
| 자연로그함수 | log | log(10) | 2.302585 |
| 밑수지정 로그함수 | log | log(10, base=10) | 1 |
| 소수점 개수 결정함수 | round | round(2.345, 2) | 2.35 |

❀

### (2) 주석 및 help 기능

주석은 프로그램의 실행과는 전혀 상관없는 비실행문장으로서, 프로그램의 작성 목적이라든지 또는 작성한 코드에 대한 설명을 하고자할 때 사용한다. R에서는 부호 "#" 다음에 나오는 내용은 주석으로 간주하여 프로그램에서 실행되지 않는다.

```
> data[1,] # 첫 번째 행을 나타냄
  [1] 1 2 3
> x = 1:10 # x=c(1:10)과 동일한 결과를 출력함
  [1] 1 2 3 4 5 6 7 8 9 10
```

R에서 help 기능은 2가지 방법 즉, ? 또는 help 중 어느 한 가지를 택하여 이용하면 된다. 예를 들어 plot에 대해서 알고자 할 경우 ?plot 또는 help(plot)와 같이 입력하면 plot에 대한 도움말이 새로운 화면에 출력된다.

```
> ?plot
> help(plot)
```

### (3) 패키지를 이용하는 기능

R이 가지고 있는 커다란 장점중의 하나는 많은 연구자들이 개발한 알고리즘을 자유롭게 사용할 수 있다는 것이다. 실제로 많은 학자들이 R 언어를 이용하여 자료 분석을 위한 새로운 프로그램을 개발하고, 이를 패키지화하여 R에 포함시키고 있기 때문에 기존의 패키지에서 사용할 수 없는 최신의 기법을 R에서는 사용할 수 있다. 여기서는 R에서 제공되는 패키지의 사용 요령에 대해서 간단히 설명하도록 하겠다.

예를 들어 점도표를 그린다고 하자. 이때 점도표(도트플롯)는 dotplot 함수를 이용하는데 이 함수는 R에서 기본적으로 제공하고 있는 함수가 아니라 “lattice”라는 패키지에 정의되어 있는 함수이다. 그러므로 dotplot 함수를 사용하기 위해서는 먼저 “lattice”라는 패키지를 설치해야 한다. 패키지를 설치하는 요령은 다음과 같다. 먼저 <그림 1.20>에서와 같이 메뉴 “패키지”에서 “패키지 인스톨”을 선택한 후, <그림 1.21>과 같이 다운로드 할 국가를 선택하라는 화면에서 “korea”를 선택하면 패키지 종류 화면이 그림 <1.22>와 같이 나타난다. 여기서 원하는 패키지 “lattice”를 선택하면 설치가 완료된다.

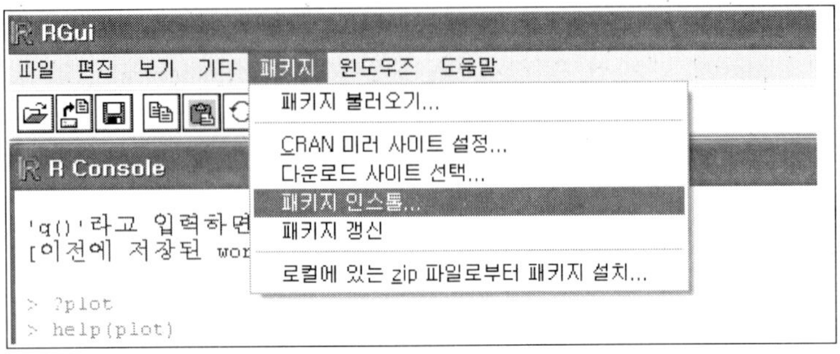


〈그림 1.20〉 팩키지 설치1

〈그림 1.21 팩키지 설치2

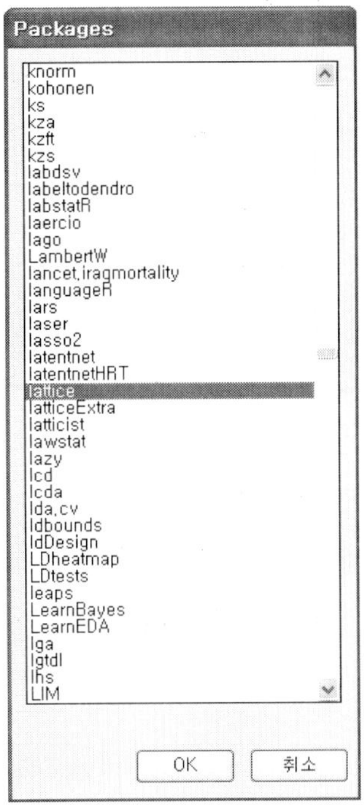


〈그림 1.22〉 팩키지 설치3

패키지를 선택한 후에 다음과 같은 요령으로 R 코드를 작성하여 사용하면 된다. <그림 1.23>에는 R 코드로부터 출력된 점도표가 주어져 있다.

```
> dice = c(1,2,4,3,4,6,5,6,4,5,3,4,3,2,1,6,4,6,2,4,5,1,1,6)
> library(lattice)
> dotplot(table(dice), xlab="빈도", ylab="주사위")
```

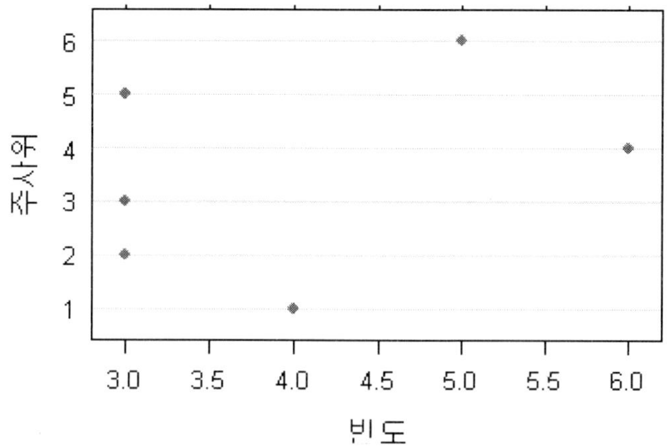


〈그림 1.23〉 점도표 예제

# 2장
# 통계학이란?

2.1 통계학의 역사
2.2 통계학의 정의

## 2.1 통계학의 역사

통계학의 대두는 300여년에 불과하나 그 발생 배경은 역사적으로 이보다 훨씬 오래 되었다. 기록에 의하면, 기원전 3,000년 이전에 고대 바빌로니아, 중국, 그리고 이집트에서 인구조사가 행하여 졌으며, 로마시대에는 주민들로부터 세금징수와 군사력 유지를 위한 징병을 목적으로 서기 74년까지 5년마다 전 주민의 인구와 재산 상태를 조사하였던 것으로 나타나 있다.

통계학(statistics)이란 용어는 국가를 의미하는 라틴어 "status"에서 유래되었다. 여기서 통계학을 국가와 관련지운 이유는 경제라든지 인구, 재산 등에 관한 자료가 국가 차원에서 수집되고, 수집된 자료를 국가가 활용하였기 때문이라고 할 수 있다.

근세에 있어서의 통계학은 주로 정치적인 필요에 따라 인구와 종교, 산업에 대한 많은 정보를 수집하는 형태로 시작되었으며, 그 기원은 17세기 중엽 독일과 영국으로부터 찾을 수 있다. 1660년 독일에서 C. Corning이 Hermstadt 대학에서 강의를 하면서 "장차 정치가가 되고자 하는 사람들은 국가의 중요사항인 국토, 군사, 인구 및 행정 등에 관하여 올바르게 아는 것이 가장 중요하다"고 주장하였으며, G. Achenwall은 오늘날의 통계학(statistics)의 어원이 된 "statistik"이란 용어를 처음으로 사용하면서 "statistik"을 "국가의 중요사항을 기술하는 학문"이라고 정의하였다.

같은 시기에 영국에서는 흑사병으로 사망한 기록과 전쟁에 의한 사망 기록 등을 근거로 출생과 사망에 관한 통계가 발표되었으며, 1662년 J. Grant는 출생과 사망에 관한 통계를 근거로 원인별 사망자수, 연령대별 인구수 등을 분석하여 출생과 사망 등의 인구 변화에는 일종의 법칙이 존재하고 있다고 주장하였다. 1690년 W. Petty는 영국의 국력을 토지, 인구, 재정, 경제 등으로 각각 구분하여 인접 국가인 프랑스, 네덜란드, 이탈리아 등의 여러 나라와 비교, 분석하였다. 이 당시 영국에서의 통계학은 주로 대규모의 자료를 이용하여 주어진 현상을 분석하는데 중점을 두고 발전되어 왔다.

그 후 통계학은 오랫동안 국가의 행정, 재정, 인구, 군사 등과 관련된 자료를 요약, 정리하거나, 정리된 자료를 그림이나 도표로 표현하기 위하여 이용되는 학문으로 인

식되어 왔다. 그러나 19세기에 들어와서 통계학은 단순히 자료를 나열하고 도표를 그려 필요한 사항을 비교, 분석하는 것에 한정되지 않고 과학적인 의사결정을 하는데 있어서 필요한 학문으로서 그 중요성이 인식되기 시작하였다. 즉, 통계학은 수집된 자료를 이용하여 불확실한 사실에 대한 과학적인 의사결정을 하고, 사회 및 자연현상에 대한 어떤 규칙성을 찾아내고, 부분적으로 얻어진 정보를 이용하여 전체에 대한 어떤 특성을 도출해 내는 추론의 학문으로서 발전을 해왔다.

추론의 학문으로서 통계학이 발달하게 된 시초는 아일랜드의 맥주회사 기사였던 W. S. Gosset에 의해서라고 할 수 있다. 그는 재료의 품질과 온도의 변화에 따라 맥주의 품질이 어떻게 변하는가를 실험을 통하여 과학적으로 분석하고자 하였다. 그러나 실험으로부터 얻을 수 있는 자료의 수는 소규모로 한정되었기 때문에 그 당시 사용되었던 $z$-검정법이라는 통계 이론으로는 문제를 해결할 수가 없었다. 이에 그는 표본의 크기가 작을 경우에 사용할 수 있는 $t$-분포를 발견하였다.

추측통계학을 더욱 발전시킨 사람은 R. A. Fisher라고 할 수 있다. 그는 농업시험장에서 십여 년간의 실험에서 얻은 자료를 근거로 획기적인 농사실험 설계방법을 고안하였으며, 동시에 분산분석법, 실험계획법 등을 창안하여 추측통계학에 있어서 중추적인 역할을 하는 통계적 방법을 새로이 개발하였다. 그 후 통계적 추론을 위하여 J. Neyman이 신뢰구간의 개념을 도입하였으며, K. Pearson은 $\chi^2$-검정법이라는 새로운 검정방법을 개발하여 새로운 관점에서 가설검정이 정립되었다. 그 후 E. S. Pearson, G. M. Cox, G. W. Brown, W. Dixon, S. S. Wilks, W. G. Cochran, J. W. Tukey 등 수많은 통계학자들의 노력에 의하여 추정과 검정 이론은 수학적으로 완전히 체계화되었다.

오늘날 통계학은 컴퓨터의 급속한 발달과 더불어 여러 현상들의 연구에 유용하게 사용되고 있을 뿐만 아니라, 경제학, 경영학, 사회학, 교육학, 심리학, 공학, 농학, 생물학, 의학 등 거의 모든 학문분야에서 약방의 감초처럼 널리 이용되고 있다.

## 2.2 통계학의 정의

통계학(statistics)이란 관심의 대상에 대한 방대한 자료를 효율적으로 수집, 정리, 요약하며, 또한 일부 자료에 포함된 정보를 바탕으로 조사 대상 전체의 특성을 추론할 수 있는 방법을 제공하는 학문이라고 할 수 있다. 예를 들어, 우리나라 직종별 월임금 수준을 모든 직장인에 대하여 조사한 자료가 있다고 하자. 이때 자료는 워낙 방대하기 때문에 자료 그 자체만으로 직종별 인원이나 임금 수준 등을 상호 비교, 분석하기가 어렵다. 이러한 경우 우리는 전체 자료를 직종별 또는 임금 수준별로 정리, 요약하는 것이 필요하며, 이렇게 하기 위한 효율적인 방법을 제공해주는 것이 통계학이다. 또 다른 예로서, 우리나라에서 한 해 생산되는 쌀의 수확량을 조사한다고 하자. 이때 전국 논에서 생산되는 쌀 한톨 한톨을 세어 전체 쌀의 수확량을 계산한다는 것은 불가능할 뿐만 아니라 좋은 방법이 아니다. 통계학은 이와 같은 조사가 과학적이고 효율적으로 실행되도록 그 방법을 제공하는 학문이라고 할 수 있다.

**TIP 통계학의 정의**

> 관심의 대상에 대한 자료를 효율적으로 수집하고 정리, 요약하며, 또한 일부 자료에 포함된 정보를 토대로 조사 대상 전체의 특성에 관한 추론 및 불확실한 사실에 대하여 과학적인 판단을 내릴 수 있도록 그 방법을 제시하여 주는 학문이다.

통계학은 일반적으로 크게 기술통계학(descriptive statistics)과 추측통계학(inferential statistics)으로 나눌 수 있다. 기술통계학이란 방대한 자료를 평균, 표준편차 등과 같은 몇 개의 숫자나 도수분포표, 막대그림, 줄기-잎 그림 등과 같은 표 또는 그림으로 요약, 정리하여 전체 자료의 특징을 쉽게 파악, 비교하는 방법을 다루는 분야를 말한다. 예를 들어, 올해 대학수학능력 시험을 치른 학생들의 성적 자료가 있다고 하자. 이때 이 자료를 가지고 있는 것만으로 올해의 대학수학능력 시험이 작년도의 시험보다 쉬웠는지 또는 어려웠는지 알 수 없다. 이러한 경우에는 대학수학능력 시험을 치른 전체 학생들의 평균과 분산을 안다면 전년도의 결과와 비교하여 올해의 시험이 쉬웠는지 어려웠는지를 비교할 수 있을 것이다.

추측통계학이란 관심의 대상이 되는 전체 집단(모집단) 중에서 그 일부(표본)를 뽑아 여기에 포함된 정보를 분석하여 전체 집단의 여러 특성에 대하여 과학적으로 추측하는 방법을 다루는 분야를 말한다. 예를 들어, 대통령 선거 시 언론기관들은 각 후보자들에 대한 지지율을 조사하게 된다. 이때의 조사는 우리나라 전체 유권자(모집단)를 대상으로 하는 것이 아니라 그 중 일부의 유권자(표본)를 대상으로 조사를 실시한 후, 그 결과로부터 각 후보자들에 대한 지지율을 추정하게 되는 것이다.

**TIP 기술통계학과 추측통계학**

기술통계학이란 자료를 표나 그림 또는 숫자로 요약하여 전체 자료의 특징을 쉽게 파악할 수 있는 방법을 제공하는 분야를, 추측통계학이란 관심의 대상이 되는 전체 중에서 일부분을 추출하여 그 속에 포함된 정보를 분석하여 전체가 가지고 있는 특성들에 대하여 추측하는 방법을 다루는 분야를 말한다.

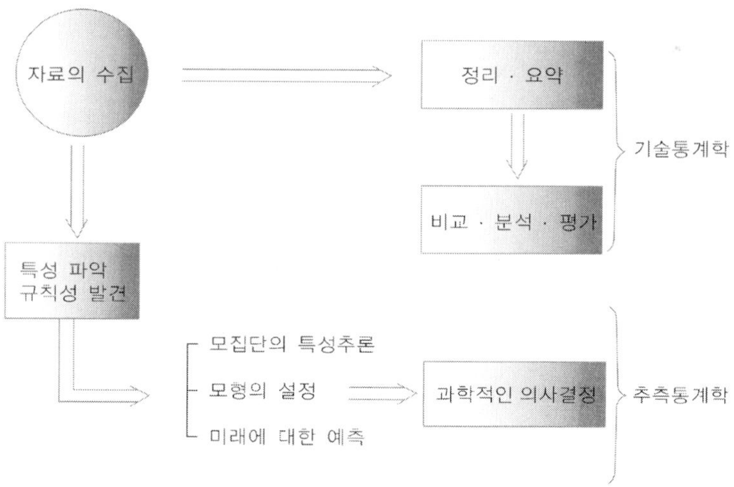


〈그림 2.1〉 통계학의 기본 개념

# 3장 자료의 정리와 요약

# 3.1 변수와 자료

## 3.1.1 변수의 구분

사회, 경제, 경영, 행정, 의학, 공학 등 통계학이 적용되지 않는 분야는 거의 없다. 그렇다면 왜 이렇게 모든 분야에서 통계학이 사용되고 있는 것일까? 그 이유는 통계학은 자료(data)를 다루는 학문 분야이기 때문이라고 할 수 있다. 자료란 조사하고자 하는 대상에 대해서 관측된 값들을 의미하며, 이때의 관측은 하나의 변수 또는 둘 이상의 변수에 대해서 이루어진다. 여기서 변수(variable)란 조사하고자 하는 대상에 따라 서로 다른 값을 가지게 되는 하나의 특성으로 정의된다. 예를 들어, 어느 대학교 학생들의 IQ와 대학수학능력시험 성적에 대한 자료가 있다고 하자. 이때 IQ와 대학수학능력시험 성적은 학생 개개인에 따라 서로 다를 것이며, 여기서 서로 다른 값을 가지는 특성들 즉, IQ와 대학수학능력시험 성적은 각각 하나의 변수가 되는 것이다.

변수는 그 값이 가지는 형태에 따라서 질적 변수와 양적 변수로 나눌 수 있으며, 양적 변수는 다시 값이 연속적인지의 여부에 따라서 연속형 변수와 이산형 변수로 구분할 수 있다. 예를 들어, 성별(남, 여), 인종(백인종, 황인종, 흑인종), 학력(초졸, 중졸, 고졸, 대졸) 등은 관측된 값들이 문자로 표시되어 그 범주에 따라 분류되어지기 때문에 이러한 변수들을 질적 변수(qualitative variable) 또는 범주형 변수(categorical variable)라고 부른다. 반면에 키, 몸무게, 성적 등과 같은 변수들은 관측된 값이 양으로 표시되어지기 때문에 이러한 변수들을 양적 변수(quantitative variable)라고 한다.

질적 변수는 필요에 따라 숫자로 나타낼 수 있다. 예를 들어, 질적 변수인 학력수준을 국졸은 1, 중졸은 2, 고졸은 3, 대졸은 4와 같이 숫자화 할 수 있다. 하지만 이때의 숫자 크기는 그것이 나타내는 값의 크기와는 무관하며, 단지 편의상 정한 약속에 불과하다.

양적 변수는 관측값 자체가 크고 작음 또는 많고 적음을 나타내는 숫자로 표현되어 있으며, 이때 숫자는 관측된 값이 가지고 있는 속성을 그대로 반영한다. 양적 변수도 경우에 따라 질적 변수의 형태로 변환될 수 있다. 예를 들어 시험 성적의 경우, 90에서 100점을 A, 80에서 89점을 B, 70에서 79점을 C, 60에서 69점을 D, 60점 미만을 F로 바꾸면 질적 변수의 형태로 된다. 변수를 질적 변수와 양적 변수로 구분하는 이유는 관측된 자료를 정리하고 분석하는데 있어 다소 차이가 있기 때문이다.

양적 변수는 그 값의 연속성 여부에 따라 연속형 변수(continuous variable)와 이산형 변수(discrete variable)로 나누어진다. 여기서 연속형 변수는 관측값이 소수점 아래로 무한히 이어지는 값을 가지는 변수를 말한다. 예를 들어, 어떤 사람의 키가 170.5cm라 하자. 이때 이 사람의 키는 측정도구의 한계 때문에 근사치로서 170.5㎝이지 정밀하게 측정할 수 있는 도구만 있다면 실제로는 소수점 아래로 무한히 이어지는 값이 된다. 이에 비하여 하나의 값으로 측정되어지는 형태의 값을 가지는 변수를 이산형 변수라고 한다. 이산형 변수는 관측값들을 하나하나 셀 수 있다는 특징을 가지고 있으며, 일반적으로 정수값을 가지는 경우가 대부분이다. 연속형 변수의 예로서는 키, 몸무게, 시간 등이 있으며, 이산형 변수의 예로는 일일 교통사고수, 휴가 일수, 대학교 합격자 수 등을 들 수 있다. 양적 변수를 이산형과 연속형으로 구분하는 이유는 변수로부터 얻은 자료를 정리하고 분석하는데 있어 차이가 있을 뿐만 아니라, 확률모형을 설정하고, 그 개념을 정의하는데 있어 차이가 있기 때문이다.

**예제 3.1** 다음은 어떤 결혼 상담소에서 보관하고 있는 자료의 일부이다. 이 자료 속에는 어떠한 변수들이 포함되어 있는지를 설명하여라.

〈표 3.1〉 결혼 상담소에서 보관하고 있는 자료

| 이 름 | 성 별 | 나 이 | 직 업 | 월 급 |
|---|---|---|---|---|
| 김기열 | 남 | 34 | 회사원 | 200만원 |
| 박민수 | 남 | 28 | 학생 | 50만원 |
| 김영애 | 여 | 35 | 보험설계사 | 150만원 |
| 민재열 | 남 | 40 | 상업 | 350만원 |

**풀이** <표 3.1>에는 5개의 변수 즉 이름, 성별, 나이, 직업, 월급 등이 있으며, 이들 중 이름, 성별, 직업은 질적 변수, 나이와 봉급은 양적 변수가 된다.

❀

### 3.1.2 자료의 구분

자료는 관측된 값이 질을 나타내는지 또는 양을 나타내는지에 따라 질적 자료(또는 범주형 자료)와 양적 자료로 구분된다. 예를 들어 성별은 남·여 등과 같이 문자로 표시되어 두 개의 범주로 나타나므로 질적 자료(qualitative data)가 되며, 나이, 키, 몸무게 등은 숫자로 나타나므로 양적 자료(quantitative data)가 된다. 자료를 표나 그림을 이용하여 나타내고자 할 경우, 질적 자료와 양적 자료에 따라 그 방법에 있어서 다소 차이가 난다. 변수와 관련지어 자료를 구분한다면 질적 변수들의 자료를 질적 자료(또는 범주형 자료), 양적 변수들의 자료를 양적 자료라고 보면 된다.

## 3.2 표를 이용한 방법

통계분석을 위해서는 먼저 자료를 수집하게 되며, 이렇게 수집된 자료를 원자료(raw data)라고 한다. 그러나 이들 원자료는 다양한 값을 가지면서 그 분량도 방대하다. 따라서 이러한 원자료를 요약, 정리하지 않고 그 특성을 파악한다는 것은 매우 어렵다. 이때 원자료를 표나 그림, 또는 숫자 등을 이용하면 자료값의 중심위치, 흩어진 상태, 분포 모양 등 자료가 가지고 있는 특성을 보다 쉽게 파악할 수 있을 것이다.

### 3.2.1 도수분포표

어떤 통계학 교수가 25명의 학생에게 동전을 4번씩 던지도록 한 후 앞면이 나온 횟수를 조사한 결과, 다음과 같은 자료를 얻었다고 하자.

2 2 0 1 1 1 2 3 1 2 2 3 3

4 1 3 2 3 3 1 2 2 1 2 2

여기서 주어진 자료는 원자료이다. 하지만 이 상태로는 앞면이 나온 횟수에 대한 전체 특성이 어떠한지를 파악하기는 쉽지가 않다. 그러나 관측된 값 모두는 0, 1, 2, 3, 4 등 5개의 값으로 구성되어 있으며, 이 5개의 값을 이용하여 원자료가 포함하고 있는 정보를 잃어버리지 않고 표를 이용하여 간단하게 요약하여 나타낼 수 있다.

동전을 4번 던지는 실험에서 관측된 결과는 <표 3.2>와 같이 요약할 수 있으며, 이렇게 작성된 표를 도수분포표(frequency distribution table)라 한다.

**TIP 도수분포표**

관측값을 범주에 따라 구분한 후, 각 범주에 속하는 도수, 상대도수, 누적상대도수 등을 측정하여 정리한 표를 말한다.

**예제 3.2** 위에 주어진 동전 실험 결과를 이용하여 도수분포표를 작성하여라.

**풀이** 5개의 값 0, 1, 2, 3, 4를 범주로 한 후, 각 범주에 속하는 도수, 상대도수(=해당 범주의 도수/전체 도수), 누적상대도수를 계산한 도수분포표는 다음과 같다.

〈표 3.2〉 동전을 4번 던졌을 때 앞면이 나타난 횟수에 대한 도수분포표

| 횟수 | 도수 | 상대 도수 | 누적상대도수 |
|---|---|---|---|
| 0 | 1 | 0.04 | 0.04 |
| 1 | 7 | 0.28 | 0.32 |
| 2 | 10 | 0.40 | 0.72 |
| 3 | 6 | 0.24 | 0.96 |
| 4 | 1 | 0.04 | 1.00 |
| 전체 | 25 | 1.0 | |

동전을 4번을 던졌을 때 앞면이 2번 나온 경우는 25명 중 10명으로

40%가 되며, 1번과 3번 나온 경우는 각각 28%, 24%가 되었다. 앞면이 1번도 나오지 않았거나 4번 모두 앞면이 경우는 각각 25명 중 1명으로 4%가 되었다.

동전을 던질 때 앞면이 나올 확률은 0.5라는 것을 이미 알고 있다. 하지만 여기서 앞면이 4번 중 2번 나온 경우는 전체의 40% 밖에 되지 않는다. 여기서 우리는 동전을 4번이 아니라 무수히 많이 던진다고 하면, 절반이 앞면이 나오는 사람의 수는 점점 늘어나게 되고 반면에 앞면이 1번도 나오지 않았거나 4번 모두 앞면이 나오는 사람의 수는 극히 줄어들게 될 것이라는 것을 알 수 있다. ❀

<표 3.2>는 이산형 자료에 대한 도수분포표이다. 그렇다면 연속형 자료에 대한 도수분포표는 어떻게 작성하여야 할까? 예를 들어 어느 대학교에서 통계학 과목을 수강한 학생들 30명의 기말시험 점수가 다음과 같다고 하자.

71 84 68 75 91 87 63 77 81 98 57 73 74 85 50
62 66 78 65 59 75 89 94 93 86 61 87 74 70 67

이때 도수분포표를 작성하기 위해서 위에서처럼 기말시험 점수를 점수별로 모두 나열한 후 각각의 도수를 세어 작성해야만 할까? 그렇지는 않다. 통계학 기말시험 성적은 모두 28개 값으로 이루어져 있으며, 이 28개의 값을 모두 사용하여 도수분포표를 작성하게 되면 자료가 효율적으로 정리되지 못하여 한 눈에 전체 자료의 특성을 파악하기가 쉽지 않게 된다. 이러한 경우 도수분포표는 전체 자료를 동일한 간격을 가지면서 서로 중복되지 않도록 몇 개의 구간으로 나눈 후, 각 구간에 속하는 자료의 개수를 세어 작성하게 된다.[1)]

1) 실제로 도수분포표를 작성할 때, 전체 자료값들을 몇 개의 구간으로 나누는 것이 적절한 지를 판단하기는 쉽지가 않다. 왜냐하면 구간수가 너무 적으면 관측값들의 분포 경향을 파악하기가 쉽지 않고, 반대로 구간수가 너무 많으면 분포 모양이 제대로 나타나지 않는다. 일반적으로 구간수는 전체 자료수를 고려하여 5개에서 10개 사이로 정하는 것이 보통이다.

**TIP 연속형 자료를 이용한 도수분포표의 작성 요령**

단계 1) 범위(=최대값−최소값)를 계산한다.
단계 2) 적당한 구간의 개수를 결정한다.
단계 3) 구간의 폭(=범위/구간의 개수)을 계산한다.
단계 4) 계산된 구간의 폭에 따라 구간을 설정한다.
단계 5) 각 구간에 속하는 자료의 개수를 세어 표를 작성한다.

**예제 3.3** 위에 주어진 통계학 기말시험 점수를 이용하여 구간의 수가 6인 도수분포표를 작성하여라.

**풀이** 구간의 수를 6으로 할 때 각 구간의 폭은

$$\frac{\text{최대값} - \text{최소값}}{\text{구간의 개수}} = \frac{98-50}{6} = 8$$

이 된다. 따라서 구간의 폭이 8이 되도록 각 구간을 설정하면, 첫 번째 구간은 50이상 ~ 58미만, 두 번째 구간은 58이상 ~ 66미만, … 등이 될 것이다(이때 각 구간의 경계값은 중복되지 않도록 하여야 함). 각 구간에 속하는 자료의 개수를 세어 작성된 도수분포표는 다음과 같다.

〈표 3.3〉 양적 자료에 대한 도수분포표

| 계급구간 | 도수 | 상대도수 | 누적상대도수 |
|---|---|---|---|
| 50 이상 ~ 58 미만 | 2 | 0.07 | 0.07 |
| 58 이상 ~ 66 미만 | 5 | 0.17 | 0.24 |
| 66 이상 ~ 74 미만 | 6 | 0.20 | 0.44 |
| 74 이상 ~ 82 미만 | 7 | 0.23 | 0.67 |
| 82 이상 ~ 90 미만 | 6 | 0.20 | 0.87 |
| 90 이상 | 4 | 0.13 | 1.00 |
| 계 | 30 | 1.00 | |

통계학 기말 시험에서 74점부터 81점 사이의 점수를 받은 학생이 전체 30명 중 7명으로 가장 많았고, 66점부터 73점 사이, 그리고 82점부터 89점 사이의 점수를 받은 학생도 각각 6명으로 나타났다. 66점부터 89점 사이의 점수를 받은 학생은 전체의 63%로 절반 이상의 학생들이 이 점수대에 속하는 것으로 나타났다. 전체 점수의 분포는 78점을 중심으로 봉우리가 하나이면서 거의 좌우 대칭인 형태를 띠고 있다고 볼 수 있다. ❀

## 3.2.2 분할표

3.2.1절에서는 변수가 하나일 때 자료를 표로 정리하는 방법에 대하여 배웠다. 그렇다면 변수가 두 개일 경우 어떻게 자료를 표의 형태로 정리할까? 변수가 두 개일 경우의 표를 분할표(contingency table)라 하며, 분할표는 한 변수를 행, 다른 한 변수를 열로 하여 작성된 직사각형 형태의 표이다. 이때 행과 열이 교차하여 만들어지는 셀 하나하나가 바로 하나의 범주가 된다.

**TIP 분할표**

행과 열로 구성된 직사각형 형태의 표를 말한다.

<u>작성 요령</u>

단계 1) 한 변수를 열, 다른 한 변수를 행으로 한 직사각형의 표를 만든다.
단계 2) 행과 열이 교차하여 만들어지는 셀에 해당 도수를 세어 기록 한다.
※ 필요시 각 셀의 도수 아래에 해당 백분율을 표시하기도 함

**예제 3.4** 노원구에서 직장을 다니고 있는 사람 24명을 랜덤으로 추출하여 학력과 월급여액을 조사한 결과, 아래와 같은 자료를 얻었다. 학력과 월급여액에 대한 분할표를 작성한 후, 이를 이용하여 두 변수간의 관련성을 조사하여라. (단, A: 100만원 미만, B: 100만원~200만원 미만, C: 200만원 이상)

〈표 3.4〉 학력과 월급여액 조사 결과

| 학 력 | 월급여 | 학 력 | 월급여 | 학 력 | 월급여 |
|---|---|---|---|---|---|
| 중졸 | A | 고졸 | B | 대졸 | C |
| 고졸 | B | 대졸 | B | 중졸 | A |
| 대졸 | C | 고졸 | C | 대졸 | C |
| 고졸 | C | 중졸 | A | 고졸 | B |
| 대졸 | B | 고졸 | B | 고졸 | C |
| 고졸 | B | 중졸 | B | 중졸 | A |
| 중졸 | A | 고졸 | A | 고졸 | B |
| 대졸 | C | 대졸 | C | 중졸 | A |

**풀이** 학력을 행, 월급여액을 열로 하여 작성한 분할표는 다음과 같다(괄호 안은 %).

〈표 3.5〉 학력과 월급여액에 대한 분할표

| 학력 \ 임금 | 100만원 미만 | 100만원~200만원 미만 | 200만원 이상 | 계 |
|---|---|---|---|---|
| 중졸 | 6 (25.0) | 1 (4.2) | 0 (0.0) | 7 (29.2) |
| 고졸 | 1 (4.2) | 6 (25.0) | 3 (12.5) | 10 (41.6) |
| 대졸 | 0 (0.0) | 2 (8.3) | 5 (20.9) | 7 (29.2) |
| 계 | 7 (29.2) | 9 (37.5) | 8 (33.3) | 24 (100) |

100만원 미만 받는 사람은 24명 중 7명으로 전체의 29.2%를 차지하고 있으며, 이들 대부분은 중졸의 학력을 가지고 있는 것으로 나타났다. 100만원~200만원을 받는 사람은 24명 중 9명으로서 전체 중에서 가장 많았으며, 여기에는 고졸 출신이 대부분인 것으로 나타났다. 200만원 이상을 받는 사람은 전체의 33.3%로서 대졸 출신이 가장 많았으나, 고졸 출신도 일부 있는 것으로 나타났다. 전체적으로 볼 때 학력이 높을수록 월급여액이 더 높은 것으로 나타나고 있어 학력에 따른 월급여액의 차이는 존재한다고 볼 수 있다. ❀

## 3.3 그림을 이용한 방법

### 3.3.1 막대그림

수집된 자료를 그림으로 표현하는 것은 표로 작성하여 자료의 특성을 파악하는 것 못지않게 매우 중요하다. 왜냐하면 그림은 표보다 자료의 전체적인 형태를 시각적으로 보다 쉽게 파악할 수 있도록 해주는 장점을 가지고 있기 때문이다.

막대그림(bar chart)은 각 범주가 가지는 도수 또는 상대도수를 같은 폭의 직사각형 막대모양의 그림으로 나타낸 것을 말하며, 이때 막대간에는 서로 떨어져 있게 그려져야 한다. 막대그림은 각 범주의 도수 또는 상대도수를 막대의 길이로서 쉽게 비교할 수 있다는 장점을 가지고 있다.

**TIP 막대 그림**

각 범주가 가지는 도수 또는 상대도수를 같은 폭의 막대모양으로 나타낸 그림을 말한다.

**예제 3.5** 예제 3.2에서 앞면이 나온 횟수에 대한 막대그림표를 그려라.

**풀이**

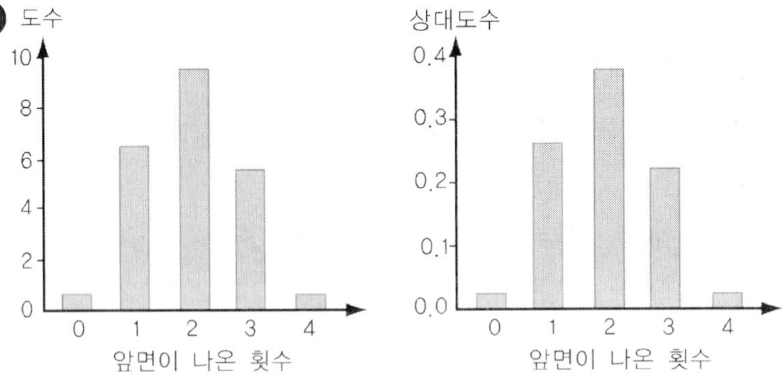


(a) 도수　(b) 상대도수

〈그림 3.1〉 앞면이 나온 횟수에 대한 막대그림표 ❀

막대그림을 이용하여 두 집단간의 비교도 가능하다. 즉, 동일한 좌표축 위에 막대그림을 나란히 그려 두 집단간의 차이를 쉽게 비교할 수 있다. 단, 표본의 크기가 서로 다를 경우에는 상대도수를 이용하여 막대그림을 그려야만 두 집단간의 차이에 대한 정확한 비교가 가능하다.

**예제 3.6** 의사 집안에서 자란 남학생과 여학생을 대상으로 장래 의사가 되기를 희망하는 지의 여부를 조사한 결과, 〈표 3.6〉과 같은 자료를 얻었다고 하자. 이때 막대그림을 이용하여 두 집단을 비교하여라.

〈표 3.6〉 의사가 되기를 희망하는 남학생과 여학생에 대한 설문 결과

| 구 분 / 범 주 | 남학생 | | 여학생 | |
|---|---|---|---|---|
| | 도 수 | 상대도수 | 도 수 | 상대도수 |
| 어머니가 의사 | 594 | 0.372 | 712 | 0.356 |
| 아버지가 의사 | 504 | 0.190 | 350 | 0.175 |
| 부모 모두 의사 | 734 | 0.334 | 824 | 0.412 |
| 부모 모두 의사가 아님 | 166 | 0.104 | 114 | 0.057 |
| 전체 | 1598 | 1.000 | 2000 | 1.000 |

**풀이** $x$ 축을 부모직업, $y$ 축을 도수와 상대도수로 놓고 범주별로 막대그림을 작성한 결과는 <그림 3.2>와 같다.

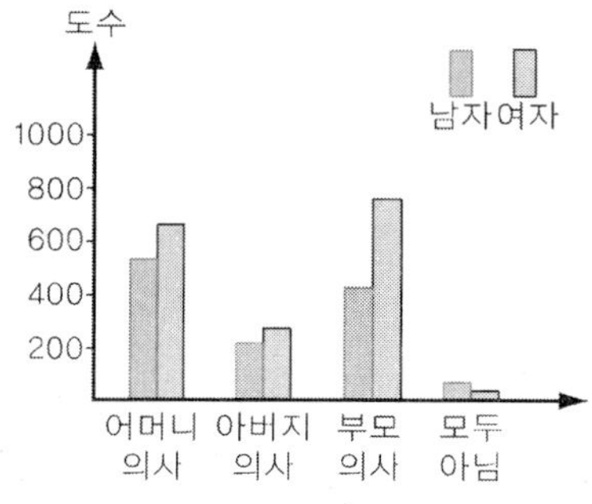


(a) 도수

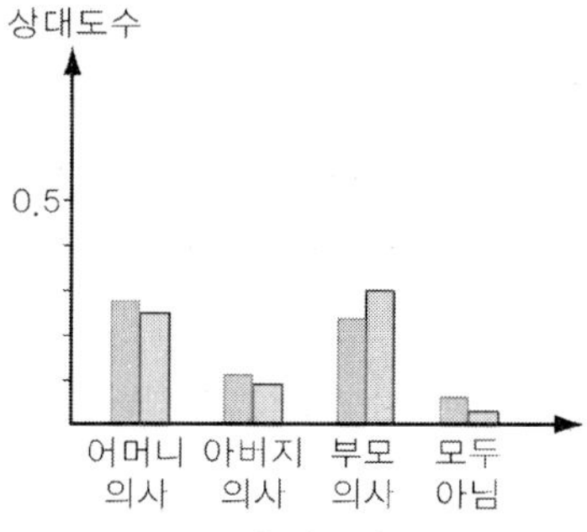


(b) 상대도수

〈그림 3.2〉 의사가 되기를 희망하는 학생에 대한 막대그림

<그림 3.2>의 (a)를 보면, 남녀 학생 모두에서 부모가 의사일 경우에 장래 의사가 되기를 가장 많이 희망하는 것으로 나타났다. 하지만 (b)를 보면 남학생의 경우 어머니가 의사일 때 가장 많이 희망하고 있는 것으로, 여학생의 경우에는 부모가 의사일 때 희망을 가장 많이 하고 있는 것으로 나타났다. (a)와 (b)에서 서로 다른 결과가 나타나는 이유는 남학생과 여학생간에 전체 도수가 같지 않다는 데 있다. 집단들을 비교함에 있어서는 도수보다는 상대도수를 이용하여야만 집단들간의 차이에 대한 정확한 비교가 가능하다. 따라서 (b)의 막대그림에서 나타난 결과 즉, 어머니가 의사일 경우에는 여학생보다는 남학생이, 부모가 의사일 경우에는 남학생보다 여학생이 장차 의사가 되기를 더 희망하고 있다고 결론을 내리는 것이 옳은 것이다. ❀

## 3.3.2 히스토그램

연속형인 자료일 때의 막대그림을 히스토그램(histogram)이라 한다. 즉, 히스토그램은 주어진 자료가 연속형일 때 변수값을 몇 개의 구간으로 나눈 후, 각 구간에 속하는 자료수의 도수 또는 상대도수를 막대그림으로 나타낸 것을 말한다. 히스토그램은 막대그림표와는 달리 막대와 막대 사이가 이어지도록 그려야 한다.

**TIP 히스토그램**

연속형 자료일 때의 막대그림을 말한다.

**예제 3.7** 농협 직원들의 임금 수준을 알아보기 위하여 전체 농협 직원들 중 90명을 랜덤으로 추출하여 월 평균 임금을 조사한 결과, 〈표 3.7〉과 같은 자료를 얻었다. 히스토그램을 작성한 후, 농협 직원들이 받고 있는 임금 상태를 설명하여라.

〈표 3.7〉 농협 직원들의 월 임금(단위: 만원)

| | | | | | | | | | | | |
|---|---|---|---|---|---|---|---|---|---|---|---|
| 207 | 300 | 101 | 212 | 185 | 423 | 278 | 283 | 258 | 225 | 171 | 549 |
| 193 | 205 | 252 | 186 | 254 | 256 | 279 | 276 | 128 | 352 | 415 | 242 |
| 199 | 195 | 367 | 400 | 361 | 251 | 357 | 221 | 236 | 235 | 274 | 176 |
| 452 | 157 | 345 | 450 | 201 | 247 | 353 | 179 | 250 | 366 | 190 | 175 |
| 342 | 171 | 124 | 223 | 269 | 249 | 182 | 390 | 173 | 100 | 502 | 170 |
| 191 | 360 | 254 | 205 | 145 | 344 | 418 | 146 | 300 | 272 | 210 | 227 |
| 227 | 368 | 100 | 257 | 153 | 374 | 418 | 280 | 229 | 229 | 274 | 203 |
| 141 | 316 | 255 | 241 | 422 | 204 | | | | | | |

**풀이** 히스토그램을 작성하기 위해서는 먼저 전체 자료를 몇 개의 구간으로 나눈 후, 각 구간에 속하는 자료의 개수를 세어야 한다. <표 3.7>에서 직원들이 받는 임금은 100만원에서 549만원 사이에 있으며, 여기서 구간의 개수를 8개로 한다면 구간의 폭은 (최대값-최소값)/8=(549-100)/8=56.125만원이 된다. 계산을 간편하게 하기 위하여 구간의 폭을 60만원으로 하면, 첫 번째 구간은 100만원에서 159만원, 두 번째 구간은 160만원에서 219만원, … 동일한 요령으로 나머지 구간들을 만든 후 각 구간에 속하는 도수 또는 상대도수를 계산하여 히스토그램을 작성하면 <그림 3.3>과 같게 된다.

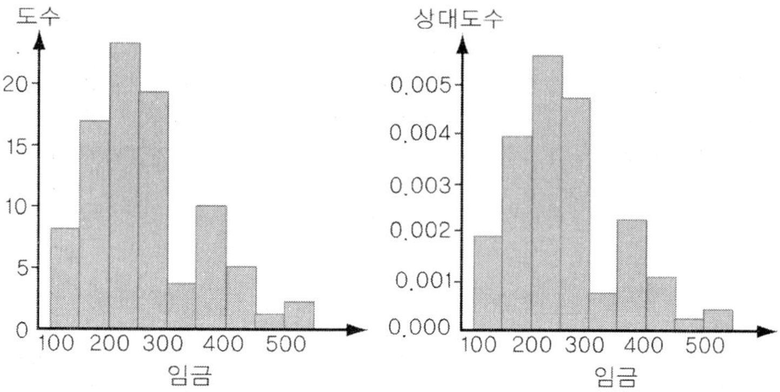


(a) 도수　　(b) 상대도수

〈그림 3.3〉 농협 직원들의 월 임금에 대한 히스토그램

<그림 3.3>의 히스토그램을 통하여 농협에서는 월 220만원에서 280만원을 받는 직원이 가장 많았으며, 전체 직원의 약 60%는 160만원에서 280만원을 받고 있음을 알 수 있다. 그리고 월 460만원 이상을 받고 있는 직원은 극히 적은 것으로 볼 때 이들은 고위직 직원일 것이라는 예상이 가능하다. ❀

**참고사항**

표나 그림으로 자료를 정리하고 요약하는 목적은 전체 자료의 특성을 이해하고자 함에 있다. 따라서 주어진 자료를 표나 그림으로 작성한 후, 그 특성을 파악하기 위해서는 다음과 같은 사항을 살펴보아야 한다.

(1) 자료의 전체적인 경향 즉, 분포는 어떤 모양을 하고 있는가?
(2) 중심 위치와 흩어진 정도는 어떠한가?
(3) 다른 값들로부터 아주 떨어져 있는 극단값은 없는가?

**예제 3.8** 다음은 미국의 2000년도 인구 총조사 결과, 각 주에서 남미계가 차지하고 있는 비율을 정리한 것이다. 도수분포표와 히스토그램을 작성하여 자료를 분석하여라.

〈표 3.8〉 미국의 주별 남미계 인원 비율

| 주 | % | 주 | % | 주 | % |
|---|---|---|---|---|---|
| Alabama | 1.5 | Louisiana | 2.4 | Ohio | 1.6 |
| Alaska | 3.6 | Maine | 0.6 | Oklahoma | 4.3 |
| Arizona | 21.3 | Maryland | 4.0 | Oregon | 6.5 |
| Arkansas | 2.8 | Massachusetts | 5.6 | Pennsylvania | 2.6 |
| California | 28.1 | Michigan | 2.7 | Rhode Island | 7.0 |
| Colorado | 14.9 | Minnesota | 2.4 | South Carolina | 2.2 |
| Connecticut | 8.0 | Mississippi | 1.3 | South Dakota | 1.2 |
| Delaware | 4.0 | Missouri | 1.8 | Tennessee | 2.0 |
| Florida | 16.1 | Montana | 1.6 | Texas | 28.6 |
| Georgia | 5.0 | Nebraska | 4.5 | Utah | 8.1 |
| Hawaii | 5.7 | Nevada | 16.7 | Vermont | 0.8 |
| Idaho | 6.4 | New Hampshire | 1.4 | Virginia | 4.2 |
| Illinois | 10.7 | New Jersey | 12.3 | Washington | 6.0 |
| Indiana | 3.1 | New Mexico | 38.7 | West Virginia | 0.6 |
| Iowa | 2.3 | New York | 13.8 | Wisconsin | 2.9 |
| Kansas | 5.8 | North Carolnia | 4.3 | Wyoming | 5.5 |
| Kentucky | 1.3 | North Dakota | 1.0 | | |

**풀이** 주어진 연속형 자료이므로 먼저 전체 자료를 몇 개의 구간으로 나눈 후, 각 구간에 속하는 자료수의 도수를 세어야 한다. <표 3.8>에서 최소값은 0.6 최대값은 38.7이다. 하지만 도수분포표의 작성을 간편하게 하기 위하여 구간의 폭을 0에서부터 5단위로 하면, 첫 번째 구간은 0 ~ 5미만, 두 번째 구간은 5이상~10미만, … 마지막 구간은 35이상~40미만이 되어 총 8개의 구간이 만들어진다. 그런 후에 각 구간에 속하는 도수와 상대도수를 계산하여 아래와 같은 도수분포표를 만들 수 있다.

〈표 3.9〉 미국의 주별 남미계 인원 비율(%)에 대한 도수분포표

| 구 간 | 도수 | 상대도수 | 구 간 | 도수 | 상대도수 |
|---|---|---|---|---|---|
| 0 ~ 5미만 | 30 | 0.6 | 20이상~25미만 | 1 | 0.02 |
| 5이상~10미만 | 10 | 0.2 | 25이상~30미만 | 2 | 0.04 |
| 10이상~15미만 | 4 | 0.08 | 30이상~35미만 | 0 | 0.0 |
| 15이상~20미만 | 2 | 0.04 | 35이상~ | 1 | 0.02 |

작성된 도수분포표 <표 3.9>를 이용하여 히스토그램을 작성하면 다음과 같게 된다.

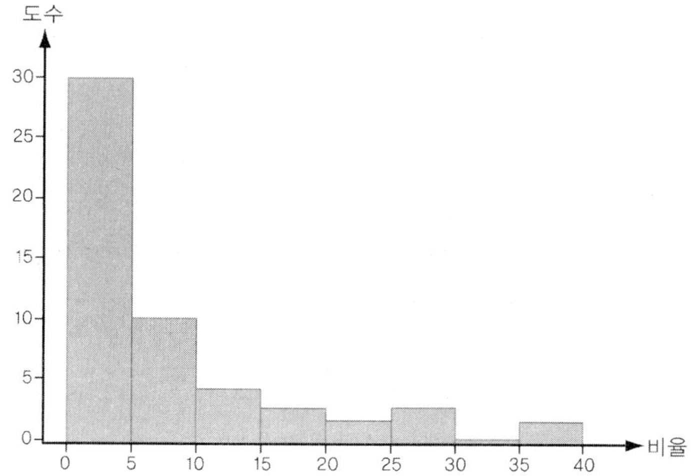


〈그림 3.4〉 미국의 주별 남미계 인원 비율에 대한 히스토그램

도수분포표 또는 히스토그램으로부터 전체 자료의 분포를 개략적으로 살펴보면, 분포의 모양은 봉우리가 한 개이고 왼쪽에 치우치면서 오른쪽으로 꼬리가 길게 뻗은 모양을 하고 있다.

전체 50개 주 중 40개 주에서 남미계의 차지비율이 10% 이하이며, 남미계의 차지비율이 10~15% 미만인 주는 전체의 8%이다. 그리고 남미계의 차지 비율이 30%를 넘는 주는 New Mexico주 한 개뿐이다.

남미계의 비율이 상대적으로 높은 주는 New Mexico, Arizona, California, Texas주로서 이들 4개주가 분포의 꼬리를 오른쪽으로 길게 뻗도록 하고 있다. 이들 주들의 남미계 비율이 다른 주에 비하여 높게 나타나고 있는 이유는 역사적이고 지리적인 면에 기인하고 있는 것으로 추측할 수 있다. ❀

### 2.3.3 원형그림

원형그림(pie chart)은 신문이나 잡지에서 많이 볼 수 있는데, 질적 자료인 경우 각 범주의 상대도수에 비례하도록 몇 개의 조각으로 나눈 후, 각 조각에 해당 범주의 이름과 비율을 기입한다. 양적 자료인 경우에는 도수분포표를 만드는 경우와 동일한 요령으로 구간을 적절히 나눈 후 원형그림을 그리면 된다.

**TIP 원형그림**

원을 범주의 상대도수에 비례하도록 조각으로 나누어 그린 그림을 말한다.

**예제 3.9** 결혼 적령기에 있는 미혼 남녀 40명에게 신혼여행을 어디로 가고 싶은지를 설문 조사하여 작성된 도수분포표가 다음과 같을 때 원형그림을 그려라.

〈표 3.10〉 신혼 여행지에 대한 설문 결과

| 신혼 여행지 | 응답수 | 상대도수 |
|---|---|---|
| 하와이 | 12 | 0.30 |
| 동남아 | 14 | 0.35 |
| 유 럽 | 8 | 0.20 |
| 기 타 | 6 | 0.15 |

**풀이** 각 범주에 해당하는 조각의 크기는 다음과 같이 계산된다.

하와이 : $0.30 \times 360° = 108°$

동남아 : $0.35 \times 360° = 126°$

유 럽 : $0.20 \times 360° = 72°$

기 타 : $0.15 \times 360° = 54°$

이 값들을 이용하여 그린 원형그림은 다음과 같다.

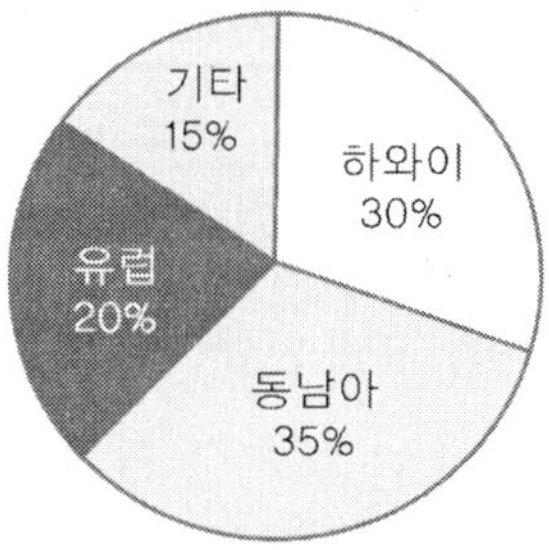


〈그림 3.5〉 신혼 여행지에 대한 원형그림 ❀

### 3.3.4 줄기-잎 그림

줄기-잎 그림(stem-and-leaf plot)이란 말 그대로 식물의 줄기와 잎의 형태를 이용한 그림으로써, 각 관측값을 줄기와 잎이라는 두 부분으로 나누어 표현한 그림을 말한다. 이때 관측값의 앞부분은 줄기로, 뒷부분은 잎으로 표시된다. 예를 들어 관측값이 213일 경우 2를 줄기, 13을 잎으로 한다든지 또는 21을 줄기, 3을 잎으로 하여 그릴 수 있다.

줄기-잎 그림은 자료의 분포 모양을 나타내어 주기 때문에 양적자료를 정리하고, 분석함에 있어 매우 효과적이다. 즉, 작성된 줄기-잎 그림을 통하여 자료의 분포 모양과 흩어진 정도, 봉우리의 위치와 대칭 여부, 그리고 극단값(outlier)[2]의 존재 여부 등을 쉽게 파악할 수 있다. 줄기-잎 그림의 단점으로는 자료의 개수가 많을 때 제한된 공간에 많은 관측값을 기입하여야한다는 것을 들 수 있다. 이러한 경우에는 히스토그램을 사용하는 것이 바람직하다.

**TIP 줄기-잎 그림**

관측값을 줄기와 잎 두 부분으로 나누어 그린 그림을 말한다.

**작성 요령**

단계1) 처음 몇 개의 자리수를 줄기, 나머지 자리수를 잎으로 결정한다.
단계2) 줄기값을 크기순으로 세로로 나열한 후, 오른쪽에 수직선을 긋는다.
단계3) 관측값의 잎에 해당하는 숫자를 해당 줄기 오른쪽에 기입한다.
단계4) 각 줄기에서 잎의 값들을 오름차 순으로 다시 배열한다.

**예제 3.10** 예제 3.3의 자료를 이용하여 줄기의 크기를 10단위로 한 줄기-잎 그림을 그려라.

**풀이** 줄기-잎 그림을 작성하기 위하여 먼저 시험점수의 첫째 자리수(10단위)를 줄기, 둘째 자리수(1단위)를 잎으로 결정한다. 그런 다음 <그림 3.6>의 (a)와 같이 줄기를 크기순으로 세로로 적은 후, 줄기의 오른쪽에 세로로 줄을 긋는다. 그리고 <그림 3.6>의 (b)와 같이 관측값을 하나하나 차례대로 읽어가면서 해당 줄기의 오른쪽에 잎의 숫자를 기입하면 줄기-잎 그림이 완성된다. 그리고 잎의 값을 반드시 크기순으로 정리를 할 필요는 없지만 <그림 3.6>의 (c)는 잎을 오름차순으로 정리한 결과를 나타낸다.

2) 조사의 대상이 되는 집단에 속하지 않는다고 의심이 될 정도로 다른 값들에 비하여 아주 멀리 떨어진 값을 말한다.

| (a) | (b) | | (c) | |
|---|---|---|---|---|
| 5 | 5 | 7 0 9 | 5 | 0 7 9 |
| 6 | 6 | 8 3 2 6 5 1 7 | 6 | 1 2 3 5 6 7 8 |
| 7 | 7 | 1 5 7 3 4 8 5 4 0 | 7 | 0 1 3 4 4 5 5 7 8 |
| 8 | 8 | 4 7 1 5 9 6 7 | 8 | 1 4 5 6 7 7 9 |
| 9 | 9 | 1 8 4 3 | 9 | 1 3 4 8 |

〈그림 3.6〉 기말시험 성적의 줄기-잎 그림

줄기-잎 그림에서 성적의 개략적인 분포를 살펴보면, 학생들의 점수는 70점대에 가장 많이 몰려 있고, 70점대를 중심으로 거의 좌우대칭인 형태로 점수가 흩어져 있다는 사실을 알 수 있다. ❀

줄기-잎 그림을 이용하여 두 집단의 비교도 가능하다. 즉, 공통된 줄기를 가운데에 크기순으로 기록한 후 줄기의 오른쪽과 왼쪽에 세로로 줄을 긋는다. 그런 다음 줄기의 오른쪽과 왼쪽에 각 집단의 잎을 그리면 두 집단에 대한 비교가 가능하게 된다.

**예제 3.11** 〈표 3.11〉에는 1964년 남미 쿠아테말라에서 이루어졌던 식이요법과 관련된 연구 자료로서 도시사람과 지방사람을 대상으로 체내 콜레스트롤의 양을 측정한 결과이다(단위: mg/ℓ ). 줄기-잎 그림을 이용하여 두 집단의 특성을 비교하여라.

〈표 3.11〉 도시 및 지방사람들의 콜레스트롤 측정 결과

| | | | | | | | | | | | | | |
|---|---|---|---|---|---|---|---|---|---|---|---|---|---|
| 도시사람 | 133 | 134 | 155 | 170 | 175 | 179 | 181 | 184 | 188 | 189 | 197 | 197 | 190 |
| | 196 | 201 | 205 | 204 | 205 | 205 | 200 | 201 | 200 | 206 | 214 | 217 | 222 |
| | 227 | 228 | 227 | 222 | 234 | 236 | 234 | 239 | 242 | 249 | 244 | 241 | 252 |
| | 279 | 273 | 284 | 284 | 284 | 330 | | | | | | | |
| 지방사람 | 95 | 108 | 108 | 115 | 114 | 129 | 129 | 124 | 135 | 131 | 136 | 136 | 131 |
| | 139 | 140 | 146 | 144 | 145 | 142 | 143 | 148 | 143 | 144 | 142 | 152 | 158 |
| | 157 | 152 | 155 | 158 | 166 | 165 | 162 | 175 | 174 | 173 | 172 | 171 | 180 |
| | 189 | 191 | 192 | 194 | 197 | 204 | 223 | 226 | 220 | 231 | | | |

| 줄기 | 잎 |
|---|---|
| 9 | 5 |
| 10 | 88 |
| 11 | 54 |
| 12 | 994 |
| 13 | 34516619 |
| 14 | 0645238342 |
| 15 | 5287258 |
| 16 | 652 |
| 17 | 95054321 |
| 18 | 1489091 |
| 19 | 9706247 |
| 20 | 1545501064 |
| 21 | 47 |
| 22 | 27872360 |
| 23 | 46491 |
| 24 | 2941 |
| 25 | 2 |
| 26 | |
| 27 | 93 |
| 28 | 444 |
| 29 | |
| 30 | |
| 31 | |
| 32 | |
| 33 | 0 |

(a) 전체

| 잎 | 줄기 | 잎 |
|---|---|---|
| 34 | 9 | 5 |
| | 10 | 88 |
| 5 | 11 | 54 |
| | 12 | 994 |
| 950 | 13 | 516619 |
| 1489 | 14 | 0645238342 |
| 9706 | 15 | 87258 |
| 154550106 | 16 | 652 |
| 47 | 17 | 54321 |
| 27872 | 18 | 091 |
| 4649 | 19 | 247 |
| 2941 | 20 | 4 |
| 2 | 21 | |
| | 22 | 360 |
| 93 | 23 | 1 |
| 444 | 24 | |
| | 25 | |
| | 26 | |
| | 27 | |
| | 28 | |
| | 29 | |
| | 30 | |
| | 31 | |
| | 32 | |
| 0 | 33 | |

(b) 도시사람과 지방사람

〈그림 3.7〉 도시 및 지방사람들에 대한 줄기-잎 그림

### (1) 전체 자료에 대한 줄기-잎 그림의 작성

처음 2개의 자리수(100단위와 10단위)를 줄기, 나머지 자리수(1단위)를 잎으로 결정한 후 크기순으로 세로로 줄기를 적는다. 줄기의 오른쪽에 세로로 줄을 그은 후, 각 관측값을 차례대로 읽어가면서 해당 줄기의 오른쪽에 잎에 해당하는 숫자를 기입하면 <그림 3.7>의 (a)와 같은

줄기-잎 그림이 작성된다. 그림 (a)로부터 관측값들은 상당히 넓게 퍼져 있으며, 그 중 관측값 330은 다른 값들과는 달리 아주 멀리 떨어져 있으므로 극단값으로 볼 수 있으며, 이 값을 제외한 나머지 관측값들은 대부분 131~228 사이에 모여 있음을 알 수 있다. 그리고 자료의 중심은 대략 170~180 근처에 있으며, 전체 자료는 크게 두개의 봉우리를 가진 분포모양을 이루고 있다고 할 수 있다.

(2) 도시사람과 지방사람 각각에 대한 줄기-잎 그림의 작성

콜레스트롤 양이 도시사람과 지방사람에 따라 차이가 있는지 비교하기 위하여 줄기의 왼쪽에는 도시사람, 오른쪽에는 지방사람으로 분리하여 줄기-잎 그림을 그리면 <그림 3.7>의 (b)와 같게 된다. 그림 (b)로부터 다음과 같은 분석이 가능하다;

① 두 집단 모두에서 관측값들의 변화폭이 크다. 그러나 지방사람에 대한 관측값의 범위는 136(=231-95), 도시사람에 대한 관측값의 범위는 극단값인 330을 제외하면 151(=284-133)이 되어 도시와 지방사람간의 콜레스트롤 양의 범위는 크게 다르지 않다고 볼 수 있다.

② 전체 자료의 중심위치는 도시사람이 200, 지방사람이 140~150 근처에 있으며, 그 차이는 약 50~60이 된다.

③ 두 집단 모두 하나의 봉우리를 가지고 있으며, 좌우 대칭에 가까운 모양을 하고 있다. 즉, 두 집단의 자료를 합쳐 하나의 자료로 만들었을 경우 두 개의 봉우리가 형성되었지만 각각 분리하였을 경우 각 자료는 하나의 봉우리를 가진 분포모양을 나타내었다. 이것은 두 집단 사이에 차이가 있음을 나타내는 것이며, 실제 그 차이는 중심의 위치에 있다. 즉, 도시사람의 중심을 대략 50~60 단위 정도 아래로 이동시키면 두 집단의 모양은 거의 일치한다. 이러한 사실은 지방사람보다도 도시사람이 콜레스트롤을 더 많이 가지고 있음을 의미하는 것이다. ❀

# 3.4 기술 통계량을 이용한 방법

자료의 전체적인 특성에 관해서는 표나 그림을 이용하여 개략적으로 파악할 수 있다. 하지만 보다 구체적이고 정확하게 자료의 특성을 탐색하기 위해서는 숫자로 전체 자료 특징을 표현하는 방법에 대해서 알아야 한다. 이 절에서는 숫자를 이용하여 자료의 중심위치와 변화량을 표현하는 방법에 대해서 배우도록 할 것이다.

## 3.4.1 중심위치를 나타내는 통계량

### (1) 평 균

중심위치를 나타내는 도구로서 가장 널리 사용되는 것은 평균과 중앙값이다. 평균(mean)이란 자료값들을 모두 더한 후, 그 더한 개수로 나눈 값으로 정의된다.

**TIP 평균**

자료값들을 모두 더한후 그 개수로 나눈 값으로서 계산 요령은 다음과 같다.
관측된 자료값을 $x_1, \cdots, x_n$ 이라 할 때,

$$\bar{x} = \frac{x_1 + x_2 + \cdots + x_n}{n}$$

또는 기호 $\sum$를 사용하여 간단하게

$$\bar{x} = \frac{1}{n}\sum_{i=1}^{n} x_i$$

### (2) 중앙값

중앙값(median)이란 자료를 크기순으로 나열하였을 때 가장 중앙에 놓이는 자료의 값 또는 이에 해당하는 값을 말한다.

**TIP 중앙값**

자료를 크기순으로 나열하였을 때 가장 중앙에 놓이는 값으로서 계산 요령은 다음과 같다. 관측값의 개수가 $n$ 일 때

$$\text{홀수이면 } \frac{(n+1)}{2} \text{ 번째값,}$$

$$\text{짝수이면 } \left\{\frac{n}{2}\text{번째값} + \left(\frac{n}{2}+1\right)\text{번째값}\right\}/2$$

중심위치를 나타내는 측도로서 평균이 가지는 단점은 자료속에 포함된 매우 큰 값 또는 작은 값에 영향을 받아 그 위치가 쉽게 변한다는 것이다. 이에 비하여 중앙값은 평균과는 달리 크기 순서가 변하지 않으면 다른 값들이 변하여도 영향을 받지 않는다는 장점을 가지고 있다.

**예제 3.12** 미국에서 최초의 심장이식환자 6명에 대하여 수술 후 생존기간을 조사한 결과, 생존일은 15, 3, 46, 623, 126, 64(일)이었다. 평균과 중앙값을 구하여 비교하여라.

**풀이** 평균 생존일은 $\overline{X}=(15+3+\cdots+64)/6=146.2$ (일)이다. 그러나 전체 환자 6명 중 5명의 생존일이 평균 생존일보다 작다. 평균이 이렇게 커지게 된 원인은 바로 극단값 623에 있다.[3) ]623(일)을 생존한 환자를 제외한 나머지 환자들의 생존일이 평균보다 작기 때문에 이때의 평균은 중심위치를 나타내는 값으로서 적합하지 않다. 이러한 경우에는 중앙값이

3) 극단값(outlier)은 다른 값들에 비하여 아주 크거나 아주 작은 값으로서 통계 분석 시 잘못된 결론을 이끌 수 있다. 극단값이 측정방법상의 문제로 인하여 발생하였을 경우 자료에서 그 값을 제거한 후 분석하면 되고, 기록 과정에서의 오류로 인하여 발생하였을 경우에는 원자료를 확인하여 수정하여야 한다. 그러나 자료값이 정확하게 측정, 기록되었음에도 불구하고 극단값이 발생하였을 경우, 그 값을 제거할 것인지 아니면 자료에 포함하여 분석할 것인지의 여부를 판단하기는 매우 어렵다. 왜냐 하면, 이때의 값은 예외적이지만 실제로 아주 드물게 발생하여 자료에 대한 어떤 특징을 나타내어 줄 수 있을지 모르기 때문이다. 이러한 경우에는 연구자의 직관적인 판단에 맡길 수 밖에 없다.

중심위치를 나타내는 측도로서 보다 더 바람직하다.

중앙값을 구하기 위하여 자료를 크기순으로 나열하면

3 15 46 64 126 623

이고, $n=6$ 은 짝수이므로, 중앙값은 3번째값과 4번째값의 평균인 $(46+64)/2=55$ (일)이 된다. ❀

**참고사항**

자료값들의 중심위치를 나타내는 측도로서 일반적으로 가장 많이 사용되는 것은 평균과 중앙값이다. 자료값들이 완전히 대칭인 경우에는 평균과 중앙값은 일치한다. 하지만 자료값들이 왼쪽으로 집중되어 있으면서 오른쪽으로 꼬리가 긴 분포를 나타낼 경우 평균은 중앙값보다 오른쪽(꼬리가 긴쪽)에 있게 되며, 반대로 자료값들이 오른쪽으로 집중되어 있으면서 왼쪽으로 꼬리가 긴 모양을 나타낼 경우 평균은 중앙값보다 왼쪽(꼬리가 긴쪽)에 위치하게 된다. 대표값으로서 평균과 중앙값은 모두 자료의 중심 위치를 나타내는 값들로서 특성을 가지고 있지만 모두 동일한 성질을 가지고 있는 것은 아니다. 따라서 주어진 상황을 고려하여 적절히 선택하여 사용하여야만 한다. 일반적으로 소득과 관련된 자료에서는 중심위치를 나타내는 값으로서 평균보다는 중앙값을 사용하는 것이 바람직하다.

### 3.4.2 변화량을 나타내는 통계량

주어진 자료의 중심 위치는 평균 또는 중앙값을 사용하여 표현한다. 그러나 자료의 중심 위치를 안다는 것은 주어진 자료에 대한 부분적인 정보만을 알고 있는 것 밖에 되지 않는다. 전체 자료에 대한 특성을 보다 정확하게 알기 위해서는 중심으로부터 관측값들이 변화하고 있는 정도에 대한 추가 정보가 필요하다.

예를 들어, 알래스카 앵커리지의 연평균 기온은 13℃이고, 하와이 호노룰루의 연평균기온은 17℃라고 알려져 있다. 만약 연평균 기온이 이들 두 도시를 비교할 수 있는 유일한 정보라고 한다면, 누구라도 두 도시의 기온은 거의 비슷할 것이라고 생각하게 된다. 하지만 실제로 호노룰루에서 기온이 28℃ 이상 올라가거나 또는 10℃ 이하인 경우는 극히 드물다. 반면에 앵커리지는 여름에는 37℃ 이상 올라가기도 하고 겨울에는 -40℃까지 내려가기도 하며, 더욱이 앵커리지에서 연평균 기온과 일치하는 기온인 13℃가 되는 경우는 1년에 몇 번밖에 되지 않는다. 따라서 두 지역의 연중 온도 변화를 알게 된다면, 평균만을 가지고 생각한 것이 얼마나 잘못된 것인지를 깨달을 수 있다. 이러한 사실은 주어진 자료를 올바르게 이해하기 위해서는 자료의 중심 위치뿐만 아니라 그 변화 정도와 관련된 정보도 함께 알아야 한다는 것을 이야기하는 것이다.

### (1) 범위

관측값들의 변화량을 나타내는 측도로서 가장 간단한 것은 범위이다. 범위(range)는 최대값과 최소값의 차이로서 전체 자료가 포함되어 있는 구간의 폭을 나타낸다. 범위는 계산과 해석이 매우 간편하지만 최대값과 최소값을 제외한 나머지 값들에 대한 정보를 무시하기 때문에 관측값들의 변화량을 나타내는 측도로서는 정밀성이 없다.

**TIP 범위**

최대값에서 최소값을 뺀 값을 말한다.

### (2) 사분위수 범위

관측값들의 변화량은 백분위수(percentile)를 이용하여 나타낼 수 있다. 제p 백분위수(pth percentile)는 자료를 크기순으로 놓았을 때 전체 자료들 중 p%가 그 값보다 작거나 같게 되는 값으로 정의된다. 따라서 중앙값은 제50 백분위수에 해당되며, 이것은 전체 자료들 중 50%가 중앙값보다 작거나 같다는 것을 의미한다. 중앙값으로 중심위치를 나타낼 경우에는 변화량을 나타내는 측도로서 백분위수를 사용하는 것이 바람직하다. 이러한 경우 많이 사용되는 백분위수는 사분위수(quartile)이며, 그 중 일사분위수($Q_1$)는 제25 백분위수, 삼사분위수($Q_3$)는 제75 백분위수가 된다.

사분위수 범위(interquartile range: $IQR$)란 삼사분위수에서 일사분위수를 뺀 값으로서, 중앙값을 기준으로 전체 자료의 50%가 포함되어 있는 구간을 나타낸다. 만약 계산된 사분위수 범위값이 크면 관측값들이 중앙값을 중심으로 보다 넓게 흩어져 있음을, 반대로 사분위수 범위값이 작으면 중앙값을 중심으로 보다 밀집되어 있음을 나타낸다. 사분위수 범위는 범위에 비하여 관측값들의 변화 상태를 설명하는데 있어 더 많은 정보를 제공하고 있다. 하지만 사분위수 범위 역시 자료 전체의 변화에 대해서 충분한 정보를 제공하지 못한다.

**TIP 사분위수 범위**

삼사분위수($Q_3$)에서 일사분위수($Q_1$)를 뺀 값 즉, $IQR = Q_3 - Q_1$ 이다.

**계산 요령**

1) 자료값을 작은 값으로부터 큰 값으로 크기순으로 배열한다.
2) 중앙값을 중심으로 전체 자료를 반으로 나눈다.
3) 오른쪽 부분의 중앙값 $Q_3$에서 왼쪽 부분의 중앙값 $Q_1$을 뺀다.

## (3) 분산

변화량을 나타내는 측도로는 관측값들이 중심으로부터 멀리 떨어져 있으면 값이 커지고, 가까이 있으면 값이 작아지는 것이 바람직하다. 이러한 관점에서 평균으로부터의 떨어져 있는 거리를 표시하는 편차(deviation) 즉, $x_i - \bar{x}$가 좋은 측도가 될 수 있다. 하지만 변화량이란 것은 전체 자료가 흩어져 있는 정도를 의미하므로 관측값 하나하나가 이 변화량에 기여를 해야 한다. 따라서 관측값 전체의 변화량을 나타내는 도구로서 편차의 합 $\sum(x_i - \bar{x})$을 사용하는 것이 바람직하다. 그러나 편차는 관측값이 그 평균보다 클 경우에는 +의 값을, 평균보다 작을 경우에는 -의 값을 가지게 되므로 전체 편차의 합은 항상 0이 되는 성질을 가지고 있다. 따라서 편차의 합이 0이 되지 않도록 하기위하여 각 편차를 제곱하여 합한 $\sum(x_i - \bar{x})^2$을 변화량을 나타내는 도구로 사용한다. 하지만 $\sum(x_i - \bar{x})^2$의 값은 너무 크므로 평균에서와 동일한 개념으로 $\sum(x_i - \bar{x})^2$을 전체 자료의 개수 $n$으로 나눈 값을 변화량을 나타내는 측도로 사용하며, 이것을 분산(variance)이라고 한다. 일반적으로 분산을 계산시에는 $n$에서 1을 뺀 $n-1$을 많이 사용한다. 그 이유는 제8장을 참고하기 바란다.

**TIP 분산**

관측된 자료값을 $x_1, x_2, \cdots, x_n$ 이라 할 때,

$$s^2 = \frac{(x_1-\overline{x})^2+(x_2-\overline{x})^2+\cdots+(x_n-\overline{x})^2}{n-1}$$

또는 수식 기호 $\sum$을 사용하여

$$s^2 = \frac{1}{n-1}\sum_{i=1}^{n}(x_i-\overline{x})^2$$

**예제 3.13** A, B, C 세 초등학교로부터 각각 6명의 학생을 랜덤으로 추출하여 몸무게(단위: kg)를 측정한 결과가 〈표 3.11〉과 같다고 할 때 범위, 사분위수 범위, 분산을 각각 구하여라.

〈표 3.11〉 A, B, C 초등학교 학생들의 몸무게

| | | | | | | |
|---|---|---|---|---|---|---|
| A | 20 | 30 | 40 | 50 | 60 | 70 |
| B | 20 | 43 | 44 | 46 | 47 | 70 |
| C | 40 | 43 | 44 | 46 | 47 | 50 |

**풀이** <그림 3.8>의 점도표를 보면 A, B, C 세 학교 학생들의 몸무게는 평균값이 45kg으로 동일하다. 그러나 관측값들의 변화폭을 보면 A학교가 가장 크고, 그 다음은 B학교이며, C학교의 변화폭이 가장 작다.

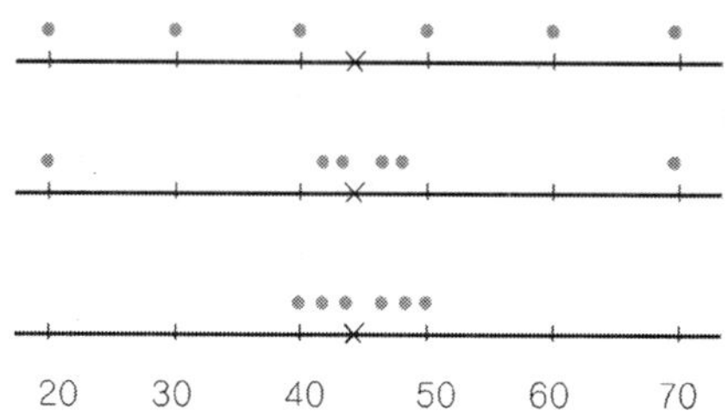


〈그림 3.8〉 점도표

(1) 범위의 계산

A학교와 B학교 학생들 몸무게의 범위는 둘 다 70-20=50으로 동일하다. 반면에 C학교 학생들 몸무게의 범위는 50-40=10이다. 그러나 B학교와 C학교에서 양쪽 끝 두 학생만 제외하면 두 학교 학생들의 몸무게는 동일하게 평균을 중심으로 흩어져 있다. 따라서 범위는 계산이 매우 간편하지만 가운데 있는 값들에 대한 정보를 무시하기 때문에 변화량의 측도로서는 정밀성이 있다고 할 수 없다.

(2) 사분위수 범위 계산

A학교 학생들의 몸무게를 크기순으로 나열하면 20 30 40 50 60 70이 되고, 이때의 중앙값은 (40+50)/2 =45가 된다. 이 값을 중심으로 전체 자료를 반으로 나누면 (20 30 40)과 (50 60 70)이 되고, 이때 일사분위수($Q_1$)는 앞부분의 중앙값인 30, 삼사분위수($Q_3$)는 뒷부분의 중앙값인 60이 된다. 따라서 A학교 학생들의 몸무게의 사분위수 범위는

$$\mathrm{IQR_A} = Q_3 - Q_1 = 60 - 30 = 30$$

이 된다. 마찬가지 요령으로 B학교 학생들의 몸무게에 대한 일사분위수와 삼사분위수를 구하면 각각 43과 47이 되고, 따라서 사분위수 범위는

$$\mathrm{IQR_B} = Q_3 - Q_1 = 47 - 43 = 4$$

가 된다. 동일한 요령으로 C학교 학생들 몸무게의 사분위수 범위를 구하면 다음과 같게 된다.

$$\mathrm{IQR_C} = Q_3 - Q_1 = 47 - 43 = 4$$

B학교와 C학교 학생들 몸무게의 사분위수 범위는 4로서 동일하다. 하지만 실제적으로 B학교 학생들의 몸무게는 C학교 학생들의 몸무게 보다 더 흩어져 있다. 따라서 사분위수 범위도 전체 관측값들의 변화를 정확하게 나타내고 있지 못함을 알 수 있다.

(3) 분산의 계산

A, B, C학교 학생들의 몸무게에 대한 분산은 다음과 같이 각각 계산된다.

$$s_A^2 = \frac{1}{5}[(20-45)^2 + (30-45)^2 + \cdots + (70-45)^2)] = 350$$

$$s_B^2 = \frac{1}{5}[(20-45)^2 + (43-45)^2 + \cdots + (70-45)^2)] = 252$$

$$s_C^2 = \frac{1}{5}[(40-45)^2 + (43-45)^2 + \cdots + (50-45)^2)] = 12$$

<그림 3.8>에서 학생들의 몸무게에 대한 측정값들은 A학교> B학교> C학교 순으로 변화폭이 크다. 또한 세 학교의 분산을 비교하여도 A학교> B학교> C학교 순으로 동일하게 나타나고 있다. 이러한 사실은 분산이 변화량을 측정하는 도구로서 가장 적합하다는 것을 의미하고 있는 것이다. ❀

## (4) 표준편차

분산을 계산할 때 측정값의 단위까지 고려하면 어떠한 결과가 나타날까? 예를 들어, A학교 학생들의 몸무게에 대한 평균과 분산을 계산해 보면

$$\bar{x} = \frac{20\text{kg} + 40\text{kg} + 50\text{kg} + 30\text{kg} + 60\text{kg} + 70\text{kg}}{6} = 45\,\text{kg}$$

$$s^2 = \frac{1}{5}[(20\text{kg} - 45\text{kg})^2 + (30\text{kg} - 45\text{kg})^2 + \cdots + (70\text{kg} - 45\text{kg})^2)] = 350\,\text{kg}^2$$

이 된다. 여기서 평균은 45kg, 분산은 $350\text{kg}^2$이 되어 두 측도의 단위가 일치하지 않는다. 몸무게의 단위는 kg 이지 $\text{kg}^2$이 아니다. 그렇다면 $\text{kg}^2$을 kg 으로 바꾸기 위해서 어떻게 해야 할까? 그 방법은 아주 간단하다. 즉, 분산의 제곱근을 구하면 $\text{kg}^2$은 kg으로 바뀌게 되는 것이다.

통계학에서는 자료값들이 그 평균으로부터 얼마나 변화하고 있는지를 나타내는 측도로서 분산의 양의 제곱근을 사용하며, 이것을 표준편차(standard deviation)라고 부른다. 분산과 표준편차는 동일한 개념이다. 단지 그 차이는 제곱근이냐 아니냐 하는 차이일 뿐이다. 따라서 분산과 마찬가지로 표준편차도 그 값이 크면 클수록 자료의 값들은 평균으로부터 많이 흩어져 있으며, 그 값이 작으면 작을수록 평균주위에 집중되어 있다는 것을 나타내게 된다. 일반적으로 분산보다는 표준편차가 그 값이 작기 때문에 표준편차를 사용하여 변화량을 나타내는 것이 보통이다.

**TIP 표준편차**

$$s = \sqrt{\frac{1}{n-1}\sum(x_i - \overline{x})^2}$$

**예제 3.14** 길거리를 지나가는 어린이 5명의 나이를 알아 본 결과 5, 6, 3, 7, 9(세)이었다. 어린이들의 나이에 대한 평균, 분산, 범위, 사분위수 범위를 각각 구하여라.

**풀이** 평균 : $\overline{X} = \frac{1}{5}(5+6+3+7+9) = 6$

분산 : $S^2 = \frac{1}{4}\{(5-6)^2 + (6-6)^2 + \ldots + (9-6)^2\} = 5$

범위 : $9-3=6$

사분위수 범위를 구하기 위해서는 자료를 크기순으로 나열한 결과 [3 5 6 7 9]가 된다. 여기서 자료의 수가 홀수이므로, 자료를 이등분하기 위해서 양쪽에 모두 중앙값을 포함시키면 [3 5 6] [6 7 9]가 되고, 일사분위수는 앞부분의 중앙값 5가 되고 삼사분위수는 뒷부분의 중앙값 7이 된다. 따라서, 사분위수 범위는 다음과 같이 계산된다.

사분위수 범위 : $IQR = 7-5 = 2$ ❀

### (5) 변이계수

자료의 개수 또는 측정 단위가 다르다거나 키 또는 몸무게 등과 같이 성질이 서로 다를 경우, 단순히 두 표준편차를 비교하여 그 변화량에 대해서 이야기하는 것은 아무런 의미가 없다. 예를 들어, 노트북에 사용되는 마우스의 가격을 인터넷으로 조사한 결과 평균 가격이 10,000원, 표준편차가 5,000원이었고, 노트북 한 대 가격의 평균은 1,200,000원, 표준편차는 5,000원이었다고 하자. 이때 두 표준편차는 동일하다. 하지만 마우스의 가격에 대한 표준편차는 노트북의 가격에 대한 표준편차보다 그 가치가 매우 크다고 할 수 있다. 왜냐 하면 마우스의 평균 가격은 10,000원이고, 노트북의 평균 가격은 1,500,000만원으로 10,000원에 대한 5,000원과 1,200,000원에 대한 5,000원은 그 의미가 다르기 때문이다. 이러한 경우 변화량에 대한 상대적인 비교를 하기위해서는 표준편차를 평균으로 나눈 측도인 변이계수(coefficient of variation: $CV$)를 사용하여야 한다. 변이계수는 키, 몸무게 등과 같이 성질이 서로 다른 두 자료의 변화 정도를 비교할 때 유용하게 사용된다.

**TIP 변이계수**

$\overline{x}$ 를 평균, $s$ 를 표준편차라할 때 $$CV = \frac{s}{\overline{x}} \times 100$$

**예제 3.15** 다음 자료는 신생아와 성인 각 5명씩에 대한 키를 측정한 결과이다. 어느 집단이 평균을 중심으로 변화 정도가 더 심한가를 판단하여라.

〈표 3.12〉 신생아와 성인의 키 측정 결과

| 신생아 | 50 | 53 | 49 | 51 | 52 |
|---|---|---|---|---|---|
| 성인 | 176 | 169 | 181 | 174 | 177 |

**풀이** 각 집단에 대한 평균과 표준편차, 그리고 변이계수를 계산하면,

신생아: 평균 51.00, 표준편차 1.58, 변이계수 3.10

성인 : 평균 175.4, 표준편차 4.39, 변이계수 2.50

가 된다. 계산 결과에서 단순히 표준편차만을 가지고 비교하면 신생아(1.58)보다는 성인(4.38)이 더 큰 변화를 보인다고 할 수 있다. 하지만 신생아의 변이계수(3.10)가 성인의 변이계수(2.50)보다 크기 때문에, 실제로는 신생아 집단이 성인 집단보다 평균을 중심으로 더 변화가 심하다고 할 수 있다. ❀

## 3.5 상자그림을 이용한 방법

최대값과 최소값을 이용한 범위는 전체 자료가 포함되어 있는 구간의 폭을 이야기해 주지만 두 값을 제외한 나머지 값들을 무시하기 때문에 관측값들의 분포에 대해서는 별다른 정보를 제공하지 못한다. 이에 비하여 사분위수 범위는 중앙값을 중심으로 가운데 50%에 해당하는 구간의 범위가 어떠한 지를 설명해준다. 이런 의미에서 사분위수 범위가 범위보다 관측값들의 변화 상태에 대한 정보를 조금 더 제공한다고 할 수 있다. 하지만 사분위수 범위 역시 자료 전체의 변화에 대해서 충분한 정보를 제공하지 못하고 있다. 그렇다면 이 두 가지의 측도로부터 얻을 수 있는 5가지의 값[4] 즉, 최대값, 최소값, 일사분위수, 중앙값, 그리고 삼사분위수를 모두 결합하여 하나의 그림으로 표현한다면 어떻게 될까? 이러한 개념으로 만들어진 그래프가 바로 상자그림(box plot)이다. 상자그림을 이용하면 분포의 대칭성, 중심의 위치, 흩어진 정도, 극단값 등을 파악하기가 용이하다는 이점이 있다.

상자그림에서 중앙값은 분포의 중심위치를, 사분위수는 전체 자료 중 가운데 50%에 해당하는 자료가 흩어져 있는 구간을 각각 나타낸다. 따라서 상자그림에서 상자의 크기가 작으면 작을수록 중앙 50%의 자료값들이 중심부분에 밀집되어 있음을 나타내고, 중앙값이 상자의 한가운데 있으면 자료의 중심부분은 대칭에 가깝다는 것을 의미

4) 최대값, 최소값, 일사분위수, 중앙값, 삼사분위수 등 5가지 값을 다섯숫자 요약(five-number summary)값이라고 한다.

**TIP 상자그림**

일사분위수와 삼사분위수, 그리고 중앙값, 최대값, 최소값 등을 이용하여 관측값들의 분포를 나타낸 그림을 말한다.

**작성 요령**

단계 1) 일사분위수($Q_1$)와 삼사분위수($Q_3$)를 네모상자로 연결한다.

단계 2) 상자안에 수직선으로 중앙값을 표시한다.

단계 3) 상자의 양끝으로부터 최소값과 최대값까지 선으로 연결한다.(이 원을 수염이라 함)

단계 4) $Q_3 + 1.5 \times IQR$과 $Q_1 - 1.5 \times IQR$을 계산하여 최소값과 최대값까지 선으로 연결한다. ※경계 바깥의 관측값은 극단값으로 간주함

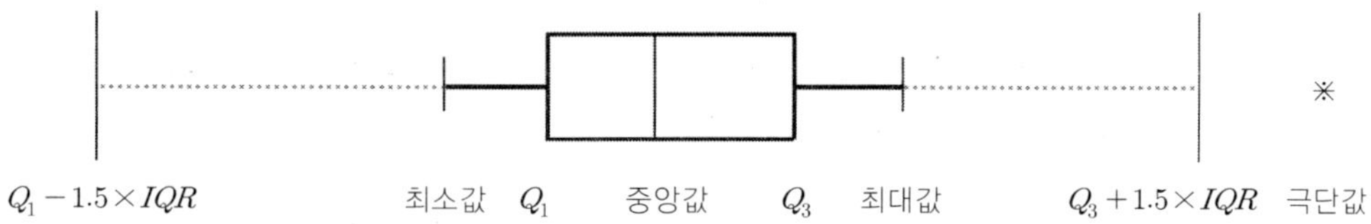


〈그림 3.9〉 상자그림

한다. 그리고 상자의 양끝에 이어진 수염이 길면 그 부분에 해당하는 자료의 밀집도는 매우 낮으면서 자료값이 길게 뻗어 존재한다는 것을 말한다.

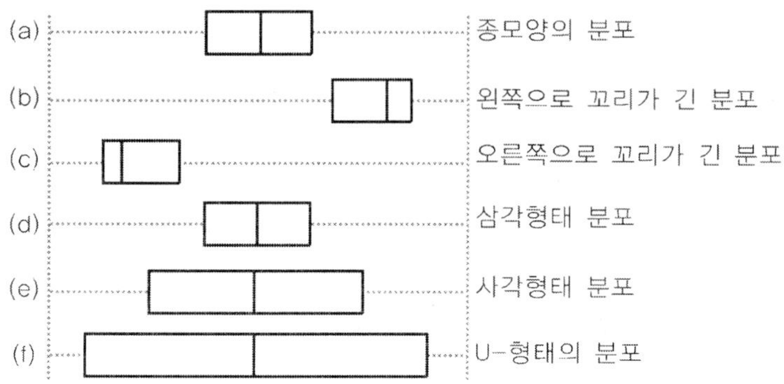


〈그림 3.10〉 여러 형태의 상자그림

**예제 3.16** 냉동된 딸기 제품이 녹을 때 파괴되는 쥬스량에 대한 실험 결과, 다음과 같은 자료를 얻었다고 하자. 상자그림을 작성하여라.

46 51 44 50 33 46 60 41 55 46

53 53 42 44 50 54 46 41 48

**풀이** 상자그림을 작성하기 위해서 최소값, 일사분위수, 중앙값, 삼사분위수, 그리고 최대값을 구하여야 한다. 먼저, 관측값들을 크기 순서대로 나열하면

33 41 41 42 44 44 46 46 46 46 48 50 50 51 53 53 54 55 60

이 되고, 여기서 최소값=33, $Q_1$=44, 중앙값=46, $Q_3$=53, 최대값=60이므로 사분위수범위는 $IQR = Q_3 - Q_1 = 53 - 44 = 9$가 된다. 따라서 위와 아래의 경계값은

위쪽 경계점: $Q_3 + 1.5 \times IQR = 53 + 1.5 \times 9 = 66.5$

아래쪽 경계점: $Q_1 - 1.5 \times IQR = 44 - 1.5 \times 9 = 30.5$

이며, 이때 관측값이 66.5보다 크거나 30.5보다 작은 값은 극단값으로 간주된다. 위에서 구한 값들을 이용하여 작성된 상자그림은 다음과 같다.

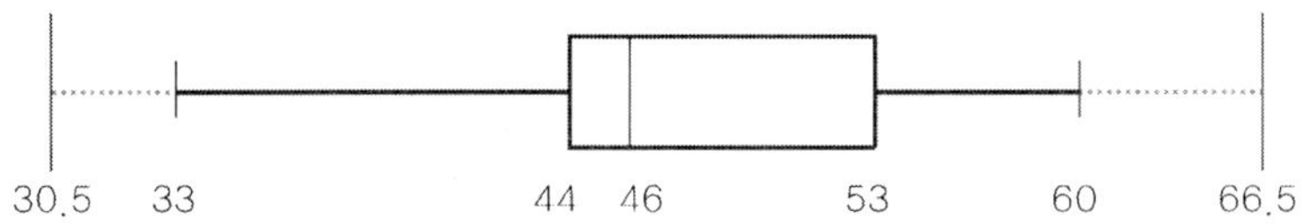


〈그림 3.11〉 파괴되는 딸기 쥬스량에 대한 상자그림

상자그림에서 중앙값은 상자의 중심부분에서 왼쪽에 있으며, 이는 전체 자료중에서 중간의 50%에 해당하는 관측값들이 중앙에서 약간 왼쪽 부분에 밀집되어 있는 비대칭인 형태를 띠고 있다는 것을 의미한다.

여기서 위쪽 경계점 66.5보다 크거나 아래쪽 경계점 30.5보다 작은 값은 없으므로, 극단값은 존재하지 않는다고 할 수 있다. ❀

**예제 3.17** 코카인 복용 후 정신착란으로 인한 사망자와 코카인 과다복용으로 인한 사망자간의 차이점에 대한 연구에서 혈액 속에 농축된 코카인을 측정한 결과, 〈표 3.13〉과 같은 결과를 얻었다고 하자. 상자그림을 작성하여 두 집단을 비교하여라.

〈표 3.13〉 정신착란 및 과다복용으로 인한 사망자의 혈액속에 농축된 코카인 양

| 구분 | 혈액속에 농축된 코카인 양 |
|---|---|
| 정신착란으로 인한 사망자 | 0 0 0 0 0.1 0.1 0.1 0.1 0.2 0.2<br>0.3 0.3 0.3 0.4 0.5 0.7 0.7 1.0 1.5<br>2.7 2.8 3.5 4.0 8.9 9.2 11.7 21.0 |
| 과다복용으로 인한 사망자 | 0 0 0 0 0 0.1 0.1 0.1 0.1 0.2 0.2<br>0.2 0.3 0.3 0.3 0.4 0.5 0.5 0.6 0.8<br>0.9 1.0 1.2 1.4 1.5 1.7 2.0 3.2 3.5<br>4.1 4.3 4.8 5.0 5.6 5.9 6.0 6.4 7.9<br>8.3 8.7 9.1 9.6 9.9 11.0 11.5 12.2 12.7<br>14.0 16.6 17.8 |

**풀이** (1) 정신착란으로 인한 사망의 경우

최소값=0, $Q_1$=0.1, 중앙값=0.4, $Q_3$=2.8, 최대값=21.0, $IQR = 2.7$

위쪽 경계점: $Q_3 + 1.5 \times IQR = 2.8 + 1.5 \times 2.7 = 6.85$

아래쪽 경계점: $Q_1 - 1.5 \times IQR = 0.1 - 1.5 \times 2.7 = -3.95$

(2) 과다복용으로 인한 사망의 경우

최소값=0, $Q_1$=0.3, 중앙값=1.6, $Q_3$=7.9, 최대값=17.8, $IQR = 7.6$

위쪽 경계점: $Q_3 + 1.5 \times IQR = 7.9 + 1.5 \times 7.6 = 19.0$

아래쪽 경계점: $Q_1 - 1.5 \times IQR = 0.3 - 1.5 \times 7.6 = -11.3$

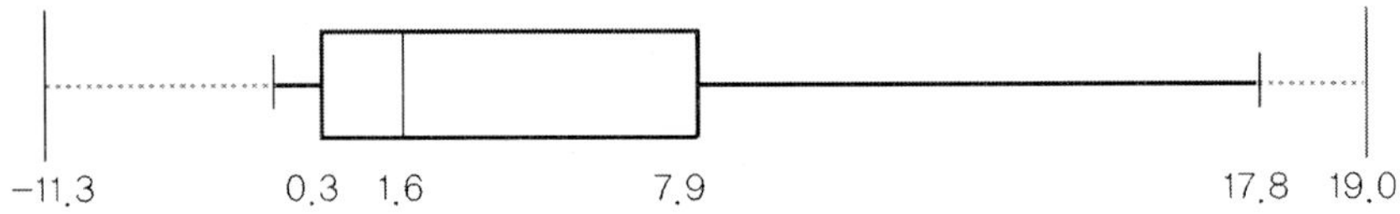


상자그림 (1)과 (2)에서 중앙값은 모두 상자의 왼쪽에 있다. 이것은 전체 자료중에서 중앙의 50%는 왼쪽에 밀집되어 있고, 나머지 자료는 오른쪽으로 꼬리를 길게 뻗은 형태로 흩어져 있다는 것을 의미한다. 그리고 (2)의 상자는 (1)의 상자보다 길다. 이것은 중앙의 50%에 해당하는 관측값들의 변화가 코카인 과다복용으로 인한 사망자의 경우에서 더 심하게 나타나고 있다는 것을 의미하는 것이다. 그리고 과다복용으로 인한 사망의 경우에는 극단값이 발견되지 않는 반면에 정신착란으로 인한 사망의 경우에는 극단값이 4개나 존재하고 있다. ❀

## 3.6 수학적 모형을 이용한 자료의 표현

지금까지 표나 그림, 또는 숫자를 이용하여 자료를 정리하고 요약하는 여러 가지 방법들에 대하여 알아보았다. 이러한 방법들을 사용하여 관측된 자료의 특성은 일반적으로 다음과 같은 절차를 거쳐 탐색하게 된다.

**TIP 자료의 특성 탐색 절차**

단계 1) 자료를 히스토그램 또는 줄기-잎 그림을 이용하여 그림으로 표현한다.
단계 2) 작성된 그림으로부터 전체적인 형태(자료의 중심위치, 흩어짐, 분포모양 등)와 극단값이 존재하는 지를 확인한다.
단계 3) 중심위치와 변화량을 나타내기 위한 평균과 표준편차 등의 값을 구한다.

주어진 자료가 연속형일 경우에는 이러한 단계에 덧붙여 자료의 전체적인 특성을 수학적으로 간략하게 묘사하기 위한 단계 즉, 관측된 자료를 이용하여 작성된 히스토그램으로부터 자료의 수가 매우 클 경우에 나타나게 될 분포 모양을 하나의 부드러운 곡선(smooth curve)으로 표현하는 단계가 추가되어 진다.

## 3.6.1 밀도곡선

<그림 3.12>는 서울의 A고등학교 3학년 학생들이 대학수학능력시험 모의고사에서 획득한 언어영역 점수에 대한 상대도수 히스토그램이다. <그림 3.12>에서 히스토그램은 거의 대칭이면서 양쪽 꼬리쪽으로 갈수록 상대도수는 줄어들고 있고, 극단값은 존재하지 않음을 알 수 있다. 여기서 히스토그램의 막대 윗부분을 하나의 부드러운 곡선 형태로 연결하여 그리면, 이때의 곡선이 자료가 가지고 있는 전체적인 형태를 잘 묘사해 주는 하나의 수학적 모형(mathematical model)이 되는 것이다.[5] 수학적 모형이란 자료가 가지고 있는 분포 모양을 하나의 수식 형태로 나타내어 주는 것으로서, 이때 불규칙적으로 관측되는 극단값들이 존재할 경우에는 곡선으로 표현하는데 있어 제외한다. <그림 3.12>에서 막대위에 그려진 곡선이 바로 A고등학교 3학년 학생들의 언어영역 점수 분포를 나타내는 하나의 수학적인 모형이 된다.

5) 일반적으로 수학적 모형은 자연 또는 사회과학분야에서 나타나는 많은 현상들과 관련된 문제를 설명하기 위한 도구로 사용되어진다. 마찬가지로 통계학에서도 주어진 하나의 변수에 대한 관측값들의 분포 형태를 수학적 모형으로 표현한 후, 이를 이용하여 많은 문제를 통계적으로 해결하게 된다.

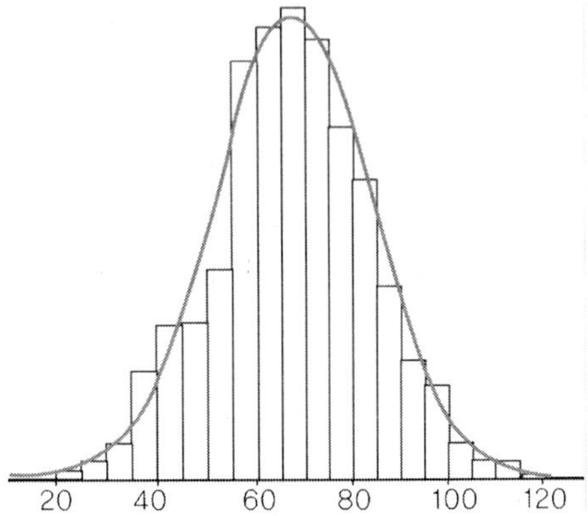


〈그림 3.12〉 A 고등학교 3학년 학생의 언어영역 점수의 히스토그램

일반적으로 히스토그램에서의 막대 면적은 해당 도수 또는 상대도수(=비율)의 크기를 나타낸다. <그림 3.13>에서의 막대 면적은 A고등학교 3학년 학생 315명 중에서 해당 점수를 받은 학생들의 상대도수를 나타내며, 따라서 전체 막대의 면적을 모두 더하면 1이 된다. <그림 3.13>의 (a)에서 음영 부분의 막대 면적은 전체 학생들 중 언어영역 점수가 60점 이하인 학생들의 상대도수를 나타내며, 여기서 60점 이하인 학생이 95명이라면 이때의 상대도수는 95/315=0.302가 된다.

<그림 3.13>의 (b)에서 만약 $x$축과 곡선 사이의 전체 면적이 정확히 1이라고 한다면 곡선 아래 음영부분의 면적은 언어영역 점수가 60점 이하인 학생들의 상대도수를 나타내게 되고, 이때 "곡선 아래의 면적=상대도수"의 관계가 성립하게 될 것이다. 이와 같은 관계가 성립되도록 만드는 곡선을 밀도곡선(density curve)이라 부른다.[6)]

**TIP 밀도곡선**

$x$축과 곡선 사이의 면적을 정확히 1이 되도록 만드는 곡선을 말한다. 밀도곡선은 변수로부터 관측되는 자료의 분포를 수학적으로 표현한 것이다.

---

6) A고등학교 3학년 학생들의 언어영역 점수가 평균이 70, 표준편차가 18.36인 정규분포를 따른다고 할 때 음영부분의 면적은 0.293이 되어 막대의 면적과는 0.01이라는 근소한 차이가 존재하게 된다.

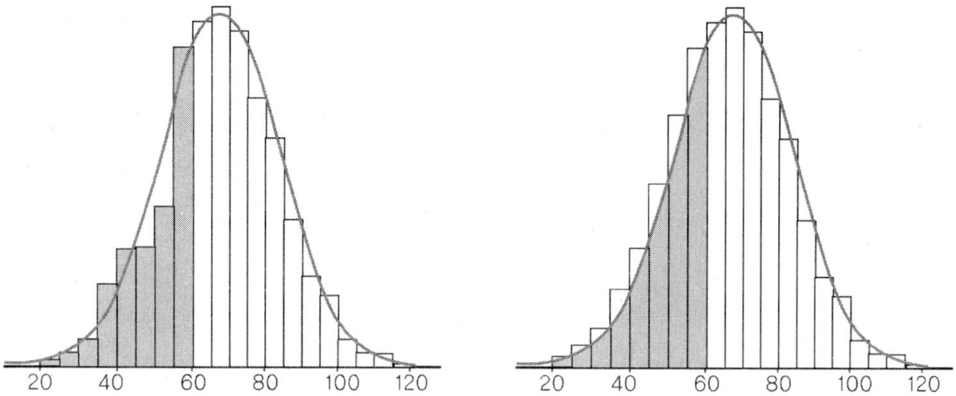


(a) 상대도수=0.302 (b) 밀도곡선 아래의 면적=0.292

〈그림 3.13〉 A 고등학교 3학년 학생 중 언어영역에서 60점 이하를 받은 학생의 비율

### 3.6.2 중심위치와 변화량

하나의 변수에 대한 분포 모양은 <그림 3.14>의 (a)~(c)에서 보는 바와 같이 대칭이거나 또는 어느 한쪽으로 찌그러져 있는 경우가 대부분이다. 여기서 (b)와 같이 관측값들이 왼쪽에 밀집되어 있으면서 오른쪽으로 꼬리가 길게 뻗어 있을 경우를 오른쪽으로 꼬리가 긴(positively skewed) 분포라 하고, 반대로 관측값들이 오른쪽에 밀집되어 있으면서 왼쪽으로 꼬리가 길게 뻗어 있을 경우를 왼쪽으로 꼬리가 긴(negatively skewed) 분포라고 한다. 예를 들어 어떤 과목의 기말시험이 매우 어려웠다고 할 때 높은 점수를 얻은 몇몇 학생들을 제외하고는 대부분의 학생들은 낮은 점수를 얻을 것이며, 이러한 경우에는 오른쪽으로 꼬리가 긴 분포의 형태가 나타난다. 반대로 시험이 쉬웠다고 할 경우에는 소수의 학생을 제외하고는 대부분 높은 점수를 얻게 되어 왼쪽으로 꼬리가 긴 분포의 형태를 띠게 된다.

관측값들로부터 평균, 표준편차 등을 계산할 수 있는 것처럼 밀도곡선의 중심위치와 변화량도 구할 수 있다. 즉, 밀도곡선에서 중앙값은 곡선의 면적을 이등분하는 점이 되고, 사분위수는 곡선의 면적을 4등분하는 점이 된다. 따라서 사분위수로부터 사분위수 범위도 구할 수 있다. 밀도곡선에서의 평균은 기하학적으로 무게 중심을 의미한다. 즉, 밀도곡선이 단단한 철판으로 만들어졌다고 할 경우 좌우 균형을 유지하는 점이 바로 밀도곡선에서의 평균이 되는 것이며, 이때의 평균값은 수학적으로 계산이 가능하다. 표준편차 역시 밀도곡선을 이용하여 수학적으로는 계산이 가능하다.

<그림 3.14>에서 (b)와 같이 분포 모양이 대칭일 경우, 평균과 중앙값은 정확히 일치한다. 하지만 (a)와 같이 분포의 모양이 오른쪽으로 꼬리가 길게 뻗은 있을 경우, 오른쪽으로 길게 뻗어있는 부분의 면적이 곡선을 오른쪽으로 기울게 하므로 무게 중심 즉, 평균은 중앙값보다 더 오른쪽에 있게 된다. 이와는 반대로 (c)와 같이 분포 모양이 왼쪽으로 꼬리가 길게 뻗어 있을 경우, 왼쪽으로 길게 뻗어있는 부분의 면적이 곡선을 오른쪽으로 기울게 하므로 평균은 중앙값보다 더 왼쪽에 있게 된다.

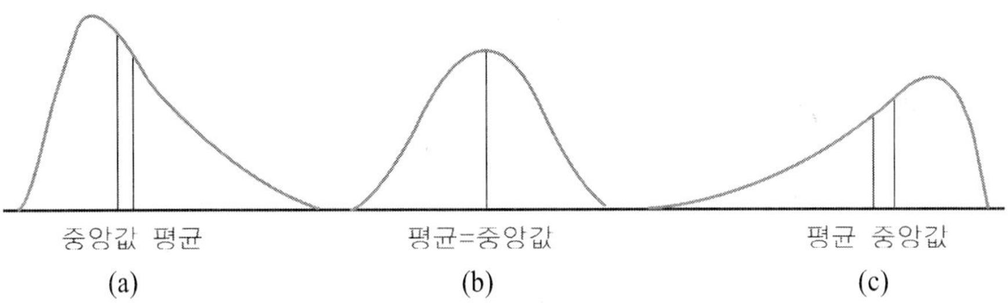


〈그림 3.14〉 분포의 형태에 따른 평균과 중앙값의 위치

**참고사항**

밀도곡선이란 관측된 자료를 이용하여 그 변수가 가지는 모든 관측값들의 분포를 이상적으로 묘사한 하나의 수학적인 모형이다. 예를 들어 〈그림 3.12〉에서 언어영역 점수에 대한 히스토그램은 정확하게 대칭이 아니라 대칭에 거의 가깝다. 하지만 히스토그램으로부터 그려진 밀도곡선은 정확히 대칭인 곡선이라고 할 수 있다. 따라서 밀도곡선에서의 평균 및 표준편차와 실제 관측된 자료로부터 계산되는 평균과 표준편차와는 다소 차이가 있으며, 그러한 차이를 구분할 필요가 있다. 일반적으로 이론적인 분포 즉, 밀도곡선에서의 평균과 표준편차는 그리스 문자인 $\mu$와 $\sigma$로 표기하며, 관측값으로부터 실제 계산되는 평균과 표준편차는 $\bar{x}$와 $s$로 표기한다.
실험 또는 조사로부터 얻게 되는 자료는 그 대상 전체(모집단)로부터 얻어지는 것이 아니라 전체의 일부분인 표본으로부터 얻어진다. 이러한 관점에서 볼 때 밀도곡선은 모집단 전부를 조사한 자료로부터 얻어지는 곡선이라고 할 수 있다. 모집단에서의 평균과 표준편차, 그리고 밀도곡선에서의 평균과 표준편차의 표기가 일치하는 이유는 바로 여기에 있다.

# 3.7 R 실습

## 3.7.1 표의 작성

### (1) 도수분포표

(실습 1-1) 예제 3.2)에서 도수 구하기

〈R 코드〉

```
> coin = c(2,2,0,1,1,1,2,3,1,2,2,3,3,4,1,3,2,3,3,1,2,2,1,2,2)
> frequency = rep(0, 5)
> for(i in 1:5){
+  frequency[i] = length(coin[coin == i-1])
+ }
> frequency
  [1]  1  7  10  6  1
```

〈R 코드 설명〉

- 자료값을 coin이라는 이름으로 입력한다.
- 동전을 4회 던져서 앞면이 나올 수 있는 경우의 수는 5가지(0,1,2,3,4)이기 때문에 각 결과가 발생한 도수를 세어 저장할 공간벡터를 만들어야 한다. 이를 위하여 함수 rep(0, 5)를 사용하여 0이란 5개의 값을 가지는 벡터 frequency를 만들며, 이때 벡터 frequency에는 25명이 동전을 던졌을 때 앞면이 나타난 도수가 저장된다.
- 반복문 for를 사용하여 앞면이 나타난 횟수(0, 1, 2, 3, 4)에 대한 각각의 도수를 구한다. 여기서 length( )는 벡터의 크기를 출력해주는 함수로서,[7] length(coin[coin

7) "length(coin)"이라고 입력하면 coin 속에 포함된 자료의 개수를 출력해준다.

== i-1])는 i가 1이면 coin의 값이 0인 경우에 도수를 구하는 것이 된다. 반복문이 종료되면 각각에 대한 도수가 frequency에 저장된다.

(실습 1-2) 예제 3.2)에서 상대도수와 누적상대도수 구하기

〈R 코드〉

```
> relative = frequency / length(coin)
> round(relative, 2)
  [1] 0.04 0.28 0.40 0.24 0.04
> cumulative = cumsum(relative)
> round(cumulative, 2)
  [1] 0.04 0.31 0.69 0.96 1.00
```

〈R 코드 설명〉

- relative = frequency / length(coin)은 상대도수를 계산하기 위한 R코드이다.
- round 함수는 소수점 아래의 수를 지정할 때 사용되는 함수로서 반올림의 원리가 적용된다. 따라서 round(relative, 2)는 상대도수(relative)의 값을 소수점 2자리까지만 출력하라는 명령이다.
- cumsum 함수는 누적값을 출력해주는 함수이다.[8] 따라서 누적된 상대도수의 값들은 벡터 cumulative에 저장된다.

8) 예를 들어 R console 창에서 아래와 같이 입력하면 "> x = c(1,1,1,1,1); cumsum(x)" "[1] 1 2 3 4 5"와 같은 결과가 출력된다.

(실습 1-3) 예제 3.2)에서 도수분포표의 작성

〈R 코드〉

```
> result = data.frame(도수=frequency, 상대도수 = round(relative,2),
  누적상대도수=round(cumulative,2))
> rownames(result) = c(0, 1, 2, 3, 4)
> result
       도수  상대도수  누적상대도수
   0    1     0.04        0.04
   1    7     0.28        0.32
   2   10     0.40        0.72
   3    6     0.24        0.96
   4    1     0.04        1.00
```

〈R 코드 설명〉

○ 도수분포표에는 문자와 숫자가 혼합되어 있기 때문에 data.frame 함수를 사용하여 도수, 상대도수, 누적상대도수 등에 대한 정보를 저장하여야 한다. 여기서는 result라는 이름으로 저장하였다.

○ rownames 함수는 행의 이름을 0, 1, 2, 3, 4로 부여하기 위하여 사용되었다.

실습 2-1) 예제 3.3)에서 도수 구하기

〈R 코드〉

```
> score = c(71,84,68,75,91,87,63,77,81,98,57,73,74,85,50,
  62,66,78,65,59,75,89,94,93,86,61,87,74,70,67)
> range = max(score) - min(score)
> frequency = rep(0,6)
> for(i in 1:6){
+ if(i == 6) frequency[i] = length(score[score >= 90])
+ else frequency[i] = length(score[score >= 50 + 8*(i-1) &
                                   score < 58 + 8*(i-1)])
+ }
> frequency
  [1] 2 5 6 7 6 4
```

〈R 코드 설명〉

○ 기말시험 점수를 score라는 이름으로 저장한다.

○ max와 min 함수를 이용하여 범위 range를 구한다.

○ 각 구간별로 도수를 계산하여 저장할 공간벡터 frequency를 만든다.

○ 반복문 for를 사용하여 각 구간별로 도수를 계산한다.
여기서 length(score[score >= 50+8*(i-1) & score < 58+8*(i-1)])은 50점 이상 58점 미만인 학생들의 도수를 계산하라는 명령이며, 8점 단위로 구간을 나누었기에 8*(i-1)로 나타내었고, &는 연산자 and를 의미한다.

실습 2-2) 예제 3.3)에서 상대도수 및 누적상대도수 구하기

〈R 코드〉

```
> relative = frequency / length(score)
> round(relative, 2)
  [1] 0.07 0.17 0.20 0.23 0.20 0.13
> cumrelative = cumsum(relative)
> round(cumrelative, 2)
  [1] 0.07 0.24 0.44 0.67 0.87 1.00
```

〈R 코드 설명〉

○ relative = frequency / length(coin)은 상대도수를 계산하라는 명령이다.

○ round(relative, 2)는 상대도수의 값을 소수점 2자리까지만 출력하라는 의미이다.

○ cumrelative = cumsum(relative)는 누적된 상대도수의 값들은 cumrelative에 저장하라는 의미이다.

(실습 2-3) 예제 3.3)에서 도수분포표의 작성

〈R 코드〉

```
> result = data.frame(도수=frequency, 상대도수 = round(relative, 2),
  누적상대도수=round(cumrelative, 2))
> rownames(result) = c("50이상~58미만", "58이상~66미만", "66이상~74미만",
  "74이상~82미만", "82이상~90미만", "90이상")
> result
              도수  상대도수   누적상대도수
50이상~58미만   2    0.07        0.07
58이상~66미만   5    0.17        0.24
66이상~74미만   6    0.20        0.44
74이상~82미만   7    0.23        0.67
82이상~90미만   6    0.20        0.87
90이상          4    0.13        1.00
```

〈R 코드 설명〉

○ 도수분포표의 형태로 출력하기 위하여 이름이 result인 데이터 프레임으로 저장하였다.

○ rownames 함수는 첫 번째 열에 구간을 명시하기 위하여 사용되었다.

### (2) 분할표

(실습 3) 예제 3.4)의 분할표 작성. 단, 자료는 현재 사용 중인 디렉토리에 salary.csv란 파일명으로 저장되어 있다고 가정함.

〈R 코드〉

```
> salary = read.csv("salary.csv", header=T)
> table(salary)
        월급여
  학력   A B C
  고졸   1 6 3
  대졸   0 2 5
  중졸   6 1 0
```

〈R 코드 설명〉

○ read.csv("파일명", header=T) 함수를 사용하여 자료를 읽어 들인다. 저장된 자료의 첫 번째 행이 변수 이름으로 이루어져 있기 때문에 header=T를 사용하였다.

○ table 함수는 자료를 표 형태로 나타내고자 할 때 사용되는 함수이며, salary는 4개의 행과 3개의 열이 있는 표 형태의 자료이다. 따라서 table 함수에 의해서 자료 salary는 분할표 형태로 만들어지는 것이다.

## 3.7.2 그림의 작성

### (1) 막대그림

(실습 4) 예제 3.5)에서의 막대그림 작성

〈R 코드〉

```
> coin = c(2,2,0,1,1,1,2,3,1,2,2,3,3,4,1,3,2,3,3,1,2,2,1,2,2)
> table(coin)
coin
 0  1  2  3  4
 1  7 10  6  1
> barplot(table(coin), xlab="앞면이 나온 횟수", ylab="빈도수", main="4회
  동전 던지기 결과")
> barplot(table(coin)/length(coin), xlab="앞면이 나온 횟수", ylab="비율",
  main="4회 동전 던지기 결과")
```

〈R 코드 설명〉

○ 막대그림을 작성하기 위해서는 각 범주별 도수를 먼저 구하여야 하며, 이때 사용되는 함수가 table 함수이다.

○ 막대그림을 그리기 위해서는 barplot 함수가 사용되며, 함수에서는 그림을 그려야 할 자료 이름과 기타 필요한 여러 가지 명령어를 옵션으로 지정한다. 여기서 table(coin)은 자료 이름을, xlab="앞면이 나온 횟수"는 x축의 이름을, ylab="빈도수"는 y축의 이름을, main="4회 동전 던지기 결과"는 막대그림의 제목을 각각 나타내고 있다. 그림을 작성하는데 있어 공통적으로 사용되는 기본 명령어는 <표 3.14>에 주어져 있다.

○ 상대도수에 대한 막대그림을 그리기 위해서는 각 범주에 대한 도수를 전체 도수로 나누어 준 명령어 즉, table(coin)/length(coin)를 입력하여야 한다.

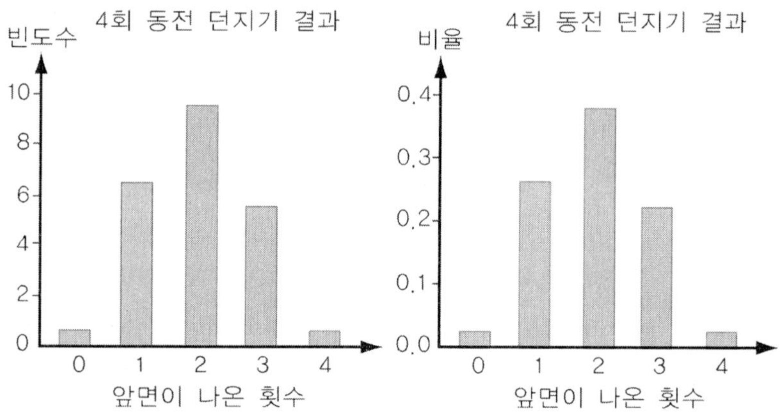


(a) 빈도수 (b) 상대도수

〈그림 3.15〉 막대그림 작성 결과

〈표 3.14〉 그림 그리기에서 사용되는 명령어

| 구 분 | 내 용 | 사용 예제 |
|---|---|---|
| main | 제목 출력 | main = "그리기 예제" |
| xlab | x축의 이름 출력 | xlab = "학년" |
| ylab | y축의 이름 출력 | ylab = "키" |
| xlim | x축 값의 출력 범위 지정 | xlim = c(1, 10) |
| ylim | y축의 값의 출력 범위 지정 | ylim = c(100, 200) |
| cex | 출력되는 점들의 크기 결정,<br>기본적으로 cex=1로 되어있음 | cex = 0.5 |
| col | 출력되는 점 또는 선의 색깔을 지정해주며 기본색은 검정색임<br>col="색상" 또는 col=숫자 | 색상으로는 "red", "blue", "green", "yellow" 등이 사용할 수 있으며, 숫자를 입력해도 됨. 예) col = "red" 또는 col = 3 |
| type="l" | 출력되는 점들을 선으로 연결해줌 | type = "l" |
| lty | 출력되는 선의 형태를 결정,<br>기본적으로 연속된 선으로 출력 | lty = "dashed"는 점선으로 출력함 |

## (2) 히스토그램

(실습 5) 예제 3.7)에서의 히스토그램 작성

〈R 코드〉

```
>salary= c(207,300,101,212,185,423,278,283,258,225,171,549,193,205,
   252,186,254,256,279,276,128,352,415,242,199,195,367,400,361,251,
   357,221,236,235,274,176,452,157,345,450,201,247,353,179,250,366,
   190,175,342,171,124,223,269,249,182,390,173,100,502,170,191,360,
   254,205,145,344,418,146,300,272,210,227,227,368,100,257,153,374,
   418,280,229,229,274,203,141,316,255,241,422,204)
> hist(salary, main="농협 직원임금", xlab="임금", ylab="도수", col="lightblue", "breaks=7")
> hist(salary, main="농협 직원임금", xlab="임금", ylab ="상대도수",
  col="lightblue", prob=TRUE)
```

〈R 코드 설명〉

- 월 임금을 벡터 salary에 저장한다.
- 히스토그램을 그리기 위해서 사용되는 함수는 hist이며, 함수에서 자료 이름과 기타 필요한 명령어(옵션임)가 입력된다. 여기서 main="농협 직원임금"은 히스토그램의 제목을, xlab="임금"은 x축의 이름을, ylab = "도수"는 y축의 이름을, col = "lightblue"은 히스토그램의 색상을 나타내기 위하여 사용되었다. 명령어 col=에서 사용 가능한 색상으로는 red, blue, green, … 등이 있으며, 자세한 사항은 help를 참조하기 바란다.
- 히스토그램에서 y축을 상대도수로 나타내고자 할 경우에는 hist 함수에서 명령어 prob=T를 옵션으로 입력하면 된다.
- 히스토그램의 구간 개수를 조절하고자 할 경우에는 명령어 breaks=을 사용하면 된다. 예를 들어 구간의 개수를 6개로 하고자 할 경우에는 breaks=7로 하면 된다 (여기서 breaks의 의미는 눈금의 개수를 나타내고 눈금의 개수는 구간의 개수보다 1개 많기 때문에 7로 하였다. 하지만 breaks에서 항상 지정하는 개수대로 출력이 되지 않고, 때에 따라서는 지정 개수와 무관하게 자료의 분포모양에 따라 자동적으로 조정되기도 한다).

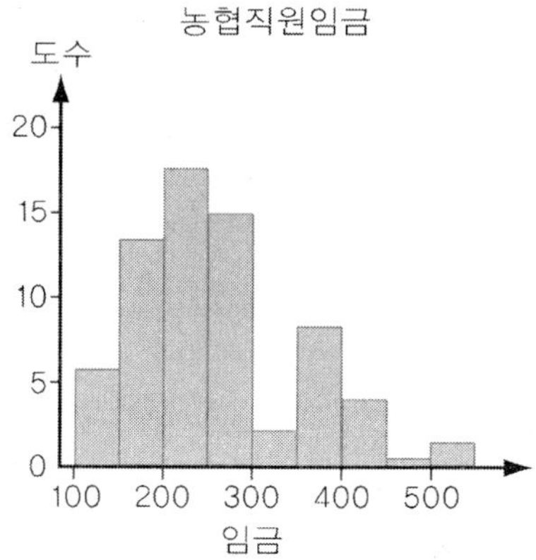


(a) 도수

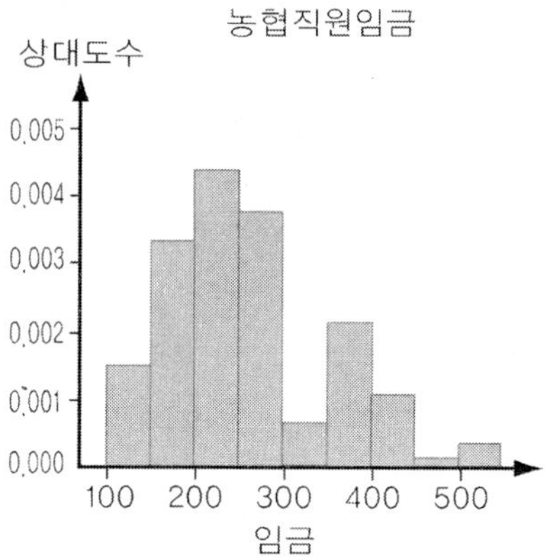


(b) 상대도수

〈그림 3.16〉 히스토그램 작성 결과

(실습 6) 예제 3.9)에서의 원형그림 작성

〈R 코드〉

```
> honeymoon = c(12,14,8,6)
> names(honeymoon) = c("하와이", "동남아", "유럽", "기타")
> pie(honeymoon labels= "  " )
> text(-0.5,0, "35%", col= "black")
> text(-0.5,0.2, "동남아", col= "red")
> text(0.3,0.3, "30%", col= "black")
> text(0.3,0.4, "하와이", col= "black")
> text(0,-0.4, "유럽", col= "black")
> text(0.5,-0.2, "기타", col= "black")
> text(0,-0.5, "20%", col= "black")
> text(0.5,-0.3, "15%", col= "black")
```

〈R 코드 설명〉

- 주어진 자료를 벡터 honeymoon에 저장한다.
- honeymoon에 입력된 각 값에 대한 범주 이름을 부여하기 위하여 names 함수가 사용되었다.
- 원형그림을 그리기 위한 함수는 pie( )이며, 여기서는 입력된 자료 honeymoon에 대한 원형그림을 작성해 준다.
- 그림 속에 문자가 나타나도록 하기 위하여 사용되는 함수는 text이다. 만약 좌표점 (x, y)에 문자가 출력되도록 하기를 원한다면 text(x, y, "문자", 기타 옵션) 형식으로 입력하여야 하고, 원형그림의 경우 중심점의 위치는 (0, 0)으로 설정되어 있다.

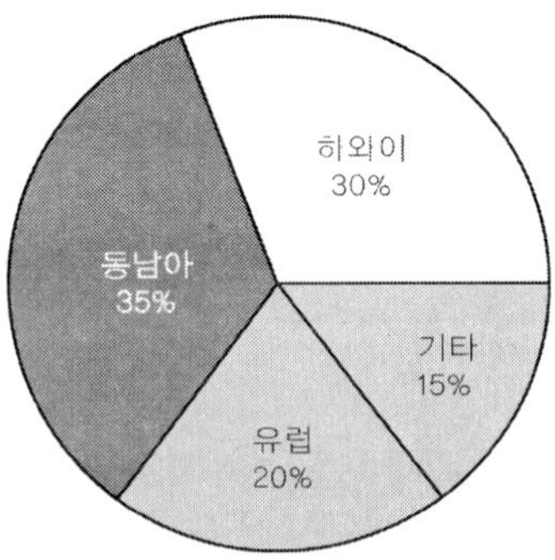


〈그림 3.17〉 원형그림 작성 결과

※ 원자료가 주어졌을 경우 예를 들어, 10명의 고등학생을 대상으로 보충수업을 희망하는 과목이 어떤 것인지를 조사한 결과가 주어졌다고 할 때 원형그림의 작성은 다음과 같이 하면 된다.

```
> subjects = c("국어", "수학", "수학", "수학", "영어", "영어", "영어", "수학",
  "영어", "수학")
> table(subjects)
> pie(table(subjects), main="보충수업희망과목")
```

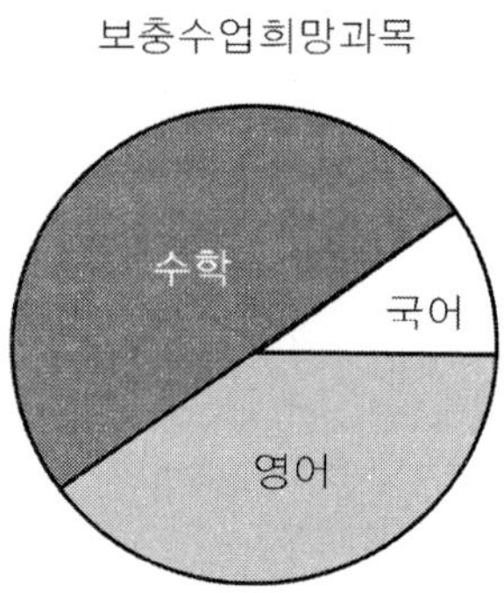


〈그림 3.18〉 원형그림 작성 결과

(실습 7) 예제 3.10)에서의 줄기-잎 그림 작성

〈R 코드〉

```
> score = c(71,84,68,75,91,87,63,77,81,98,57,73,74,85,50,62,66,78,
  65,59,75,89,94,93,86,61,87,74,70,67)
> stem(score, scale=1.0)
> stem(score, scale=0.5)
```

〈R 코드 설명〉

○ 줄기-잎 그림을 작성하고자할 경우에 사용되는 함수는 stem( )이며, 줄기의 크기는 명령어 scale을 이용하여 조정하면 된다.

```
5 | 079
6 | 1235678
7 | 013445578
8 | 1456779
9 | 1348
```

(a) scale=0.5로 할 경우

```
5 | 0
5 | 79
6 | 123
6 | 5678
7 | 01344
7 | 5578
8 | 14
8 | 56779
9 | 134
9 | 8
```

(b) scale=1.0으로 할 경우

〈그림 3.19〉 줄기-잎 그림 작성 결과

### 3.7.3 기술통계량의 계산

R에서는 <표 3.15>에 주어진 함수를 이용하여 기술통계량의 값이 출력되도록 정의하고 있다.

〈표 3.15〉 기술통계량의 함수

| 함수명 | 기 능 | 함수명 | 기 능 |
|---|---|---|---|
| mean(자료값) | 평균 계산 | range(자료값) | 최소값, 최대값 출력 |
| var(자료값) | 분산 계산 | sort(자료값) | 오름차순 정렬 |
| sd(자료값) | 표준편차 계산 | sort(자료값, decresing=TRUE) | 내림차순 정렬 |
| max(자료값) | 최대값 | median(자료값) | 중앙값 |
| min(자료값) | 최소값 | quantile(자료값) | 분위수 |
| length(자료값) | 자료의 크기 | summary | 요약 통계량 출력 |

(실습 9) 예제 3.12)에서의 평균과 중앙값의 계산

〈R 코드〉

```
> lifetime=c(15, 3, 46, 623, 126, 64)
> mean(lifetime)
  [1] 146.2
> median(lifetime)
  [1] 55
```

(실습 9-1) 예제 3.13)에서의 분산 계산

〈R 코드〉

```
> A = c(20,30,40,50,60,70)
> B = c(20,43,44,46,47,70)
> C = c(40,43,44,46,47,50)
> var(A); var(B); var(C)
  [1] 350
  [1] 252
  [1] 12
```

(실습 9-2) 예제 3.13)에서의 점도표 작성

〈R 코드〉

```
> weight = rbind(C,B,A)
> library(lattice) # 점도표 작성을 위한 라이브러리
> dotplot(weight, pch = 19, ylab="학교")
```

〈R 코드 설명〉

- 점도표를 그리기 위해서는 dotplot 함수를 사용한다. dotplot 함수를 사용하기 위해서는 lattice라는 라이브러리가 필요하기 때문에 library(lattice)를 추가하였다. library를 추가할 때는 R 프로그램의 "메뉴"의 "패키지"에서 하위 메뉴인"패키지 인스톨"을 이용하여야 한다(1장 참조).
- "dotplot(..., pch=19,...)" 명령어 pch는 점의 모양을 지정하는 것으로서 입력하는 숫자에 따라 점의 모양이 달라진다.

(실습 10) 예제 3.14)에서의 평균, 분산, 범위, 사분위수 범위 계산

〈R 코드〉

```
> child = c(5, 6, 3, 7, 9)
> mean(child)
  [1] 6
> var(child)
  [1] 5
> range(child)
  [1] 3  9
> quantile(child, 0.75)-quantile(child, 0.25)
 75%
   2
```

(실습 11) 예제 3.15)에서의 변이계수 계산

〈R 코드〉

```
> baby = c(50, 53, 49, 51, 52)
> adult = c(176, 169, 181, 174, 177)
> baby.mean = mean(baby); baby.sd = sd(baby)
> adult.mean = mean(adult); adult.sd = sd(adult)
> baby.CV = 100 * (baby.sd / baby.mean)
> adult.CV = 100 * (adult.sd / adult.mean)
> round(baby.CV, 2)
  [1] 3.10
> round(adult.CV, 2)
  [1] 2.50
```

〈R 코드 설명〉

○ 변이 계수는 계산 공식을 R 코드화하여 구하면 된다.

(실습 12) 예제 3.16)에서의 상자그림 작성

〈R 코드〉

```
> juice = c(46, 51,44,50,33,46,60,41,55,46,53,53,42,44,50,54,46,41,48)
> boxplot(juice, xlab = "쥬스량")
```

〈R 코드 설명〉

○ 상자그림을 그리기 위한 함수는 boxplot( )이다. boxplot 함수에서 자료의 이름과 x축의 이름을 지정해 주어야 한다. 주어진 자료가 벡터 형태이면 하나의 상자그림이, 자료가 행렬 형태 또는 데이터 프레임 형태이면 열의 개수 만큼의 상자그림이 그려진다.

(실습 13) 예제 3.17)에서의 상자그림 작성

〈R 코드〉

```
> mental =c(0,0,0,0,0.1,0.1,0.1,0.1,0.1,0.2,0.2,0.3,0.3,0.3,0.4,0.5,0.7,
  0.7,1.0,1.5,2.7,2.8,3.5,4.0,8.9,9.2,11.7,21.0)
> overuse = c(0,0,0,0,0.1,0.1,0.1,0.1,0.1,0.2,0.2,0.3,0.3,0.3,0.4,0.5,
  0.5,0.6,0.8,0.9,1.0,1.2,1.4,1.5,1.7,2.0,3.2,3.5,4.1,4.3,4.8,5.0,5.6,5.9,
  6.0,6.4,7.9,8.3,8.7,9.1,9.6,9.9,11.0,11.5,12.2,12.7,14.0,16.6,17.8)
> par(mfrow=c(1,2))
> boxplot(mental, xlab="정신착란")
> boxplot(overuse, xlab="과다복용")
```

〈R 코드 설명〉

○ 비교하고자 하는 자료의 크기가 동일하면 cbind 함수를 이용하여 자료를 덧붙인 후에 boxplot 함수를 사용하면 된다. 그러나 비교하려고 하는 자료의 크기가 서로 다를 경우에는 boxplot 함수를 두 번 사용해야 하며, 이때 두개의 상자그림을

동시에 그리기 위해서는 par(mfrow=c(1,2)) 함수를 이용해야 한다. 여기서 명령어 mfrow는 행과 열을 어떻게 할 것인지를 지정하는 것으로 c(1, 2)라고 하면 한 행에 두 개의 열 형태로 나란히 상자그림이 그려지도록 하라는 뜻이다.

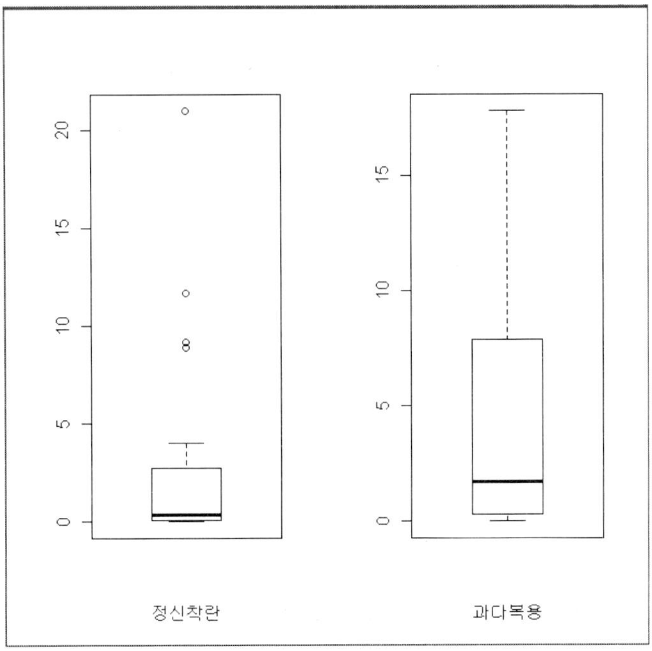


〈그림 3.20〉 상자그림 작성 결과

(실습 14) 그림 겹쳐 그리기(그림 3.12 참조)

〈R 코드〉

```
> score = c(71,84,78,75,91,87,63,81,98,57,73,77,74,85,50,62,66,78,65,
  59,75,89,94,93,86,61,87,74,70,67)
> hist(score, main="언어영역 점수", xlab="점수", ylab="density",
  prob=T, col ="lightblue")
> x=sort(score)
> curve(dnorm(x,mean(x),sd(x)),col="black", add=T)
```

〈R 코드 설명〉

- 프로그램 작성 과정은 먼저 히스토그램을 그린 후에 정규밀도함수를 추가하여야 한다. 히스토그램 작성 시 상대도수를 나타내기 위하여 명령어 prob=T를 사용하였다.
- sort 함수를 사용한 이유는 자료에 대한 밀도함수를 추가하는데 있어 자료가 순서대로 되어 있지 않으면 곡선이 지그재그로 그려지기 때문이다.
- curve 함수는 자료의 평균과 표준편차를 갖는 정규밀도함수를 그리게 하며, 이 곡선은 명령어 add=T에 의하여 앞서 작성된 히스토그램에 추가된다.

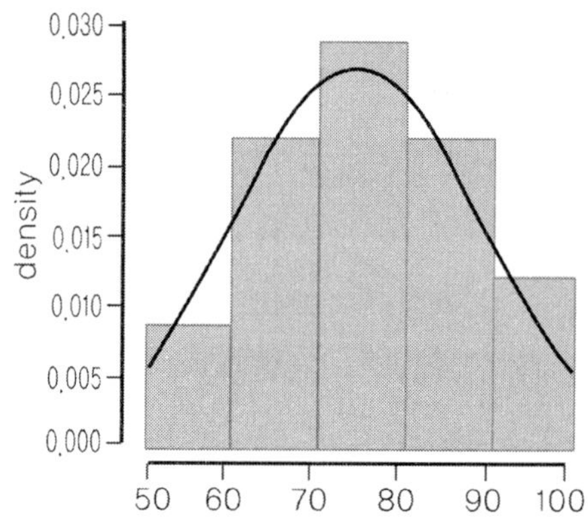


〈그림 3.21〉 그림 겹쳐 그리기 출력 결과

## 연습문제

1. 모 대학 병원에서 관리하고 있는 환자들에 대한 기록에 다음과 같은 항목들이 포함되어 있다고 한다. 질적변수와 양적변수로 구분하여라.

   (1) 성별　(2) 나이　(3) 인종　(4) 흡연 여부
   (5) 혈압　(6) 키　(7) 몸무게

2. A 교수가 가지고 있는 통계학 수강 학생들에 대한 자료가 다음과 같다고 할 때

| 이름 | 전공 | 점수 | 학점 |
|---|---|---|---|
| 김종훈 | 전산 | 397 | B |
| 강민정 | 역사 | 323 | C |
| 김기찬 | 생물 | 446 | A |
| 방승희 | 심리 | 405 | B |
| 임수빈 | 심리 | 461 | A |

   1) 자료속에 포함된 변수를 모두 쓰라.
   2) 자료속에 포함되어 있는 변수를 질적변수와 양적변수로 구분하여라.

3. 어느 교육기관의 전자계산소에서 30일 동안 컴퓨터의 고장횟수를 조사한 결과 다음과 같은 자료를 얻었다. 도수분포표를 작성하여라.

   1 3 1 1 0 1 0 1 1 0 2 2 0 0 0
   1 2 1 2 0 0 1 6 4 3 3 1 2 4 0

4. 미국의 홈런왕 베이비 루드(Babe Ruth)가 1920년부터 1934년까지 양키스팀에 있으면서 매년 기록한 홈런수가 다음과 같을 때 줄기-잎 그림을 작성하여라.

   54 59 35 41 46 25 47 60 54 46 49 46 41 34 22

5. 어느 대학교 학생들 중에서 42명을 랜덤으로 뽑아 혈액 중의 콜레스테롤 수치를 조사한 결과 다음과 같은 자료를 얻었다.

| | | | | | | | | | | | | | |
|---|---|---|---|---|---|---|---|---|---|---|---|---|---|
| 239 | 212 | 249 | 227 | 218 | 310 | 281 | 330 | 226 | 233 | 223 | 161 | 195 | 233 |
| 249 | 284 | 245 | 174 | 154 | 256 | 196 | 299 | 210 | 301 | 199 | 258 | 205 | 195 |
| 227 | 244 | 355 | 234 | 195 | 179 | 367 | 282 | 265 | 286 | 267 | 176 | 195 | 163 |

1) 도수분포표를 작성하여라(단, 구간의 개수는 6개로 할 것).

2) 히스토그램을 그리고, 분포의 특징에 대하여 설명하여라.

6. 과학고등학교에 지원한 학생들에 대한 심리검사 점수가 다음과 같다고 한다.

| | | | | | | | | | | |
|---|---|---|---|---|---|---|---|---|---|---|
| 남학생 | 154 | 109 | 137 | 115 | 152 | 140 | 154 | 178 | 101 | |
| | 103 | 126 | 126 | 137 | 165 | 165 | 129 | 200 | 148 | |
| 여학생 | 108 | 140 | 114 | 91 | 180 | 115 | 126 | 92 | 169 | 146 |
| | 109 | 132 | 75 | 88 | 113 | 151 | 70 | 115 | 187 | 104 |

1) 줄기-잎 그림을 그려 두 집단을 비교하여라.

2) 두 집단의 중앙값, 범위, 사분위수 범위를 구하여 비교하여라.

3) 상자그림을 그려 극단값이라고 의심될 만한 값이 존재하는지를 확인하여라.

7. 다음은 세계 주요 도시의 연 평균 기온을 측정한 자료이다.

| 도 시 | 기 온 | 도 시 | 기 온 |
|---|---|---|---|
| 서 울 | 11.1 | 런 던 | 10.5 |
| 동 경 | 15.0 | 베를린 | 9.5 |
| 북 경 | 12.0 | 워싱턴 | 13.9 |
| 상 해 | 16.1 | 뉴 욕 | 12.6 |
| 홍 콩 | 28.4 | 시카고 | 10.5 |
| 마닐라 | 27.3 | 모스크바 | 4.4 |
| 사이공 | 27.0 | 스톡홀름 | 6.6 |
| 방 콕 | 28.0 | 호놀룰루 | 24.4 |
| 싱가폴 | 27.1 | 멕시코시티 | 15.1 |
| 뉴델리 | 25.3 | 시드니 | 21.9 |

1) 줄기-잎 그림을 작성하여라.

2) 상자그림을 그려라.

8. 어떤 회사 사무직 직원 10명에 대한 월급여액(단위: 만원)을 조사한 결과 다음과 같은 자료를 얻었다.

42 58 55 61 52 66 38 72 95 420

1) 평균과 중앙값을 구하여라.

2) 평균과 중앙값 중 어느 것을 중심위치를 나타내는 통계량으로 쓰는 것이 바람직한가?

3) 표준편차를 계산하여라.

9. 어떤 자동차회사에서는 3년 후에 새로운 모델의 승용차를 생산할 계획을 가지고 디자인 개발팀을 구성하였다. 개발팀에는 팀장을 중심으로 5명의 전문 디자이너가 있으며, 이들의 연봉은 경력을 고려하여 다음과 같이 각각 책정되었다고 한다(단위: 백만원). 평균과 중앙값 중 어느 것이 이들의 연봉에 대한 대표값으로 바람직한지를 설명하여라.

240 70 90 80 60 120

10. 서울 올림픽의 여자 양궁 결승에서 한국선수와 스웨덴선수가 기록한 점수이다.

| 회 수 | 한 국 | 스웨덴 |
|---|---|---|
| 1 | 118 | 119 |
| 2 | 116 | 105 |
| 3 | 117 | 110 |

1) 각 선수의 점수에 대한 평균과 표준편차를 구하여라.

2) 어느 나라 선수가 더 우수한 선수라고 판단되는지를 설명하여라.

11. 다음 자료는 서울의 어느 초등학교 6학년 학생 60명의 앉은키를 조사한 결과이다.

76 74 80 81 83 82 78 76 83 76 81 73 77 77 72 75 76 77
82 79 75 71 78 75 82 70 77 71 80 81 80 75 82 72 85 84
82 72 72 70 77 80 71 85 85 80 78 78 73 81 82 72 78 81
82 78 83 81 77 75

1) 평균과 표준편차를 구하여라.
2) 줄기-잎 그림을 그려 분포의 특징을 개략적으로 설명하여라.

12. 서울 강남구에서는 한 가구당 1년 동안 소모하는 전력량을 조사하기 위하여 랜덤으로 30 가구를 선정하여 다음과 같은 자료를 얻었다.

| | | | | | | | | | |
|---|---|---|---|---|---|---|---|---|---|
| 728 | 774 | 859 | 882 | 791 | 731 | 838 | 862 | 880 | 831 |
| 759 | 837 | 832 | 836 | 860 | 856 | 787 | 715 | 752 | 778 |
| 849 | 792 | 838 | 714 | 839 | 752 | 834 | 838 | 835 | 751 |

1) 줄기-잎 그림을 그려라.
2) 사분위수를 구하고, 상자그림을 그려라.
3) 분포의 특징을 개략적으로 설명하여라.

# 4장
# 표본의 추출

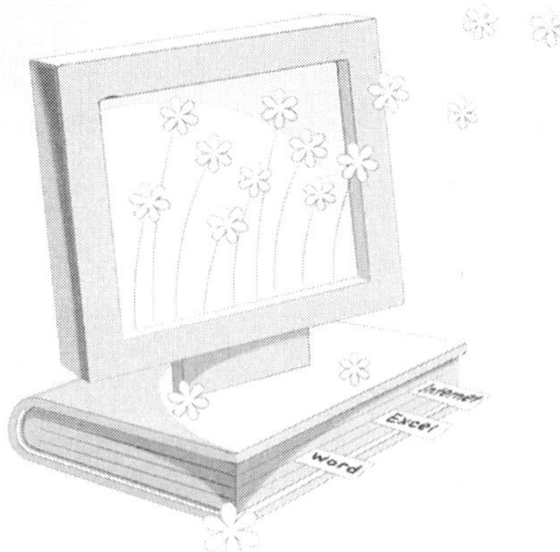

# 4.1 기본용어와 정의

## 4.1.1 모집단과 표본

통계학은 자료를 분석하는 학문이다. 따라서 통계적 분석을 위해서는 먼저 자료를 수집하게 되며, 수집된 자료를 이용하여 표나 그래프, 또는 숫자 등을 사용하여 자료의 특성을 분석하게 된다.

자료를 수집하기 위해서는 대상이 되는 집단 전체를 모두 조사하거나 또는 시간과 비용의 문제를 고려하여 전체 중 일부를 뽑아 조사하게 된다. 이때 대상이 되는 집단 전체를 모집단(population)이라 하고, 이 모집단을 하나도 빠짐없이 조사하는 것을 전수조사(complete survey)라 한다. 그리고 조사하기 위해 뽑힌 모집단의 일부분을 표본(sample)이라 하며, 이 표본만을 조사하는 것을 표본조사(sample survey)라고 한다. 전수조사는 국가 통계의 중요한 기초가 되는 인구 및 주택 총 조사와 같은 특별한 경우에 실시하며, 대부분의 경우 표본조사를 통하여 필요한 자료를 수집하게 된다.

**TIP 모집단과 표본**

> 조사 대상이 되는 전체 집단을 모집단, 모집단에서 뽑힌 일부분을 표본이라 한다.

모집단의 특성은 전수조사를 하게 되면 정확히 알 수 있다. 하지만 모집단 전체를 조사하는 것이 불가능하거나 또는 가능하다 하더라도 엄청난 비용과 시간을 필요로 하는 경우가 대부분이다. 따라서 우리는 모집단의 일부인 표본을 추출한 후 그것을 이용하여 관심있는 변수에 대한 모집단의 특성을 추측하게 되는 것이다. 표본조사가 이루어지는 대표적인 예로 다음과 같은 경우를 들 수 있다.

(1) 전구의 수명조사와 같이 조사 대상이 파괴될 경우

(2) 농사와 관련된 실험과 같이 시간, 경비 노력 등을 절약하고자 할 경우

(3) 새로이 개발된 암치료법의 효과를 판단한다고 할 때 조사 대상이 현재 암에 걸린 환자뿐만 아니라 미래에 암에 걸릴 환자까지 되어야 하는 것처럼 그 조사 대상이 무한대일 경우

### 4.1.2 표본오차와 비표본오차

어떤 공장에서 생산되는 제품의 불량률을 조사할 때 그 회사에서 생산되는 제품 전체(모집단)를 조사하지 않고 일부 제품(표본)으로부터 얻은 정보를 이용하여 불량률을 추정하게 된다. 이때 표본으로 뽑힌 제품은 그 회사에서 생산되는 전체 제품 중 일부에 지나지 않기 때문에 전체 제품으로부터 얻게 되는 불량률과는 차이가 있을 수 밖에 없다. 이러한 차이를 표본오차(sampling error)라고 한다.

**TIP 표본오차(sample error)**

대상 전체를 조사하지 않고 표본을 조사함에 의해서 발생하는 오차를 말한다.

**예제 4.1** 5명의 학생으로 구성되어 있는 동아리에서 각자가 가지고 있는 용돈을 조사한 결과, 1만원, 2만원, 1만원, 2만원, 3만원이었다고 하자. 이 집단에서 학생 2명을 뽑아 용돈을 조사한 결과, 1만원과 3만원이었다고 한다. 이때 표본오차를 구하여라.

**풀이** 동아리에 소속되어 있는 학생 전체(모집단) 용돈의 평균은

$$\frac{1}{5}(1+2+1+2+3) = 1.8\text{만원}$$

이고, 표본으로 뽑힌 2명의 용돈 평균은

$$\frac{1}{2}(1+3) = 2\text{만원}$$

이다. 여기서 전체 학생의 용돈 평균 1.8만원과 표본으로 뽑힌 2명의 용돈 평균 2만원간의 차이인 2천원이 바로 표본오차가 되는 것이다. ❀

표본오차는 모집단 전체가 아니라 모집단의 일부분인 표본을 조사함에 따라 발생하는 것이기 때문에 전수조사가 아닌 한 표본오차는 항상 존재하게 된다. 그러나 전수조사를 하여도 오차가 발생될 수 있는데, 이때의 오차를 비표본오차(nonsampling error)라고 한다.

**TIP 비표본오차**

표본 추출 이외의 요인 예를 들면, 자료의 측정·수집·처리 과정에서 생기는 부주의나 실수, 응답자의 잘못된 응답 등의 요인에 의하여 발생하는 오차를 말한다.

비표본오차는 표본조사의 계획 단계에서부터 자료분석 또는 최종 보고서 작성의 과정에 이르기까지 부주의나 실수 등으로 발생하게 되며, 주요 발생 원인으로는 다음과 같은 것들을 들수 있다.

(1) 조사 목적 및 범위가 불분명할 때(예를 들어, 실업률 조사에서 실업자의 정의가 잘못되었을 때)
(2) 조사 목록이 불완전하여 일부가 누락 또는 중복되었을 때
(3) 자료수집 방법에서 결함이 있을 때
(4) 조사원의 훈련부족으로 인하여 면접, 측정, 관찰 등이 부정확할 때
(5) 자료 분석과정에서의 오류가 있을 때 등

**참고사항**

표본오차를 줄이기 위해서는 표본의 크기를 크게 하면 된다. 하지만 표본의 크기를 증가시킬 경우 표본오차는 감소하지만 비표본오차는 오히려 커질 수 있다. 따라서 표본의 크기를 무작정 크게 한다고 해서 항상 바람직한 것은 아니다. 일반적으로 표본의 크기는 비용과 허용오차를 고려하여 결정한다.

## 4.2 표본추출법

표본은 모집단의 일부이다. 따라서 표본으로부터 조사된 결과는 모집단 전체를 조사한 결과와 차이가 있기 마련이며, 이러한 차이를 줄이기 위하여 모집단을 잘 대표하는 표본을 뽑는 것은 매우 중요하다. 표본추출(sampling)이란 관심의 대상인 모집단으로부터 그것을 잘 대표할 수 있는 표본을 뽑아내는 것을 말한다.

모집단에서 표본을 추출하는 방법은 크게 확률추출(probability sampling)과 비확률추출(non-probability sampling)로 나누어진다. 확률추출법은 뽑히는 표본 하나하나가 확률법칙을 따르도록 즉, 구성원 각각이 표본으로 뽑힐 확률이 동일하도록 표본을 추출하는 방법을 말한다. 확률추출법에 의해서 추출된 표본으로부터 자료를 분석할 경우 추정치에 대한 신뢰도를 확률적으로 나타낼 수 있다. 확률추출법에는 단순랜덤추출법, 층화추출법, 집락추출법, 계통추출법 등이 있다.

비확률추출법은 표본을 추출하는 사람의 주관적인 판단에 의해서 표본을 뽑는 방법을 말하며, 이러한 방법은 표본을 추출하는 사람이 그 분야의 전문가이고 풍부한 경험을 가지고 있을 경우에 실시하게 된다. 하지만 비확률추출법에 의해서 추출된 표본은 모집단을 잘 대표한다고 할 수 없으므로 이러한 표본 자료로부터 얻은 결론을 일반화함에 있어서는 많은 주의가 필요하다. 비확률추출방법에는 우연적 추출법, 판단추출법, 할당추출법, 의도추출법 등이 있다.

### 4.2.1 확률추출법

#### (1) 단순랜덤추출법

단순랜덤추출(simple random sampling) 또는 랜덤추출이란 모집단을 구성하고 있는 원소가 표본으로 뽑힐 확률이 같도록 표본을 추출하는 방법을 말한다. 이러한 방법은 뽑힐 기회가 동등하고 하나의 원소가 뽑히는 것이 다른 원소가 뽑히는 것에 영향을 주지 않기 때문에 모집단을 잘 대표할 수 있는 표본이 추출될 가능성이 높다고 할 수 있다.

**TIP 단순랜덤추출법**

모집단을 구성하고 있는 원소가 표본으로 뽑힐 확률이 같도록 표본을 추출하는 방법을 말한다.

단순랜덤추출법에 의한 표본추출은 두 가지 과정으로 이루어질 수 있다. 먼저 모집단에서 한 개의 원소를 뽑은 다음, 두 번째 원소를 뽑기 전에 첫 번째 뽑힌 원소를 모집단에 다시 포함시켜 추출하는 과정을 생각할 수 있는데 이러한 방법을 복원추출(random sampling with replacement)이라 한다. 복원추출의 경우 첫 번째 원소가 뽑힐 확률과 두 번째 원소가 뽑힐 확률은 같으며, 두 번째 뽑히는 원소는 앞에서 뽑힌 결과에 영향을 받지 않게 된다. 다음으로는 첫 번째 뽑힌 원소를 다시 모집단에 넣지 않고 두번째 원소를 뽑는 방법을 생각할 수 있는데 이러한 방법을 비복원추출(random sampling without replacement)이라 한다. 비복원추출의 경우 첫 번째 원소가 뽑힐 확률은 두 번째 원소가 뽑힐 확률과 다르고 두 번째 뽑히는 원소는 첫 번째 뽑힌 결과에 영향을 받게 된다.

모집단으로부터 표본이 랜덤추출이 되도록 하기 위해서 난수표(random number table)를 이용하거나 또는 컴퓨터를 이용하여 난수를 만들어 사용한다. 난수(random numbers)란 0, 1, 2, …, 9 등 10개의 수가 뽑힐 가능성이 동일하고, 반복하여 뽑을 경우 나중에 뽑히는 수가 먼저 뽑힌 수와는 아무런 관련성이 없도록 만들어진 과정을 통해서 생성된 수를 말한다. 그리고 이러한 과정을 통해서 생성된 수를 표로 정리하여 놓은 것을 난수표(table of random numbers)라 하며 부록의 <표 1>에 그 예가 주어져 있다.[1)]

1) TV의 주택복권 추첨에서 0에서 9까지가 적힌 원판을 회전시켜 화살이 명중한 곳의 숫자를 읽는 과정은 난수를 생성하는 과정과 동일하다고 할 수 있다. 즉, 여기서 0에서 9까지의 숫자가 뽑힐 가능성이 동일하며, 원판을 반복하여 돌리는 시행은 서로 독립적이라고 할 수가 있다.

난수를 얻는 방법은 여러 가지가 있지만 그 중 가장 손쉬운 방법은 각 숫자가 뽑힐 확률이 동일하고, 뽑히는 숫자 간에 서로 독립이라는 두 가지 조건이 만족된다고 판단되는 숫자표로부터 난수를 얻는 것이다. 이러한 조건을 만족하는 숫자표의 예로는 수학 교과서 부록에 있는 로그표나 제곱근표, 또는 전화번호부, 달력, 연감 등을 들 수 있다. 하지만 이러한 것들은 대부분 특정한 목적을 가지고 만들어지기 때문에 사용에 주의를 기울여야 한다.[2] 난수를 얻는 또 다른 방법으로는 주택복권에서 당첨번호를 추첨하는 것과 같이 0에서 9까지의 숫자가 적힌 원판을 이용한다든지 카드 또는 주사위를 이용하는 방법들이 있다. 하지만 이러한 방법들은 시간이 많이 걸리므로 요즈음은 컴퓨터를 이용하여 난수를 생성하는 방법을 많이 사용하고 있다.

**(난수표의 사용 예)** 300명의 직원이 근무하고 있는 어느 전자회사에서 10명의 직원을 난수표를 이용하여 뽑는다고 하자. 이때의 표본추출은 다음과 같은 요령으로 하면 된다.

[단계 1] 전체 직원에게 1에서 300까지 번호를 부여한다.

[단계 2] 부록의 난수표 <표 1>에서 임의의 한 열을 선택한다. 예를 들어 두 번째 열을 선택하였을 경우, 전체 직원의 수가 300명이므로 앞에서 세 자리수를 읽어 내려가면 다음과 같이 될 것이다.

168 003 478 509 064 183 142 386 466
527 278 669 947 157 655 146 716 127

[단계 3] 난수가 301 이상 되거나 반복적으로 나타난 숫자는 버리고 나머지 중에서 차례로 10개를 선택한다.

168 003 064 183 142 278 157 146 127 226

[단계 4] 선택된 10개의 번호에 해당하는 직원이 표본에 해당된다.

---

2) 전화번호부의 경우, 특정회사들의 전화번호는 0 또는 1이 많이 들어가 있을 수 있고, 달력과 연감 등의 경우 숫자들은 주기적인 경향을 띠고 있을 수가 있다.

### (2) 층화추출법

서울시의 가구당 한 달 평균 육류소비량이 얼마나 되는지 조사한다고 할 때 단순랜덤추출법에 의한 표본추출은 바람직하지 않다. 왜냐 하면 서울시의 가구별 소득수준은 지역별로 차이가 존재하는데 만약 단순랜덤추출법에 의하여 표본을 추출한다면 어느 특정한 지역의 가구가 많이 뽑힐 수 있어 올바른 추정값을 얻을 수 없게 된다. 이러한 경우에는 서울시 전체 가구를 소득수준에 따라 몇 개의 지역으로 나눈 다음, 그 지역에서 일정한 크기의 표본을 추출하고 그런 후에 추출된 표본들로부터 평균 육류소비량을 계산하는 것이 바람직하다. 이와 같이 모집단을 서로 중복되지 않는 몇 개의 집단 즉, 층으로 분할한 후 각 층에서 정해진 크기의 표본을 랜덤추출법에 의하여 추출하는 방법을 층화추출(stratified sampling)이라고 한다. 층화추출법에서 층을 나누는 기본원리는 층내의 원소들은 가능한 동질적이 되도록 하고, 층간에는 서로 이질적이 되도록 하여야 한다.

**TIP 층화추출법**

모집단을 서로 유사한 것 끼리 묶어 몇 개의 층으로 분할한 후 각 층에서 일정한 크기의 표본을 랜덤으로 추출하는 방법을 말한다.

모집단의 크기가 $N$이고 표본의 크기가 $n$일 때 각 층에서 뽑혀야 할 표본수의 결정은 추정값의 정확도와 밀접한 관계가 있다. 층화추출법에 의한 표본 추출 시 층별로 뽑아야 할 표본의 개수는 비례배분 또는 최적배분에 의하여 결정하면 된다.

① 비례배분

각 층내의 변동에 대한 사전정보가 없거나 또는 모든 층에 대하여 층내 변동이 같다고 판단될 경우에는 전체 표본을 층의 크기에 비례하게 배분하는 것이 원칙이다. 즉, 모집단을 $k$개의 층으로 나누었을 때 $i$번째 층에서 뽑아야 할 표본의 크기 $n_i$는 다음과 같이 계산한다.

$$n_i = n \times \frac{N_i}{N} \qquad i = 1,\ 2,\ \cdots,\ k$$

여기서 $N$은 모집단의 크기, $N_i$는 $i$층 집단의 크기를 나타낸다.

**예제 4.2** 전체 학생수가 400명(1학년 150명, 2학년 130명, 3학년 120명)인 어떤 중학교에서 50명의 학생을 표본으로 뽑아 전체 학생들의 평균키를 추정한다고 하자. 이때 학년별로 뽑아야 할 표본의 크기를 구하여라.

**풀이** 일반적으로 중학생들의 키는 같은 학년내의 변동보다 학년간의 변동이 크다. 따라서 이러한 경우에는 전체 학생을 대상으로 랜덤추출하는 것 보다 먼저 학년별로 층화한 후 각 학년내에서 일정한 크기의 표본을 랜덤추출하는 것이 바람직하다. 비례배분에 의한 학년별 표본의 크기 $n_i$는 다음과 같이 계산된다.

$$n_1 = 50 \times \frac{1\text{학년 학생수}}{400} = 50 \times \frac{150}{400} = 18.75 \fallingdotseq 19(\text{명})$$

$$n_2 = 50 \times \frac{2\text{학년 학생수}}{400} = 50 \times \frac{130}{400} = 16.25 \fallingdotseq 16(\text{명})$$

$$n_3 = 50 \times \frac{3\text{학년 학생수}}{400} = 50 \times \frac{120}{400} = 15(\text{명})$$

❀

② 최적배분

층화추출의 주된 목적은 추정량의 분산을 최소로 하여 보다 정확하게 모집단의 특성값을 추정하는 데 있다. 따라서 각 층의 분산과 크기를 알고 있다면 분산과 층의 크기가 큰 경우에는 표본의 크기를 크게 하고, 분산과 층의 크기가 작을 경우에는 표본의 크기를 작게 하는 것이 타당하다. 이와 같은 개념에 의하여 층별 표본의 크기를 결정하는 방법을 최적배분이라 한다. 최적배분에 의하여 각 층에서 뽑아야 할 표본의 크기 $n_i$는 다음과 같이 계산된다.

$$n_i = n \times \frac{N_i \sigma_i}{\sum_{i=1}^{k} N_i \sigma_i} \qquad i = 1,\ 2,\ \cdots,\ k$$

층화추출법의 장점은 모든 층에서 표본이 추출되므로 모집단을 잘 대표하는 표본이 추출될 가능성이 높으며, 또한 각 층별로 추정값을 계산할 수 있으므로 층간의 비교도 가능하다는 것이다. 반면에 모집단을 몇 개의 층으로 나누기 위해서는 모집단에 대한 사전 정보가 필요하며, 또한 층을 나누는데 있어 별도의 시간이 소요된다는 단점도 있다.

**예제 4.3** 최근 경제 불황으로 인하여 건설업체들이 연쇄적으로 도산할 위기에 있으며, 이로 인하여 건설회사에 근무하고 있는 많은 근로자들이 실업자로 전락할 처지에 놓여있다. 정부에서는 이에 대한 대책 방안을 마련하기 위하여 건설회사 근로자들의 의견을 청취할 계획이다. 그러나 시간과 비용의 문제를 고려하여 100명의 근로자만을 대상으로 의견을 수렴하기로 결정하고, 표본은 건설회사의 규모를 기준으로 4개 집단으로 구분하여 뽑기로 하였다. 건설회사의 규모와 관련된 정보가 〈표 4.1〉과 같다고 할 때 각 집단에서 뽑아야 할 표본의 크기를 최적배분법에 의하여 계산하여라.

〈표 4.1〉 건설회사의 규모와 관련된 정보

| 회사규모(근로자 수) | 회사수($N_i$) | 근로자 수 | 표준편차($\sigma_i$) |
|---|---|---|---|
| 100명 미만 | 752 | 181,560 | 38 |
| 100명~200명 미만 | 225 | 234,291 | 25 |
| 200명~300명 미만 | 58 | 271,616 | 29 |
| 300명 이상 | 29 | 273,582 | 32 |
| 계 | 1,064 | 961.049 | |

**풀이** 먼저 $\sum N_i\sigma_i$를 계산하면

$$\sum N_i\sigma_i = (752 \times 38) + (225 \times 25) + (158 \times 29) + (29 \times 32) = 39,711$$

이고, 따라서 각 집단에서 뽑아야할 표본의 크기는 다음과 같이 계산된다.

$$n_1 = 100 \times \frac{752 \times 38}{39,711} \doteq 72$$

$$n_2 = 100 \times \frac{225 \times 25}{39,711} \doteq 14$$

$$n_3 = 100 \times \frac{158 \times 29}{39,711} \doteq 12$$

$$n_4 = 100 \times \frac{29 \times 32}{39,711} \doteq 2$$

❀

## (3) 집락추출법

모집단이 자연적으로 집단을 형성하고 있거나 또는 인위적으로 집단화 되어 있을 경우 이러한 집단(집락이라 함)을 추출단위[3]로 하여 몇 개를 랜덤으로 추출한 후 추출된 집단 전부를 조사하거나 또는 추출된 집단에서 일정한 크기의 표본을 추출하여 조사하는 방법을 집락추출(cluster sampling)이라 한다. 집락추출법은 조사과정이 간편하고 비용을 절감할 수 있는 이점은 있으나 표본으로 뽑힌 집단들간의 차이로 인하여 다른 추출법에 비하여 표본오차가 클 가능성이 있다.

**TIP 집락추출법**

> 모집단이 집락을 형성하고 있을 때 집락들 중 몇 개를 표본으로 랜덤추출한 후, 추출된 집락을 전부 조사하거나 또는 추출된 집락으로부터 표본을 랜덤추출하는 방법을 말한다.

**(집락추출의 예)** 서울시민들의 가구별 월 교통비 지출액을 조사할 경우:

[단계 1] 반을 추출단위로 하기 위하여 서울시의 모든 반에 대한 명부를 작성한다 (여기서 반이 집락이 됨).

[단계 2] 정해진 개수만큼의 반을 랜덤으로 추출한다.

[단계 3] 추출된 반 내의 모든 가구들을 대상으로 월 교통비를 조사한 후 평균을 계산한다.

---

3) 표본조사에서 추출단위와 조사단위는 구별할 필요가 있다. 단순랜덤추출법에서는 조사단위 그 자체가 추출단위가 되나 집락추출법에서는 조사단위의 모임인 집락이 추출단위가 된다.

참고사항

층화추출과 집락추출의 차이는 다음과 같다. 첫째, 층화추출은 모든 층(집단)에서 표본이 추출되지만 집락추출에서는 추출된 몇 개 집단 그 자체가 표본이 된다. 둘째, 층화추출과 집락추출은 다 같이 모집단을 몇 개의 집단(층 또는 집락)으로 구분하지만, 층화추출은 각 층내의 분산이 최소가 되도록 동질적인 것끼리 묶어서 층을 만들기 때문에 층간에는 이질적, 층내는 동질적이 되어야 한다. 반면에 집락추출은 추출된 집락만을 대상으로 전수 또는 표본조사를 하므로 집락간에는 서로 동질적, 집락내는 서로 이질적이 되도록 한다.4)

집락추출시 때에 따라서는 여러 단계에 걸쳐 집락을 추출한 후, 그 집락 안에서 표본을 랜덤추출하기도 하는데 이러한 방법을 다단계 집락추출(multi-stage cluster sampling)이라 한다. 예를 들어 서울에 있는 대학교 학생들의 의식조사를 할 경우, 먼저 대학을 선정하고, 선정된 대학에서 과를 다시 선정한 후, 선정된 과에서 학생을 랜덤으로 뽑는 방법이 바로 이러한 경우에 해당된다.

### (4) 계통추출법

계통추출법은 표본을 일정한 간격을 두고 추출하는 방법으로써 간편하고 쉽기 때문에 대규모 조사에서 주로 많이 사용된다. 이때 추출간격은 모집단의 크기 $N$을 표본의 크기 $n$으로 나눈 값 $N/n$으로 한다. 계통추출법(systematic sampling)은 추출방법이 간단하면서 모집단 전체에서 골고루 표본을 뽑을 수 있다는 장점을 가지고 있으나, 모집단이 주기적으로 배열되어 있을 경우에는 편중된 표본을 얻게 된다. 이러한 단점을 보완하기 위하여 모집단의 구성원을 배열할 때에는 랜덤으로 해야 하고, 첫 번째 뽑히는 표본은 반드시 랜덤추출되어야 한다. 계통추출법은 전화번호부, 연감, 군번, 학번, 선거인 명부 등으로부터 표본을 얻고자 할 경우에 많이 사용된다.

4) 집락추출은 각 집락들이 모집단의 특성을 골고루 가진다고 판단될 경우 사용하는 것이 바람직하다.

**TIP 계통추출법**

> 모집단에서 첫 번째 표본을 랜덤으로 추출한 후, 두 번째 표본부터는 일정한 간격을 두고 추출하는 방법을 말한다.

(계통추출의 예) 자동차 회사에서 신종 차량에 대한 고객 만족도를 조사하기 위하여 50,000명의 고객 중에서 1,000명을 표본으로 뽑을 경우:

[단계 1] 50,000명의 구독자를 한글 자모순에 의하여 정리한다.

[단계 2] 표본 추출간격을 50(=50,000/1,000)으로 결정한다.

[단계 3] 1번부터 50번 사이에서 랜덤으로 한 숫자를 뽑는다.

[단계 4] 예를 들어 35가 뽑혔다고 할 때 이를 기준으로 매 50번째의 구독자를 표본으로 택한다. 즉 35, 85, 135, … 49, 985번째의 고객이 표본으로 뽑히는 것이다.

### 4.2.2 비확률추출법

비확률추출법은 조사자 또는 표본 설계자의 주관적 판단에 따르는 것이기 때문에 오차가 발생할 가능성이 크다. 따라서 비확률추출법은 모집단의 크기가 비교적 작거나 모집단의 구성단위가 매우 이질적인 경우에 효과적으로 적용될 수 있다.

비확률추출법에는 조사자의 편의에 따른 편리추출법, 전문가의 판단에 기초를 둔 판단추출법, 각 분석 항목별로 미리 정해진 사례수의 응답자를 얻기 위한 할당추출법 등이 있다.

#### (1) 편리추출법(convenience sampling)

비용이나 시간을 가장 우선적으로 고려하여 조사자가 편리하게 표본을 추출하는 방법을 말한다. 예를 들면, 우리나라 전체 대학생들의 평균 체중을 조사하기 위해 100명의 대학생을 표본으로 추출하고자 할 때 어느 대학의 특정과 학생들만을 대상으로 한다든지 또는 여론조사 시 특정 신문의 구독자를 대상으로 하는 경우가 이에 해당된다. 그러나 편리추출법은 조사자나 표본 설계자의 주관적 판단에 의해 표본을 추출하는 것이므로 편향된 표본이 추출된 가능성이 크기 때문에 모집단을 잘 대표하는 표본이 추출된다고 보기 어렵다.

### (2) 판단추출법(judgement sampling)

전문가의 사전 경험이나 지식에 기초하여 의도한 목적에 따라 표본을 추출하는 방법을 말한다. 예를 들어 소비자물가지수를 작성함에 있어서 수많은 상품들 중에 어떤 것을 선택하는 것이 좋을지는 전문가적 지식에 기초하여 표본을 추출해야 의미가 있게 된다.

### (3) 할당추출법(quota sampling)

확률추출법에 비하여 비용이 덜 들고, 행정적으로 편리하며, 표본추출시간을 절약할 수 있다는 이유로 많이 이용되는 방법이다. 예를 들어 어떤 제품에 대한 소비자의 선호도를 조사하고자 할 경우, 면접원에게 20대에서 남자와 여자 각 10명씩, 30대에서 남자와 여자 각 20명씩, 40대에서 남자와 여자 각 5명씩 등과 같이 연령대별로 할당해 주는 경우가 이에 해당된다. 여기서 조사 대상을 집단별로 할당을 해주는 이유는 면접원들이 임의로 응답자 수를 결정함에 의해서 발생할 수 있는 오차를 조금이라도 줄이기 위한 것이다.

# 4.3 R 실습

## 4.3.1 일반적인 난수 생성

일반적인 난수 생성을 위하여 sample 함수가 사용되며, 그 형식은 다음과 같다.

sample(x, size, replace=F)

여기서 x는 생성되는 값의 범위를, size는 난수의 개수를, replace는 추출되는 방법(T는 복원추출을, F는 비복원추출을 의미함. replace를 생략할 경우 비복원추출로 인식함)을 각각 나타낸다.5)

(실습 1) 1부터 10사이의 정수 중에서 10개의 난수를 추출한다고 할 때

〈R 코드〉

```
> x = 1:10
> sample(x,10) # 비복원추출
  [1]  3  7  8  1  5  2  9 10  4  6
> sample(x, 10, replace=T) # 복원추출
  [1] 5 7 5 3 7 4 1 2 8 1
```

(실습 2) 동전 100번 던진 결과를 시뮬레이션하고자 할 때

〈R 코드〉

```
> sample(c(0,1), 100, replace = T) # 100 번 동전 던지기 결과
  [1] 1 0 1 1 0 0 1 1 1 1 1 1 0 0 0 1 0 1 1 1 1 1 0 0 1 0 0 0 1 1 1 0 1 0 1
 [37] 1 1 1 0 1 1 0 1 0 1 1 0 0 0 0 0 0 1 0 1 0 1 0 1 0 1 0 1 1 1 1 1 0 0 1 0
 [73] 0 0 0 0 1 1 0 1 0 0 1 0 1 0 1 1 0 0 0 0 0 0 1 0 0 1 0 0 0
```

5) T는 TRUE, F는 FALSE의 약어이며, T 대신에 TRUE, F 대신에 FALSE를 사용하여도 동일한 결과가 나타난다.

## 4.3.2 확률분포로부터의 난수 생성

확률분포로부터 난수를 생성할 때 사용되는 R코드와 이들의 사용 예는 <표 4.2>에 요약되어 있다.

〈표 4.2〉 확률분포의 종류와 사용 예

| 구 분 | 확률분포 | R 코드 | 사용 예 |
|---|---|---|---|
| 이산형 | 이항분포 | rbinom(size, n, p) | rbinom(5, 10, 0.5): n=10, p=0.5인 이항분포로부터 5개의 난수 생성 |
| | 푸아송분포 | rpois(size, λ) | rpois(100,1): λ=1인 푸아송분포로부터 100개의 난수 생성 |
| | 기하분포 | rgeom(size, p) | rgeom(100, 0.2): p=0.2인 기하분포로부터 100개의 난수 생성 |
| | 음이항분포 | rnbinom(size, r, p) | rnbinom(100, 2, 0.2): r=2, p=0.2인 음이항분포에서 100개의 난수 생성 |
| 연속형 | 균등분포 | runif(size, a, b) | runif(100,0,1): 균등분포(0, 1)에서 100개의 난수 생성 |
| | 정규확률분포 | rnorm(size, mean, sd) | rnorm(100, 5, 2): 평균이 5이고 분산이 2인 정규분포로부터 100개의 난수 생성 |
| | 지수분포 | rexp(n, λ) | rexp(100, 1): λ=1인 지수분포로부터 100개의 난수 생성 |

(실습 3) 표본의 크기 $n=5$이고, 성공률 $p=0.3$인 이항분포로부터 10개의 난수를 생성하고자 할 때

〈R 코드〉

```
> rbinom(10, 5, 0.3)
 [1] 0 2 0 1 0 1 0 0 2 1
```

(실습 4) 균등분포(0, 1)로부터 10개의 난수를 생성하고자 할 때

〈R 코드〉

```
> runif(10)
 [1] 0.060002512  0.391872195  0.707880080  0.919426590  0.021276139
     0.120046664
 [7] 0.002704074 0.496255148 0.861331199 0.103200536
```

(실습 5) 표준정규분포로부터 10개의 난수를 생성하고자 할 때

〈R 코드〉

```
> rnorm(10)
 [1] -0.96950350   1.35148952   1.39288269 -0.47826749 -0.06286007
      0.69727649
 [7]  0.27897016 -0.18450605 -0.96879848  0.98459916
```

(실습 6) 평균이 1, 표준편차가 3인 정규분포로부터 10개의 난수를 생성하고자 할 때

〈R 코드〉

```
> rnorm(10, 1, 3)
 [1]  3.2785327  1.8229106 -2.0017952  0.1182915  1.6751340
     -1.2453969
 [7]  0.7749889  4.3168384 -2.2597481  1.3546186
```

(실습 7) 표준정규분포로부터 10개의 난수를 생성하였을 때 0보다 큰 값이 몇 개인지를 세고자 할 때

〈R 코드〉

```
> x=rnorm(10)
> count=0
> for(i in 1:10) if(x[i]>0) count=count+1
> count
[1] 6
```

※ 동일한 결과를 나타내는 또다른 R 코드

> x=rnorm(10)

> length(x[x>0]

(실습 8) 균등분포(0, 1)로부터 100개의 난수를 생성하여 히스토그램을 그리고자 할 때

〈R 코드〉

```
> x=runif(100, 0,1)
> hist(x,col="lightblue", main="균등분포")
```

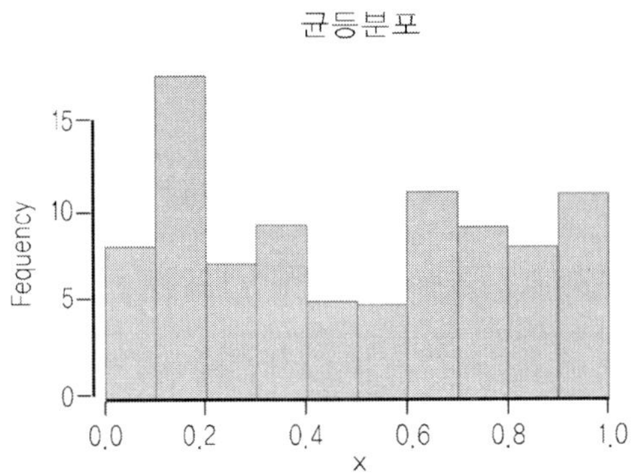


〈그림 4.1〉 균등분포로부터 난수 생성 결과

## 연습문제

1. 한국의 20대 남성의 평균 신장을 알아보기 위하여 각 시, 도에서 500명을 뽑았다고 하자. 이때 모집단과 표본이 무엇인지 설명하여라.

2. 어느 전구회사에서는 새로운 기술방식을 도입하여 전구를 생산하고 있다. 새 전구의 평균 수명을 측정하기 위하여 36개의 표본을 이용하여 평균 수명을 추정한다고 할 때 모집단이 무엇이며, 표본추출은 어떻게 하는 것이 좋은지를 설명하여라.

3. 확률추출법과 비확률추출법의 차이점에 대하여 설명하여라.

4. 표본오차와 비표본오차의 차이점에 대하여 설명하여라.

5. 비표본오차가 발생하게 되는 예를 들어 보아라.

6. 다음 통계조사 중에서 표본조사가 아닌 것은?
   1) 직장에서 실시하는 신체검사
   2) 방송국에서 실시하는 여론조사
   3) TV 시청율 조사
   4) 공장에서 생산되는 제품의 품질조사

7. 표본조사에서 표본 추출시 고려해야 요소가 아닌 것은?
   (1) 비용 (2) 시간 (3) 인원 (4) 추정방법

8. 모집단이 이질적인 요소에 의해서 이루어져 있을 때 가장 적합한 표본추출법은?
   (1) 집락추출법　　(2) 층별추출법
   (3) 계통추출법　　(4) 단순랜덤추출법

9. S대학 학생처에서 보유하고 있는 학생들의 월 생활비 조사 결과가 다음과 같다고 한다. 학생들의 구체적인 용도별 생활비 사용 내역을 알아보기 위해서 500명의 학생을 대상으로 조사한다고 할 때 비례배분과 최적배분에 의한 학년별 표본 크기를 각각 계산하여라.

| 구분 / 학년 | 학생수 | 평균 | 표준편차 |
|---|---|---|---|
| 1학년 | 5,220 | 435 | 110 |
| 2학년 | 4,780 | 520 | 195 |
| 3학년 | 4,550 | 535 | 252 |
| 4학년 | 4,250 | 500 | 260 |

10. "피자헛"은 전국에 200개의 분점을 가지고 있으며, 각 분점은 5~20명의 종업원을 고용하고 있다고 하자. 종업원들의 서비스 실태를 조사하기 위하여 50개의 분점을 랜덤으로 추출한 후, 추출된 분점으로부터 5명씩의 종업원을 다시 랜덤으로 추출한다고 하자. 이때의 추출방법은 어떠한 표본추출방법에 해당된다고 할 수 있는가?

11. A, B, C 3장의 카드 중에서 2장의 카드를 추출한다고 하자(단, 순서를 고려하지 않음).
   (1) 복원으로 추출시 뽑는 방법수와 각각이 뽑힐 확률을 구하여라.
   (2) 비복원으로 추출시 뽑는 방법수와 각각이 뽑힐 확률을 구하여라.
   (3) 비복원추출시 A, B, C 각 카드가 뽑힐 확률을 계산하여라.

12. 동전을 10번 던진 결과를 부록의 <표 1>에 주어진 난수표를 이용하여 시뮬레이션 하여라.

13. 주사위를 13번 던졌을 때 나타나는 결과를 부록의 <표 1>에 주어진 난수표를 이용하여 시뮬레이션하여라.

14. K방송국에서는 배용준, 최지우, 이영애, 김정은, 권상우 등 5명의 연예인을 한명씩 초청하여 각자의 활동 경험담을 들어보는 프로그램을 준비하고 있다. 방송국에서 초청 순서를 부록의 <표 1>에 주어진 난수표를 이용하여 결정한다고 할 때 그 방법을 설명하여라.

# 5장 확 률

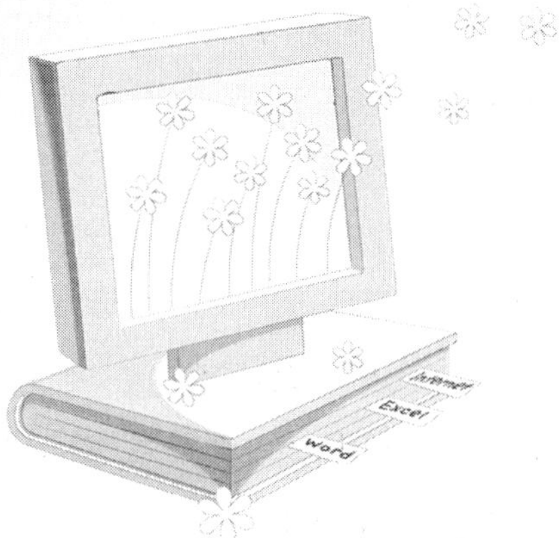

## 5.1 서 론

우리는 반복된 실험이나 관측을 통하여 어떤 사건이 발생할 가능성을 예측할 수 있으며, 이러한 예측을 수학적으로 표현하기 위하여 확률을 사용한다. 확률은 우리들에게 전혀 생소한 것이 아니라 일상생활의 대화에서 자주 접하게 된다. 예를 들면, "의사가 환자 수술에 성공할 확률이 50%이다"라든지 "주말에 비가 올 확률이 60%이다"라든지 하는 것이다.

확률(probability)의 개념은 어떤 현상이 랜덤하게 일어난다는 사실로부터 시작된다. 여기서 랜덤(random)이란 어떤 결과가 일어날지 사전에 말할 수는 없지만 그 발생 가능성이 어느 정도인지는 수많은 시행을 통하여 예측할 수 있다는 의미이다. 예를 들어, 한 개의 동전을 던진다고 할 때 실제 동전을 던지기 전까지는 앞면 또는 뒷면 중 어느 것이 나타날지 알 수는 없다. 하지만 앞면 또는 뒷면이 나타날 가능성은 동전을 수없이 반복하여 던졌을 때 나타나게 될 어떤 규칙에 따를 것이며, 확률의 개념은 바로 이러한 사실에 근거를 두고 있는 것이다.

**TIP 랜덤현상과 확률**

랜덤현상이란 어떤 결과가 일어날지 사전에 이야기할 수는 없지만 그 발생 가능성이 어느 정도인지는 수많은 시행을 통하여 예측할 수 있는 현상을 말하며, 이러한 랜덤현상에서 어떤 결과가 일어나는 비율 즉, 상대도수를 확률이라 한다.

**예제 5.1** 한 개의 동전을 던질 때 나타날 수 있는 결과는 2가지 즉, 앞면과 뒷면이 있다. 〈그림 5.1〉은 한 개의 동전을 5,000번씩 2회 던졌을 때 앞면이 나타난 상대도수를 그림으로 나타낸 것이다. 그림에서 굵은 선은 5,000번을 던졌을 때 뒷면, 앞면, 뒷면, 뒷면 … 순으로 나타난 결과를 표현한 것이다.(첫 번째는 뒷면이 나타났기 때문에 상대도수값은 0, 두 번째는 앞면이 나타났기 때문에 상대도수값은 1/2=0.5, 세 번째는 뒷면이 나타났기 때문에 상대도수값은 1/3=0.33이 됨) 반면에 점선은 처음부터 5번째까지는 계속하여 앞면이 나타났으며, 6번째에 처음으로 뒷면이 나타난 결과를 표현한 것이다.

**풀이** <그림 5.1>에서 앞면이 나타나는 상대도수는 처음에는 그 변화가 매우 심하지만 던지는 횟수가 많아질수록 그 상대도수는 점점 0.5로 접근하고 있음을 알 수 있다. 이때의 0.5가 바로 동전을 무수히 많이 던졌을 때 앞면이 나타날 확률이 되는 것이다.

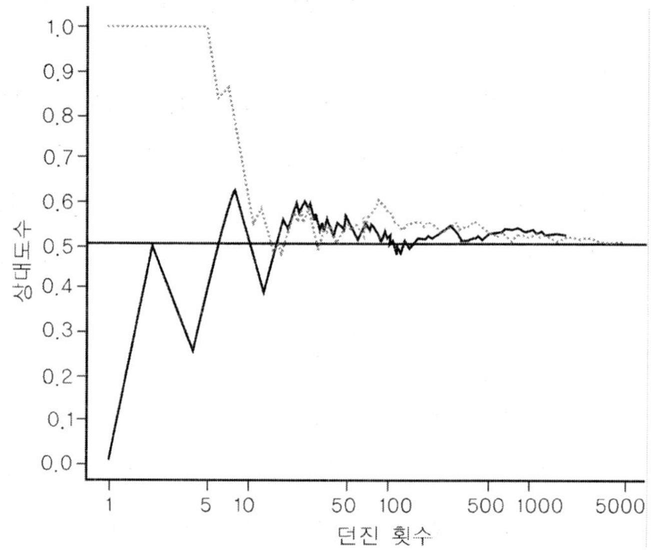


〈그림 5.1〉 한 개의 동전을 5,000번 던졌을 때 앞면이 나타나는 상대도수의 변화

**참고사항**

한 개의 동전을 여러번 던졌을 때 나타나는 결과가 어떠한지를 알아보기 위하여 프랑스 자연주의자 C.Buffon은 4040번의 동전을 던져 2048번의 앞면을 얻어 그 상대도수값이 2048/4040=0.5069가 됨을 알았으며, 1900년 경 영국의 통계학자 K.Pearson은 24,000번의 동전을 던져 12,102번의 앞면 즉, 0.5005라는 상대도수값을 얻었다. 2차 대전중 독일군에 의해서 포로가 된 남아프리카 통계학자 J.Kerrich는 수용소에서 생활을 하면서 10,000번의 동전을 던져 5067번의 앞면 즉, 0.5067이라는 상대도수값을 얻었다.

## 5.2 표본공간과 사건

일상생활 속에서 일어나는 랜덤현상들을 수학적인 도구를 사용하여 모형화할 수 있다면 그 현상을 이해하고 관련된 문제를 해결하는데 있어 매우 편리할 것이다. 확률모형(probability model)이란 바로 이러한 랜덤현상을 하나의 수식 형태로 표현한 것을 말한다.

확률모형은 주어진 랜덤현상에서 발생할 수 있는 모든 가능한 결과와 이들 각 결과가 일어날 확률을 이용하여 표현되어진다. 예를 들어, 동전을 두 번 던졌을 때 앞면이 나타나는 횟수를 $X$라고 하자. 이때 $X$는 0, 1, 2 중의 하나가 될 것이고, 각각이 일어날 확률은 1/4, 1/2, 1/4이기 때문에 확률모형은 다음과 같이 표현되어진다.[1)]

$$f(x) = \begin{cases} 1/4, & x = 0, 2 \text{일 때} \\ 1/2, & x = 1 \text{일 때} \end{cases}$$

랜덤현상을 설명하기 위해서 알아야할 기본 용어로는 표본공간과 사건이 있다. 여기서 표본공간(sample space)은 랜덤현상에서 일어날 수 있는 모든 가능한 결과들을 모아놓은 집합을 말하며, 사건(event)은 표본공간내에서 관심이 있는 특정한 일부 결과들의 집합을 말한다. 일반적으로 표본공간은 영문 대문자 S로, 사건은 영문 대문자 A, B, C 등으로 표기한다. 수학적으로 사건은 표본공간의 부분집합이 된다.

**TIP 표본공간과 사건**

> 표본공간이란 하나의 랜덤 현상에서 나타날 수 있는 모든 가능한 결과들의 집합을, 사건이란 관심을 가지는 표본공간의 부분집합을 말한다.

1) 모든 확률모형에서 어떤 결과가 일어날 확률은 0과 1사이의 수이어야 하고, 모든 결과에 대한 확률을 전부 더하였을 때 그 합은 1이 되어야 한다.

**예제 5.2** 한 개의 동전을 두 번 던지는 실험에서 두 번째 던지는 동전에서 앞면이 나오는 것에 관심을 가지고 있다고 할 경우, 표본공간과 사건을 정의하여라.

**풀이** 한 개의 동전을 두 번 던지는 실험에서 나타날 수 있는 가능한 모든 결과는 (앞, 앞), (앞, 뒤), (뒤, 앞), (뒤, 뒤)이므로 표본공간은 다음과 같이 구성된다.

$$S = \{(앞,\ 앞),\ (앞,\ 뒤),\ (뒤,\ 앞),\ (뒤,\ 뒤)\}$$

그리고 관심은 두 번째 동전에서 앞면이 나타나는 것이므로 이때의 사건을 $A$라 하면

$$A = \{(앞,\ 앞),\ (뒤,\ 앞)\}$$

이 된다. ❀

**예제 5.3** 영국 프로 축구팀이 우리나라를 친선 방문하여 국가 대표팀과 2차례의 시범 경기를 가진다고 한다. 영국팀이 한 번 지는 사건을 $E_1$, 두 번 모두 지는 사건을 $E_2$라 할 때 표본공간과 사건을 각각 정의하여라.

**풀이** 시합에서 영국팀이 이기는 경우를 W, 비기는 경우를 T, 지는 경우를 L로 표시하면 두 번의 시합에서 일어날 수 있는 모든 가능한 결과의 집합 즉, 표본공간은 다음과 같다.

$$S = \{WW,\ WT,\ WL,\ TW,\ TT,\ TL,\ LW,\ LT,\ LL\}\}$$

그리고, 영국팀이 한번 지는 사건을 $E_1$이라 하면

$$E_1 = \{WL,\ TL,\ LW,\ LT\},$$

두 번 모두 지는 사건을 $E_2$라 하면

$$E_2 = \{LL\}$$

이 된다. ❀

사건에는 여러 종류가 있다. 먼저, 표본공간 $S$의 결과 중에서 어떤 사건 $A$에 속하지 않는 모든 결과들로 이루어진 사건이 있을 수 있다. 이러한 사건을 $A$의 여사건(complement event)이라 하며, $A^c$로 표기한다. 그리고 표본공간 $S$내에 있는 결과를 하나도 포함하고 있지 않을 경우를 공사건(empty event)이라 하며, $\varnothing$로 표기한다.

표본공간 내에 여러 개의 사건이 있다고 할 때, 이들 사건의 결합 형태인 새로운 사건이 부여될 수 있다. 즉, 표본공간내에 두 개의 사건 $A$와 $B$가 존재한다고 할 때 사건 $A$와 $B$중 적어도 어느 하나에 속하는 모든 결과를 포함하는 사건을 $A$와 $B$의 합사건이라 하고, $A \cup B$로 표기한다. 그리고 두 사건 $A$와 $B$에 동시에 속하는 모든 결과를 포함하는 사건을 $A$와 $B$의 적사건이라 하고, $A \cap B$ 또는 $AB$로 표기 한다. 만약 두 사건 $A$와 $B$가 서로 공통된 결과를 가지고 있지 않다고 할 경우 즉, $A \cap B = \varnothing$일 때 $A$와 $B$를 서로 배반인 사건(disjoint event)이라 부른다.

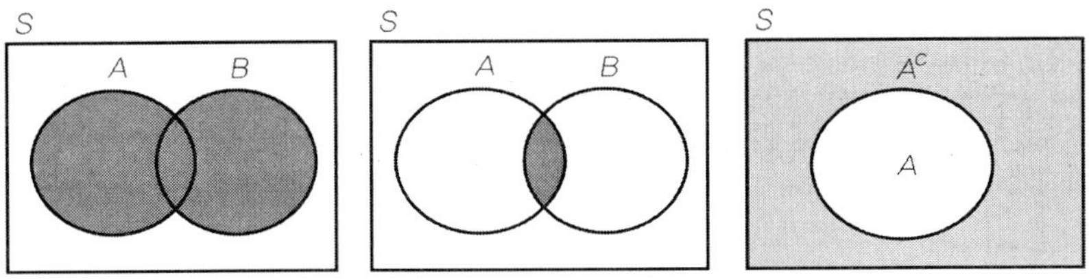


(a) $A \cup B$　　(b) $A \cap B$　　(c) $A^c$

〈그림 5.2〉 사건의 종류

**예제 5.4** 한 개의 동전을 세 번 던진다고 할 때, $A$를 적어도 하나의 앞면이 나오는 사건, $B$를 두 번째 동전이 앞면이 나오는 사건, $C$를 세 번째 동전이 뒷면이 나오는 사건, 그리고 $D$를 하나의 앞면도 나오지 않는 사건이라 하자. 이때

1) $A^c$　　2) $BD$　　3) $A \cup C$　　4) $(B \cup C)^c$

를 각각 구하여라.

**풀이** 동전의 앞면을 $H$, 그 뒷면을 $T$라고 할 때, 동전을 세 번 던질 때의 표본공간 및 각 사건은 다음과 같다.

$S=\{HHH, HHT, HTH, THH, HTT, THT, TTH, TTT\}$

$A=\{HHH, HHT, HTH, THH, HTT, THT, TTH\}$

$B=\{HHH, HHT, THH, THT\}$

$C=\{HHT, HTT, THT, TTT\}$

$D=\{TTT\}$

따라서,

1) $A^c=\{TTT\}=D$,

2) $BD=\varnothing$,

3) $A \cup C=S$,

4) $(B \cup C)^c=\{HTH, TTH\}$

가 된다. ❀

## 5.3 확률의 정의

랜덤현상에 대한 확률모형을 만들기 위해서는 사건에 대한 확률이 어떠한 개념하에서 부여되는지를 알아야 한다. 확률을 부여하는 방법은 크게 객관적인 방법과 주관적인 방법으로 나눌 수 있으며, 객관적인 방법은 고전적인 정의와 상대도수적인 정의로 구분되어진다.

### 5.3.1 객관적 정의

#### (1) 고전적 정의

고전적 관점에 따르면 어떤 사건에 대한 확률은 표본공간내에 있는 모든 결과들이 발생할 가능성이 동일하다고 보는 것에서부터 시작된다. 즉 랜덤현상에서 발생 가능한 결과가 모두 $N$개 있고 각 결과들이 일어날 가능성이 똑같다고 한다면, 이때 각각이 일어날 확률은 $1/N$이 된다. 그리고 어느 한 사건이 $n$개의 결과를 포함하고 있다면 이 사건이 발생할 확률은 $n/N$이 되는 것이다. 예를 들어, 주사위를 한 번 던지는 실험에서 1에서 6까지의 숫자가 나올 가능성은 동일하기 때문에 각 면이 나타날 확률은 1/6이 된다는 것이나, 또는 동전을 한 번 던질 때 앞면과 뒷면이 나올 가능성이 동일하므로 각 면이 나타날 확률은 1/2이 된다는 것은 바로 이러한 개념에 근거를 두고 있는 것이다.

**TIP 고전적 정의**

> $N$개의 결과를 포함하는 표본공간 $S=\{s_1, s_2, \cdots, s_N\}$에서 각 결과가 일어날 가능성이 동일할 때, $n$ 개의 결과를 포함하는 사건 $A$의 확률은 다음과 같이 정의된다.
>
> $$P(A)=\frac{n}{N}$$

**예제 5.5** 한 회사원이 어떤 도시로 출장을 갔을 때 숙소 근처에 $A$, $B$ 두 식당이 있다고 하자. $A$, $B$ 두 식당 중 어느 식당으로 갈 것인가는 주사위를 던져서 결정하기로 하고 3이상의 숫자가 나오면 $A$식당으로, 그렇지 않으면 $B$식당으로 간다고 한다. $A$식당으로 갈 확률을 구하여라.

**풀이** 표본공간은 $S=\{1, 2, 3, 4, 5, 6\}$이며, 각 결과가 나올 확률은 동일하다. 3이상의 숫자가 나오는 사건은 $\{3, 4, 5, 6\}$이므로 $A$식당으로 갈 확률은

$$P(A)=\frac{4}{6}=\frac{2}{3}$$

가 된다. ❀

### (2) 상대도수적 정의

어떤 회사에서 생산되는 제품의 불량률을 구하고자 할 경우 고전적 개념에 의한 확률 부여는 적합하지 않다. 이러한 경우에는 일정한 크기의 표본을 반복적으로 추출한 후 나타난 결과를 이용하여 불량률을 구하게 된다.

확률이란 어떤 일이 일어날 가능성을 나타내는 측도이다. 따라서 무수히 많은 시행 속에서 어떤 일이 발생하는 결과를 관측한 후, 그것을 근거로 확률을 부여할 수 있을 것이다. 일반적으로 일상생활에서 일어나는 랜덤현상들이 수없이 반복될 수 있는 경우는 거의 없다. 따라서 우리는 동일한 조건하에서 실험을 한정된 횟수만큼 반복하여 그 속에서 나타난 상대도수가 무수히 많은 시행속에서 수렴하게 되는 값을 확률로 부여하게 되는데 이러한 개념하에서 부여되는 확률을 상대도수적 정의라고 한다. 즉, 동일한 조건하에서 실험을 $n$ 번 반복하여 어떤 한 사건이 일어난 횟수를 $f$ 라고 하면, 실험횟수 $n$ 을 충분히 크게 할 때 $f/n$가 수렴하게 되는 값을 바로 그 사건일 일어날 확률로 부여하는 것이다.

**TIP 상대도수적 정의**

> 동일한 조건하에서 실험을 $n$번 반복 시행하였을 때 사건 $A$가 $f$ 번 일어났다면, 사건 $A$의 확률은 상대도수 $f/n$가 수렴하는 값으로 정의된다.

## 5.3.2 주관적 정의

고전적 또는 상대도수적 정의에 따라 확률을 부여하는 방법과는 달리, 사람들은 개인이 가지고 있는 정보를 이용하여 확률을 다르게 부여할 수 있다. 예를 들어 프로골퍼 박세리가 금년도 LPGA에서 적어도 3번 이상 우승할 확률이라든지, 민사재판에서 원고가 승소할 확률, 또는 A라는 사람이 앞으로 2년 이내에 결혼할 확률 등은 개인적인 평가나 지식, 그리고 개인이 가지고 있는 정보 상태에 따라 달라진다. 이와 같이 개인이 가지고 있는 지식과 경험, 그리고 정보에 따라 결정되는 확률을 주관적 확률이라 한다.

**TIP 주관적 정의**

개인이 가지고 있는 지식, 경험, 정보 등에 따라 부여되는 확률을 말한다.

### 5.3.3 공리적 정의

확률에 대한 개념을 수학적이고 논리적으로 정의하기 위하여 A. N. Kolmogorov는 확률이 만족하여야 할 세 가지 기본 성질을 정의하였으며, 이것을 확률의 공리라고 한다.

**TIP 확률의 공리**

공리 1) 임의의 사건 $A$에 대하여, $P(A) \geq 0$

공리 2) $P(S) = 1$

공리 3) 서로 배반인 사건 $A_1, A_2, \cdots$ 에 대하여

$$P(A_1 \cup A_2 \cup \cdots) = P(A_1) + P(A_2) + \cdots$$

## 5.4 확률의 계산 규칙

복잡한 사건에 대한 확률 계산을 간편하게 할 수 있는 규칙들이 있으며, 이러한 규칙들은 확률의 공리로부터 유도되어진다.

(규칙 1) $P(\varnothing) = 0$

(규칙 2) 임의의 사건 $A$에 대하여 $P(A^c) = 1 - P(A)$

(규칙 3) 두 사건 $A$와 $B$에 대하여 $P(A \cup B) = P(A) + P(B) - P(AB)$

**예제 5.6** 52장의 카드 중에 에이스가 뽑히는 사건을 $A$, 킹이 뽑히는 사건을 $B$, 스페이드가 뽑히는 사건을 $C$라고 하자. 이때 52장의 카드 중 한 장을 뽑았을 때 에이스 또는 스페이드가 뽑힐 확률과 에이스 또는 킹이 뽑힐 확률을 각각 구하여라.

**풀이** (1) 에이스 또는 스페이드가 뽑힐 확률은 다음과 같이 계산된다.

$$P(A \cup C) = P(A) + P(C) - P(AC)$$
$$= \frac{4}{52} + \frac{13}{52} - \frac{1}{52} = \frac{4}{13}$$

가 된다.

(2) 두 사건 $A$와 $B$는 서로 배반 즉, $A \cap B = \varnothing$ 이므로 $P(A \cap B) = 0$이다. 따라서 에이스 또는 킹이 뽑힐 확률은

$$P(A \cup B) = P(A) + P(B) = \frac{4}{52} + \frac{4}{52} = \frac{2}{13}$$

가 된다. ❀

## 5.5 조건부 확률

주사위를 한 번 던질 때 홀수가 나올 확률은 1/2이다. 하지만 주사위를 던졌을 때 나온 수가 3보다 크다는 사실을 알고 있다고 할 때 홀수가 나올 확률은 더 이상 1/2이 되지 않는다. 그 이유는 나타난 눈의 수가 3보다 크다는 상황하에서 나타날 수 있는 가능한 결과는 {1, 2, 3, 4, 5, 6}이 아니라 {4, 5, 6}으로 바뀌기 때문이다. 이와 같은 문제를 해결하기 위해서 필요한 것이 바로 조건부 확률(conditional probability)이다.

**TIP 조건부 확률**

한 사건 $A$가 일어난 후 어떤 사건 $B$가 일어날 확률을 사건 $A$에 대한 사건 $B$의 조건부 확률(conditional probability)이라 하며, 다음과 같이 정의한다.2)

$$P(B \mid A) = \frac{P(A \cap B)}{P(A)} \quad \text{단, } P(A > 0)$$

<그림 5.3>에서 조건부 확률은 사건 $A$중에서 사건 $B$가 차지하는 비율을 의미한다는 것을 설명하고 있다. 따라서 조건부 확률에서는 표본공간이 최초의 상태에서 주어진 조건에 맞는 공간으로 표본공간이 축소되어 나타나게 되는 것이다.

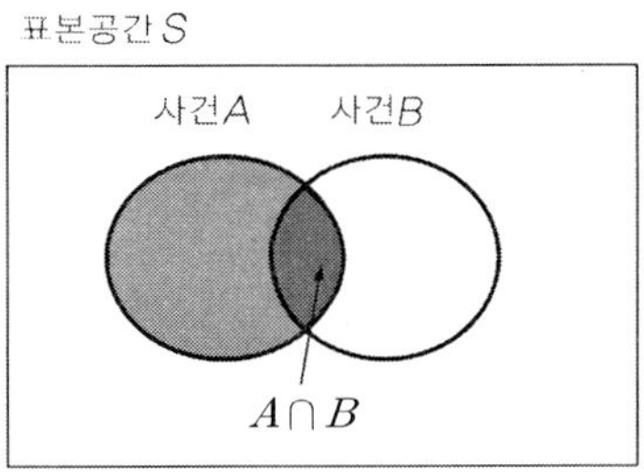


〈그림 5.3〉 조건부 확률 $P(B \mid A)$의 의미

**예제 5.7** 잘 섞은 52장의 카드 중에서 한 장을 뽑았을 때 뽑힌 카드가 그림이었다고 하자. 이때 뽑힌 카드가 퀸일 확률을 구하여라.

**풀이** 52장의 카드 중에서 한 장을 뽑았을 때 $A$를 퀸이 뽑히는 사건, $B$를 그림카드가 뽑히는 사건이라 할 때

$$P(A) = \frac{4}{52} = \frac{1}{13}, \quad P(B) = \frac{12}{52} = \frac{3}{13},$$

그리고 $$P(A \cap B) = \frac{4}{52} = \frac{1}{13}$$

2) 조건부 확률은 $P(B \mid A)$로 표기하며, $P(B \mid A)$에서 '|'의 오른쪽에 나타나는 사건은 이미 발생한 사건이기 때문에 사전에 주어진 하나의 정보로 간주할 수 있다.

이 된다. 따라서 뽑힌 카드가 그림이라는 조건이 주어지고 난 후 그것이 퀸일 확률 $P(A|B)$는 조건부 확률의 정의에 의하여

$$P(A|B) = \frac{P(A \cap B)}{P(B)} = \frac{1/13}{3/13} = \frac{1}{3}$$

이 된다. 여기서 $P(A)$와 $P(A|B)$의 차이점은, $P(A)$는 카드 52장 전체에서 퀸이 뽑힐 확률을 나타내며, 조건부 확률 $P(A|B)$은 그림이 그려진 카드로 그 범위가 제한된 가운데서 퀸이 뽑힐 확률이라는 것이다.

❀

조건부 확률의 정의로부터 다음과 같은 곱셈 법칙이 성립하게 된다.

**TIP 곱셈 법칙**

$$P(AB) = P(A) \cdot P(B \mid A) \text{ 또는 } P(AB) = P(B) \cdot P(A \mid B)$$

**예제 5.8** 10개의 빨간 공과 6개의 파란 공이 들어 있는 상자로부터 2개의 공을 비복원으로 랜덤추출한다고 할 때, 첫 번째 공이 빨간 공이고 두 번째 공이 파란 공일 확률을 구하여라.

**풀이** $A$를 첫 번째 공이 빨간 공인 사건, $B$를 두 번째 공이 파란 공인 사건이라 할 때

$$P(A) = \frac{10}{10+6} = \frac{5}{8}, \quad P(B \mid A) = \frac{6}{10+6-1} = \frac{2}{5}$$

가 된다. 따라서 첫 번째 공이 빨간 공이고 두 번째 공이 파란 공일 확률은 다음과 같다.

$$P(AB) = P(A) \cdot P(B \mid A) = \frac{5}{8} \cdot \frac{2}{5} = \frac{2}{8} = \frac{1}{4}$$

가 된다.

❀

## 5.6 사건의 독립성

동전을 두 번 던질 경우, 첫 번째 나온 결과는 두 번째 나오는 결과에 아무런 영향을 미치지 못한다. 왜냐 하면, 처음에 앞면 또는 뒷면 중 어떤 것이 나오던 두 번째 던지는 동전에서 앞면이 나올 확률은 언제나 1/2이 되기 때문이다.3) 이와 같이 조건부 확률에서 어떤 사건이 일어난 것이 다음 사건이 일어나는 것에 아무런 영향을 미치지 않을 때 두 사건 $A$와 $B$는 서로 독립(mutually independent)이라 하며, 그렇지 않을 경우 $A$와 $B$는 서로 종속(mutually dependent)이라 한다.

**TIP 두 사건의 독립**

$A$와 $B$가 서로 독립이면 $P(AB)=P(A)\cdot P(B)$ 이다.

**예제 5.9** 어느 의학 연구소에서 흡연이 폐암과 관련성이 있는지를 연구하기 위한 자료를 수집하여 정리한 결과가 〈표 5.1〉과 같다고 하자. 주어진 자료를 이용하여 흡연과 폐암간의 독립성 여부를 판단하여라.

〈표 5.1〉 흡연과 폐암에 관한 자료

| 구 분 | 폐암에 걸림 | 폐암에 안걸림 | 계 |
|---|---|---|---|
| 흡연 | 0.37 | 0.13 | 0.5 |
| 비흡연 | 0.15 | 0.35 | 0.5 |
| 계 | 0.52 | 0.48 | 1.0 |

**풀이** 폐암에 걸린 사건을 $A$, 흡연을 하는 사건을 $B$라고 할 때

$P(A)=0.52,\quad P(B)=0.5,\quad P(AB)=0.37$이므로

3) 표본공간 $S=\{HH, HT, TH, TT\}$이고, 첫 번째 동전에서 앞면이 나오는 사건을 $A=\{HH, HT\}$, 두 번째 동전에서 앞면이 나오는 사건을 $B=\{HH, TH\}$ 라 할 때 $P(B\mid A)=1/2=P(B)$ 이다.

$$P(AB) = 0.37 \neq P(A) \cdot P(B) = 0.26$$

이다. 따라서 두 사건 $A$와 $B$는 서로 종속이다. 즉 주어진 자료로부터 흡연은 폐암에 영향을 미친다고 할 수 있다. ❀

두 사건의 독립성에 대한 개념은 여러 사건들에 대해서도 확장할 수 있다.

**TIP 여러 사건의 독립**

> $k$개의 사건 $A_1, A_2, \cdots, A_k$이 서로 독립이면
>
> $$P(A_1 \cap A_2 \cap \cdots \cap A_k) = P(A_1)P(A_2)\cdots P(A_k)$$

**예제 5.10** 동전을 세 번 던진다고 할 때 세 번 모두 앞면이 나올 확률을 구하여라.

**풀이** 동전을 세 번 던지는 시행에서 앞에 나타나는 결과는 뒤에 나타나는 결과에 영향을 미치지 않으므로 서로 독립이다. 따라서 세 번 모두 앞면이 나올 확률은 다음과 같다.

$$P(HHH) = P(H)P(H)P(H) = \left(\frac{1}{2}\right) \times \left(\frac{1}{2}\right) \times \left(\frac{1}{2}\right) = \left(\frac{1}{2}\right)^3$$ ❀

여러 사건들의 독립성에 대한 문제는 두 개 이상의 부품으로 구성된 시스템의 신뢰도[4]와 관련된 문제에서 중요하게 사용된다.

**예제 5.11** 컴퓨터는 크게 모니터, 키보드, 드라이브, CPU(중앙처리장치)로 구성되어 있다. B회사에서는 고장률이 아래와 같은 부품으로 컴퓨터를 조립하여 생산하고 있다고 하자. 이때 시중에서 팔리고 있는 B회사 컴퓨터 한 대를 랜덤으로 추출하였을 때 이 제품이 정상적으로 작동할 확률을 구하여라.

4) 공학분야에서 신뢰도(reliability)는 기계가 고장나지 않을 확률을 의미한다.

〈표 5.2〉 컴퓨터 부품 고장률

| 부 품 | 모니터 | 키보드 | 드라이브 | CPU |
|---|---|---|---|---|
| 고장률 | 0.02 | 0.02 | 0.02 | 0.02 |

**풀이** 모니터, 키보드, 디스크 드라이브, 중앙처리장치가 정상적으로 작동할 사건을 각각 $A_1$, $A_2$, $A_3$, $A_4$라 할 때 각 사건이 일어날 확률은 다음과 같다.

$$P(A_1) = 0.98, \quad P(A_2) = 0.99, \quad P(A_3) = 0.98, \quad P(A_1) = 0.99$$

컴퓨터가 정상적으로 작동하기 위해서는 이들 부품 모두가 정상적으로 작동하여야 하므로 구하고자 하는 확률은 다음과 같이 계산된다.

$$\begin{aligned} P(A_1 \cap A_2 \cap A_3 \cap A_4) &= P(A_1)P(A_2)P(A_3)P(A_4) \\ &= (0.98)(0.99)(0.98)(0.99) \\ &\approx 0.94 \end{aligned}$$

여기서 확률이 0.94라는 것은 B회사에서 생산되는 컴퓨터 중 94%가 정상적으로 작동할 것이라는 것을 의미한다. ❀

**예제 5.12** 〈그림 5.4〉와 같이 이루어진 시스템에서 기계 $A$, $B$, $C$, $D$가 정상적으로 작동할 확률이 모두 0.90라고 하자. 라인 I과 II가 서로 독립적으로 작동하고 있다고 할 때 시스템이 정상적으로 가동될 확률을 구하여라.[5)]

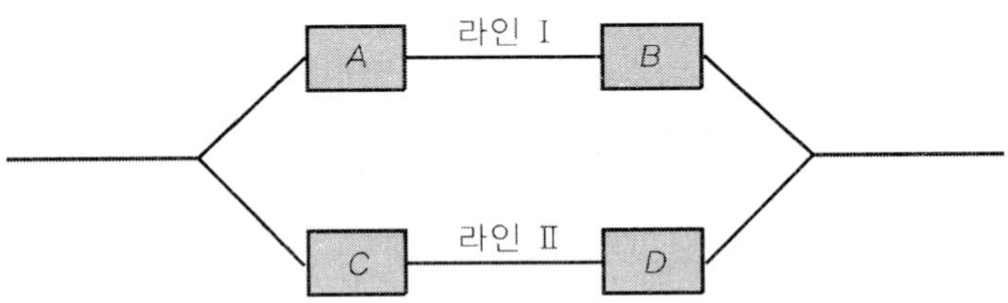


〈그림 5.4〉 병렬로 이루어진 시스템의 계통도

5) 원자력 발전소에서는 비상사태에 대비하기 위하여 제1냉각장치가 고장났을 경우 바로 제2냉각장치가 가동되도록 시스템이 구성되어 있다.

**풀이** $A$, $B$, $C$, $D$를 각 기계가 정상적으로 작동하는 사건이라 할 때

$$P(A)=P(B)=P(C)=P(D)=0.90$$

이다. 라인 I이 정상적으로 작동하기 위해서는 기계 $A$와 $B$가 모두 정상적으로 작동하여야 한다. 따라서 라인 I이 정상적으로 작동할 확률은 다음과 같으며,

$$P(A\cap B)=P(A)P(B)=0.9\times 0.9=0.81$$

라인 II가 정상적으로 작동하기 위해서는 기계 $C$와 $D$ 모두 정상적으로 작동하여야 하므로 라인 II가 정상적으로 작동할 확률은

$$P(C\cap D)=P(C)P(D)=0.9\times 0.9=0.81$$

이 된다. 주어진 시스템이 정상적으로 작동하기 위해서는 라인 I이 정상적으로 작동하든지 또는 라인 II가 정상적으로 작동하면 된다. 따라서 시스템이 정상적으로 작동할 확률은 다음과 같이 계산된다.

$$\begin{aligned}P[(A\cap B)\cup(C\cap D)] &= P(A\cap B)+P(C\cap D)-P[(A\cap B)\cap(C\cap D)]\\ &= P(A)P(B)+P(C)P(D)-P(A\cap B)P(C\cap D)\\ &= P(A)P(B)+P(C)P(D)-P(A)P(B)P(C)P(D)\\ &= 0.81+0.81-(0.9)^4\\ &= 0.9639\end{aligned}$$

❀

## 5.7 조건부 확률의 응용

표본공간 $S$가 서로 배반인 두 사건 $A_1$, $A_2$로 이루어져 있고 임의의 사건 $B$가 <그림 5.5>와 같이 주어져 있다고 하자. 이때 사건 $B$가 일어났다는 사실을 알고 난 후 사건 $A_1$과 $A_2$가 일어난 확률 $P(A_i|B)$ $i=1$, 2을 계산해보도록 하자. 사건 $B$는 서로 배반인 두 사건 $AB$와 $A^cB$로 분할될 수 있고, 이때 $B=AB\cup A^cB$가 된다. 여기서 공리 3)과 확률의 곱셈법칙을 이용하면 사건 $B$의 확률 $P(B)$는 다음과 같게 된다.

$$P(B) = P(A_1 B \cup A_2 B) = P(A_1 B) + P(A_2 B)$$
$$= P(A_1) \cdot P(B \mid A_1) + P(A_2) \cdot P(B \mid A_2)$$

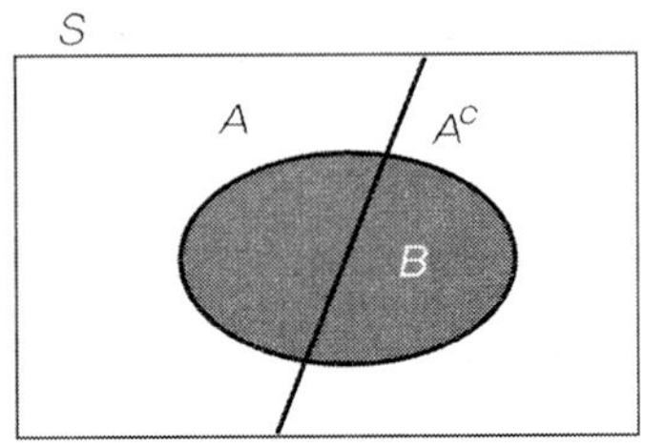


〈그림 5.5〉 표본공간 $S$의 분할

따라서 사건 $B$가 일어난 후 사건 $A_1$과 $A_2$가 일어날 확률은

$$P(A_1 \mid B) = \frac{P(A_1 B)}{P(B)}$$
$$= \frac{P(A_1) \cdot P(B \mid A_1)}{P(A_1) \cdot P(B \mid A_1) + P(A_2) \cdot P(B \mid A_2)} \qquad (1)$$

$$P(A_2 \mid B) = \frac{P(A_2 B)}{P(B)}$$
$$= \frac{P(A_2) \cdot P(B \mid A_2)}{P(A_1) \cdot P(B \mid A_1) + P(A_2) \cdot P(B \mid A_2)} \qquad (2)$$

**예제 5.13** 어느 공장에서 두 대의 기계를 사용하여 제품을 생산하고 있다. 기계 1에서는 전체 생산량의 40%, 기계 2에서는 전체 생산량의 60%가 생산되고 있으며, 이때 각각의 기계에서 불량품이 발생할 확률은 2%와 3%라고 한다. 이 공장에서 생산된 제품 중 한 개를 랜덤으로 뽑아 조사한 결과, 그것이 불량품이었다고 할 때 이 제품이 기계 2에서 생산된 제품일 확률을 계산하여라.

**풀이** 기계 1에서 제품이 생산되는 사건을 $A_1$, 기계 2에서 제품이 생산되는 사건을 $A_2$라고 할 때 $A_1 \cap A_2 = \varnothing$이고, $P(A_1) = 0.4$, $P(A_2) = 0.6$이

다. 그리고 기계 1에서 불량품이 발생할 확률은 $P(B|A_1)=0.02$, 기계 2에서 불량품이 발생할 확률은 $P(B|A_2)=0.03$이다. 따라서 뽑힌 제품이 불량품이라고 할 때 그것이 기계 2로부터 생산되었을 확률 $P(A_2|B)$는 다음과 같이 계산된다.

$$P(B|A_2)=\frac{P(A_2)\cdot P(B|A_2)}{P(A_1)\cdot P(B|A_1)+P(A_2)\cdot P(B|A_2)}$$

$$=\frac{0.6\times 0.03}{0.4\times 0.02+0.6\times 0.03}$$

$$=0.692$$

❀

식(1)과 (2)는 표본공간이 서로 배반인 두 개의 사건으로 이루어져 있을 때 확률을 계산하는 공식이다. 이러한 개념을 확장하여 표본공간이 <그림 5.6>과 같이 서로 배반인 $k$개의 사건으로 구성되어 있다고 할 경우, 이로부터 얻어지는 정리가 바로 베이즈 정리인 것이다.[6)]

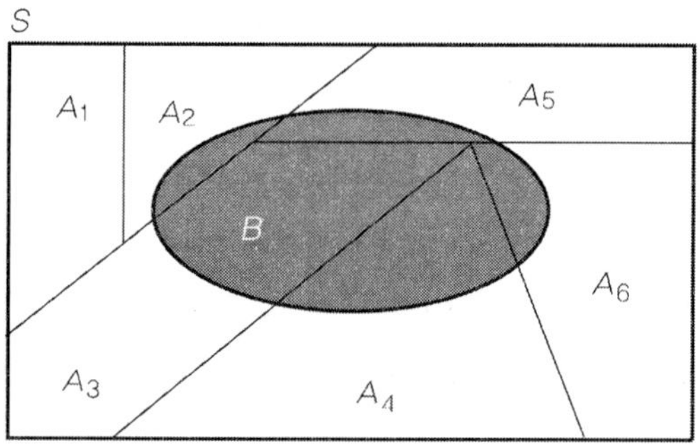


〈그림 5.6〉 표본공간 $S$의 분할

6) $P(A_i)$는 정보 $B$가 알려지기 전의 확률이므로 사전확률(prior probability), $P(A_i \mid B)$는 정보$B$를 알고 난 후의 확률이므로 사후확률(posterior probability)이라 한다.

**TIP 베이즈 정리**

> 사건 $A_1, \cdots, A_n$ 이 서로 배반이고 표본공간 $S = A_1 \cup \cdots \cup A_n$ 이라고 할 때, 임의의 사건 $B$가 일어난 조건하에서 사건 $A_i\ (i = 1, \ldots, n)$가 일어날 확률은 다음과 같다.
>
> $$P(A_i \mid B) = \frac{P(A_i B)}{P(B)} = \frac{P(A_i) \cdot P(B \mid A_i)}{P(A_1) \cdot P(B \mid A_1) + \cdots + P(A_n) \cdot P(B \mid A_n)}$$

베이즈 정리는 영국 교회의 목사인 T. Bayes에 의하여 발견된 정리로서 조건부확률 $P(B|A)$에서 주어진 상황이 반대로 되었을 때 즉, 주어진 조건과 알고자하는 사건의 위치를 서로 바꾸었을 때 생겨나는 새로운 조건부확률 $P(A|B)$이라고 할 수 있다. 베이즈 정리는 진단과 관련된 문제에서 중요하게 사용되어진다. 예를 들어 의사들이 환자의 건강상태를 진단할 때 각종 검사 결과 등을 종합하여 그 정보에 근거하여 환자의 병명을 진단한다던지, 자동차 정비사가 오실로스코프를 이용하여 엔진과 연결된 여러 부분에 대한 파장을 확인하여 차량에 이상이 있는 곳을 진단한다든지 또는 기상학자가 온도, 기압, 풍향과 풍속 등을 이용하여 기후를 예측한다든지 할 경우에 사용된다.

**예제 5.14** 라임병은 진드기에 의해서 발생되는 질병으로서 일반적으로 혈액속에 있는 특별한 항체를 찾아내는 검사법에 의해서 병을 진단한다. 어느 마을에서 라임병에 걸려있는 사람의 비율은 0.00207, 라임병에 걸려있는 사람들 중에서 양성반응을 나타낸 사람의 비율은 0.937, 라임병에 걸려있지 않은 사람들 중에서 양성반응을 나타낸 사람의 비율은 0.030이었다고 한다. 이때 마을 사람 중에서 한명을 랜덤으로 뽑아 혈액검사를 실시한 결과 양성반응을 보였다고 하자. 이 사람이 라임병에 걸려있을 확률을 구하여라.

**풀이** 혈액검사에서 양성반응을 +, 음성반응을 −, 실제 라임병에 걸려있는 사건을 $L$, 라임병에 걸려있지 않은 사건을 $L^c$이라고 할 때

$P(L) = 0.00207,\ P(L^c) = 0.99793,\ P(+|L) = 0.937,\ P(+|L^c) = 0.03$

따라서 베이즈 정리를 이용하여 조건부확률 $P(L|+)$을 계산하면 다음과 같다.

$$\begin{aligned} P(L|+) &= \frac{P(L)P(+|L)}{P(L)P(+|L) + P(L^c)P(+|L^c)} \\ &= \frac{(0.00207)(0.937)}{(0.00207)(0.937) + (0.99793)(0.03)} \\ &= \frac{0.0019}{0.0319} \\ &= 0.0596 \end{aligned}$$

즉, 양성반응을 보인 사람들 중 5.96%가 실제로 라임병에 걸려있다고 할 수 있다. ❀

**예제 5.15** 대통령 선거를 앞두고 공화당에서 서울의 $A, B, C$ 세 선거구 유권자들을 대상으로 여론 조사를 실시한 결과 $A$선거구에서는 21%, $B$선거구에서는 45%, $C$선거구에서는 75%의 유권자들이 공화당을 지지하는 것으로 나타났다.

1) 세 선거구 중에서 랜덤으로 한 선거구를 뽑고 그리고 나서 그 선거구의 유권자 한 명을 랜덤으로 뽑았을 때, 그 사람이 공화당을 지지할 확률을 구하여라.
2) 랜덤으로 뽑힌 한 유권자가 공화당을 지지한다고 하였을 때, 그가 $A$선거구에 속한 유권자일 확률을 구하여라.

**풀이** $A_1, A_2, A_3$를 세 선거구$A$, $B$, $C$를 각각 뽑는 사건이라 하고, $R$을 공화당을 지지하는 사건이라 하자. 이때

$$P(A_1) = P(A_2) = P(A_3) = \frac{1}{3}$$

$$P(R \mid A_1) = 0.21,\ \ P(R \mid A_2) = 0.45,\ \ P(R \mid A_3) = 0.75$$

가 된다. 따라서

1) 확률 $P(R)$는 전 확률공식에 의하여 다음과 같이 계산된다.

$$P(R) = P(A_1)P(R \mid A_1) + P(A_2)P(R \mid A_2) + P(A_3)P(R \mid A_3)$$

$$= \frac{1}{3}(0.21 + 0.45 + 0.75) = 0.47$$

2) 확률 $P(A_1 \mid R)$는 베이즈 정리로부터 다음과 같이 계산된다.

$$P(A_1 \mid R) = \frac{P(A_1)P(R \mid A_1)}{\sum_{j=1}^{3} P(A_j)P(R \mid A_j)}$$

$$= \frac{(1/3)(0.21)}{0.47} = 0.15$$

❀

## 연습문제

1. 1개의 동전을 3번 던질 때, 앞면의 수가 뒷면의 수보다 적게 나타날 확률을 구하여라.

2. 주사위를 두 번 던지는 실험에서
   1) 두 눈의 합이 7 또는 11이 될 확률을 구하여라.
   2) 두 눈의 합이 3보다 클 확률을 구하여라.

3. 두 개의 주사위를 던져 나오는 눈의 수의 합 $T$를 홀수라고 할 때, $T$가 8보다 작을 확률을 구하여라.

4. 어떤 대학의 1학년 학생 가운데 40%는 재수 경험이 없고 나머지 60%는 재수 경험이 있다고 한다. 재수 경험이 없는 학생들의 20%, 재수 경험이 있는 학생들의 30%가 통계학에서 $A$를 받았다고 하자. 랜덤으로 뽑은 한 학생의 성적이 $A$이었다고 할 때, 이 학생이 재수 경험이 있을 확률을 구하여라.

5. 어떤 도시에서 두 신문 $A$와 $B$가 발간되고 있다. 구독률을 조사한 결과, 이 도시에 거주하는 전체 가구의 50%는 신문 $A$를, 20%는 신문 $B$를, 그리고 10%는 신문 $A$와 $B$ 모두 본다고 한다. 두 신문 중에 적어도 하나를 보는 가구의 비율은 얼마인가?

6. 어떤 사람이 회사에 출근 시 70%는 지하철로, 30%는 자가용을 이용한다고 한다. 지하철로 출근할 경우 지각할 확률은 0.1%이고, 자가용으로 출근할 경우 지각할 확률은 0.3%라고 한다. 어느 날 이 사람이 지각을 했다고 하였을 때 그가 자가용을 타고 출근하였을 확률은 구하여라.

7. 주머니 속에 500원짜리 동전 2개, 100원짜리 동전 3개, 50원짜리 동전 5개, 10원짜리 동전 5개가 들어 있다.
   1) 주머니 속에서 1개의 동전을 랜덤으로 끄집어 낸다고 할 때, 적어도 100원짜리 이상이 나올 확률을 구하여라.
   2) 주머니 속에서 3개의 동전을 하나씩 비복원으로 랜덤추출한다고 할 때, 첫 번째 동전이 10원짜리, 두 번째 동전이 100원짜리, 세 번째 동전이 500원짜리일 확률을 구하여라.
   3) 주머니 속에서 2개의 동전을 복원으로 랜덤추출한다고 할 때, 10원짜리와 100원짜리가 나올 확률을 구하여라.

8. 한 개의 주사위를 던지는 실험에서 A를 짝수가 나오는 사건, B를 3, 4, 5 중에서 하나가 나오는 사건이라 하자. 이때 두 사건 A와 B는 서로 독립인지를 조사하여라.

9. $S$ 대학교의 식품공학과 2학년 학생 30명에 대하여 성별, 출신 지역별 현황을 조사한 결과 다음과 같은 자료를 얻었다. 남자가 뽑히는 사건 $A$와 서울 출신이 뽑히는 사건 $B$ 사이의 독립성 여부를 조사하여라.

| 구 분 | 서울 출신 | 지방 출신 | 계 |
|---|---|---|---|
| 남 자 | 5 | 5 | 10 |
| 여 자 | 10 | 10 | 20 |
| 계 | 15 | 15 | 30 |

10. 공학분야에서 신뢰도(reliability)는 기계가 고장나지 않을 확률을 의미한다. 어떤 기계가 서로 독립적으로 작동하는 두 가지 부품으로 구성되어 있으며, 부품 1의 신뢰도는 0.98, 부품 2의 신뢰도는 0.95임이 알려져 있다고 하자.
    1) 두 가지 부품이 모두 작동할 때만 기계가 작동한다고 할 때, 이 기계의 신뢰도는 얼마인가?

2) 두 개의 부품 중 1개만 작동하여도 기계가 작동한다고 할 때, 이 기계의 신뢰도는 얼마인가?

11. 원자력 발전소의 제 1냉각장치의 신뢰도는 0.98이다. 제 1냉각장치가 고장났을 경우를 대비하여 제 2냉각장치가 설치되어 있으며, 이 장치의 신뢰도는 0.90이다. 두 냉각장치가 서로 독립적으로 작동한다고 할 때, 이 원자력 발전소의 냉각장치의 신뢰도를 구하여라.

12. 인터넷 통신의 부작용 중 하나는 자기와 의견이 같지 않은 사람들의 의견에 대해서 비방과 욕설이 난무한다는 것이다. 이와 관련된 조사 결과가 다음과 같을 때, 채팅방을 이용하는 사람 중에서 랜덤으로 한 사람을 뽑았을 때 뽑힌 사람이 평소 다른 사람으로부터 비방을 받아왔다고 할 때 이 사람이 평소 다른 사람을 비난해왔을 사람일 확률을 계산하여라.

| | 비방을 받았음 | 비방을 받지 않았음 | 전체 |
|---|---|---|---|
| 타인을 비방함 | 19 | 8 | 27 |
| 타인을 비방하지 않음 | 23 | 143 | 166 |
| 전체 | 42 | 151 | 193 |

13. 금년도에 $A$ 회사와 $B$ 회사에서 노동자들이 파업을 일으킬 확률은 각각 0.5이고, 두 회사에서 노동자들이 동시에 파업을 일으킬 확률은 0.3이라고 하자.
1) 두 회사 중 어디에선가 파업이 발생할 확률을 구하여라.
2) 한 회사에서 파업이 발생한다고 할 때, 다른 회사에서도 파업이 발생할 확률을 구하여라.

14. 첫 번째 가방에는 3개의 흰 공과 4개의 빨간 공이 들어 있고, 두 번째 가방에는 4개의 흰 공과 5개의 빨간 공이 들어 있다. 첫 번째 가방에서 공 한 개를 꺼내어 색깔을 확인하지 않고 그것을 두 번 째 가방에 넣은 다음, 두 번째 가방에서 하나의 공을 꺼낼 때 그 공이 빨간 공일 확률을 구하여라.

15. 두 개의 상자 $A_1$, $A_2$ 에 긴 볼트와 짧은 볼트가 들어 있다. 상자 $A_1$ 에는 60개의 긴 볼트와 40개의 짧은 볼트가 들어 있고, 상자 $A_2$ 에는 20개의 긴 볼트와 30개의 짧은 볼트가 들어 있다고 가정하자. 하나의 상자를 랜덤으로 뽑고 그리고 나서 그 상자로부터 뽑은 볼트가 긴 볼트라고 할 때, 이 긴 볼트가 상자 $A_1$ 에서 뽑힐 확률을 구하여라.

16. 어느 마을에서 전체 주민의 10%가 어떤 질병에 감염되었으나, 그 질병의 감염 여부는 겉으로는 식별이 되지 않는다고 한다. K의학 연구소에서는 이 질병의 감염 여부를 알아내는 검사방법을 개발하여 실험을 한 결과, 그 질병에 걸린 사람의 90%가 양성반응을 보였고, 질병에 걸리지 않은 사람의 5%가 양성반응을 보였다고 한다. 주민들 중에서 랜덤으로 뽑은 한 사람이 검사에서 양성반응을 보였다고 할 때, 이 사람이 질병에 걸려있을 확률을 구하여라.

# 6장
# 확률분포

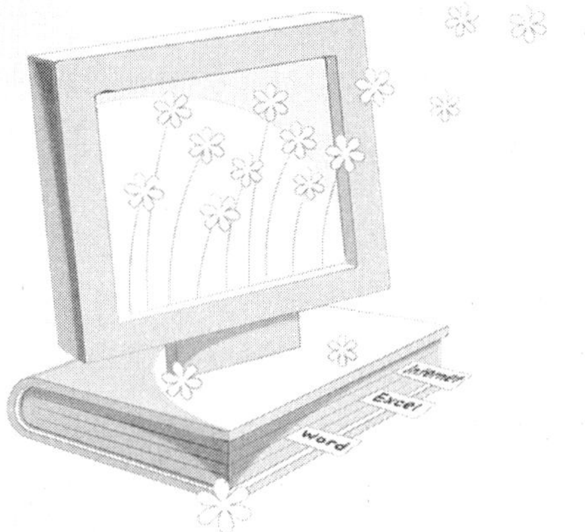

## 6.1 확률변수

확률이란 개념은 어떤 현상이 랜덤하게 일어난다는 사실로부터 시작되고, 확률을 사용하여 랜덤한 현상을 묘사한다는 것은 바로 확률모형(probability model)을 만든다는 것을 의미한다. 확률모형은 랜덤한 현상에서 나타날 수 있는 모든 결과들의 집합인 표본공간과 표본공간 내의 결과들로 구성되는 사건들에 대한 확률로 표현된다는 사실을 5.3절에서 배웠다.

표본공간은 항상 숫자로만 이루어져 있는 것은 아니다. 왜냐하면 랜덤현상과 관련된 실험이나 관측, 또는 조사 결과는 문자 또는 숫자 등의 형태로 나타날 수 있기 때문이다. 예를 들어 한 개의 동전을 3번 던지는 실험에서 앞면을 H, 뒷면을 T로 나타낼 때, 표본공간 $S=\{\text{HHH, HHT}, \cdots, \text{TTH, TTT}\}$는 문자로 이루어지게 된다. 그러나 랜덤현상을 수학적인 모형으로 표현하기 위해서는 표본공간내의 결과들은 숫자로 이루어져 있어야 한다. 여기서 앞면이 나타나는 횟수를 $X$라고 하자. 이때 표본공간을 이루고 있는 각 결과들은 숫자 즉, HHH는 3, HHT는 2, TTH는 1, $\cdots$, TTT는 0으로 변하게 되고, 결과적으로 표본공간은 문자에서 0, 1, 2, 3의 숫자로 바뀌게 된다. 이와 같이 문자로 이루어진 표본공간을 숫자로 이루어진 표본공간으로 바꾸어주는 역할을 하는 것을 확률변수(random variable)라 한다.

**TIP 확률변수**

> 표본공간내의 각 결과를 하나의 실수값으로 대응시켜주는 함수이다.

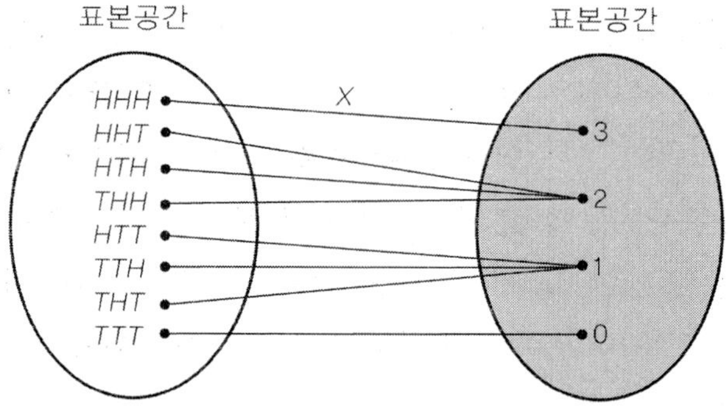


〈그림 6.1〉 동전을 3번 던지는 실험에서 확률변수 $X$의 표본공간

확률변수는 그 값이 가지는 형태에 따라 이산형 확률변수와 연속형 확률변수로 나누어진다. 이산형 확률변수(discrete random variable)란 확률변수가 유한개 또는 무한개의 셀 수 있는 값들로 구성되어 있을 경우를, 연속형 확률변수(continuous random variable)란 확률변수가 가질 수 있는 값들이 무한으로 이어져 있어 하나의 값으로 분리해 낼 수 없을 경우를 말한다. 이산형 확률변수의 예로는 어떤 자동차 회사 영업사원이 한달 동안에 판매하는 자동차의 수, 서울시에서 발생하는 일일 교통사고 사망자 수 등을 들 수 있다. 반면에 연속형 확률변수의 예로서는 20세 이상의 성인 남자의 키, 고장난 자동차의 수리시간, 고등학교 3학년 학생들의 IQ 등을 들 수 있다.[1] 일반적으로 확률변수는 영문 대문자(예: $X$ 또는 $Y$)로, 확률변수가 실제로 가지는 어떤 특정한 값들은 영문 소문자(예: $x_1,\ x_2,\ \cdots,\ x_n$ 또는 $y_1,\ y_2,\ \cdots,\ y_n$)로 표기한다.

**TIP 이산형 확률변수와 연속형 확률변수**

> 이산형 확률변수는 확률변수가 가지는 값들이 하나하나 셀 수 있도록 분리되어 있는 경우를, 연속형 확률변수는 확률변수가 가지는 값들이 무한으로 이어져 있어 하나의 값으로 분리해 낼 수 없는 경우를 말한다.

1) 일상생활에서 사용되고 있는 키, 몸무게, 시간 등 연속형 확률변수에 대한 측정값들은 마치 이산형 확률변수의 값처럼 보인다. 그 이유는 측정도구의 한계 때문이며, 따라서 우리가 실제 사용하고 있는 값은 정확한 값이 아니라 근사값인 것이다.

**예제 6.1** 20문항의 객관식 시험에서 어떤 학생이 맞히는 정답수를 $X$라고 하자. 이때 $X$가 가질 수 있는 가능한 값 $x$는 0, 1, ⋯, 20으로 이 값들은 하나하나 셀 수 있기 때문에 $X$는 이산형 확률변수가 된다. 반면에 어떤 회사원이 집에서 직장까지 출근하는데 걸리는 시간 $Y$가 30분에서 50분사이라고 할 때 $Y$가 가질 수 있는 가능한 값 $y$의 범위는 $30 < y < 50$이 된다. 여기서 출근하는 데 걸리는 시간 $Y$는 어떤 하나의 특정한 값으로 분리해낼 수 없기 때문에 $Y$는 연속형 확률변수가 된다. ❀

## 6.2 확률분포

어떤 랜덤현상을 하나의 확률변수를 이용하여 표현할 때 랜덤현상에서 발생하는 모든 결과는 실수값으로 나타나게 된다. 이때 확률변수가 가질 수 있는 모든 값들과 이에 대응하는 확률을 함수식이나 표 또는 그림으로 나타낸 것을 확률분포(probability distribution)라 한다. 확률분포는 확률변수의 형태에 따라 이산형 확률분포와 연속형 확률분포로 나누어진다.

**TIP 확률분포**

확률변수가 가질 수 있는 모든 값들과 이에 대응하는 확률을 함수식이나 표 또는 그림으로 나타낸 것을 말한다.

### 6.2.1 이산형 확률분포

이산형 확률분포를 수학적으로 표기하는 요령은 비교적 간단하다. 즉, 이산형 확률변수 $X$가 가질 수 있는 가능한 값 $x_1, x_2, \cdots, x_n$과 이에 대응하는 확률 $P(X=x_i)$, $i=1, 2, \cdots, n$을 함수로 나타내면 되고, 이때의 함수를 확률질량함수(probability mass function)라고 한다. 확률질량함수는 $f(x_i)$로 표기한다. 여기서 $f(x_i)$는 확률변수 $X$가 가질 수 있는 값들 중에서 임의의 값 $X=x_i$일 때의 확률 $P(X=x_i)$를 나타낸다.

**TIP 확률질량함수**

확률변수 $X$가 이산형일 때 임의의 값 $x_i$에 대하여 $f(x_i)=P(X=x_i)$를 만족하는 $f(x_i)$를 확률질량함수라 한다. 확률질량함수 $f(x_i)$는 다음의 두 조건을 만족해야만 한다.

① 주어진 모든 값 $x_i$에 대하여, $f(x_i) \geq 0$

② $\sum_{i=1}^{n} f(x_i)=1$

확률분포를 알면 확률변수가 어떤 구간 사이에 있을 확률을 계산할 수 있다. 예를 들어 확률변수 $X$가 구간 $[a, b]$ 사이에 속할 확률은 $X=a$에서 $X=b$까지의 확률을 모두 더하여 구할 수 있다. 즉,

$$P(a \leq X \leq b) = \sum_{x=a}^{b} f(x)$$

**예제 6.2** 한 개의 동전을 3번 던지는 실험에서 앞면이 나오는 횟수를 $X$라 하자. 이때

1) 확률변수 $X$의 확률분포를 구하여라.

2) 앞면이 두 번 이상 나올 확률을 구하여라.

**풀이** 1) 동전을 3번 던지는 실험에서 앞면을 $H$, 뒷면을 $T$라고 하면 표본공간은 $S=\{HHH, HHT, HTH, THH, HTT, TTH, THT, TTT\}$가 된다. 이때 앞면이 나오는 횟수 $X$에 대한 표본공간은 $S=\{0, 1, 2, 3\}$으로 바뀌게 되고, 각 값이 일어날 확률은 다음과 같이 구해진다.

$X=0$는 $TTT$일 때이므로 $P(X=0)=f(0)=1/8$

$X=1$은 $HTT, THT, TTH$일 때이므로 $P(X=1)=f(1)=3/8$

$X=2$는 $HHT, HTH, THH$일 때이므로 $P(X=2)=f(2)=3/8$

$X=3$는 $HHH$일 때이므로 $P(X=3)=f(3)=1/8$

따라서 $X$의 확률분포는 다음과 같게 된다.

a) 함수로 표현 $f(x)=\begin{cases} 1/8, & x=0,\ 3\text{일 때} \\ 3/8, & x=1,\ 2\text{일 때} \\ 0, & \text{기타에서} \end{cases}$

b) 표로 표현

| $x$ | 0 | 1 | 2 | 3 |
|---|---|---|---|---|
| $f(x)$ | 1/8 | 3/8 | 3/8 | 1/8 |

c) 그림으로 표현

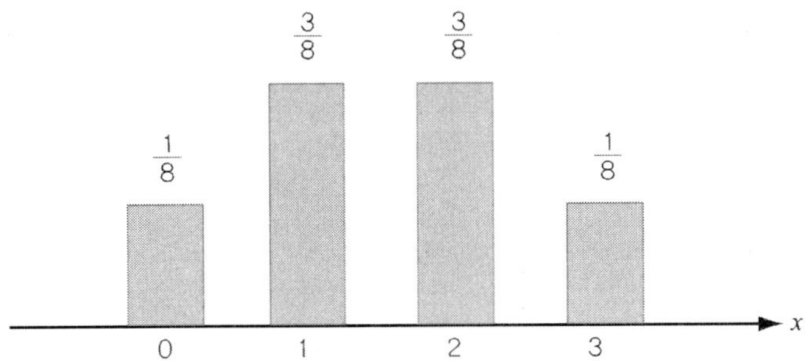


2) $P(X \geq 2)= P(X=2)+P(X=3)=f(2)+f(3)=\frac{3}{8}+\frac{1}{8}=\frac{4}{8}=\frac{1}{2}$

❀

**참고사항**

(예제 6.1)에서 실험을 20회 반복하여 앞면이 나오는 횟수 $X$를 조사한 결과 $X=0$이 2번, $X=1$이 7번, $X=2$가 8번, $X=3$이 3번이었다고 하자. 이때 확률변수 $X$의 상대도수분포는 다음과 같게 된다.

| $x$ | 0 | 1 | 2 | 3 |
|---|---|---|---|---|
| 상대도수 | 2/20 | 7/20 | 8/20 | 3/20 |

20회의 반복 실험에서 구한 상대도수분포와 (예제 6.1)에서 구한 확률분포간에는 차이가 있다. 하지만 실험을 20회가 아니라 무수히 많이 반복하게 되면 상대도수분포는 확률분포와 거의 일치하게 된다. 따라서 $X$의 확률분포는 동전을 세 번 던지는 실험에서 앞면이 나타나는 횟수에 대한 이론적인 확률모형이라고 할 수 있다.

### 6.2.2 연속형 확률분포

0과 1사이에서 랜덤으로 하나의 실수값 $X$를 뽑는다고 하자. 이때 우리는 정확하게 하나의 $X$값을 뽑을 수가 없게 된다. 그 이유는 0과 1 사이는 무한히 많은 실수값이 존재하므로 특정한 어느 하나의 값으로 분리해 낼 수 없기 때문이다. 따라서 이와 같은 경우에는 $X$가 가질 수 있는 값을 구간으로 나타낼 수 밖에 없게 된다. 확률변수가 가질 수 있는 값을 구간으로 밖에 나타날 수 없을 경우의 확률변수를 연속형 확률변수(continuous random variable)라 한다.

밀도곡선과 $x$축 사이의 전체 면적이 1이라는 것은 3.6절에서 배웠다. 전체 면적이 1이라는 것은 표본공간내의 전체 확률이 1이라는 것과 일치한다. 그러므로 $X$가 연속형 확률변수일 경우, $X$가 어떤 구간 사이에 속할 확률은 그 구간 사이에서 밀도곡선 아래의 면적으로 생각할 수 있다. 따라서 확률변수가 연속형일 경우 어떤 사건에 대한 확률은 구간 내에서의 밀도곡선 아래의 면적으로 표현되어지며, 이러한 개념하에서 연속형 확률분포에 대한 정의가 이루어진다.

**TIP 연속형 확률분포**

임의의 구간 $[a, b]$에 대하여 $P(a \le X \le b) = \int_a^b f(x)dx$ 를 만족하는 함수 $f(x)$를 확률밀도함수(probability density function)라 한다. 확률밀도함수 $f(x)$는 다음 두 조건을 만족하여야 한다.

(1) 모든 $x$에 대하여 $f(x) \ge 0$

(2) $\int_{-\infty}^{\infty} f(x)\,dx = 1$

구간 $[a, b]$에 속할 확률 $p(a \le X \le b)$는 <그림 6.2>에서 보는 바와 같이 구간 $[a, b]$에서 밀도곡선 아래의 면적으로 정의된다. 이때 구간의 경계점은 확률 계산에 아무런 영향을 주지 못한다. 왜냐하면, 한 점에서의 면적은 0이기 때문이다. 따라서 연속형 확률분포의 경우, 한 점 $X=c$에서의 확률은 언제나 $P(X=c)=0$이 된다. 따라서 확률변수 $X$가 연속형일 경우에는 다음 관계가 항상 성립한다.

$$P(a \le X \le b) = P(a < X \le b) = P(a \le X < b) = P(a < X < b)$$
$$= \int_a^b f(x)dx$$

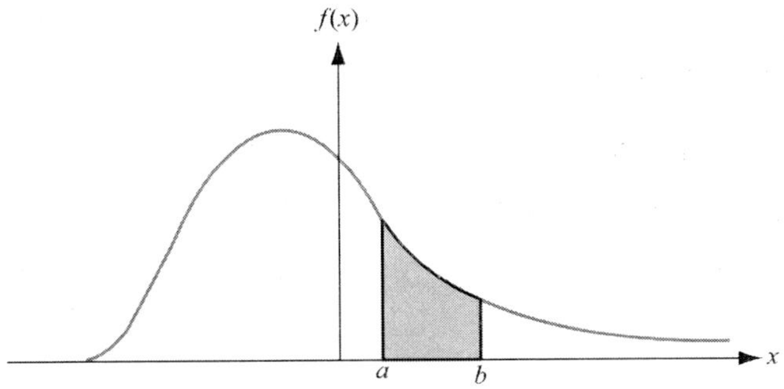


〈그림 6.2〉 연속형 확률분포에서의 확률 $P(a \le X \le b)$의 의미

**예제 6.3** 컴퓨터의 난수생성 프로그램으로부터 만들어지는 난수는 그 값들이 0과 1 사이의 전 구간에서 고르게 흩어져 나타난다. 이때 무한히 반복하여 만들어진 난수 $X$의 분포를 균등분포(uniform distribution)라고 부르며, 이때의 확률밀도함수 $f(x)$는 다음과 같이 표현되어진다.

$$f(x) = \begin{cases} 1, & 0 < x < 1 \\ 0, & \text{기타} \end{cases}$$

1) 확률밀도함수 $f(x)$의 그래프를 그려라.

2) $P(0.3 < X < 0.7)$를 구하여라.

**풀이** 1)

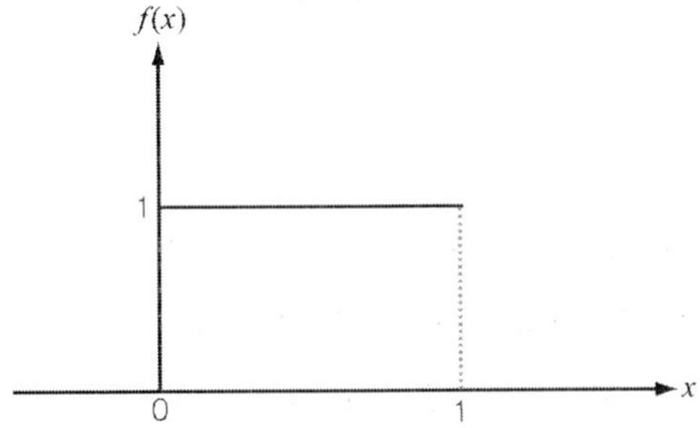

2) $P(0.3 < X < 0.7) = \int_{0.3}^{0.7} f(x)dx = \int_{0.3}^{0.7} 1dx = 0.4$

여기서 $P(0.3 < X < 0.7) = 0.4$라는 것은 난수생성 프로그램에서 0.3과 0.7 사이의 값이 생성될 가능성이 40%라는 것을 의미한다. ❀

**예제 6.4** 어떤 전기시스템에서의 발생하는 전압 $X$의 확률밀도함수가 다음과 같다고 하자.

$$f(x) = \begin{cases} \frac{3}{8}x^2, & 0 \leq x \leq 2 \\ 0, & \text{기타} \end{cases}$$

1) 확률밀도함수 $f(x)$의 그래프를 그려라.

2) $P(1 \leq X \leq 2)$ 을 구하여라.

**풀이** 1)

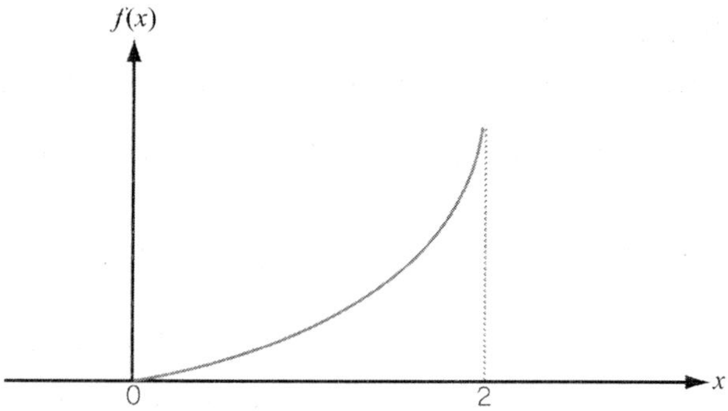


2) $P(1 \leq X \leq 2) = \int_{1}^{2} \frac{3}{8}x^2 dx = \frac{7}{8}$ ❀

### 6.2.3 평균과 분산

확률분포는 그 분포의 특성값 즉, 평균과 분산에 의하여 모양이 결정되어진다. 여기서는 확률함수 $f(x)$를 이용하여 평균과 분산을 구하는 방법을 알아보도록 하자.

### (1) 평균

당첨금이 5만원, 10만원, 100만원이고, 각각의 확률이 다음과 같은 복권이 있다고 할 때 복권 한 장 구매시 기대할 수 있는 당첨금을 구해보도록 하자. 이때 계산은 두 가지 방법 즉, 당첨금만을 이용하는 것과 당첨금 및 각각의 당첨 확률을 동시에 고려하여 계산하는 방법이 있다.

| 당첨금 | 0 | 5만 | 10만 | 100만 |
|---|---|---|---|---|
| 확 률 | 980/1000 | 15/1000 | 4/1000 | 1/1000 |

먼저 당첨금만을 고려하여 평균을 계산하면

$$\frac{0\text{원} + 5\text{만원} + 10\text{만원} + 100\text{만원}}{4} = 28.75\text{만원}$$

이 된다. 하지만 이때의 계산은 잘못된 계산이다.[2] 왜냐하면 평균을 계산할 때 각 당첨금을 획득할 확률이 서로 다르다는 것을 전혀 고려하지 않았기 때문이다. 따라서 이러한 경우에는 당첨될 확률까지 고려하여 다음과 같이 계산되어져야 하는 것이다.

$$0\text{원} \times \frac{980}{1000} + 5\text{만원} \times \frac{15}{1000} + 10\text{만원} \times \frac{4}{1000} + 100\text{만원} \times \frac{1}{1000} = 2150\text{원}$$

확률변수 $X$의 평균(mean)은 $X$가 가질 수 있는 값과 이에 대응하는 확률 $f(x)$를 곱한 후, 모두 더한 값으로 정의된다. 그러나 확률변수 $X$가 연속형일 경우, 확률변수의 값은 구간으로만 정의되기 때문에 합($\Sigma$) 대신에 적분($\int$)이 사용되어진다. 확률변수 $X$의 평균(mean)을 기대값(expected value)이라 부르며, 표기는 $E(X)$ 또는 $\mu$로 한다.

2) 이때의 계산은 각 당첨금을 받을 확률이 동일하다고 간주하고서 계산된 것과 동일하다.

**TIP 기대값**

(1) 이산형의 경우: 확률변수 $X$가 가질 수 있는 값이 $x_1, x_2, \cdots, x_n$이고, 각각의 확률이 $f(x_1), f(x_2), \cdots f(x_n)$이면

$$E(X) = x_1 f(x_1) + x_2 f(x_2) + \cdots + x_n f(x_n) \text{ 또는 간략하게 } \sum_{i=1}^{n} x_i f(x_i)$$

(2) 연속형의 경우: 확률변수 $X$의 확률밀도함수가 $f(x)$, $-\infty < x < \infty$이면

$$E(X) = \int_{-\infty}^{\infty} x f(x) dx$$

확률변수의 기대값은 그 분포에서의 무게중심으로 간주될 수가 있다. 예를 들어, 확률변수 $X$가 이산형일 경우 <그림 6.3>에 주어진 확률질량함수에서 $x$축을 추가 달린 무게 없는 긴 막대로 보고 각 점 $x$에 무게가 $f(x)$인 추가 달린다면, 이때 이 막대의 무게중심은 점 $E(X)$에 있게 되는 것이다.

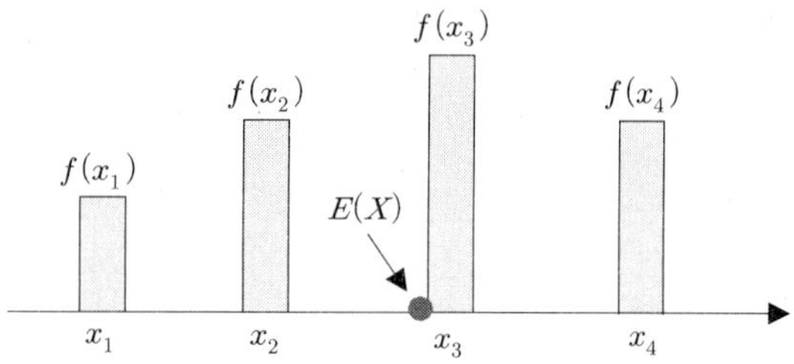


〈그림 6.3〉 이산형 분포에서의 기대값의 의미

**TIP 기대값의 성질**

$a, b$를 상수라고 할 때

(1) $E(a) = a$ [3]

(2) $E(aX) = aE(X)$

(3) $E(aX+b) = aE(X) + b$

---

3) 이산형일 경우 $E(a) = \sum a f(x_i) = a \sum f(x_i) = a$, $E(aX) = \sum a x_i f(x_i) = a \sum x_i f(x_i) = aE(X)$

**참고사항**

확률의 상대도수적 정의에 따르면 어떤 사건이 발생할 확률은 $n$ 번의 반복실험에서 그 사건이 $f$ 번 일어났다고 할 경우 그 실험을 무한히 반복하였을 때 상대도수 $f/n$가 수렴하게 되는 값이라고 하였다. 따라서 $E(X)$는 실험을 무수히 반복하였을 때 얻을 수 있을 것이라고 기대될 수 있는 값이라고 하여 기대값(expected value)이라 부른다.

※ 동전을 2번 던지는 실험에서 앞면이 나오는 횟수 $X$의 확률분포는

$$f(x) = \begin{cases} 1/4, & x = 0,\ 2\text{일 때} \\ 1/2, & x = 1\text{일 때} \end{cases}$$

이고, 이때의 기대값은

$$E(x) = \sum_{x=0}^{2} x f(x) = 0 \times \frac{1}{4} + 1 \times \frac{2}{4} + 2 \times \frac{1}{4} = 1.0$$

이 된다. 만약 동전을 2번 던지는 실험을 20회 반복한 결과, 앞면이 한 번도 나타나지 않은 경우가 4번, 한 번 나타난 경우가 8번, 두 번 나타난 경우가 8번이었다고 하면 이 때 앞면이 나타나는 횟수 $X$의 상대도수분포는 다음과 같다.

| $X$ | 0 | 1 | 2 |
|---|---|---|---|
| 상대도수 | $\frac{4}{20}$ | $\frac{8}{20}$ | $\frac{8}{20}$ |

이때의 평균은 $\bar{x} = 0 \times \left(\frac{4}{20}\right) + 1 \times \left(\frac{8}{20}\right) + 2 \times \left(\frac{8}{20}\right) = 1.2$로서 기대값 1.0과는 다소 차이가 있다. 하지만 실험의 횟수를 100번, 1,000번, 10,000번 ⋯ 등과 같이 점점 늘려 간다면 그 차이는 점점 줄어들게 되어 결국에는 1.0으로 수렴하게 될 것이다.

### (2) 분산

확률변수 $X$의 분산 $V(X)$는 확률변수의 값들이 평균 $\mu$로부터의 떨어진 거리의 제곱 $(X-\mu)^2$에 대한 기대값 $E[(X-\mu)^2]$으로 정의된다. 분산 $V(X)$은 평균 $\mu$를 중심

으로 관측값들이 어떻게 흩어져 있는지를 나타내는 측도가 되며, 만약 관측값들이 평균 주위에 집중되어 있다면 분산의 값은 작고, 반대로 평균으로부터 넓게 흩어져 있다면 분산의 값은 크게 된다. $V(X)$는 $\sigma^2$으로 표기되기도 한다.

표준편차는 분산의 제곱근 즉, $\sqrt{V(X)}$이며, $\sigma$로 표기한다.

**TIP 분산**

(1) 이산형의 경우: 확률변수 $X$가 가질 수 있는 값이 $x_1, x_2, \cdots, x_n$이고, 각각의 확률이 $f(x_1), f(x_2), \cdots, f(x_n)$이면

$$V(X) = (x_1 - \mu)f(x_1) + (x_2 - \mu)f(x_2) + \cdots + (x_n - \mu)f(x_n)$$

또는 간략하게 $$\sum_{i=1}^{n} (x_i - \mu)^2 f(x_i)$$

(2) 연속형의 경우: 확률변수 $X$의 확률밀도함수가 $f(x)$, $-\infty < x < \infty$이면

$$V(X) = \int_{-\infty}^{\infty} (x-\mu)^2 f(x)\,dx$$

분산은 공식 $V(X) = E(X^2) - \mu^2$을 사용하면 보다 간편하게 계산할 수 있다.[4]

**TIP 분산의 성질**

$a$, $b$를 상수라고 할 때

(1) $V(a) = 0$

(2) $V(aX) = a^2 V(X)$

(3) $V(aX+b) = a^2 V(X)$

**예제 6.5** 동전을 3번 던졌을 때 앞면이 나오는 횟수 $X$의 분포는 다음과 같다. $X$의 평균과 표준편차를 각각 구하여라.

---

4) $V(X) = E[(X-\mu)^2] = E[X^2 - 2X\mu + \mu^2] = E(X^2) - 2\mu E(X) + \mu^2 = E(X^2) - \mu^2$

| $X$ | 0 | 1 | 2 | 3 |
|---|---|---|---|---|
| $f(x)$ | 1/8 | 3/8 | 3/8 | 1/8 |

**풀이** 평균 $\mu = E(X) = \sum_{x=0}^{3} x f(x) = 0 \times \frac{1}{8} + 1 \times \frac{3}{8} + 2 \times \frac{3}{8} + 3 \times \frac{1}{8} = 1.5$

그리고 $E(X^2) = \sum_{0}^{3} x^2 f(x) = 0^2 \times \frac{1}{8} + 1^2 \times \frac{3}{8} + 2^2 \times \frac{3}{8} + 3^2 \times \frac{1}{8} = 3.0$

이므로 분산

$$\sigma^2 = E(X^2) - \mu^2 = 3.0 - (1.5)^2 = 0.75$$

이다. 따라서 표준편차 $\sigma = \sqrt{0.75}$ 가 된다. ❀

**예제 6.6** 확률변수 $X$ 의 확률밀도함수가 다음과 같다고 하자.

$$f(x) = \begin{cases} 1, & 0 < x < 1 \\ 0, & \text{기타} \end{cases}$$

이때 $X$ 의 평균과 표준편차를 각각 구하여라.

**풀이** 평균 $\mu = E(X) = \int_0^1 x f(x) dx = \int_0^1 x\, dx = \frac{1}{2}$

그리고 $E(X^2) = \int_0^1 x^2 f(x) dx = \int_0^1 x^2 dx = \frac{1}{3}$ 이므로 분산

$$\sigma^2 = V(X) = E(X^2) - [E(X)]^2 = \frac{1}{3} - \left(\frac{1}{2}\right)^2 = \frac{1}{12}$$

이다. 따라서 표준편차 $\sigma = \sqrt{\frac{1}{12}}$ 가 된다. ❀

# 6.3 특수한 형태의 확률분포

확률분포 중에 실제 현상에서도 많이 나타나고, 통계적 추론에서 자주 사용되는 특수한 형태의 확률분포들이 있다. 그 중에서 대표적인 분포로는 이산형의 경우 균등분포, 이항분포, 초기하분포, 푸아송분포, 기하분포, 음이항분포 등이 있으며, 연속형의 경우 균등분포, 정규분포, 표준정규분포, 지수분포 등이 있다.

## 6.3.1 이산형 확률분포

### (1) 균등분포

이산형 확률분포 중에 가장 간단한 것은 확률변수가 가질 수 있는 모든 값들이 똑같은 확률을 가지는 분포이다. 이러한 확률분포를 이산형 균등분포(discrete uniform distribution)라고 한다.

**TIP 균등분포**

확률변수 $X$가 $k$ 개의 값 $x_1, x_2, \cdots, x_k$를 가지고 각 값에서의 확률이 모두 같을 때 확률변수 $X$는 "이산형 균등분포를 따른다"고 하며, 이때 $X$의 확률질량함수는 다음과 같다.

$$f(x) = \begin{cases} \dfrac{1}{k}, & x = x_1, x_2, \ldots, x_k \\ 0, & \text{기타} \end{cases}$$

**예제 6.7** 주사위를 한 번 던지는 실험에서 나오는 눈의 수를 $X$라고 할 때, 확률변수 $X$의 확률질량함수 $f(x)$를 구하여라.

**풀이** 주사위를 한 번 던지는 실험에서의 표본공간은 $S = \{1, 2, 3, 4, 5, 6\}$이고, 각 점에서의 확률은 1/6로 모두 동일하다. 따라서 확률변수 $X$는 이산형 균등분포를 따르게 되며, 그 확률질량함수는 다음과 같다.

$$f(x) = \begin{cases} \dfrac{1}{6}, & x = 1, 2, 3, 4, 5, 6 \\ 0, & \text{기타} \end{cases}$$

위의 분포는 <그림 6.4>에서 보는 바와 같이 높이가 모두 같은 형태로 나타나게 된다.

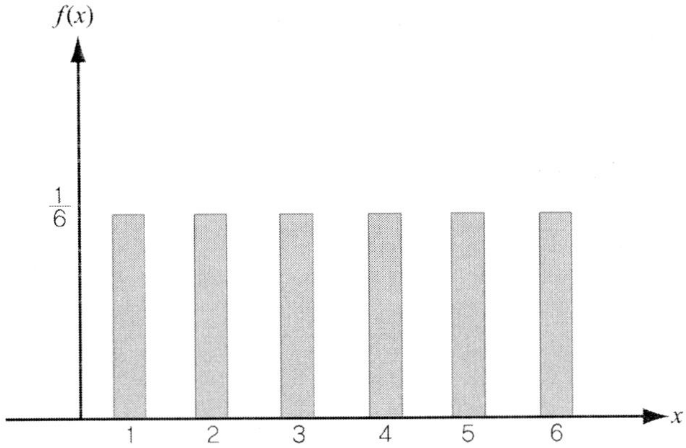


〈그림 6.4〉 균등분포의 예

## (2) 이항분포

어떤 실험 또는 조사를 반복해서 시행하는 경우 매 시행마다 오직 두 가지의 가능한 결과만 일어난다고 할 때, 이러한 시행을 베르누이 시행(Bernoulli trial)이라 한다. 여기서 두 가지의 가능한 결과를 편의상 "성공"과 "실패"라고 할 때, 베르누이 시행의 결과는 "성공"과 "실패" 중의 어느 하나로 나타난다.

**TIP 베르누이 과정**

(1) 베르누이 시행이 $n$번 서로 독립적으로 이루어지고,
(2) 각 시행에서 일어날 수 있는 결과는 "성공" 또는 "실패"와 같이 둘 중 하나이고,
(3) 성공할 확률 $p$는 매 시행마다 동일하다.

베르누이 과정의 전형적인 예로 동전을 반복하여 던지는 실험을 들 수 있다. 즉 한 개의 동전을 $n$번 반복하여 던진다고 할 때 매번 동전을 던지는 것은 독립적으로 이루어지고, 각 시행에서 일어나는 결과는 앞면과 뒷면 중 어느 하나가 될 것이며, 동전을 계속하여 던질 때마다 앞면이 나타날 확률 1/2은 변하지 않고 항상 동일하다.

성공률이 $p$ 인 베르누이 시행을 $n$ 번 독립적으로 반복하는 실험에서 성공이 $x$ 번 일어나는 확률을 구해보자. 먼저 처음부터 $x$ 번째까지 계속해서 성공($S$)이 나오고 나머지 $n-x$ 번이 모두 실패($F$)로 나올 경우의 확률을 구해보면

$$\begin{aligned} P(S, \cdots, S, F, \cdots, F) &= p \cdots p\,(1-p) \cdots (1-p) \\ &= p^x (1-p)^{n-x} \end{aligned}$$

이 된다. 다음으로 처음부터 $n-x$ 번째까지 모두 실패로 나오고 그 나머지 $x$ 번은 모두 성공으로 나올 확률을 구해보면

$$\begin{aligned} P(F, \cdots, F, S, \cdots, S) &= (1-p) \cdots (1-p)\,p \cdots p \\ &= p^x (1-p)^{n-x} \end{aligned}$$

이 된다. 그러므로 $n$ 번의 시행에서 성공이 $x$ 번, 실패가 $n-x$ 번 나올 확률은 성공 또는 실패의 순서와는 무관하게 모두 $p^x(1-p)^{n-x}$로 동일하게 될 것이며, 이러한 확률이 나오는 경우는 모두 $\binom{n}{x}$ 번이 있다.[5] 따라서 $n$ 번의 시행에서 $x$ 번 성공이 일어날 확률은 이들 모두를 더하여야 하므로 다음과 같게 된다.

$$P(X = x) = \binom{n}{x} p^x (1-p)^{n-x}$$

---

5) 서로 다른 $n$ 개 중에서 $r$ 개를 뽑아 순서를 고려하지 않고 배열하는 것을 조합이라 하며, 기호 ${}_nC_r$ 또는 $\binom{n}{r}$ 로 나타낸다. 계산공식은 ${}_nC_r = \dfrac{n!}{r!(n-r)!}$ 이다.

**TIP 이항분포**

성공률이 $p$ 인 베르누이 시행을 $n$ 번 반복할 때 성공하는 횟수를 $X$ 라 하자. 이때 "확률변수 $X$는 모수 $n$ 과 $p$ 인 이항분포(binomial distribution)를 따른다"라고 하며, 그 확률질량함수는 다음과 같다.

$$f(x)=\begin{cases}\binom{n}{x}p^x(1-p)^{n-x}, & x=0,1,\cdots,n\\ 0, & \text{기타}\end{cases}$$

확률변수 $X$ 가 모수 $n$과 $p$인 이항분포를 따른다면, 그 평균과 분산은 다음과 같다.

$$\mu=E(X)=\sum_{x=0}^{n} xf(x)=np$$

$$\sigma^2=V(X)=E(X^2)-\{E(X)\}^2=np(1-p)$$

※ **이항분포표의 사용방법** : 확률변수 $X$가 이항분포를 따를 때 여러 가지의 $n$ 과 $p$ 에 대하여 임의의 한 점 $X=x$ 에서의 확률값 $f(x)$가 부록 <표 2>에 주어져 있다. 부록 <표 2>에서 왼쪽의 세로줄은 $n$과 $x$ 의 값이고, 맨 위의 가로줄은 모수 $p$ 값을 나타낸다. 따라서 부록 <표 2>를 사용하기 위해서는 먼저 $n$과 $x$ 를 찾은 다음, 맨 위줄에서 해당하는 모수 $p$와 교차하는 값을 구하면 그 값이 곧 확률값 $f(x)$가 된다. 예를 들어, 동전을 세 번 던지는 실험에서 앞면이 2번 나타날 확률

$$P(X=2)=f(2)=\binom{3}{2}(0.5)^2(0.5)^1$$

의 값은 왼쪽의 세로줄에서 $n$이 3인 곳에서 $x$ 가 2가 되는 가로줄과 맨 위의 $p$ 가 0.5인 세로줄과 교차하는 값 0.3750이 된다.

**예제 6.8** 5지 선다형 객관식 문제가 20문항인 어떤 시험에서 찍기로 답을 맞힌다고 할 때 20문항 중 10문항을 맞힐 확률을 구하여라.

**풀이** 정답을 맞히는 개수 $X$는 이항분포 $B(20,\ 0.2)$를 따른다. 따라서 10문항을 맞힐 확률은

$$P(X=10)=f(10)=\binom{20}{10}(0.2)^{10}(0.8)^{10}=0.0020$$

이 된다. ❀

일반적으로 우리 주위에서 일어나는 현상에서 정확히 이항분포를 따르는 경우는 드물다. 하지만 모집단의 크기 $N$이 표본의 크기 $n$에 비하여 매우 클 때 나중의 시행에서 성공할 확률과 처음 시행에서 성공할 확률은 앞의 시행에서 일어난 결과에 관계없이 거의 변화가 없다고 볼 수 있기 때문에 이러한 경우 성공이 일어나는 횟수 $X$는 근사적으로 이항분포를 따른다고 할 수 있다.

**예제 6.9** 서울시에서는 중앙차선제 실시에 대하여 서울 시민의 60%가 이 제도를 지지하고 있다고 발표하였다. 이러한 사실을 확인하기 위하여 한 시민단체에서 20명의 서울시민을 랜덤으로 뽑아 지지여부를 조사하였을 때

1) 지지한다는 시민수가 18명 이상일 확률을 구하여라.

2) 지지하는 시민수의 평균과 분산을 각각 구하여라.

**풀이** 서울시의 인구는 매우 많기 때문에 20명을 뽑는다고 하여도 지지율의 변화는 거의 없다고 볼 수 있다. 따라서 확률변수 $X$를 중앙차선제에 대해서 지지하는 시민수라고 할 때, $X$는 모수 $n=20,\ p=0.6$인 이항분포를 근사적으로 따른다고 할 수 있다. 따라서,

1) $P(X \geq 18)=f(18)+f(19)+f(20)$

$$=\binom{20}{18}(0.6)^{18}(0.4)^2+\binom{20}{19}(0.6)^{19}(0.4)^1+\binom{20}{20}(0.6)^{20}(0.4)^0$$

$$=0.0031+0.0005+0.0000=0.0036$$

※ 부록 <표 2>에서 $n=20,\ p=0.4$일 때 $x=2,\ 1,\ 0$일 때의 값을 찾으면 됨.

2) 평균 $\mu=np=20\times 0.6=12$

분산 $\sigma^2=npq=20\times 0.6\times 0.4=4.8$ ❀

### (3) 초기하분포

일반적으로 표본조사시 복원보다는 비복원추출법에 의하여 표본이 추출되는 경우가 대부분이다. 따라서 모집단의 크기가 작을 경우 표본이 비복원추출로 이루어진다면 모비율 $p$는 표본이 추출될 때마다 변하게 되므로 그 실험은 더 이상 베르누이 시행으로 볼 수가 없게 된다. 이러한 경우 표본으로부터 관측된 성공의 횟수는 이항분포를 따르는 것이 아니라 초기하분포라고 불리는 새로운 형태의 분포를 따르게 된다.

**TIP 초기하분포**

성공률이 $p$, 크기가 $N$인 모집단으로부터 $n$개의 표본을 비복원으로 추출할 때 성공이 일어나는 횟수를 $X$라고 하자. 이때 $X$는 "모수 $N, n, p$인 초기하분포를 따른다"고 하며, 그 확률질량함수는 다음과 같다.

$$f(x)=\begin{cases}\dfrac{\binom{Np}{x}\binom{N-Np}{n-x}}{\binom{N}{n}}, & x=\max\{0,\ n-(N-Np)\},\ \cdots,\ \min\{n,\ Np\}\\ 0, & \text{기타}\end{cases}$$

확률변수 $X$가 모수 $N, n, p$인 초기하분포를 따를 때, 평균과 분산은 다음과 같다.

$$\mu=E(X)=np$$

$$\sigma^2=V(X)=npq\cdot\frac{N-n}{N-1}$$

크기가 $N$이고 양호율 $p$인 모집단으로부터 크기가 $n$인 표본을 복원추출하면, 양호품의 수 $X$는 이항분포 $B(n, p)$를 따르게 된다. 이론적으로 초기하분포에서 $p$를 일정하게 두고 $N$를 무한히 크게 하면 초기하분포는 이항분포로 근사하게 되며, 따라서 모집단의 크기 $N$이 표본의 크기 $n$에 비하여 충분히 크면 복원추출과 비복원추출 사이에 거의 차이가 없다고 할 수 있다.

**예제 6.10** 빨간색 4장, 흰색 16장으로 이루어진 20장의 카드를 잘 섞은 후 테이블 위에 뒷면만 보이게 모두 펼쳐놓은 다음, 손가락으로 색깔을 감지할 수 있는 초능력을 가졌다고 주장하는 사람의 눈을 가린 후 빨간색이 표시되어 있는 4장의 카드를 알아맞히도록 하자. 이때 이 사람이 뽑은 4장의 카드 중에서 3장을 알아맞힐 확률을 계산하여라.

**풀이** 뽑힌 4장의 카드 중에서 빨간색의 카드 수 $X$는 모집단의 크기 $N=20$, 표본의 크기 $n=4$, 빨간색일 확률 $p=4/20=0.2$ 인 초기하분포를 따른다. 따라서 구하고자 하는 확률은

$$P(X=3)=\frac{\binom{4}{3}\binom{16}{1}}{\binom{20}{4}}=\frac{64}{4845}\approx 0.01$$

이 된다. 여기서 확률이 0.01이라는 것은 100번에 약 1번꼴로 발생함을 의미하기 때문에 4장 중에서 3장의 빨간색 카드를 알아맞히기는 매우 어렵다고 할 수 있다. 따라서 4장 중에서 3장의 빨간색 카드를 알아맞히는 경우, 통계학적으로는 그 사람이 초능력을 가지고 있다고 인정해도 무방하다. ❀

**예제 6.11** 어떤 상자 안에 1ℓ 짜리 우유가 5개 들어 있으며, 이 중 4개가 신선한 것이라 하자. 이때 2개를 랜덤으로 비복원추출할 때 둘 다 신선한 우유가 뽑힐 확률을 구하여라.

**풀이** 신선한 우유의 수를 $X$ 라고 할 때, $X$ 는 모수 $N=5, n=2, p=0.8$ 인 초기하분포를 따른다. 따라서, 구하는 확률은

$$P(X=2)=f(2)=\frac{\binom{4}{2}\binom{1}{0}}{\binom{5}{2}}=\frac{3}{5}$$

이 된다. ❀

### (4) 푸아송분포

17세기 프랑스의 유명한 수학자이며 물리학자인 S. D. Poisson은 그 당시 이항확률을 계산하는 것이 여간 어려운 일이 아니라는 점에 착안하여 이항확률의 근사값을 계산하기 위한 지수식을 발표하였다. 즉, Poisson은 확률변수 $X$가 이항분포$B(n,\ p)$를 따를 때 $np=\lambda$로 일정하게 두고, $n$이 충분히 크고 $p$가 0에 가까울 경우

$$f(x)=\binom{n}{x}p^x(1-p)^{n-x}\ \simeq\ \frac{e^{-\lambda}\lambda^x}{x\,!},\qquad x=0,\ 1,\ 2,\ \ldots$$

의 근사 관계가 성립한다는 사실을 보였다. 이항분포의 근사 분포인 푸아송분포(Poisson distribution)는 다음과 같이 정의된다.

**TIP 푸아송분포**

> 확률변수 $X$가 음이 아닌 정수값을 취하며, 그 확률질량함수가
>
> $$f(x)=\begin{cases}\dfrac{e^{-\lambda}\lambda^x}{x!}, & x=0,\ 1,\ 2.\cdots\\[2ex] 0, & \text{기타}\end{cases}$$
>
> 일 때, $X$는 "모수 $\lambda(\lambda>0)$인 푸아송분포를 따른다"고 한다.

푸아송분포는 일정한 단위시간 또는 단위공간 내에서 어떤 사건이 일어나는 우연적인 현상에 사용된다. 즉, 단위시간(분 또는 시간) 동안 교환대에 걸려오는 전화의 횟수, 일일교통사고 사망자의 수, 1년 동안 추락한 비행기의 수, 어떤 보고서의 페이지당 오자의 수 등과 같이 단위시간 또는 단위공간내에 일어나는 사건의 횟수는 일반적으로 푸아송분포를 따르게 된다. 푸아송분포의 확률질량함수 $f(x)$에서 $\lambda$는 일정한 단위시간 또는 공간내에서 발생하는 사건의 평균횟수이고, $e$는 자연대수의 밑으로 그 값은 2.71828⋯이다. 여러 값의 $\lambda$에 대하여 한 점 $X=x$에서의 확률 $f(x)$는 부록 <표 3>에 주어져 있다.

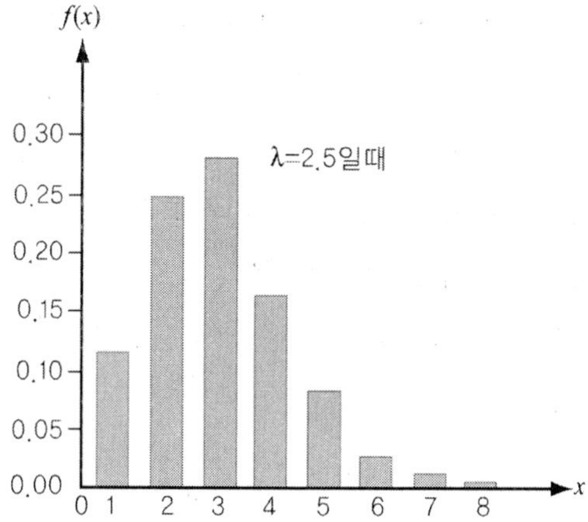

〈그림 6.5〉 푸아송분포의 예

확률변수 $X$가 모수 $\lambda$인 푸아송분포를 따른다면, 그 평균과 분산은 다음과 같다.

$$\mu = E(X) = \lambda, \quad \sigma^2 = V(X) = \lambda$$

**예제 6.12** 어떤 책의 페이지당 오자의 수는 평균 3개라고 한다. 책의 한 페이지를 임의로 펼칠 때 오자의 수가 4개 이상일 확률을 구하여라.

**풀이** 페이지당 오자의 수를 $X$라고 하면, $X$는 $\lambda = 3$인 푸아송분포를 따른다. 따라서 구하고자 하는 확률은

$$\begin{aligned} P(X \geq 4) &= 1 - P(X \leq 3) = 1 - \sum_{x=0}^{3} f(x) \\ &= 1 - \{f(0) + f(1) + f(2) + f(3)\} \\ &= 1 - (0.050 + 0.149 + 0.224 + 0.224) = 0.353 \end{aligned}$$

이 된다. ❀

**예제 6.13** 새로 개발된 치료법에 의하면, 백혈병에 걸린 환자 중에 완치가 될 확률은 0.04라고 한다. 백혈병에 걸린 100명의 환자 중에 적어도 10명이 완치가 될 확률을 구하여라.

**풀이** 확률변수 $X$를 100명 중에 완치가 되는 사람의 수라고 하면, $X$는 모수 $n=100$과 $p=0.04$인 이항분포를 따른다. 부록 <표 2>에 주어져 있는 이항분포표는 시행 횟수 $n$이 20이하인 경우에 대해서만 확률이 주어져 있다. 그러나 이항분포는 $n$이 충분히 크고 $p$가 0에 가까울 경우 푸아송분포로 근사하기 때문에 부록 <표 3>을 이용하여 다음과 같이 근사값(여기서 $\lambda=np=4$)을 계산할 수 있다.

$$\begin{aligned} P(X \geq 10) &= 1-P(X \leq 9) \\ &= 1-\sum_{x=0}^{9} f(x) = 0.008 \end{aligned}$$

❀

### (5) 기하분포

이항분포나 초기하분포에서는 표본의 크기 $n$을 미리 정해 놓고 표본을 추출한 후, $n$번 중에 성공이 몇 번 일어나는 지에 관심을 두고 있다. 그러나 $n$을 미리 정하지 않은 상태에서 표본을 계속 추출하다가 요구하는 수 만큼의 성공이 일어나면 표본추출을 멈추는 경우에 관심을 가질 때가 있다. 이것은 성공률이 $p$인 베르누이시행을 $r$번 성공이 일어날 때까지 실험을 계속하는 경우와 같다.

성공률이 $p$인 베르누이시행에서 $X$를 처음으로 성공이 일어날 때까지의 시행 횟수라고 하자. 이때 확률변수 $X$는 성공률 $p$인 기하분포(geometric distribution)를 따른다고 한다.

**TIP 기하분포**

성공률이 $p$인 베르누이시행을 독립적으로 계속하는 실험에서, 첫 번째 성공이 일어날 때까지의 시행 횟수 $X$는 "모수 $p$인 기하분포를 따른다"고 하며, 그 확률질량함수는 다음과 같다.

$$f(x)=\begin{cases} p(1-p)^{x-1}, & x=1,2,\cdots \\ 0, & \text{기타} \end{cases}$$

확률변수 $X$가 모수 $p$인 기하분포를 따른다면, 그 평균과 분산은 다음과 같다.

$$\mu = E(X) = \frac{1}{p}, \quad \sigma^2 = V(X) = \frac{1-p}{p^2}$$

**예제 6.14** 한 개의 주사위를 계속해서 던지는 실험에서 정확히 10번째에 6의 숫자가 처음으로 나타날 확률을 구하여라.

**풀이** 구하고자 하는 확률은 9번의 계속된 다른 숫자와 10번째 6의 숫자가 나올 확률이므로, 첫 번째 6이 나올 때까지의 시행 횟수 $X$는 $p=1/6$인 기하분포를 따르게 된다. 따라서 10번째에 6이 나올 확률은

$$P(X=10) = f(10) = \left(\frac{1}{6}\right)\left(\frac{5}{6}\right)^9 = 0.0323$$

이 된다. ❀

## (6) 음이항분포

성공률이 $p$인 베르누이시행을 $r$번째 성공이 일어날 때까지 계속하여 던진다고 할 때 이때의 시행 횟수 $X$는 성공률이 $p$인 음이항분포(negative binomial distribution)를 따른다고 한다.

**TIP 음이항분포**

성공률이 $p$인 베르누이시행에서 $r$번째 성공이 일어날 때까지의 시행 횟수 $X$는 "모수 $r$, $p$인 음이항분포를 따른다"고 하며, 그 확률질량함수는 다음과 같다.

$$f(x) = \begin{cases} \binom{x-1}{r-1} p^r (1-p)^{x-r}, & x = r, r+1, \cdots \\ 0, & \text{기타} \end{cases}$$

확률변수 $X$가 모수 $p$ 인 음이항분포를 따른다면, 그 평균과 분산은 다음과 같다.

$$\mu = E(X) = \frac{r}{p}, \qquad \sigma^2 = V(X) = \frac{r(1-p)}{p^2}$$

**예제 6.15** 불량률 0.2로써 어떤 제품이 생산되는 공장에서 정확히 5개의 불량품을 얻을 때까지 제품을 계속하여 검사한다고 하자. 이때 정확히 50개에서 5번째의 불량품이 나타날 확률을 구하여라.

**풀이** 불량품을 정확히 5개 얻을 때까지의 검사 횟수를 $X$라고 하면, 확률변수 $X$는 $r=5$, $p=0.2$인 음이항분포를 따른다. 따라서

$$P(X=50) = f(50) = \binom{49}{4}(0.2)^5(0.8)^{45} = 0.0029$$

❀

## 6.3.2 연속형 확률분포

### (1) 균등분포

연속형 분포 중에서 가장 간단한 것은 균등분포(uniform distribution)로서, 어떤 주어진 구간 안에서 일어날 확률이 항상 일정한 분포를 말한다.

**TIP 균등분포**

확률변수 $X$가 구간 $(a, b)$ 위에서 정의되고 그 확률밀도함수가

$$f(x) = \begin{cases} \dfrac{1}{b-a}, & a < x < b \\ 0, & \text{기타} \end{cases}$$

일 때, 확률변수 $X$는 "구간$(a, b)$ 위에서 균등분포를 따른다"고 한다.

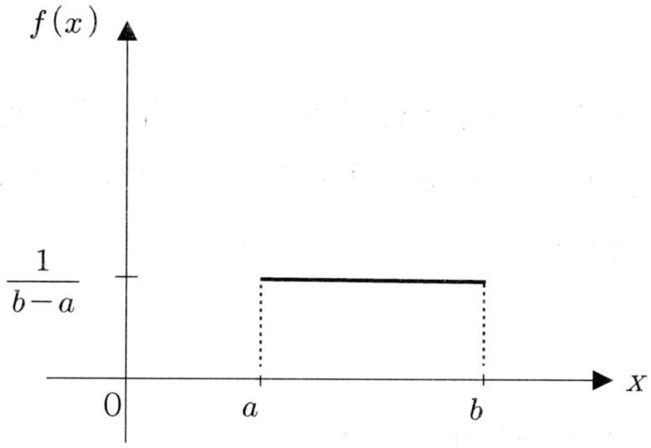


〈그림 6.6〉 균등분포의 확률밀도함수

확률변수 $X$가 구간$(a,\ b)$ 위에서 균등분포를 따를 때 확률밀도함수는 <그림 6.6>에 그려져 있으며, 이때의 평균과 분산은 다음과 같게 된다.

$$\mu = E(X) = \frac{a+b}{2}, \quad \sigma^2 = V(X) = \frac{(b-a)^2}{12}$$

**예제 6.16** 정보원 $A$와 정보원 $B$가 서로 접선하고자 한다. 정보원 $A$는 약속장소에 오전 6시와 오전 7시 사이에 나타날 가능성이 동일하다고 하자. 만약 $B$가 오전 6시 정각에 도착한다고 하면, 두 사람이 10분 이내에 만날 수 있을 확률을 구하여라.

**풀이** $A$가 나타나는 시각을 $X$(분)라고 하면, 확률변수 $X$는 다음과 같은 확률밀도함수를 갖는 균등분포를 따른다.

$$f(x) = \begin{cases} \frac{1}{60}, & 0 \le x \le 60 \\ 0, & \text{기타} \end{cases}$$

따라서, 구하고자 하는 확률은 다음과 같다.

$$P(0 \le X \le 10) = \int_0^{10} \frac{1}{60} dx = \frac{1}{6}$$ ❀

### (2) 정규분포

밀도곡선 중에서도 중요하게 사용되는 곡선으로 정규밀도곡선(normal curve)이란 것이 있다. 정규밀도곡선은 봉우리가 하나이면서 좌우 대칭이고, 종모양을 나타내는 곡선으로서 식(1)과 같은 함수식으로 정의되어진다.

**TIP 정규분포**

확률변수 $X$의 밀도곡선이 다음과 같을 때,

$$f(x) = \frac{1}{\sqrt{2\pi}\,\sigma} e^{-\frac{(x-\mu)^2}{2\sigma^2}}, \quad -\infty < x < \infty \qquad (1)$$

확률변수 $X$는 "평균 $\mu$와 분산 $\sigma^2$인 정규분포(normal distribution)를 따른다"고 하며, 간단하게 $N(\mu, \sigma^2)$으로 표기한다.

정규분포는 평균 $\mu$와 표준편차 $\sigma$에 의해서 결정되어지므로 그 종류는 무수히 많다. 하지만 어떤 정규분포에서라도 그 모양은 <그림 6.7>과 같이 봉우리가 하나인 종모양을 하고 있으며, 다음과 같은 공통된 특징을 가지고 있다.

(1) 평균 $\mu$를 중심으로 좌우 대칭이다.

(2) $x=\mu$에서 곡선값이 최대가 되며, $\mu$=중앙값=최빈값이다.

(3) 평균으로부터 멀어지는 양쪽 꼬리부분은 $x$축으로 점점 접근한다.

(4) 곡선과 $x$축 사이의 면적은 1이다.

정규분포는 <그림 6.7>에서 보는 바와 같이 표준편차 $\sigma$가 작아질수록 중심에서의 곡선 높이는 점점 높아지면서 그 폭은 점점 줄어들게 된다. 이것은 자료값들이 평균을 중심으로 모여 있다는 것을 의미하며, 이러한 형태의 모집단으로부터 표본을 추출하게 되면 평균에 가까운 값들이 관측될 가능성이 높다. 반대로 $\sigma$가 커질수록 중심에서의 곡선 높이는 점점 낮아지고 정규밀도곡선은 점점 평평해지게 된다. 이것은 자료값들이 평균을 중심으로 넓게 흩어져 있다는 것을 의미하며, 이러한 형태의 모집단으로부터 표본을 추출하게 되면 평균에서 떨어진 값들이 관측될 가능성이 높다.

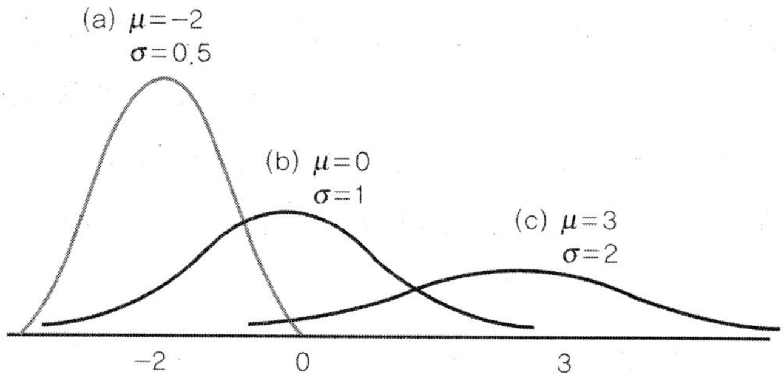


〈그림 6.7〉 여러 가지 종류의 정규분포

정규분포가 널리 사용되고 있는 이유는 첫째, 우리 주위에서 일어나는 많은 현상들 예를 들어, 성인의 키나 몸무게, 시험성적, 또는 지능검사 점수 등이 정규분포를 따르고 있고, 둘째 비록 정규분포를 따르지 않는 분포라 할지라도 정규분포는 다른 분포의 좋은 근사가 되고 있으며(예: 이항분포의 정규분포 근사), 셋째 통계적인 추론 문제에서 정규분포가 중심 역할을 하고 있기 때문이다.

※ 68-95-99.7 법칙: 정규분포는 평균을 중심으로 좌우 대칭이며 종 모양을 하고 있다. 하지만 좌우대칭이면서 종 모양을 하였다고 모두 정규분포를 하는 것은 아니다. 정규분포에서는 중심에서의 곡선 높이가 일정한 비율로서 감소되어야 한다. 즉, 정규분포에서는 $\mu\pm\sigma$ 범위내에 전체 자료의 68%, 평균으로부터 $\mu\pm2\sigma$ 범위내에 전체 자료의 95%, 평균으로부터 $\mu\pm3\sigma$ 범위내에 전체 자료의 99.7%가 포함되어 있어야 한다는 것이다.

**TIP 68-95-99.7 법칙**

평균이 $\mu$이고, 표준편차 $\sigma$인 정규분포에서는

$\mu-\sigma$와 $\mu+\sigma$사이에 전체 자료의 68%

$\mu-2\sigma$와 $\mu+2\sigma$사이에 전체 자료의 95%

$\mu-3\sigma$와 $\mu+3\sigma$사이에 전체 자료의 99.7%

가 각각 포함되어 있다.

**예제 6.17** 18세부터 24세 사이의 한국 남자들 몸무게는 근사적으로 평균 $\mu = 64.5$ (kg), 표준편차 $\sigma = 2.5$ (kg)인 정규분포를 따르는 것으로 알려져 있다. 이때 정규밀도곡선을 그려 68–95–99.7 법칙의 의미를 설명하여라.

**풀이** 평균 $\mu = 64.5$ (kg), 표준편차 $\sigma = 2.5$ (kg)이므로 $\mu \pm 1\sigma$, $\mu \pm 2\sigma$, $\mu \pm 3\sigma$의 값을 각각 구하면

$$(\mu - \sigma,\ \mu + \sigma) = (64.5 - 2.5,\ 64.5 + 2.5) = (62,\ 67)$$
$$(\mu - 2\sigma,\ \mu + 2\sigma) = (64.5 - 5,\ 64.5 + 5) = (59.5,\ 69.5)$$
$$(\mu - 3\sigma,\ \mu + 3\sigma) = (64.5 - 7.5,\ 64.5 + 7.5) = (57,\ 72)$$

가 된다. 여기서 구간 (62, 67)의 의미는 몸무게가 62kg과 67kg사이인 남자가 전체 중에서 68%가 되며, 구간 (59.5, 69.5)는 몸무게가 59.5kg와 69.5kg 사이인 남자가 전체 중에서 95%가 된다는 것을 나타내고 있다. 그리고 (57, 72)는 전체 남자의 99.7%가 57kg과 72kg 사이에 있다는 것을 나타낸다. 달리 이야기하면, 정규분포는 평균을 중심으로 좌우 대칭이기 때문에 몸무게가 57kg보다 작은 사람과 몸무게가 72kg보다 큰 사람이 각각 0.15%씩 존재한다는 것을 의미한다.

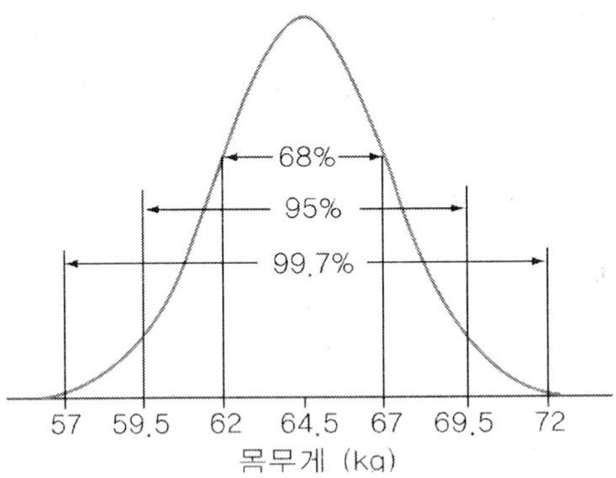


〈그림 6.8〉 평균 64.5, 표준편차 2.5인 정규분포에서의 68–95–99.7 법칙

정규분포와 관련하여 다음의 두 가지 중요한 성질이 있다.

**TIP 정규분포 성질**

(1) 확률변수 $X$가 정규분포 $N(\mu, \sigma^2)$를 따른다면, $X$의 일차함수 $aX+b$ (단, $a$, $b$는 상수)는 정규분포 $N(a\mu+b, a^2\sigma^2)$를 따른다.

(2) 정규분포의 가법성: 서로 독립인 두 확률변수 $X$와 $Y$가 각각 정규분포 $N(\mu_1, \sigma_1^2)$, $N(\mu_2, \sigma_2^2)$를 따른다면, 두 확률변수의 합 $aX+bY$는 정규분포 $N(a\mu_1+b\mu_2, a^2\sigma_1^2+b^2\sigma_2^2)$를 따른다.

## (3) 표준정규분포

관측값에 어떤 수를 더하거나 빼던지 또는 곱하거나 나누어 다른 형태의 값으로 바꾸는 것을 변환(transformation)이라고 한다. 변환 중에서도 각 관측값에서 평균을 뺀 후 표준편차로 나누어 변환하는 것을 표준화(standardizing)라고 한다. 표준화된 값은 일반적으로 $z$로 표시하며, 이때 $z$로 변한 값들의 평균은 항상 0이 되고, 표준편차는 1이 된다.

**TIP 표준화**

확률변수 $X$가 평균이 $\mu$, 표준편차가 $\sigma$인 분포를 따른다고 할 때 $X$를 표준화하면

$$Z=\frac{X-\mu}{\sigma}$$

가 된다.

정규분포는 평균 $\mu$와 표준편차 $\sigma$에 의해서 결정되므로 그 종류는 무수히 많다. 정규분포 중에서 평균 $\mu=0$, 표준편차 $\sigma=1$인 정규분포를 표준정규분포(standard normal distribution)라고 부른다. 정규분포를 따르는 어떠한 변수라도 표준화하면 표준정규분포로 변환시킬 수 있다. 즉, 변수 $X$가 평균이 $\mu$, 표준편차가 $\sigma$인 정규분포를 따를 때 표준화된 변수

$$Z = \frac{X-\mu}{\sigma}$$

는 표준정규분포 $N(0,\ 1)$를 따르게 되는 것이다.

**TIP 표준정규분포**

- 평균이 0, 분산이 1인 정규분포를 표준정규분포라고 한다.
- 확률변수 $X$가 평균이 $\mu$, 분산이 $\sigma^2$인 정규분포를 따를 때, 표준화한 변수

$$Z = \frac{X-\mu}{\sigma}$$

는 평균이 0, 분산이 1인 표준정규분포 $N(0,\ 1)$를 따른다.

우리 주위에서 일어나는 현상들 중에서 실제로 표준정규분포를 따르는 현상을 발견하기란 쉽지 않다. 하지만 표준정규분포는 정규분포와 관련된 문제를 해결하는데 있어 매우 유용하게 사용되어진다. 즉, 정규분포에서 곡선 아래의 면적은 정규밀도곡선 $f(x)$를 적분하여 계산하게 된다. 예를 들어 변수 $X$가 정규분포 $N(\mu,\ \sigma^2)$를 따를 때 $a$와 $b$ (단, $a < b$) 사이의 면적은

$$P(a \le x \le b) = \int_a^b f(x)dx$$

$$= \int_a^b \frac{1}{\sqrt{2\pi}\,\sigma} e^{-\frac{(x-\mu)^2}{2\sigma^2}} dx$$

가 된다. 그러나 이러한 적분 계산은 간단하지가 않으므로, 일반적으로 부록 <표 4>에 주어진 표준정규분포표를 이용하게 된다. 표준정규분포표란 확률변수 $Z$가 표준정규분포를 따를 때, $-\infty$에서 $z$까지의 면적(그림 6.9에서 음영부분) 즉,

$$P(Z \le z) = \int_{-\infty}^{z} \frac{1}{\sqrt{2\pi}} \exp\left(-\frac{1}{2}t^2\right)dt$$

을 계산하여 하나의 표로 정리한 것으로서 정규분포와 관련된 확률 문제를 쉽게 해결할 수 있도록 해준다.

※ **표준정규분포표의 사용법**: 표준정규분포에서 $-\infty$ 에서 $z$ 값까지의 면적은 부록 <표 4>에 주어져 있으며, 그 중 일부분이 <표 6.1>에 주어져 있다. <표 6.1>에서 왼쪽의 세로줄은 $z$ 값의 소수점 첫째 자리수, 맨 위의 가로줄은 소수점 둘째 자리수를 나타내며, 이때 가로와 세로가 만나는 점의 값이 $z$ 아래의 면적이 된다. 예를 들어, 확률 $P(Z<0.65)$의 값은 왼쪽의 세로줄에서 0.6과 맨 위의 가로줄 0.05가 만나는 값 0.7422가 되는 것이다(그림 6.9 참조).

〈표 6.1〉 표준정규분포표

| $z$ | .00 | .01 | .02 | .03 | .04 | .05 | .06 | .07 | .08 |
|---|---|---|---|---|---|---|---|---|---|
| .0 | .5000 | .5040 | .5080 | .5120 | .5160 | .5199 | .5239 | .5279 | .5319 |
| .1 | .5398 | .5438 | .5478 | .5517 | .5557 | .5596 | .5636 | .5675 | .5714 |
| .2 | .5793 | .5832 | .5871 | .5910 | .5948 | .5987 | .6026 | .6064 | .6103 |
| .3 | .6179 | .6217 | .6255 | .6293 | .6331 | .6368 | .6406 | .6443 | .6480 |
| .4 | .6554 | .6591 | .6628 | .6664 | .6700 | .6736 | .6772 | .6808 | .6844 |
| .5 | .6915 | .6950 | .6985 | .7019 | .7054 | .7088 | .7123 | .7157 | .7190 |
| .6 | .7257 | .7219 | .7324 | .7357 | .7389 | .7422 | .7454 | .7486 | .7517 |
| .7 | .7580 | .7611 | .7642 | .7673 | .7704 | .7734 | .7764 | .7794 | .7823 |
| .8 | .7881 | .7910 | .7939 | .7967 | .7995 | .8023 | .8051 | .8078 | .8106 |
| .9 | .8159 | .8186 | .8212 | .8238 | .8264 | .8289 | .8315 | .8340 | .8365 |
| 1.0 | .8413 | .8438 | .8461 | .8485 | .8508 | .8531 | .8554 | .8577 | .8599 |

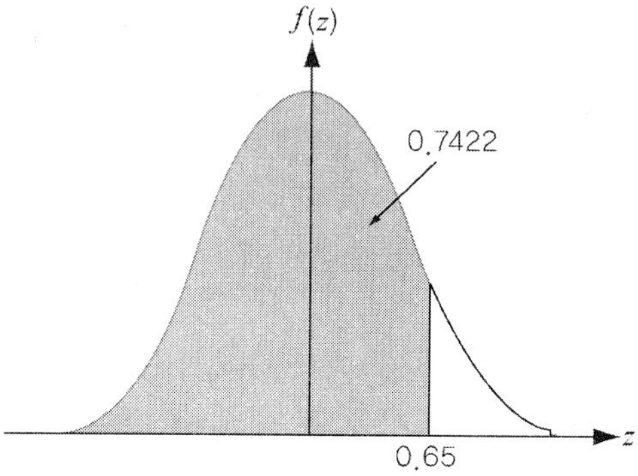


〈그림 6.9〉 표준정규분포에서의 확률 $P(Z<0.65)$의 의미

표준정규분포에서 오른쪽 꼬리의 넓이가 $\alpha$가 되는 점을 $z_\alpha$로 나타내며, 이를 상위 $100\alpha$% 백분위수라고 한다. 즉, $z_\alpha$는 $P(Z \geq z_\alpha) = \alpha$를 만족하는 값이며, 통계적 추론에서 자주 사용되는 값은 다음과 같다(그림 6.10 참조).

$$z_{0.05} = 1.645, \qquad z_{0.025} = 1.96, \qquad z_{0.005} = 2.58$$

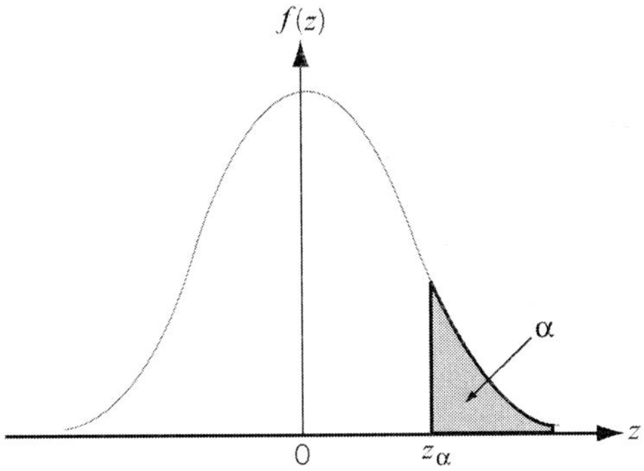


〈그림 6.10〉 표준정규분포의 상위 $100\alpha$% 백분위수

**예제 6.18** 지방도시의 어떤 고등학교 학생들의 IQ는 근사적으로 평균이 100, 표준편차가 15인 정규분포를 따른다고 한다. 어떤 특정 동아리의 회원이 되기 위해서는 IQ가 130이상 되어야 한다고 하자. 이때 이 동아리의 회원이 될 수 있는 자격을 갖추고 있는 학생은 몇 %라고 할 수 있는지 구하여라.

**풀이** 학생의 IQ를 $X$라고 할 때 확률변수 $X$는 정규분포 $N(100,\ 15^2)$을 따른다. 따라서 IQ가 130이상일 확률은 다음과 같이 구해진다.

$$\begin{aligned} P(X \geq 130) &= 1 - P(X < 130) = 1 - P\left(\frac{X-\mu}{\sigma} < \frac{130-100}{15}\right) \\ &= 1 - P(Z < 2) \\ &= 1 - 0.9772 \\ &= 0.0228 \end{aligned}$$

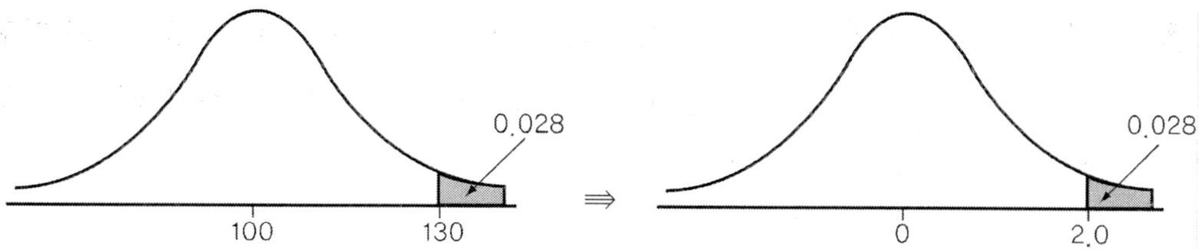


(a) $N(100,\ 15^2)$인 정규분포 (b) $N(0,\ 1)$인 표준정규분포

〈그림 6.11〉 정규분포에서 표준정규분포로의 변환

❀

**예제 6.19** A와 B 두 사람이 골프를 치고 있다고 하자. 과거의 기록에 의하면 A의 점수 $X$는 평균이 110, 분산이 100인 정규분포를, B의 점수 $Y$는 평균이 100, 분산이 64인 정규분포를 따르고 있다고 한다. 오늘 시합에서 A가 B보다 더 낮은 점수를 기록할 확률 $P(X< Y)$를 구하여라.

**풀이** 정규분포의 성질에 따르면 확률변수 $X- Y$는 평균과 분산이 각각 다음과 같은 정규분포를 따른다.

$$\begin{aligned}\mu_{X-Y} &= E(X-Y) = E(X)-E(Y)\\ &= \mu_X - \mu_Y = 110-100 = 10\\ \sigma^2_{X-Y} &= V(X-Y) = V(X)+V(Y)\\ &= \sigma^2_X+\sigma^2_Y = 10^2+8^2 = 164 = 12.8^2\end{aligned}$$

따라서

$$\begin{aligned}P(X<Y) &= P(X-Y<0)\\ &= P\left(\frac{X-Y-10}{12.8} < \frac{0-10}{12.8}\right)\\ &= P(Z<0.78) = 0.2177\end{aligned}$$

이 된다. 즉, 시합에서 A가 B보다 더 낮은 점수를 기록할 가능성은 21.77%가 된다. ❀

**예제 6.20** 점심식단표에 의하면, 생채요리에 포함되어 있는 칼로리(cal)는 정규분포 $N(200,\ 5^2)$를 따른다고 한다. 어떤 한 사람이 생채요리를 주문할 때 이 요리에 포함되어 있는 칼로리가 다음과 같을 확률을 구하여라.

1) 208칼로리를 초과할 확률

2) 190칼로리와 200칼로리 사이에 있을 확률

**풀이** 확률변수 $X$를 생채요리에 포함되어 있는 칼로리라고 하면, 새로운 확률변수 $Z=\dfrac{X-200}{5}$는 표준정규분포 $N(0,\ 1)$를 따른다. 따라서,

$$\begin{aligned}
1)\ P(X>208) &= P\left(\frac{X-200}{5} > \frac{208-200}{5}\right) \\
&= P(Z>1.6) = 1-P(Z\le 1.6) \\
&= 1-0.9452 \\
&= 0.0548
\end{aligned}$$

$$\begin{aligned}
2)\ P(190\le X\le 200) &= P(-2\le Z\le 0) = 0.5-P(Z<-2) \\
&= 0.5-[1-P(Z\le 2)] = P(Z\le 2)-0.5 \\
&= 0.9773-0.5 \\
&= 0.4773
\end{aligned}$$

❀

**예제 6.21** 환경문제 연구소의 연구보고서에 의하면 트럭으로부터 배출되는 일산화질소의 양은 근사적으로 평균 $\mu=1.6$, 분산 $\sigma^2=0.4^2$인 정규분포를 따른다고 한다. 이에 따라 환경청에서는 일산화질소를 가장 많이 배출하는 트럭의 10%에 대해서 환경오염 범칙금을 부과하기로 한다고 할 때 얼마 이상의 산화질소를 배출하는 차량에 대해서 범칙금을 부과해야 하는지 그 배출량을 구하여라.

**풀이** 배출량 $X$는 정규분포 $N(1.6,\ 0.4^2)$을 따르므로 구하고자 하는 값 $x$는 다음 식을 만족하여야 한다.

$$P(X\ge x) = P\left(\frac{X-1.6}{0.4} \ge \frac{x-1.6}{0.4}\right) = P\left(Z\ge \frac{x-1.6}{0.4}\right) = 0.10$$

표준정규분포표로부터 $P(Z \geq 1.28) = 0.10$이므로 다음의 관계식이 성립한다.

$$1.28 = \frac{x - 1.6}{0.4}$$

따라서 $x = 1.6 + 1.28(0.4) = 2.112$가 된다. 즉, 환경청에서는 산화질소 배출량이 2.112이상이 되는 차량에 대해서 환경오염 범칙금을 부과하면 되는 것이다. ❀

### (4) 지수분포

푸아송분포는 단위시간 또는 단위공간 내에서 어떤 사건이 발생하는 횟수에 대한 분포이다. 이에 비하여 어떤 사건이 발생하기 전까지 걸리는 시간을 나타나기 위해 사용되는 확률분포가 있다. 이러한 분포를 지수분포(exponential distribution)라 한다. 지수분포는 어떤 기계나 전자 제품의 수명시간 또는, 백화점에 고객이 도착하는 시간 등과 같이 연속적인 현상을 나타내는데 사용된다.

**TIP 지수분포**

> 확률변수 $X$의 확률밀도함수가
>
> $$f(x) = \begin{cases} \lambda e^{-\lambda x}, & 0 < x < \infty \\ 0, & \text{기타} \end{cases}$$
>
> 일 때, 확률변수 $X$는 "모수 $\lambda$인 지수분포를 따른다"고 한다.

확률변수 $X$가 모수 $\lambda$인 지수분포를 따른다면, 그 평균과 분산은 다음과 같다.

$$\mu = E(X) = \frac{1}{\lambda}, \qquad \sigma^2 = V(X) = \frac{1}{\lambda^2}$$

**예제 6.22** 화재신고 시 소방차가 현장에 도착할 때까지 걸리는 시간 $X$는 $\lambda = 0.05$인 지수분포를 따른다고 할 때 소방차가 25분 이내에 도착할 확률을 구하여라.

**풀이** 소방차가 현장에 도착할 때까지 걸리는 시간 $X$의 확률밀도함수는

$$f(x) = \begin{cases} 0.05\,e^{-0.05x}, & 0 < x < \infty \\ 0, & \text{기타} \end{cases}$$

이다. 따라서 소방차가 25분 이내에 도착할 확률은 다음과 같이 구해진다.

$$\begin{aligned} P(X \le 25) &= \int_0^{25} 0.05e^{-0.05x}dx \\ &= 1 - e^{-0.05 \times 25} = 0.7135 \end{aligned}$$

❀

## 6.4 이항분포의 정규분포 근사

이항분포에서 시행 횟수 $n$이 커지면 부록 <표 2>에 주어진 이항분포표를 이용할 수 없을 뿐만 아니라 실제로 그 계산은 매우 복잡하게 된다. 이러한 경우 $n$이 충분히 크고, $p$가 0에 가까우면 앞에서 배운 바와 같이 푸아송분포를 이용하여 그 근사값을 계산할 수 있다. 그러나 $p$의 값에 관계없이 $n$이 충분히 커지게 되면 이항분포는 연속형분포인 정규분포로 또한 근사하게 된다. 즉, 이항분포는 $n$이 클 때 평균이 $np$, 분산이 $np(1-p)$인 정규분포에 가까워진다.

이항분포에서 확률 $p$의 값을 0.5로 고정하고 시행 횟수 $n$을 5, 10, 15, 20으로 증가시킬 경우의 분포를 그려보면 <그림 6.12>와 같이 나타나게 된다. <그림 6.12>에서 보는 바와 같이, $n$이 커질수록 이항분포를 곡선 형태로 연결할 때 좌우대칭인 정규분포 곡선의 모양에 가까워진다는 것을 알 수 있다.

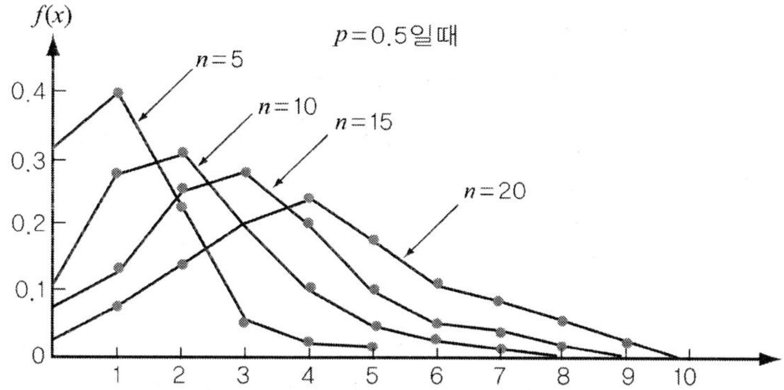


〈그림 6.12〉 시행 횟수에 따른 이항분포

**TIP 이항분포의 정규분포 근사**

확률변수 $X$가 모수 $n$, $p$인 이항분포를 따를 때, $X$를 표준화한 확률변수 $Z$는 $n$이 충분히 클 때 표준정규분포로 근사하게 된다.[6] 즉,

$$Z=\frac{X-E(X)}{\sqrt{V(X)}}=\frac{X-np}{\sqrt{np(1-p)}}\approx N(0,1)$$

**예제 6.23** 어떤 대학 $A$ 학과의 정원은 30명이다. 그러나 $A$ 학과의 과거 자료에 의하면, 합격한 학생들 중 60%만이 등록하는 것으로 나타나 있기 때문에 $A$ 학과에서는 매년 정원의 2배수를 합격자로 발표하는 정책을 사용하고 있다. 올해 합격한 학생들 중 등록 인원이 30명 이상일 확률은 얼마인가?

**풀이** $X$를 등록하는 학생수라고 하면, $X$는 $n=60$, $p=0.6$인 이항분포를 따른다. 따라서 구하고자 하는 확률은

$$P(X\geq 30)=\sum_{x=30}^{60}\binom{60}{x}(0.6)^x(0.4)^{60-x}=0.9555$$

여기서 $n$이 크고 $np\geq 5$, $n(1-p)\geq 5$이기 때문에 정규분포를 이용하여 충분히 좋은 근사값을 구할 수 있다. 즉, 평균과 표준편차는 각각

6) 이러한 사실은 다음 장에서 설명되는 중심극한정리에 의해 입증되며, 그 근사값은 $np\geq 5$이고, $n(1-p)\geq 5$일 때 상당히 좋은 것으로 알려져 있다.

다음과 같으므로

$$np = 60 \times 0.6 = 36$$

$$\sqrt{np(1-p)} = \sqrt{60 \times 0.6 \times 0.4} = \sqrt{14.4}$$

정규분포를 이용한 근사 확률은

$$P(X \geq 30) = P\left(\frac{X-36}{\sqrt{14.4}} \geq \frac{30-36}{\sqrt{14.4}}\right)$$

$$\simeq P(Z \geq -1.58) = 1 - P(Z < -1.58) = 0.9429$$

가 되어 두 확률의 차이는 그다지 크지 않음을 알 수 있다. ❀

**참고사항**

연속형분포에서는 $P(a \leq X \leq b) = P(a < X < b)$ 가 성립하지만 이산형분포에서는 이러한 사실이 성립하지 않는다. 따라서 이항분포는 이산형분포이므로 이러한 불일치를 보완해 주기 위하여 각 범위에서 $\pm 0.5$ 씩 수정하게 되는데, 이러한 과정을 연속성의 수정(correction for continuity)이라 한다.

※ 확률변수 $X$가 $n=100$, $p=0.1$ 인 이항분포를 따를 때 확률 $P(7 \leq X \leq 13)$을 이항분포, 정규분포, 그리고 연속성의 수정을 한 후 구해보도록 하자.

(1) 이항분포를 이용할 경우:

$$P(7 \leq X \leq 13) = \sum_{x=7}^{13} \binom{100}{x} (0.1)^x (0.9)^{100-x} = 0.7589$$

(2) 정규분포를 이용할 경우:

$$P(7 \leq X \leq 13) = P\left(\frac{7-10}{3} \leq \frac{X-10}{3} \leq \frac{13-10}{3}\right)$$

$$\simeq P(-1 \leq Z \leq 1) = 0.6826$$

(3) 연속성의 수정을 하였을 경우:

$$P(7 \leq X \leq 13) = P(6.5 \leq X \leq 13.5)$$

$$\simeq P(-1.16 \leq Z \leq 1.16) = 0.7540$$

# 6.5 R 실습

R에서는 확률 계산을 확률분포 또는 누적분포함수로부터 쉽게 구할 수 있도록 해준다. <표 6.2>에는 여러 확률분포에 대한 확률함수(이산형) 및 누적분포함수(연속형)의 R 코드가 주어져 있다. 한 점에서의 확률값을 출력해주는 확률함수의 R 코드는 d로 시작되며, 주어진 점까지의 누적된 확률값을 출력해 주는 누적분포함수의 R 코드는 p로 시작된다. 확률 분포와 관련된 R 코드는 첫 번째 문자(d, p, q, r)를 이용하여 그 기능을 구분하고 있으며, 각 문자에 따른 기능은 <표 6.3>을 참고하기 바란다.

〈표 6.2〉 확률 계산을 위한 확률함수 및 누적분포함수

| 구 분 | 확률분포 | R 코드 | 함수 사용 방법 예 |
|---|---|---|---|
| 이산형 | 이항분포 | dbinom(x, n, p) | dbinom(1, 10, 0.5): n=10, p=0.5인 이항분포에서 P(x=1)의 값 출력 |
| | 초기하분포 | dhyper(x, Np, N-Np, n) | dhyper(2, 7, 3, 5): p=0.7, N=10, n=5인 초기하분포에서 P(x=2)의 값 출력 |
| | 푸아송분포 | dpois(x, $\lambda$) | dpois(2, 1): $\lambda$=1인 푸아송분포에서 P(x=2)의 값 출력 |
| | 기하분포 | dgeom(x-1, p) | dgeom(5, 0.2): p=0.2인 기하분포에서 P(x=6)의 값 출력 |
| | 음이항분포 | dnbinom(x, r, p) | dnbinom(10, 2, 0.2): r=2, p=0.2인 음이항분포에서 P(x=10)의 값 출력 |
| 연속형 | 균등분포 | punif(x, a, b) | punif(3, 0,5): 균등분포(0, 5)에서 P(x$\leq$3)의 값 출력 |
| | 정규확률분포 | pnorm(x, $\mu$, $\sigma$) | pnorm(3, 5, 2): 평균이 5이고 표준편차가 2인 정규분포에서 P(x$\leq$3)의 값 출력 |
| | 지수분포 | pexp(x, $\lambda$) | pexp(0.5, 1): $\lambda$=1인 지수분포에서 P(x$\leq$0.5)의 값 출력 |

〈표 6.3〉 확률함수에서 첫 번째 문자가 의미하는 기능

| 첫 번째 문자 | 기 능 | 사용 예 |
|---|---|---|
| d | 확률함수 | dpois(2,1): $\lambda=1$인 푸아송분포에서 $x=2$일 때의 확률값 |
| p | 누적분포함수 | pnorm(1,0,1): 표준정규분포에서 누적 확률 $P(Z\le 1)$ 계산 |
| q | $100(1-\alpha)$ 백분위수 | qnorm(0.95,0,1): 표준정규분포에서 $z_{0.05}$되는 z값 |
| r | 난수 생성 | rnorm(100,0,1): 표준정규분포에서 100개의 난수 생성 |

(실습 1) 예제 6.8)과 예제 6.9)에서의 확률값 계산

〈R 코드〉

```
> dbinom(10, 20, 0.2) #예제 6.8
  [1] 0.0020
> 1-pbinom(17, 20, 0.6) # 예제 6.9
  [1] 0.0036
```

(실습 2) 예제 6.10)과 예제 6.11)에서의 확률값 계산

〈R 코드〉

```
> dhyper(3, 4, 16, 4) #예제 6.10
  [1] 0.013
> dhyper(2, 4, 1, 2) # 예제 6.11
  [1] 0.6
```

(실습 3) 예제 6.12)와 예제 6.13)에서의 확률값 계산

〈R 코드〉

```
> 1-ppois(3, 3) #예제 6.12
  [1] 0.353
> 1-ppois(9, 4) # 예제 6.13
  [1] 0.008
```

(실습 4) 예제 6.14)에서의 확률값 계산

〈R 코드〉

```
> dgeom(9, 1/6) #예제 6.14
  [1] 0.0323
```

(실습 5) 예제 6.15)에서의 확률값 계산

〈R 코드〉

```
> dnbinom(50, 5, 0.2) #예제 6.15
  [1] 0.0014
```

(실습 6) 예제 6.16)에서의 확률값 계산

〈R 코드〉

```
> punif(10, 0, 60) #예제 6.16
  [1] 0.167
```

(실습 7) 정규밀도곡선 그리기(예제 6.17 참조)

정규밀도곡선을 그리기 위해서 기본적으로 사용되는 함수는 rnorm와 dnorm이다. rnorm 함수는 정규분포로부터 난수를 생성하게 하며(예를 들어, rnorm(100, 0, 1)로 할 경우 평균이 0, 표준편차가 1인 정규분포로부터 100개의 난수를 생성해줌), 난수를 생성한 후에는 정규밀도함수값을 계산을 위해서 dnorm함수가 사용된다. 예제 6.17)에서 정규밀도곡선을 그리기 위한 R 코드는 다음과 같이 작성하면 된다.

〈R 코드〉

```
> x = rnorm(10000, 64.5, 2.5)
> x = sort(x)
> d = dnorm(x, 64.5, 2.5)
> plot(x, d, main = "한국남자들 몸무게 분포", xlab="몸무게", type="l")
```

※ 표준정규밀도곡선을 그리는 다른 방법

```
> curve(dnorm(x), -3, 3)# x가 -3과 3사이에서 그려짐
```

또는

```
> x=seq(-3, 3, by=0.01)
> plot(x, dnorm(x), type="l", main="표준정규밀도곡선")
```

〈R 코드 설명〉

- ○ 한국남자의 몸무게의 분포를 곡선으로 나타내기 위해서 먼저 rnorm(1000, 64.5, 2.5) 함수를 이용하여 1,000개의 정규확률난수를 발생시킨다.
- ○ 생성된 난수들의 확률값을 "dnorm(x, 64.5, 2.5)"함수를 이용해서 계산한 후, plot 함수를 이용해서 곡선을 그리면 된다. 이때 주의할 점은 생성된 난수를 sort(data) 함수를 이용하여 크기순으로 정렬하여야 하는 것인데 만약, 그대로 사용하면 지그재그로 그림이 그려지게 된다.
- ○ plot 함수에서 옵션 type = "l"은 곡선을 선으로 연결하여 그리라는 명령어이다. plot 함수에서 옵션으로 cex=를 사용할 수 있는데 이것은 그림의 점 크기를 지정하고자 할 때 사용하는 명령어이다. 기본적으로는 cex=1로 초기화되어 있다. 그리고 명령어 col= 은 점 또는 선의 색깔을 지정해주고자 할 경우에 사용한다.

(실습 8) 정규분포에서의 확률 계산(예제 6.17 참조)

〈R 코드〉

```
> pnorm(67, 64.5, 2.5)-pnorm(62, 64.5, 2.5)
  [1] 0.683
> pnorm(69.5, 64.5, 2.5)-pnorm(59.5, 64.5, 2.5)
  [1] 0.954
> pnorm(72, 64.5, 2.5)-pnorm(57, 64.5, 2.5)
  [1] 0.997
```

(실습 9) 예제 6.18)에서의 확률값 계산

〈R 코드〉

```
> 1-pnorm(130, 100, 15) # 정규분포 N(100, 15^2)로부터의 확률 계산
  [1] 0.0228
> 1-pnorm(2, 0, 1) # 표준정규분포 N(0, 1)로부터의 확률 계산
  [1] 0.0228
```

(실습 10) 예제 6.22)에서의 확률값 계산

〈R 코드〉

```
> pexp(25, 0.05)
  [1] 0.7135
```

(실습 11) 예제 6.23)에서의 확률값 계산

〈R 코드〉

```
> 1-pbinom(29, 60, 0.6)  # 이항분포 이용
  [1] 0.9254
> 1-pnorm(-1.58, 0, 1) # 정규분포 근사
  [1] 0.9429
```

(실습 12) 두 개의 정규밀도곡선 $N(0, 1)$과 $N(0, 2^2)$을 겹쳐 그리기

plot 함수는 사용할 때마다 새로운 그래프 창을 열어 그림을 그리게 된다. 하나의 그래프 창에 그림을 겹쳐 그리기 위해서는 par 함수를 사용한다. par 함수는 일반적으로 그래프의 모양을 설정하는 여러 가지 옵션(help 기능 참조)을 가지고 있는데 그 중 new=T는 그림을 겹쳐 그리게 하는 역할을 한다.

〈R 코드〉

```
> x=seq(-5,5,by=0.1)
> plot(x,dnorm(x),type="l", main="정규밀도함수", ylim=c(0,0.5), ylab="")
> par(new=T)
> plot(x,dnorm(x, sd=2),type="b", ylim=c(0,0.5), ylab="")
```

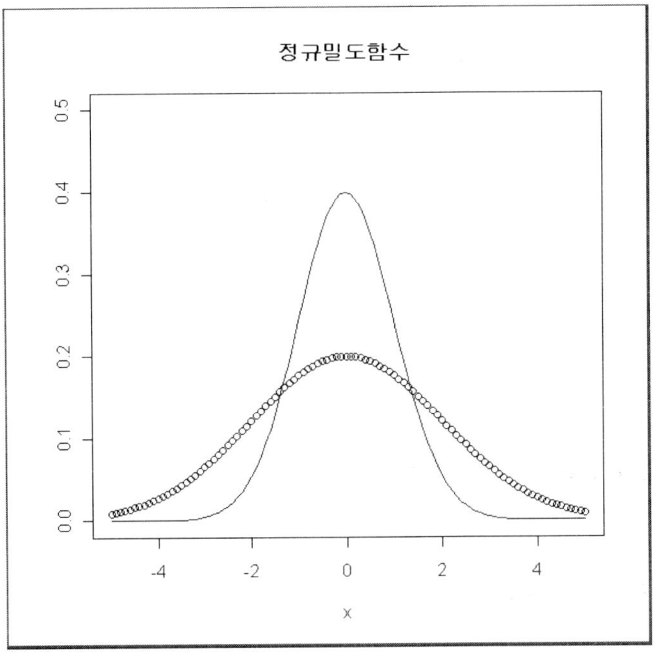


〈그림 6.13〉 두 정규밀도곡선 $N(0, 1)$과 $N(0, 2^2)$

〈R 코드 설명〉

○ 두 개의 정규밀도곡선을 겹쳐 그리고자 할 경우 y축의 눈금이 같도록 하여야 한다. plot 함수에서의 옵션 ylim=c(min, max)가 바로 y축의 눈금범위를 결정하는 명령어이다. 여기서는 y축의 눈금을 0과 0.5사이로 지정해 주었다. 그리고 ylab는 y축의 이름을 지정하기 위한 옵션인데 ylab=" "는 y축의 이름을 지정하지 않기 위해서 사용되었다.

※ 두 개의 그림을 겹쳐 그리고자 할 때 저수준 그래픽함수 즉, lines 함수, abline 함수, curve 함수 등을 사용하면 보다 다양한 형태로 그림을 그릴 수 있다. 다음과 같이 R 코드를 입력하면 아래의 출력 결과에서 보는 것과 같은 그림을 그릴 수 있다.

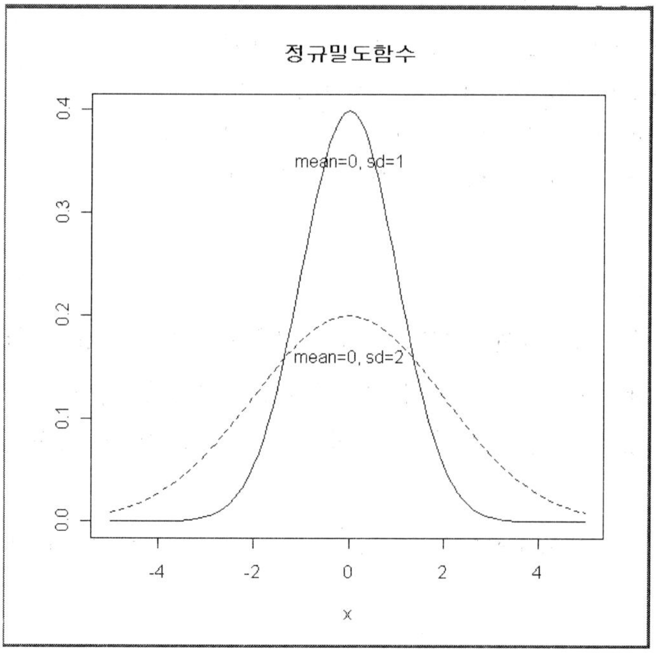


〈그림 6.14〉 두 정규밀도곡선 $N(0,\ 1)$과 $N(0,\ 2^2)$

〈R 코드〉

```
> plot(x,dnorm(x),type="l", main="정규밀도함수", ylab=" ")
> lines(x,dnorm(x,sd=2),lty="dashed")
> text(0,0.35, "mean=0, sd=1")
> text(0,0.16, "mean=0, sd=2")
```

(실습 13) $n$ 의 커짐에 따른 이항분포의 정규분포로의 근사

〈R 코드〉

```
> par(mfrow = c(1,4))
> a = rbinom(1000, 5, 0.75) # n = 5 일때
> hist(a, prob = TRUE, main = "n = 5 일때")
> b = rbinom(1000, 10, 0.75) # n = 10 일때
> hist(b, prob = TRUE, main = "n = 10 일때")
> c = rbinom(1000, 20, 0.75) # n = 20 일때
> hist(c, prob = TRUE,  main = "n = 20 일때")
> d = rbinom(1000, 30, 0.75) # n = 30 일때
> hist(d, prob = TRUE, main = "n = 30 일때")
```

〈R 코드 설명〉

- par 함수는 하나의 화면에 여러 개의 그림을 동시에 그리고자 할 경우에 사용된다. 옵션 mfrow=c(1,4)는 하나의 행에 4개의 그림을 동시에 그리겠다는 명령어이다. 만약 c(2,2)라고 입력하면 두 개의 행에 각각 2개씩의 그림을 그리라는 명령이 되는 것이다.
- rbinom 함수는 이항분포에서 난수를 생성하기 위해서 사용되어졌다.

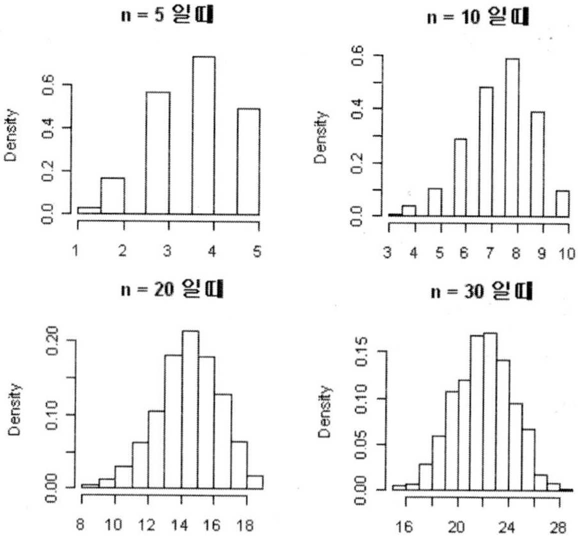


〈그림 6.15〉 $n$의 크기에 따른 이항분포의 변화

## 연습문제

1. 다음과 같은 확률변수들을 이산형과 연속형으로 구분하여라.
   1) 100m 달리기에서 걸리는 시간
   2) 강남구에서 매일 발생하는 폭력사고의 수
   3) 매년 전세계에서 추락하는 비행기의 수
   4) M사에서 생산되는 전구의 수명

2. 52장의 카드 가운데 그림으로 된 카드(J, Q, K)가 뽑히면 5,000원을 받게 되고, 에이스(A)가 뽑히면 10,000을 받는다. 그러나 그 이외의 카드가 뽑힐 경우 1,000원을 지불하여야 한다고 할 때 이 게임에서 받을 수 있는 기대 금액이 얼마인지를 구하여라.

3. 문장 THE GIRL PUT ON HER BEAUTIFUL RED HAT로부터 한 단어를 랜덤으로 추출한다고 가정하자. 확률변수 $X$가 추출된 단어에서의 문자의 개수를 나타낸다고 할 때, $E(X)$와 $V(X)$를 각각 구하여라.

4. 어느 아파트 단지에 거주하는 주부들이 일주일 동안 집안청소를 하는 시간 $X$의 확률밀도함수가 다음과 같다고 한다(단위: 시간).

$$f(x) = \begin{cases} x, & 0 < x < 1 \\ 2 - x, & 1 \le x < 2 \\ 0, & \text{기타} \end{cases}$$

   1) 어느 한 주부가 일주일에 20분에서 30분을 청소할 확률을 구하여라.
   2) 대청소시간의 평균과 표준편차를 구하여라.

5. 확률변수 $X$의 확률밀도함수가 다음과 같다고 하자.

$$f(x) = \begin{cases} \frac{1}{4}x, & 1 \le x \le 3 \\ 0, & \text{기타} \end{cases}$$

1) 확률밀도함수 $f(x)$의 그래프를 그려라.

2) $P(1 < X < 2)$을 구하여라.

6. A연구소에 근무하는 한 연구원이 50페이지짜리 보고서를 타이핑하는데 소요되는 시간 $X$에 대한 확률밀도함수 $f(x)$가 다음과 같다고 하자.

$$f(x) = \begin{cases} \frac{1}{2}, & 2 \le x \le 4 \\ 0, & \text{기타} \end{cases}$$

1) 확률 $P(2.5 \le X \le 3.5)$을 구하여라.

2) 확률변수 $X$의 평균과 분산을 계산하여라.

7. 어떤 프로야구 선수의 게임당 출전료는 200만원이며, 안타를 칠 때마다 안타당 10만원을 보너스로 받기로 계약을 하였다. 작년까지의 기록에 의하면 이 선수의 경기당 안타수는 다음과 같은 분포를 따른다고 한다. 이 선수의 경기당 평균 수입과 표준편차를 계산하여라.

| 안타수 | 0 | 1 | 2 | 3 | 4 | 5 |
|---|---|---|---|---|---|---|
| 확률 | 0.25 | 0.33 | 0.25 | 0.10 | 0.05 | 0.02 |

8. L회사에서 생산되는 세탁기가 고장날 때까지 걸리는 시간 $Y$는 다음과 같은 확률밀도함수를 가진다고 한다(단위: 년).

$$f(x) = \begin{cases} ce^{-\frac{y}{3}}, & y > 0 \\ 0, & \text{기타} \end{cases}$$

1) $c$의 값을 구하여라.

2) 세탁기가 1년 이내에 고장날 확률을 구하여라.

3) 세탁기가 5년 이내에 고장날 확률을 구하여라.

9. 오전 10시부터 1분 사이에 어느 지역 사거리에 도착하는 자동차의 대수 $X$는 다음과 같은 확률분포를 따른다고 한다.

$$f(x) = \begin{cases} \dfrac{e^{-3}3^x}{x!}, & x = 0,\ 1,\ \cdots \\ 0, & \text{기타} \end{cases}$$

1) 1분 동안 이 사거리에 10대 이상의 차가 도착할 확률을 구하여라.

2) 1분 동안 차가 한 대도 도착하지 않을 확률을 구하여라.

10. 중부고속도로에 설치되어 있는 속도감지기에 의해 적발되는 속도 위반 차량들간의 간격 $X$(시간)는 다음과 같은 확률밀도함수를 가진다고 한다.

$$f(x) = \begin{cases} 4e^{-4x}, & x > 0 \\ 0, & \text{기타} \end{cases}$$

1) 속도 위반차량간의 간격이 10분 이하일 확률을 구하여라.

2) 속도위반 차량간의 평균 간격시간을 구하여라.

11. 하나의 동전을 세 번 던져 나오는 앞면의 수를 $X$라 할 때, $X$의 확률질량함수는 다음과 같다.

$$f(x) = \begin{cases} \dbinom{3}{x}\dfrac{1}{2^3}, & x = 0,\ 1,\ 2,\ 3 \\ 0, & \text{기타} \end{cases}$$

1) $P(0 < X \leq 2)$를 구하여라.

2) 기대값 $E(X)$와 분산 $V(X)$를 각각 구하여라.

12. 어느 도시의 가구별 자녀수 $X$ 에 대한 확률분포가 다음과 같이 주어져 있다.

| $X$ | 0 | 1 | 2 | 3 | 4 | 5 | 6 |
|---|---|---|---|---|---|---|---|
| $P(X=x)$ | 0.05 | 0.21 | 0.39 | 0.25 | 0.07 | 0.02 | 0.01 |

이때, 확률변수 $X$의 평균과 분산을 각각 구하여라.

13. 서울의 모병원 응급실에는 1시간 동안 환자들이 평균 5명 방문한다고 한다. 1시간 동안 7명의 환자가 응급실로 방문할 확률을 구하여라.

14. S자동차 회사의 서비스 센타에 1시간 동안에 정비하러 오는 차량의 수는 평균 10대라고 한다. 2시간 동안에 25대의 차량이 정비하러 올 확률을 구하여라.

15. 서울지역에 있는 골프장에 전화로 예약시 단 한 번의 전화로 예약 담당자와 통화할 수 있는 가능성은 3%라고 한다. 어떤 사람이 5번째 전화에서 예약 담당자와 통화할 수 있을 확률을 구하여라.

16. 어패류를 날것으로 먹어 패혈증에 걸린 환자가 살아날 확률은 0.6이라고 한다. 패혈증에 걸린 100명의 환자 중 적어도 65명이 살아날 확률을 구하여라.

17. 어떤 창고에 보관되어 있는 100대의 컴퓨터 중에 5대의 불량품이 들어 있다. 10대를 랜덤으로 비복원추출할 때, 불량품이 1대 포함될 확률을 구하여라.

18. 5명의 남학생과 10명의 여학생으로 구성되어 있는 한 서클로부터 7명을 랜덤으로 비복원추출하여 농촌 봉사활동에 참여시키려고 한다. 적어도 3명의 남학생이 포함될 확률을 구하여라.

19. 어떤 학교의 학생수는 2,000명이며, 여기에는 여학생 700명, 남학생 1,300명으로 구성되어 있다. 20명의 학생을 랜덤으로 비복원추출할 때, 여학생이 10명 포함될 확률을 구하여라.

20. 어떤 공장에서의 하루 결근자수는 평균 3명인 푸아송분포를 따른다고 한다. 어느 특정한 날에 결근자수가 6명 이상일 확률은 얼마인가?

21. 어떤 공장에서 생산되고 있는 PC용 디스켓을 랜덤으로 조사한 결과 1%가 불량품이었다. 디스켓 100개를 랜덤으로 뽑는다고 할 때, 5개가 불량품일 확률을 이항분포와 푸아송분포를 이용하여 계산하고 그 결과를 비교하여라.

22. 타율이 0.3인 어떤 야구선수가 5번째 타석에서 처음으로 안타를 칠 확률을 구하여라.

23. $A$, $B$ 두 사람이 한가위 천하장사 씨름대회에서 우승을 놓고 시합한다고 하자. 과거의 전적에 의하면, $A$가 승리할 확률이 60%라고 알려져 있다. 5판 3승제에서 $A$가 5번째 시합에서 이겨 우승할 확률을 구하여라.

24. 어떤 협동조합의 창고 속에 보관되어 있는 포도 한송이의 무게는 평균 250g, 표준편차 10g이다. 포도의 무게가 정규분포를 따른다고 할 때 230g과 260g 사이의 무게를 가지는 포도는 전체의 몇%가 되는가?

25. 어느 직장에서 소방 대피훈련시 완전 대피에 소요되는 시간은 평균 5분 30초, 표준편차 30초인 정규분포를 따른다고 하자. 이 회사에서 최근에 해고된 직원이 설치한 폭탄이 4분 후에 폭발한다고 할 때, 폭탄이 폭발하기 전에 완전 대피할 확률은 얼마인가?

26. 어떤 집단에서 여자의 키는 평균 160cm, 표준편차 3cm인 정규분포를 따르고, 남자의 키는 평균 170cm, 표준편차 4cm인 정규분포를 따른다고 하자. 이 집단에서 남녀가 서로의 짝을 랜덤으로 선택한다고 할 때, 여자의 키가 남자의 키보다 큰 짝은 몇 %가 되는지를 계산하여라.

27. K자동차 회사에서 생산되고 있는 차량의 엔진 수명은 평균이 12.4년, 표준편차가 2.2년인 정규분포를 따른다고 한다. K회사에서는 엔진 고장에 대한 보증을 10년간 한다고 할 때 100대를 판매할 경우 몇 대를 수리 또는 교환해 주어야 하는지를 구하여라.

28. $S$ 대학교 식품공학과 2학년 학생들의 통계학 기말시험 점수는 평균 65점, 표준편차 5인 정규분포를 따른다고 한다.
    1) 랜덤으로 뽑은 한 학생의 점수가 60점과 75점 사이가 될 확률을 구하여라.
    2) 15%의 학생들에게 A학점이 부여된다고 할 때, 최소한 몇 점을 받아야 하는가?

29. 어떤 사람이 집에서 직장까지 출근하는데 걸리는 시간은 평균 30분, 표준편차 6분인 정규분포를 따른다고 하자.
    1) 집에서 오전 8시 25분에 출발할 때, 오전 9시까지 직장에 도착할 확률을 구하여라.
    2) 오전 9시까지 직장에 도착할 가능성이 적어도 95% 이상 되려면, 늦어도 몇 시에 집에서 출발해야 하는가?

30. 어느 항공회사는 항공권을 예약한 승객들 중 10%가 예약을 취소 또는, 변경한다는 사실을 과거의 자료로부터 알고 있다. 이 항공회사가 이로 인해 생기는 빈 좌석 수를 줄이기 위하여 207석의 좌석이 있는 항공편에 230건의 예약을 접수한다고 할 때, 예약을 하고 공항에 나온 승객들 모두가 좌석을 가질 확률을 구하여라.

31. 공중전화의 통화시간은 평균 3분인 지수분포를 따른다고 알려져 있다. 어떤 초등학교 학생이 공중전화부스에 도착하여 보니 한 사람이 통화를 하고 있었다. 이 초등학생이 1분 이내에 전화를 걸 수 있을 확률을 구하여라.

# 7장
# 표본분포

## 7.1 서 론

어느 전구회사에서 생산되는 전구의 평균수명을 조사한다고 할 때 그 조사대상은 전구회사에서 생산하는 모든 전구가 된다. 하지만 전구회사에서 생산되는 전구 한 개 한 개의 수명을 모두 조사한다는 것은 현실적으로 불가능한 일이다. 이러한 경우에는 생산되는 모든 전구(모집단) 중 일부(표본)를 뽑은 후 이들의 평균수명을 측정하여 전구회사에서 생산하는 전체 전구의 평균수명을 추측하게 된다. 이와 같이 모집단으로부터 표본을 추출하고, 추출된 표본으로부터 주어지는 정보를 이용하여 모집단의 특성을 추측하거나 또는 결정하는 일련의 과정을 통계적 추론(statistical inference)이라 한다. 여기서 모집단의 특성이란 일반적으로 모집단의 중심위치(평균, 중앙값 등), 자료값들의 흩어짐 정도(분산, 표준편차 등), 특정한 개체의 비율 등을 말하며, 이러한 특성을 나타내는 값을 모수(parameter)라 한다.

**TIP 모수(parameter)**

모집단의 특성을 나타내는 값으로서 모집단 전체를 조사하기 전에는 알 수 없다.

모수를 정확히 알기 위해서는 모집단 전체를 조사하여야 한다. 그러나 일반적으로 모집단은 매우 크기 때문에 모집단 전체를 모두 조사한다는 것은 현실적으로 불가능하거나, 비록 가능하다 하더라도 엄청난 비용과 시간을 필요로 하는 경우가 대부분이다. 따라서 우리는 표본으로부터 모집단의 특성값을 추정하게 되는 것이다.

모집단으로부터 표본을 추출할 때 모집단을 잘 대표할 수 있도록 해야 한다. 어느 한쪽으로 치우쳐 표본을 추출하거나 또는 간편한 방법에 의해서 표본을 추출하여 모집단에 대한 추론을 할 경우, 추정된 값은 편의(bias)되어 나타나게 된다. 이러한 문제를 제거하기 위해서는 관측값들을 독립적으로 랜덤하게 추출하는 것이 바람직하며, 이러한 방법으로 추출된 표본을 확률표본(random sample)이라 한다.[1)]

1) 확률표본은 2가지 큰 장점이 있다. 첫째로는 랜덤하게 표본을 뽑음으로 인하여 어느 한쪽으로

모집단의 특성을 나타내는 값인 모수는 모집단 전체를 조사하기 전에는 알 수 없다. 이러한 모수를 추정하기 위하여 추출된 표본으로부터 구해지는 모수의 추정량을 통계량(statistic)이라 부른다. 따라서 통계량은 모집단으로부터 추출되는 확률표본 $X_1$, $X_2$, $\cdots$, $X_n$으로부터 구해지기 때문에 이들의 함수 형태로 표현되어지는 것이다.

**TIP 통계량**

> $X_1, X_2, \cdots, X_n$을 모집단으로부터 뽑힌 크기 $n$인 확률표본이라고 할 때 모수를 추정하기 위해 사용되는 이들의 함수를 통계량이라고 한다.

통계량의 예로 다음과 같은 것을 들 수 있다.

$$\text{표본평균:} \quad \overline{X} = \frac{1}{n}(X_1 + X_2 + \cdots + X_n),$$

$$\text{표본분산:} \quad S^2 = \frac{1}{n-1}\left[(X_1 - \overline{X})^2 + \cdots + (X_n - \overline{X})^2\right]$$

추측통계학에서의 주된 관심은 표본조사 또는 실험으로부터 얻어진 관측 자료를 이용하여 모집단에 대한 여러 가지 특성을 규명하는 것이다. 예를 들어 대통령 선거에서 A 후보자의 지지율을 알아보기 위하여 100명의 시민을 랜덤으로 추출한 결과, 60명이 A후보를 지지하는 것으로 나타났다고 하자. 이때 지지율 $\hat{p} = \frac{60}{100} = 0.6$이 될 것이다. 여기서 사용된 식 $\hat{p} = X/n$(단, $n$은 표본수, $X$는 지지자수)는 모수 $p$를 추정하기 위하여 사용된 하나의 통계량이다. 이 통계량 $\hat{p}$을 사용하여 100명의 표본을 또 다시 뽑아 지지율을 계산한다면 이때의 값은 앞에서 뽑힌 100명의 표본과 동일하지 않는 한 0.6과는 다를 것이다. 따라서 우리는 표본을 반복하여 뽑을 때 마다 통계량 $\hat{p}$의 값은 서로 다를 것이고, 이렇게 서로 다른 값들은 하나의 분포를 이루기 때문에 결과적으로 통계량 $\hat{p}$은 하나의 분포를 가지게 될 것이라는 사실을 알 수 있다. 확률론

치우친 표본이 뽑힐 수 있는 가능성을 제거할 수 있다는 것이며, 둘째로는 반복해서 뽑을 때 발생하게 되는 변동은 랜덤하게 일어나기 때문에 우연성의 법칙(law of chance)이라는 확률 이론에 따라 그 변동 정도를 사전에 예측할 수 있다는 것이다.

(probability theory)은 표본을 반복하여 추출할 때마다 변하는 이러한 통계량의 값들이 이루는 분포를 정확하게 묘사해준다. 하지만 확률론이라는 수학적인 방법에 의하지 않더라도 난수표나 컴퓨터를 이용하는 시뮬레이션을 통하여 통계량이 어떠한 분포를 이루게 되는지를 알아볼 수 있다.

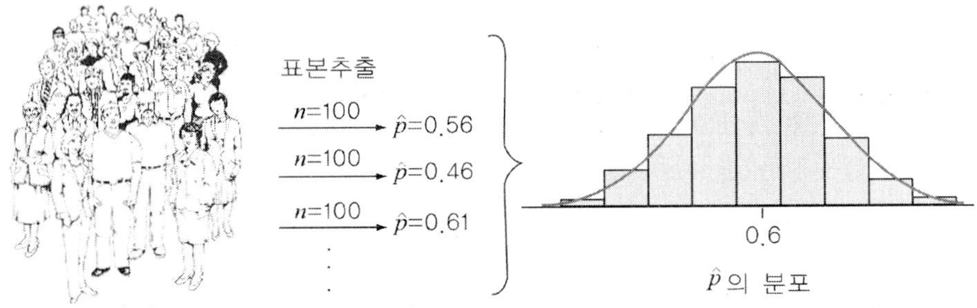


〈그림 7.1〉 $p=0.6$ 인 모집단에서 $n=100$ 인 표본을 1,000번 반복추출한 시뮬레이션 결과

<그림 7.1>은 모비율 $p=0.6$인 모집단으로부터 표본의 크기를 100으로 하여 1,000번 반복 추출하는 시뮬레이션으로부터 얻은 $\hat{p}$ 값들의 상대도수 히스토그램이다. 시뮬레이션 결과로부터 표본의 크기가 100일 때 통계량 $\hat{p}$ 의 값들은 모비율 $p=0.6$을 중심으로 좌우 대칭인 정규분포 모양을 띠게 됨을 알 수 있다. 이러한 시뮬레이션 결과로부터 통계량은 표본을 반복하여 뽑을 때마다 그 값들이 변하게 되고 그러한 값들에 의해 하나의 분포를 이루게 된다는 사실을 알 수 있다. 그리고 통계학에서는 이와 같이 통계량이 이루는 확률분포를 표본분포(sampling distribution)라 부른다.

**TIP 표본분포**

통계량의 확률분포를 표본분포라 한다.[2)]

2) 표본분포는 모수에 대한 신뢰구간을 구하고, 모수가 어떤 특정한 값을 가지는지를 검정하는데 사용된다.

## 7.2 표본평균 $\overline{X}$ 의 분포

우리나라 18세부터 24세 사이 여성들의 키는 평균이 160cm, 표준편차가 2.5cm인 정규분포를 따른다고 한다. 여기서 여성 한명을 뽑는 실험을 랜덤으로 반복한다고 하자. 이때 뽑히는 여성의 키 $X_1$은 하나의 확률변수가 되며, 그 분포는 모집단(18세부터 24세 사이 여성 집단)과 동일한 정규분포를 따르게 될 것이다. 왜냐 하면 한명의 여성을 모집단으로부터 랜덤하게 반복하여 뽑는다고 할 때 뽑힌 사람들의 집단은 바로 모집단과 같기 때문이다.

이제 두 명의 여성을 표본으로 뽑는 경우를 생각해 보자. 서로 독립적이면서 랜덤하게 뽑히는 두 명의 여성을 $X_1$, $X_2$라 놓고, 이러한 실험을 반복적으로 한다고 할 때 $X_1$, $X_2$ 각각은 역시 하나의 확률변수가 되면서 모집단과 동일한 분포를 가지게 될 것이다. 이것을 확장하여 $n$명의 표본을 서로 독립적이고 랜덤하게 추출한다고 하면 이들 각각은 역시 하나의 확률변수가 되면서 모집단과 동일한 분포를 가지게 될 것이다. 따라서 우리는 평균이 $\mu$, 분산이 $\sigma^2$인 모집단으로부터 크기가 $n$인 확률표본 $X_1$, $X_2$, $\cdots$, $X_n$을 추출한다고 할 때 이들 각각은 서로 독립이면서 평균이 $\mu$, 분산이 $\sigma^2$인 모집단과 동일한 분포를 가지게 된다고 할 수 있다.

이 절에서는 모집단으로부터 확률표본 $X_1$, $X_2$, $\cdots$, $X_n$을 반복하여 추출할 때 이들의 함수인 표본평균 $\overline{X}$가 어떠한 분포를 따르게 되는지를 이론적으로 알아보도록 할 것이다.

### 7.2.1 표본평균의 평균

평균이 $\mu$이고, 분산이 $\sigma^2$ 인 모집단으로부터의 $n$개의 확률표본 $X_1$, $\cdots$, $X_n$을 추출하였을 때 표본평균 $\overline{X}=\frac{1}{n}\sum_{i=1}^{n}X_i$이다. 이때 기대값의 덧셈 성질을 이용하여 표본

평균 $\overline{X}$의 평균을 구하면

$$E(\overline{X}) = E\left[\frac{1}{n}(X_1 + \cdots + X_n)\right] = \frac{1}{n}[E(X_1) + \cdots + E(X_n)]$$

$$= \frac{1}{n}[\mu + \cdots + \mu] = \frac{1}{n}n\mu = \mu$$

가 되어 $E(\overline{X})$는 이론적으로 모집단의 평균 $\mu$와 일치하게 됨을 알 수 있다.

### 7.2.2 표본평균의 분산

표본평균의 분산 $V(\overline{X})$를 구하기 위하여 분산의 덧셈 성질을 이용하면

$$V(\overline{X}) = V\left[\frac{1}{n}(X_1 + \cdots + X_n)\right] = \frac{1}{n^2}[V(X_1) + \cdots + V(X_n)]$$

$$= \frac{1}{n^2}[\sigma^2 + \cdots + \sigma^2] = \frac{1}{n^2}n\sigma^2 = \frac{\sigma^2}{n}$$

이 됨을 알 수 있다.

**TIP 표본평균 $\overline{X}$의 평균과 분산**

> $X_1, \cdots, X_n$을 평균 $\mu$, 분산 $\sigma^2$인 모집단으로부터의 크기 $n$인 확률표본이라 할 때 $E(\overline{X}) = \mu$, $V(\overline{X}) = \sigma^2/n$ 이다.

### 7.2.3 표본평균의 분포

표본평균 $\overline{X}$의 분포 모양은 모집단의 분포 모양에 의해서 결정된다. 즉, 모집단의 분포가 정규분포를 따를 경우, 이 모집단으로부터 추출된 표본평균 $\overline{X}$의 분포도 역시 정규분포를 따르게 된다.

**TIP 표본평균의 분포**

$X_1, \cdots, X_n$을 정규분포 $N(\mu, \sigma^2)$을 하는 모집단으로부터의 크기 $n$인 확률표본이라 할 때, 표본평균 $\overline{X}$는 정규분포 $N\left(\mu, \dfrac{\sigma^2}{n}\right)$을 따른다.

**예제 7.1** 어떤 전구 회사에서 생산되는 전구의 수명은 평균이 1,800시간, 분산이 $100^2$시간인 정규분포를 따른다고 한다. 시중에서 팔리고 있는 이 회사의 전구 36개를 랜덤으로 뽑아 전구 수명을 조사한다고 할 때 이들의 평균 수명이 1,850시간보다 클 확률을 구하여라.

**풀이** 전구의 수명을 $X$라 하면 확률변수 $X$는 정규분포 $N(1800,\ 100^2)$를 따르므로, 표본평균 $\overline{X}$는 정규분포 $N(1800,\ 100^2/36)$를 따르게 된다. 따라서

$$\begin{aligned} P(\overline{X} > 1850) &= P\left(\frac{\overline{X} - 1800}{100/\sqrt{36}} > \frac{1850 - 1800}{100/\sqrt{36}}\right) \\ &= P(Z > 3) = 1 - P(Z \le 3) \\ &= 1 - 0.9987 = 0.0013 \end{aligned}$$

이 된다. ❀

### 7.2.4 중심극한정리

모집단의 분포가 정규분포를 따를 때 표본평균 $\overline{X}$도 정규분포를 따른다. 하지만 실제 문제에서 모집단의 분포는 알려져 있지 않은 경우가 대부분이다. 그렇다면, 모집단의 분포를 모를때 표본평균 $\overline{X}$의 분포는 어떻게 될 것인가? 이와 같은 문제를 해결해 주는 것이 바로 중심극한정리(central limit theorem)이다. 중심극한정리란 분포의 모양을 모르는 모집단으로부터 표본을 추출할 때, 표본평균 $\overline{X}$의 분포는 표본의 크기 $n$이 커짐(일반적으로 $n \ge 30$)에 따라 점점 정규분포로 근사해 간다는 성질을 기술해 놓은 것이다.

**TIP 중심극한정리**

> $X_1, \cdots, X_n$을 평균 $\mu$, 분산 $\sigma^2$인 모집단으로부터의 크기 $n$인 확률표본이라 할 때, 표본평균 $\overline{X}$의 분포는 $n$이 커짐에 따라 정규분포 $N(\mu, \sigma^2/n)$로 근사해 간다.

중심극한정리에서 표본평균 $\overline{X}$를 표준화하면 통계량

$$Z = \frac{\overline{X} - \mu}{\sigma / \sqrt{n}}$$

는 근사적으로 표준정규분포 $N(0, 1)$을 따르게 된다.

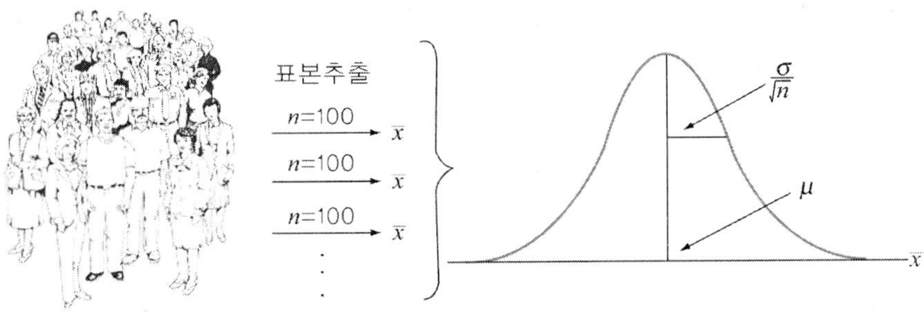


〈그림 7.2〉 $N(\mu, \sigma^2)$으로부터 크기 $n$인 표본을 반복추출할 때 $\overline{X}$의 표본분포

**예제 7.2** 어느 대학교에서 남학생들의 몸무게는 평균 $\mu = 69\text{kg}$, 분산 $\sigma^2 = 5^2\text{kg}$이라 한다. 100명의 남학생을 랜덤으로 추출할 때, 표본평균 $\overline{X}$가 평균 $\mu$를 중심으로 $\pm 1\text{kg}$ 이내에 있을 확률을 구하여라.

**풀이** 표본의 크기 100이 큰 값이므로, 중심극한정리에 의하여 표본평균 $\overline{X}$는 근사적으로 평균이 69kg, 분산이 $\sigma^2/n = 0.25$인 정규분포를 따른다. 따라서

$$P(68 \le \overline{X} \le 70) = P\left(\frac{68-69}{0.5} \le \frac{\overline{X}-69}{0.5} \le \frac{70-69}{0.5}\right)$$

$$\approx P(-2 \le Z \le 2) = 0.9546$$

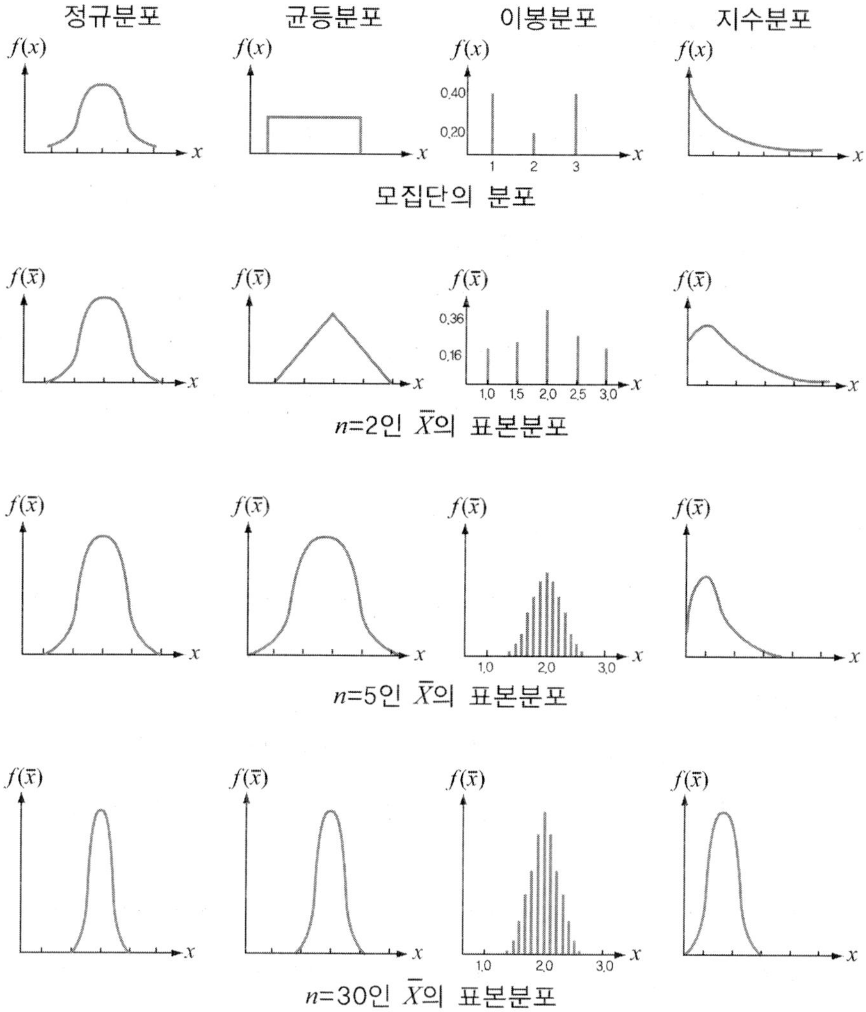


〈그림 7.3〉 여러 형태의 모집단에서 $n$의 크기에 따른 $\overline{X}$의 표본분포

중심극한정리로부터 모집단의 분포가 이산형이든 연속형이든 또는, 좌우대칭이든 비대칭이든 관계없이 표본의 크기 $n$ 이 30이상이면 $\overline{X}$ 의 분포는 거의 정규분포로 근사해 간다. 그러나 모집단의 분포가 어느 한쪽으로 심하게 기울어져 있지 않다면 <그림 7.3>에서 보는 바와 같이 표본의 크기가 작아도 표본평균 $\overline{X}$ 는 정규분포로 쉽게 근사하게 된다.

## 7.3 표본분산의 분포

모분산 $\sigma^2$을 추정하기 위해서 사용되는 통계량 $S^2 = \sum(X_i - \overline{X})^2/n-1$이 어떤 형태의 확률분포를 따르는지 알아보도록 하자. 표본분산 $S^2$의 분포를 알기 위해서는 카이제곱분포에 대한 사전 지식이 필요하다.

$X_1, \cdots, X_n$을 정규분포 $N(\mu, \sigma^2)$을 따르는 모집단으로부터의 크기 $n$인 확률표본이라 할 때, $X_i$는 서로 독립이고 정규분포 $N(\mu, \sigma^2)$을 따르는 확률변수가 된다는 것을 앞에서 배웠다. 이때 확률변수 $X_i$를 표준화하여 제곱한 후 모두 더하여 만들어지는 새로운 확률변수

$$V = \sum_{i=1}^{n}\left(\frac{X_i - \mu}{\sigma}\right)^2 \quad i = 1, 2, \cdots, n$$

는 자유도 $n$인 카이제곱분포를 따른다고 영국의 통계학자 K. Pearson이 정의하였다.3)

**TIP 카이제곱분포**

> $X_1, \cdots, X_n$을 정규분포 $N(\mu, \sigma^2)$을 따르는 모집단으로부터의 크기 $n$인 확률표본이라 할 때, 확률변수 $V = \sum_{i=1}^{n}\left(\frac{X_i - \mu}{\sigma}\right)^2$은 "자유도 $n$인 카이제곱분포를 따른다"고 하며, $\chi^2(n)$으로 표기한다.

카이제곱분포는 자유도 $n$에 의해 그 분포의 모양이 결정되는 비대칭 형태 분포로서, $n$이 작을수록 봉우리는 왼쪽으로 크게 치우치게 되고 꼬리는 오른쪽으로 길게 뻗어 있는 모양을 띠게 된다. 그리고 카이제곱분포에서 자유도 $n$이 커질수록 봉우리는 점점 오른쪽으로 움직이면서 대칭성을 띠게 되며, $n \to \infty$일 때는 정규분포로 근사해 간다. 여러 값의 자유도 $n$에 대한 카이제곱분포의 그래프가 <그림 7.4>에 그려져 있다.

---

3) 자유도 $n$인 카이제곱분포의 확률밀도함수는 다음과 같다.

$$f(v) = \frac{1}{\Gamma(n/2)2^{n/2}} v^{\frac{n}{2}-1} e^{-\frac{v}{2}}, \quad v > 0 \quad \text{여기서 } \Gamma(\alpha) = \int_0^\infty x^{\alpha-1}e^{-x}dx, \ \alpha > 0$$

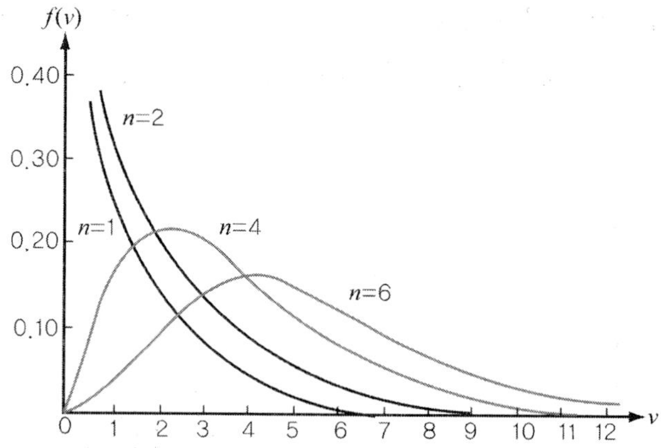


〈그림 7.4〉 여러 값의 자유도 $n$에 대한 카이제곱분포

표본평균 $\overline{X}$ 와는 달리 표본분산 $S^2$ 만의 정확한 분포를 구하기는 어렵다. 그러나 카이제곱분포의 정의와 몇 가지 수학적 성질을 이용하면 표본분산 $S^2$ 과 관련된 새로운 통계량

$$V = \frac{(n-1)S^2}{\sigma^2}$$

이 자유도 $(n-1)$ 인 카이제곱분포를 따른다는 사실을 이론적으로 보일 수 있다(증명 생략).

**TIP 표본분산의 분포**

> $X_1, X_2, \cdots, X_n$ 을 정규분포 $N(\mu, \sigma^2)$ 을 따르는 모집단으로부터의 크기 $n$ 인 확률표본이라 할 때 $V = \frac{(n-1)S^2}{\sigma^2}$ 은 자유도 $n-1$ 인 카이제곱분포를 따른다.

※ **카이제곱분포표의 사용 방법** : 부록 <표 6>에는 확률변수 $V$가 자유도 $df$ 인 카이제곱분포를 따를 때 확률 $P(V > v) = p$인 값이 주어져 있으며, 이를 이용하여 카이제곱분포에 관한 확률을 쉽게 계산할 수 있다. 예를 들어 자유도가 10일 때 확률변수 $V$ 의 값이 18.31보다 클 확률 $P(V > 18.31)$ 은 부록 <표 6>에서 맨

왼쪽 열의 $df = 10$에서 가로로 18.31을 찾은 후, 그 값에서 수직으로 맨 위의 가로줄과 만나는 값 0.05가 되는 것이다(그림 7.5 참조).

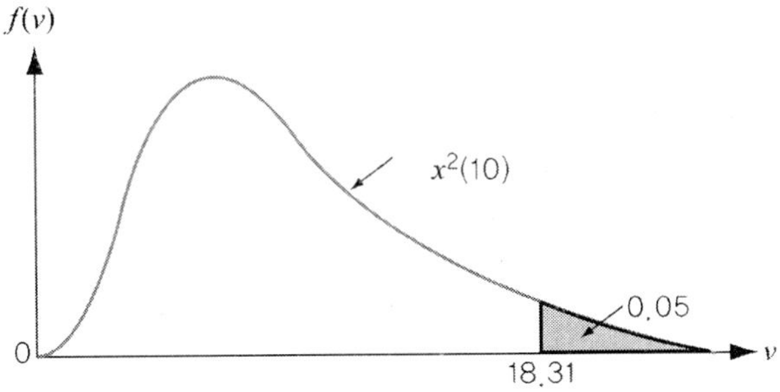


〈그림 7.5〉 자유도가 10인 카이제곱분포에서의 확률 $P(V > 18.31)$

자유도 $n$인 카이제곱분포에서 오른쪽 꼬리의 넓이가 $\alpha$가 되는 값을 $\chi^2_\alpha(n)$으로 나타내며, 이를 자유도 $n$인 카이제곱분포의 상위 $100\alpha\%$ 백분위수라 한다. 즉 $\chi^2_\alpha(n)$은 <그림 7.6>에서 보는 바와 같이 $P(V > \chi^2_\alpha(n)) = \alpha$를 만족하는 값이다.

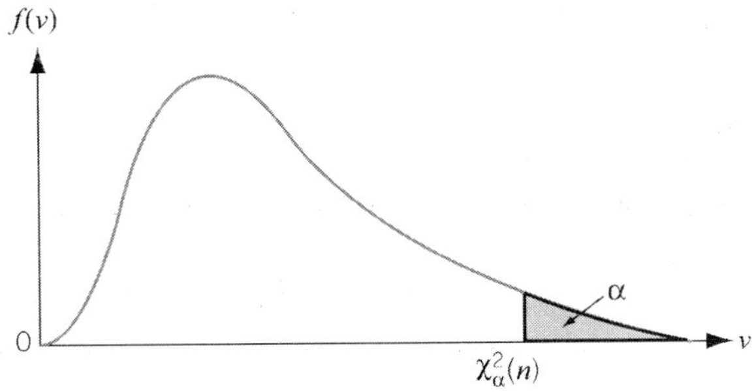


〈그림 7.6〉 자유도 $n$인 카이제곱분포의 상위 $100\alpha\%$ 백분위수

**예제 7.3** 어떤 양어장에서 1년 동안 양식한 숭어의 길이는 분산 $\sigma^2 = (5\text{cm})^2$인 정규분포를 따른다고 한다. 이 양식장에서 숭어 25마리를 랜덤으로 추출할 때, 표본분산이 16.3cm와 24.3cm 사이일 확률을 구하여라.

**풀이** $V = \dfrac{(25-1)S^2}{5^2}$은 자유도 24인 카이제곱분포를 따르므로

$$\begin{aligned} P(16.3 \le S^2 \le 24.3) &= P\left(\frac{24 \times 16.3}{25} \le V \le \frac{24 \times 24.3}{25}\right) \\ &= P(15.65 \le V \le 23.33) \\ &\fallingdotseq 0.90 - 0.50 = 0.40 \end{aligned}$$

이 된다. ❀

**참고사항**

자유도(degree of freedom)란 통계량을 구성하는 변수들 중에서 자유롭게 선택할 수 있는 변수의 개수를 말한다. 예를 들어, 통계량 $\sum_{i=1}^{n}(X_i - \overline{X})^2$의 값은 $n$개의 $X_i$값에 의해서 결정되지만 여기서 $X_i$와 $\overline{X}$간에는 $\sum(X_i - \overline{X}) = 0$이라는 관계가 성립하게 된다. 이러한 성질을 고려할 때 $n$개의 $X_i$중에 자유롭게 택할 수 있는 변수의 개수는 $n-1$ 즉, $n$개 중에서 $n-1$개의 $X_i$값만 알면 나머지 한 개의 값은 자동적으로 결정된다는 사실을 알 수 있다. 그리고 이때의 값 $n-1$이 바로 통계량 $\sum(X_i - \overline{X})^2$의 자유도가 되는 것이다. 만약 5개의 값을 모두 더해서 10을 얻었다고 하고, 5개의 값 중 4개의 값이 2, 3, 1, 1임을 알고 있다면 나머지 한 개의 값은 3이 될 것이라는 것을 쉽게 알 수 있다. 즉, 5개 값들의 총합을 알고 있을 경우 4개의 값만 알면 나머지 한 개의 값은 자동으로 결정되며, 여기서 임의로 결정될 수 있는 값의 개수 4가 바로 자유도인 것이다. 반면에 $\sum(X_i - \mu)^2$에서는 $X_i$와 $\mu$간에 $\sum_{i=1}^{n}(X_i - \mu) = 0$이라는 관계가 성립하지 않으므로 이때의 자유도는 변수 $X_i$의 전체 개수인 $n$이 되는 것이다.

## 7.4 표본비율의 분포

어떤 회사에서 생산되는 제품의 불량률 $p$에 대한 추정은 추출된 $n$개의 표본 $X_1, X_2, \cdots, X_n$ 중에서 불량품의 개수 $X$를 세어 계산하면 된다. 즉,

$$\hat{p} = \frac{\text{표본 중에서 불량품의 개수}}{\text{표본의 개수}} = \frac{X}{n}$$

이며, 이때 $\hat{p}$를 표본비율이라 부른다. 여기서 $i$번째 제품 $X_i$가 불량품이면 $X_i = 1$, 양호품이면 $X_i = 0$라고 할 때 불량품의 총 개수 $X = \sum X_i$가 되고, 따라서 표본비율 $\hat{p}$은 $\sum X_i / n$가 되어 표본평균 $\overline{X}$와 동일함을 알 수 있다. 즉 표본비율 $\hat{p}$은 표본평균 $\overline{X}$의 한 특수한 경우($X_i$값들이 0 아니면 1인 경우)에 해당되기 때문에 표본비율 $\hat{p}$에 대해서도 중심극한정리가 그대로 적용하면 되는 것이다.

확률변수 $X$가 모수 $n$, $p$인 이항분포를 따를 때 표본비율 $\hat{p}$의 평균과 분산은 이론적으로 다음과 같이 구해진다(그림 7.7 참조).

$$E(\hat{p}) = E\left(\frac{X}{n}\right) = \frac{1}{n}E(X) = \frac{1}{n}np = p,$$

$$V(\hat{p}) = V\left(\frac{X}{n}\right) = \frac{1}{n^2}V(X) = \frac{1}{n^2}np(1-p) = \frac{p(1-p)}{n}$$

**TIP 표본비율의 분포**

확률변수 $X$가 모수 $n$, $p$인 이항분포를 따른다면, 표본비율 $\hat{p}$은 $n$이 충분히 클 때 근사적으로 정규분포 $N\left(p, \frac{p(1-p)}{n}\right)$를 따른다.[4] 즉,

$$Z = \frac{\hat{p} - p}{\sqrt{p(1-p)/n}} \approx N(0, 1)$$

4) $np \ge 5$, $n(1-p) \ge 5$일 때 그 근사 정도는 매우 좋은 것으로 알려져 있다.

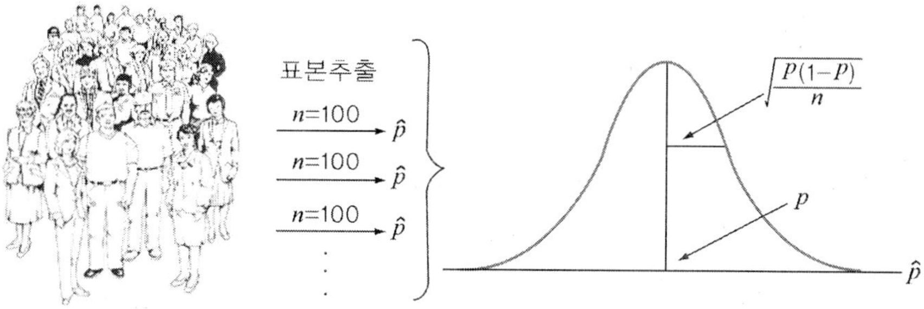


〈그림 7.7〉 표본비율 $\hat{p}$ 의 표본분포($n$ 이 클 때)

**예제 7.4** 어떤 반도체 공장에서 생산되는 반도체 중 3%가 불량품으로 알려져 있다. 이 공장으로부터 반도체 300개를 랜덤으로 추출하여 불량품의 비율을 조사하고자 한다. 표본비율이 2% 보다 클 확률을 구하여라.

**풀이** 표본비율 $\hat{p}$ 의 평균과 표준편차는 다음과 같다.

$$E(\hat{p}) = p = 0.03$$

$$\sqrt{V(\hat{p})} = \sqrt{\frac{p(1-p)}{n}} = \sqrt{\frac{0.03\times(1-0.03)}{300}} = 0.00985$$

표본의 크기 300은 매우 큰 값이므로, 표본비율 $\hat{p}$ 은 근사적으로 $N(0.03,\ 0.00985^2)$을 따른다. 따라서

$$\begin{aligned} P(\hat{p} > 0.02) &\simeq P\left(Z > \frac{0.02-0.03}{0.00985}\right) \\ &= P(Z > -1.02) \\ &= 1 - P(Z \le -1.02) \\ &= 0.8461 \end{aligned}$$

이 된다. ❀

## 7.5 $t$-분포

7.2절에서 모표준편차 $\sigma$는 이미 알려져 있는 것으로 가정하였다. 그러나 현실적으로 $\sigma$는 알려져 있지 않은 경우가 대부분이며, 오히려 $\sigma$에 대해 추정하기를 원하는 경우가 많다. 이러한 경우에는 모표준편차 $\sigma$를 알고 있다는 가정 하에서 사용된 확률변수 $Z=\dfrac{\overline{X}-\mu}{\sigma/\sqrt{n}}$는 더 이상 통계적 추론에 사용할 수 없게 된다.

모표준편차 $\sigma$가 알려져 있지 않을 경우 $\sigma$ 대신 사용할 수 있는 값으로는 표본으로부터 계산되는 표본표준편차 $S$밖에 없다. 그러나 $\sigma$ 대신 $S$를 사용할 경우 $Z$와는 다른 새로운 확률변수가 되고, 이때의 확률변수

$$T=\frac{\overline{X}-\mu}{S/\sqrt{n}}$$

는 더 이상 표준정규분포 $N(0,\ 1)$을 따른다고 할 수 없게 된다.

아일랜드의 맥주회사 기사였던 W.S. Gosset은 재료의 품질과 온도를 변화시킴에 따라 맥주의 품질이 어떻게 변하는가를 실험을 통하여 과학적으로 분석하고자 하였다. 그러나 실험으로부터 얻을 수 있는 자료의 수가 제한되었기 때문에 그 당시의 이론으로는 이 문제를 해결할 수가 없었다. 이에 그는 표본의 크기가 작을 경우 유용하게 사용될 수 있는 $t$-분포를 새로이 고안하였다.

**TIP $t$-분포**

$Z$는 표준정규분포 $N(0,\ 1)$을, $V$는 자유도 $n$인 카이제곱분포를 따르고 두 확률변수가 서로 독립이라 할 때, 새로운 확률변수 $T=\dfrac{Z}{\sqrt{V/n}}$는 "자유도 $n$인 $t$-분포를 따른다"고 하며, 표기는 $t(n)$으로 한다.[5)]

Gosset은 $t$-분포의 정의를 이용하여 정규분포 $N(\mu, \sigma^2)$을 따르는 모집단으로부터 추출된 확률표본 $X_1, \cdots, X_n$에 대하여 확률변수

$$T = \frac{(\overline{X}-\mu)/\left(\frac{\sigma}{\sqrt{n}}\right)}{\sqrt{\frac{(n-1)S^2}{\sigma^2}/(n-1)}} = \frac{\overline{X}-\mu}{S/\sqrt{n}}$$

는 자유도가 $n-1$인 $t$-분포를 따르게 된다는 것을 이론적으로 보였다. 즉 모표준편차 $\sigma$를 모르고 표본의 크기 $n$이 작을 경우 확률변수 $Z$에서 $\sigma$ 대신 $S$를 사용한 새로운 확률변수 $T=\frac{\overline{X}-\mu}{S/\sqrt{n}}$는 자유도가 $n-1$인 $t$-분포를 따른다는 것이다.

**TIP 표본평균의 분포($\sigma^2$을 모를 경우)**

> **정규분포 $N(\mu, \sigma^2)$을 따르는 모집단으로부터 확률표본 $X_1, \cdots, X_n$을 추출할 때 확률변수 $T=\frac{\overline{X}-\mu}{S/\sqrt{n}}$는 자유도 $n-1$인 $t$-분포를 따른다.**

$t$-분포는 자유도에 따라 그 분포의 모양이 변하며, <그림 7.8>에는 여러 값의 자유도에 따른 $t$-분포의 모양이 주어져 있다. $t$-분포는 <그림 7.8>에서 보는 바와 같이 자유도에 따라 그 분포의 모양이 변하며, 자유도가 1보다 클 때는 표준정규분포와 같이 0을 중심으로 좌우대칭인 모양을 띠게 된다. 하지만 $t$-분포는 <그림 7.9>에서 보는 바와 같이 표준정규분포보다 양쪽 꼬리부분은 두텁지만 가운데 부분의 높이는 낮다.

---

5) 자유도 $n$인 $t$ 분포의 확률밀도함수는 다음과 같다.

$$f(t) = \frac{\Gamma[(n+1)/2]}{\Gamma[(n)/2]\sqrt{(n)\pi}}\left[1+\frac{t^2}{n}\right]^{-\frac{n+1}{2}} \quad -\infty < t < \infty$$

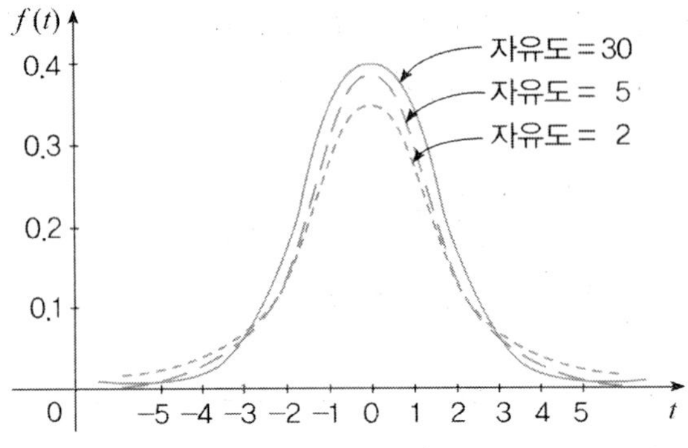


〈그림 7.8〉 여러 값의 자유도에 따른 $t$−분포

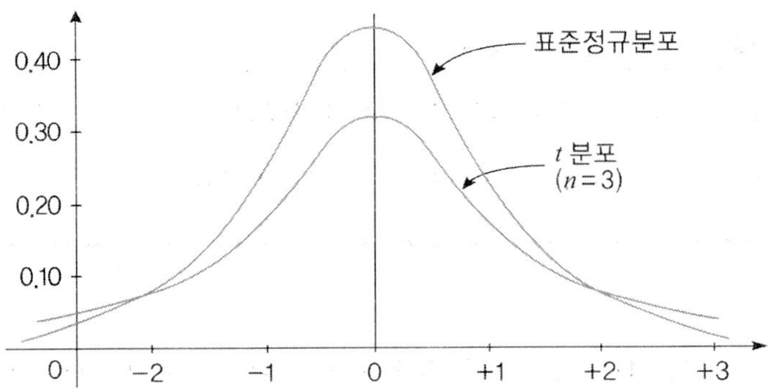


〈그림 7.9〉 $t$−분포와 표준정규분포의 비교

※ $t$−**분포표의 사용 방법** : 부록 <표5>에는 확률변수 $T$가 자유도 $n$ 인 $t$−분포를 따를 때 $P(T>t)=p$를 만족하는 $p$값이 주어져 있으며, 이를 이용하여 $t$−분포에 관한 확률을 쉽게 계산할 수 있다. 예를 들어 자유도가 3일 때 $T$값이 2.353보다 클 확률 $P(T>2.353)$의 값은 부록 <표 5>의 맨 왼쪽 열의 $df=3$에서 가로로 2.353을 찾은 후, 그 값에서 수직으로 맨 위의 가로줄과 만나는 값 0.05가 되는 것이다(그림 7.10 참조).

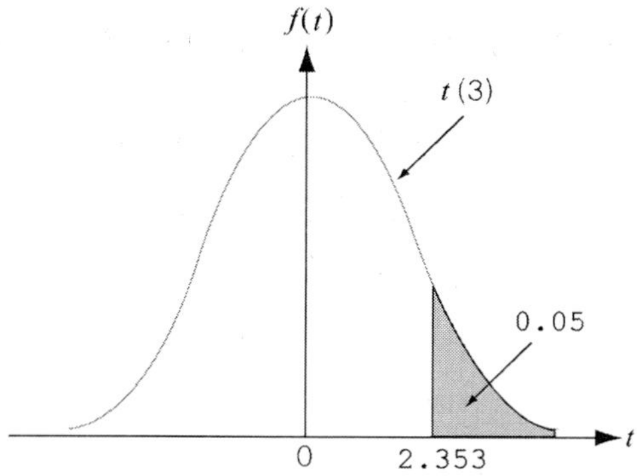


〈그림 7.10〉 자유도가 3인 $t$-분포에서의 확률 $P(T > 2.353)$의 값

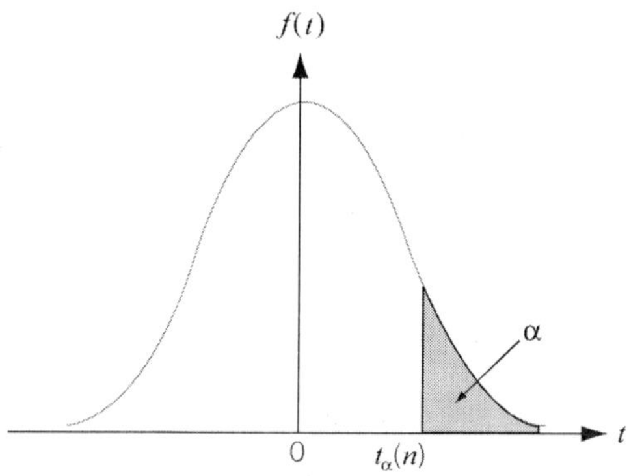


〈그림 7.11〉 자유도 $n$인 $t$-분포의 상위 $100\alpha\%$ 백분위수

자유도 $n$인 $t$-분포에서 오른쪽 꼬리의 넓이가 $\alpha$가 되는 값을 $t_\alpha(n)$으로 나타내며, 이를 자유도 $n$인 $t$-분포의 상위 $100\alpha\%$ 백분위수라고 한다. 즉 $t_\alpha(n)$은 <그림 7.11>에서 보는 바와 $P(T > t_\alpha(n)) = \alpha$를 만족하는 값이다.

**예제 7.5** 나주지방에서 생산되는 배의 무게는 평균 $\mu = 144$g인 정규분포를 따른다고 한다. 나주에서 생산된 배 9개를 랜덤으로 추출하여 구한 표본표준편차가 $s = 6$ g이었다고 할 때 표본평균 $\overline{X}$가 148.612g보다 클 확률을 구하여라.

풀이 모집단의 분포는 $\sigma^2$ 이 알려져 있지 않은 정규분포이므로 $T = \dfrac{\overline{X} - 144}{6/\sqrt{9}}$ 는 자유도 8인 $t-$분포를 따른다. 따라서,

$$P(\overline{X} > 148.612) = P\left(\frac{\overline{X} - 144}{6/\sqrt{9}} > \frac{148.612 - 144}{6/\sqrt{9}}\right)$$
$$= P(T > 2.306)$$
$$= 0.025$$

가 된다. ❀

$t-$분포는 정규분포를 따르는 모집단으로부터 표본이 추출되는 것을 가정하고 있다. 그러나 실제 문제에서 모집단이 정규분포를 따르는지에 대한 의문이 생기는 경우가 많다. 하지만 이러한 문제는 중심극한정리를 이용함으로서 쉽게 해결할 수 있다. 즉, $t-$분포는 표본의 크기를 크게 할수록(자유도가 증가할수록) 표준정규분포에 가까워지며, 대개 $n$ 이 30이상이면 표준정규분포와 거의 일치한다.

**예제 7.6** 어느 고등학교에서 학생의 I.Q.는 평균 $\mu = 120$ 이라고 하자. 이 모집단으로부터 100명의 학생을 랜덤으로 추출하여 표본표준편차 $s = 5$ 를 얻었다. 이 때 표본평균 $\overline{X}$가 119보다 크지 않을 확률을 구하여라.

풀이 모집단의 분포와 $\sigma$ 가 알려져 있지 않으나 표본크기 $n = 100$ 은 크므로, 구하는 확률은 표준정규분포표를 이용하여 근사적으로 구할 수 있다.

$$P(\overline{X} \leq 119) = P\left(\frac{\overline{X} - 120}{5/\sqrt{100}} \leq \frac{119 - 120}{5/\sqrt{100}}\right)$$
$$\simeq P(Z \leq -2) = 1 - P(Z \leq 2)$$
$$= 1 - 0.9773 = 0.0227$$

이 된다. ❀

# 7.6 R 실습

## 7.6.1 시뮬레이션을 통한 통계량의 표본분포 탐색

(실습 1) $p=0.6$인 이항모집단에서 $n=100$인 표본을 1,000번 반복추출할 때 통계량 $\hat{p}$의 표본분포(그림 7.1 참조)

〈R 코드〉

```
> phat = numeric(1000)
> for(i in 1:1000){
+ x = rbinom(100, 1, 0.6)
+ phat[i] = mean(x)
+ }
> hist(phat, prob=T, main="n=100일 때 표본비율의 표본분포")
```

〈R 코드 설명〉

- numeric(1000)은 시뮬레이션을 통하여 생성되는 1,000개의 숫자값(통계량 $\hat{p}$의 값)을 저장할 벡터를 만들기 위해서 사용되었다.
- $n=100$인 표본을 1,000번 반복추출하여 1,000개의 표본비율 $\hat{p}$값을 구하기 위하여 반복문 for를 사용한다.

  여기서 x = rbinom(100, 1, 0.6)은 $p=0.6$인 이항모집단에서 $n=100$인 표본을 추출하라는 의미이고, phat[i] = mean(x)는 추출된 값 x로부터 표본비율 $\hat{p}$을 계산하며 phat[i]에 저장하라는 의미이다.
- 1,000개의 $\hat{p}$값을 이용하여 히스트그램을 작성하기 위하여 hist 함수가 사용되었다.

(실습 2) $\mu=69$, $\sigma^2=5^2$인 정규모집단에서 $n=100$인 표본을 1,000번 반복추출할 때 통계량 $\overline{X}$의 표본분포

〈R 코드〉

```
> xbar = numeric(1000)
> for(i in 1:1000){
+ x = rnorm(100, 69, 5)
+ xbar[i] = mean(x)
+ }
> hist(xbar, prob=T, main="n=100일 때 표본평균의 표본분포")
```

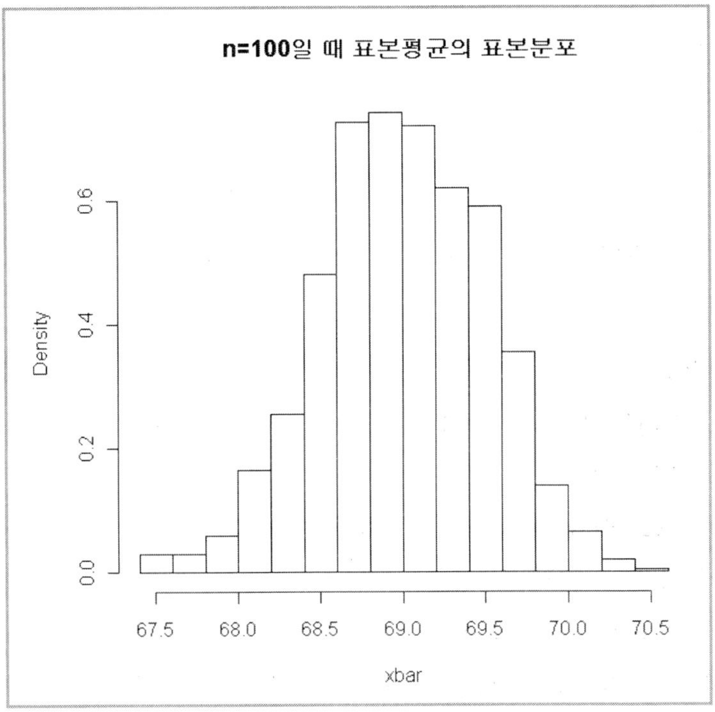


〈그림 7.12〉 $N(69,\ 5^2)$으로부터의 반복 추출시 $\overline{X}$의 표본분포

## 7.6.2 중심극한정리

(실습 3) $\lambda = 1.0$인 푸아송분포로부터 표본의 크기 $n = 5$, 15, 30, 60에 대하여 각각 100번씩 반복추출할 때 표본평균 $\overline{X}$의 표본분포

⟨R 코드⟩

```
> xbar5 = numeric(100); xbar15 = numeric(100)
> xbar30 = numeric(100); xbar60 = numeric(100)
> for(i in 1:100){
+ x5 = rpois(5, 1); x15 = rpois(15, 1)
+ x30 = rpois(30, 1); x60 = rpois(60, 1)
+ xbar5[i] = mean(x5); xbar15[i] = mean(x15)
+ xbar30[i] = mean(x30); xbar60[i] = mean(x60)
+ }
> par(mfrow=c(2,2))
> hist(xbar5, prob=T, main="n=5일 때")
> hist(xbar15, prob=T, main="n=15일 때")
> hist(xbar30, prob=T, main="n=30일 때")
> hist(xbar60, prob=T, main="n=60일 때")
```

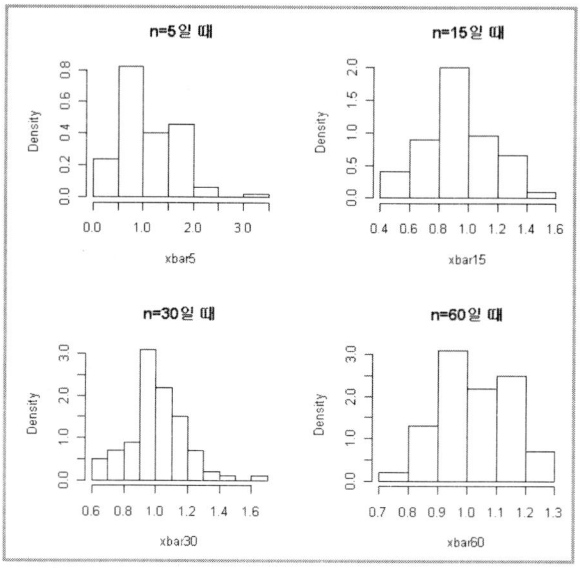


⟨그림 7.13⟩ 모집단이 푸아송분포를 따를 때 $n$의 크기에 따른 $\overline{X}$의 표본분포

(실습 4) 균등분포 (0, 1)로부터 표본의 크기 $n=5$, 15, 30, 60에 대하여 각각 100번 씩 반복추출할 때 표본평균 $\overline{X}$ 의 표본분포

〈R 코드〉

```
> xbar5 = numeric(100); xbar15 = numeric(100)
> xbar30 = numeric(100); xbar60 = numeric(100)
> for(i in 1:100){
+ x5 = runif(5, 0, 1); x15 = runif(15, 0, 1)
+ x30 = runif(30, 0, 1); x60 = runif(60, 0, 1)
+ xbar5[i] = mean(x5); xbar15[i] = mean(x15)
+ xbar30[i] = mean(x30); xbar60[i] = mean(x60)
+ }
> par(mfrow=c(2,2))
> hist(xbar5, prob=TRUE, main="n=5일 때")
> hist(xbar15, prob=T, main="n=15일 때")
> hist(xbar30, prob=T, main="n=30일 때")
> hist(xbar60, prob=T, main="n=60일 때")
```

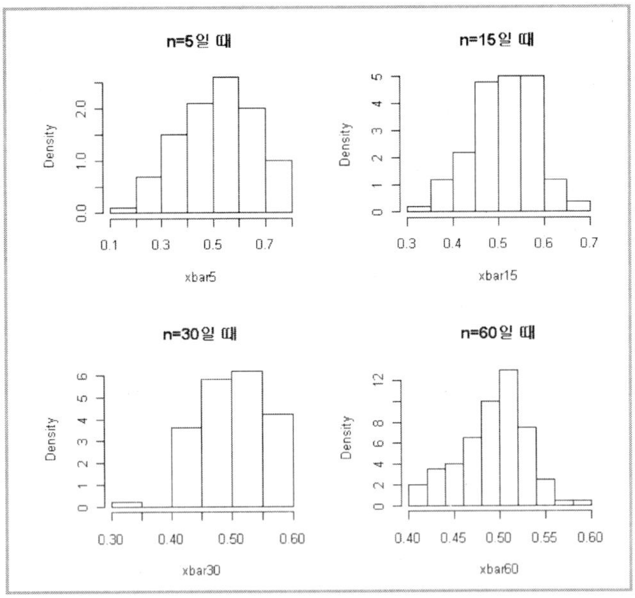


〈그림 7.14〉 모집단이 균등분포를 따를 때 $n$의 크기에 따른 $\overline{X}$의 표본분포

### 7.6.3 표본분포를 이용한 확률 계산

(실습 5) 예제 7.1)과 예제 7.2)에서의 확률 계산

〈R 코드〉

```
> p1=1-pnorm(3, 0, 1); round(p1, 4)
  [1] 0.0013
> p2=pnorm(2, 0, 1)-pnorm(-2, 0, 1); round(p2, 4)
  [1] 0.9545
```

(실습 6) 예제 7.3), 예제 7.5), 예제 7.6)에서의 확률 계산

카이제곱분포와 t 분포에서의 누적분포함수, 사분위수 등의 계산과 난수 생성을 위한 R 코드는 <표 7.1>에 정리되어 있다.

〈표 7.1〉 카이제곱분포와 t 분포의 R 코드

| 구 분 | 카이제곱 분포 | t-분포 |
|---|---|---|
| 누적밀도함수 값의 계산 | pchisq(x, df) | pt(x, df) |
| $100(1-\alpha)\%$ 백분위수 계산 | qchisq(1-$\alpha$, df) | qt(1-$\alpha$, df) |
| 난수 생성 | rchisq(n, df) | rt(n, df) |

〈R 코드〉

```
> p1=pchisq(23.33, 24)-pchisq(15.65, 24); round(p1, 3) # 예제 7.3
  [1] 0.4
> p2 =1-pt(2.306, 8); round(p2, 3) # 예제 7.5
  [1] 0.025
> p3=1-pnorm(2); round(p3, 3) # 예제 7.6
  [1] 0.023
```

## 연습문제

1. 2000년 통계청에서 실시한 총인구조사에 따르면 서울시는 종로구, 중구, 용산구 등 총 25개의 구로 이루어져 있으며, 이들 25개구 전체의 인구수는 9,895,217명이라고 한다. 이러한 모집단으로부터 크기가 5인 확률표본을 3회 반복하는 실험을 실시하여 아래 <표>와 같은 결과를 얻었다고 하자.

〈표〉 서울시의 25개구 중에서 5개구를 뽑는 실험을 3번 반복한 결과

| 표본 #1 | | 표본 #2 | | 표본 #3 | |
|---|---|---|---|---|---|
| 구 | 인구수 | 구 | 인구수 | 구 | 인구수 |
| 서대문구 | 351,625 | 금천구 | 268,586 | 강서구 | 504,480 |
| 관악구 | 505,036 | 강동구 | 474,244 | 성북구 | 460,511 |
| 도봉구 | 352,702 | 구로구 | 392,541 | 마포구 | 367,220 |
| 송파구 | 633,956 | 종로구 | 170,118 | 양천구 | 459,643 |
| 영등포구 | 390,035 | 동대문구 | 367,595 | 광진구 | 381,568 |

1) 확률변수 $X$를 서울시의 1개구 당 인구수라고 할 때 모평균 $\mu$(1개구 당 평균 인구수)를 구하여라.
2) 표본 #1, #2, #3의 평균을 각각 계산하여 모평균 $\mu$와 비교하여라.
3) 표본#1, #2, #3을 하나로 합한 후 평균값을 계산하고, 그 결과를 모평균 $\mu$와 비교하여라. 이로부터 어떠한 사실을 알 수 있는가?

2. 어느 회사에서 생산되는 전구의 수명은 평균 2,000시간, 분산 $50^2$시간이라 한다. 그 회사에서 생산되는 전구 중 100개를 랜덤으로 추출할 때, 표본평균이 1,990시간보다 크지 않을 확률을 계산하여라.

3. 어떤 고등학교에서 대학수학능력시험 모의고사를 치룬 결과 언어영역의 점수는 근사적으로 평균 $\mu=65.0$, 분산 $\sigma^2=64.0$인 정규분포를 따르는 것으로 나타났다.
   1) 한 학생을 랜덤으로 추출한다고 할 때 이 학생의 점수가 70점 이상일 확률을 구하여라.
   2) 50명의 학생을 랜덤으로 추출한다고 할 때 이들의 평균 $\overline{X}$ 의 평균과 분산을 각각 구하여라.
   3) 50명 학생들에 대한 표본평균 $\overline{X}$ 가 70점 이상일 확률을 구하여라.

4. K사이버 대학을 다니고 있는 학생들 1000명의 2009년도 1학기 회계학 학점 $X$ 는 다음과 같은 분포를 따르는 것으로 나타났다. 여기서 A=4.0, B=3.0, C=2.0, D=1.0, F=0.0이다.

| 학점 | A | B | C | D | F |
|---|---|---|---|---|---|
| 확률 | 0.18 | 0.32 | 0.34 | 0.09 | 0.07 |

   1) 평균 $\mu$ 와 분산 $\sigma^2$을 각각 구하여라.
   2) 30명의 학생을 랜덤으로 추출한다고 할 때 이들의 평균 $\overline{X}$ 의 평균과 분산을 각각 구하여라.

5. 어떤 교차로에서 발생하는 주당 사고수는 평균이 2.2건, 분산이 $1.4^2$건인 분포를 따르는 것으로 알려지고 있다.
   1) $\overline{X}$ 를 1년(52주) 동안의 평균 사고수라고 할 때 $\overline{X}$ 는 중심극한정리에 의하면 어떠한 분포를 따른다고 할 수 있는가?
   2) $\overline{X}$ 가 2보다 작을 확률을 구하여라.
   3) 이 교차로에서 1년 동안에 100건 미만으로 사고가 발생할 확률을 구하여라.

6. $\overline{X}$를 정규분포 $N(\mu,\ 2^2)$를 따르는 모집단으로부터의 크기 $n$인 한 확률표본의 표본평균이라 하자. 이때

$$P(\mid \overline{X} - \mu \mid \leq 0.1) \geq 0.95$$

를 만족하는 $n$ 값을 구하여라.

7. 서울의 어느 대학 학생들의 체중은 정규분포 $N(66,\ 4^2)$을 따른다고 한다(단위 : kg). 이 학생들 중에서 25명을 랜덤으로 추출할 때, 그 학생들의 평균 체중이 66kg 이상 67kg이하일 확률을 구하여라.

8. 어떤 공장에서 생산되는 강철빔의 장력은 분산 $\sigma^2 = 100$인 정규분포를 따른다고 하자. 이 모집단으로부터 11개의 강철빔들을 랜덤으로 추출할 때, 그 장력의 표본분산 $S^2$이 205보다 클 확률을 구하여라.

9. 어떤 도시에서 가구의 60%가 저녁 뉴스시간에 M방송을 시청한다고 하자. 만약 그 도시에서 150가구를 랜덤으로 추출한다면, 그때 그 시간에 M방송을 시청하는 표본비율이 0.52보다 클 확률은 얼마인가?

10. 5개 중 하나의 정답을 가진 객관식 문제가 64문항인 어떤 시험이 있다. 각 문항에 대해 정답을 랜덤으로 택한다고 할 때, 정답의 수가 16개보다 많을 확률을 구하여라.

# 8장 추 정

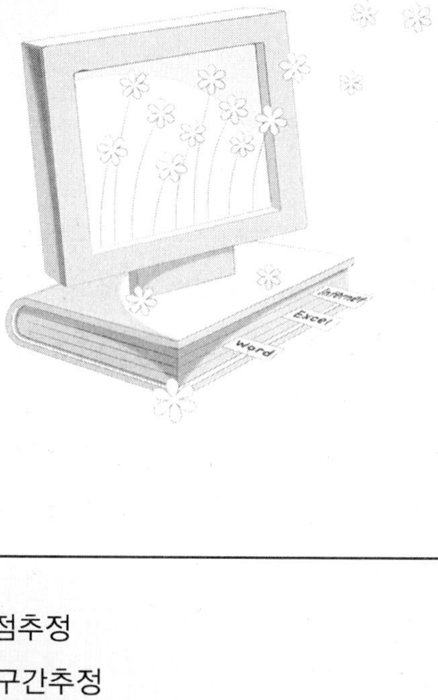

통계적 추론은 그 목적에 따라 여러 형태로 분류될 수 있지만 그 중 가장 기본적이며 중요한 것으로는 알려져 있지 않은 모수의 참값을 구하는 추정(estimation)과 모수에 대한 추측 또는 주장 등의 옳고 그름을 판단하는 검정(testing)이 있다. 이 장에서는 모집단의 모수에 관한 추정에 대해서, 다음 장에서는 검정에 대해서 알아보기로 한다.

모수에 관한 추정은 크게 점추정(point estimation)과 구간추정(interval estimation)으로 나눌 수 있다. 점추정은 모수를 한 개의 값으로 구하는 방법이며, 반면에 구간추정은 정해진 확률하에서 모수가 포함되리라고 기대되는 구간을 구하는 방법을 말한다.

## 8.1 점추정

점추정이란 표본으로부터 얻어지는 정보를 이용하여 모수의 참값이라고 생각되는 하나의 값을 구하는 것을 말한다. 이때 모수를 추정하기 위하여 사용되는 통계량을 점추정량(point estimator) 또는 추정량(estimator)이라 하고, 실제 관측된 값을 점추정량에 대입하여 계산한 값을 점추정값(point estimate) 또는 추정값(estimate)이라고 한다. 예를 들어 전구의 평균수명 $\mu$를 추정하기 위하여 사용되는 통계량 $\overline{X}$는 모수 $\mu$의 점추정량이 되며, 점추정량 $\overline{X}$에 표본으로부터 관측된 값을 대입하여 얻은 값을 2,500시간이라고 할 때 이 2,500시간이 $\mu$에 대한 점추정값이 되는 것이다.

모수의 추정을 위해서 사용될 수 있는 추정량으로 여러 가지가 있을 수 있다. 예를 들면 모집단의 평균은 모집단의 중심위치를 나타내는 대표값이므로 이에 대한 점추정량으로 표본평균, 표본중앙값, 표본의 (최대값+최소값)/2 등 여러 가지가 고려될 수 있다. 하지만 이러한 통계량 중에서 어느 것이 모평균 $\mu$의 점추정량으로 바람직하고 좋은 것인지를 판단할 수 있어야 한다. 좋은 추정량이 되기 위한 조건으로 여러 가지가 있으나 그 중 가장 기본적인 것으로는 불편성, 유효성, 일치성 등을 들 수 있다.

### 8.1.1 불편성

모집단의 특성을 나타내는 모수를 $\theta$, 모수 $\theta$의 추정량을 $\hat{\theta}$이라고 표기할 때 추정량 $\hat{\theta}$의 기대값이 모수 $\theta$와 같을 경우 추정량 $\hat{\theta}$을 모수 $\theta$의 불편추정량(unbiased estimator)이라 한다.

**TIP 불편성(unbiasedness)**

> 모수 $\theta$의 추정량 $\hat{\theta}$이 $E(\hat{\theta})=\theta$를 만족할 때 $\hat{\theta}$을 $\theta$의 불편추정량이라 한다.

불편성이란 분포의 중심과 관련되어 있는 성질로써 반복적으로 랜덤추출되는 표본으로부터 계산된 통계량의 값들이 모수의 참값을 중심으로 나타나면서, 평균적으로는 참값과 일치한다는 것을 의미한다. 이러한 의미를 <그림 8.1>을 이용하여 설명하면 다음과 같다: 모수의 참값을 과녁의 정중앙이라 하고, 반복추출되는 표본으로부터 계산되는 통계량의 값을 과녁으로 발사되는 화살로 간주할 때 화살이 과녁의 정중앙을 중심으로 명중되고 있느냐 또는 과녁의 중심으로부터 떨어져 있는 특정한 점을 중심으로 명중되고 있느냐 하는 것은 불편성과 관련지어 생각할 수 있다. 즉 <그림 8.1>에서 (b)와 (d)의 경우, 화살은 비록 흩어짐의 정도에서는 차이가 있지만 과녁의 정중앙을 중심으로 명중되고 있기 때문에 불편성을 가지고 있다고 할 수 있으며, 반면에 (a)와 (c)의 경우 화살은 과녁의 중심에서 1시 방향으로 떨어진 점을 중심으로 명중되고 있기 때문에 편이(bias)되어 있다고 할 수 있는 것이다.

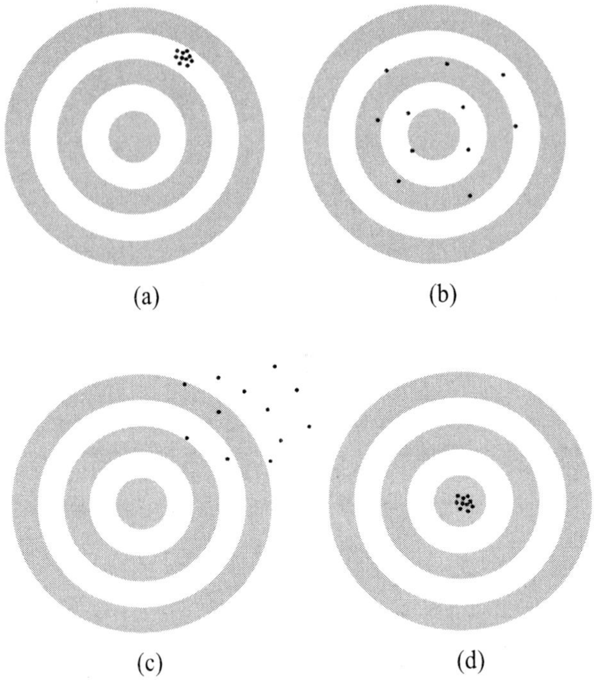


〈그림 8.1〉 불편성과 유효성의 의미

**예제 8.1** $X_1, \cdots, X_n$을 평균 $\mu$, 분산 $\sigma^2$인 모집단으로부터의 확률표본이라 할 때 표본평균 $\overline{X}$가 모평균 $\mu$의 불편추정량이 됨을 보여라.

**풀이** 표본평균 $\overline{X}$의 기대값은

$$
\begin{aligned}
E(\overline{X}) &= E\left(\frac{X_1 + X_2 + \cdots + X_n}{n}\right) \\
&= \frac{1}{n}[E(X_1) + E(X_2) + \cdots + E(X_n)] \\
&= \frac{1}{n}(\mu + \mu + \cdots + \mu) = \frac{1}{n}n\mu = \mu
\end{aligned}
$$

로 모평균 $\mu$와 일치하므로 $\overline{X}$는 $\mu$의 불편추정량이 되는 것이다. ❀

## 8.1.2 유효성

일반적으로 추정량이 불편성을 만족한다고 해서 가장 바람직하다고는 할 수 없다. 추정량이 비록 불편성을 가지고 있다 하더라도 그것이 갖는 오차 즉 추정량의 분산(또는 표준편차)이 크다면 좋은 추정량이라고 보기는 어렵기 때문이다. <그림 8.1>에서 (b)와 (d)는 화살의 정확도(=오차)에서 차이가 있으며, 이것은 분산과 관련지어 생각할 수 있다. 즉 (d)의 경우, 대부분의 화살은 정중앙에 거의 정확하게 명중되고 있기 때문에 표본으로부터 계산된 통계량의 값들이 불편성을 가지고 있으면서 모수와는 오차가 거의 없는 추정값들이 나타나고 있다는 것을, 반면에 (b)의 경우 화살이 정중앙을 중심으로 산발되어 명중되고 있기 때문에 통계량의 값들이 비록 불편성은 가지고 있지만 모수와의 오차가 큰 추정값들이 나타나고 있다고 할 수 있다. 따라서 추정량의 분산이 작을수록 상대적으로 모수에 가까운 추정값을 얻을 가능성이 높기 때문에 불편추정량이면서 동시에 분산이 작은 추정량이 보다 좋은 추정량이 될 수 있다고 할 수 있는 것이다. 따라서 우리는 모수 $\theta$ 의 불편추정량이 2개 이상 존재할 경우에는 그 추정량들의 표본분포를 비교하여 분산이 더 작은 추정량을 좋은 추정량으로 선택하게 되는 것이다.

**TIP 유효성(efficiency)**

불편추정량 $\widehat{\theta_1}$과 $\widehat{\theta_2}$에 대하여 $V(\widehat{\theta_1}) < V(\widehat{\theta_2})$ 이면, $\widehat{\theta_1}$이 $\widehat{\theta_2}$보다 더 유효하다고 한다.

<그림 8.2>에는 두 추정량 $\widehat{\theta_1}$과 $\widehat{\theta_2}$의 분포가 그려져 있다. 그림에서 보는 바와 같이 두 추정량 $\widehat{\theta_1}$과 $\widehat{\theta_2}$은 둘 다 모수 $\theta$ 의 불편추정량이지만, 추정량 $\widehat{\theta_1}$이 추정량 $\widehat{\theta_2}$보다 작은 분산을 가지고 있기 때문에 추정량 $\widehat{\theta_1}$은 추정량 $\widehat{\theta_2}$보다 더 유효한 추정량이 되는 것이다.

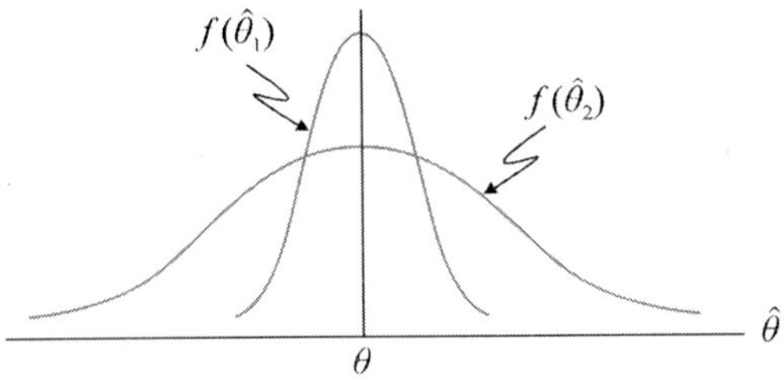


〈그림 8.2〉 두 불편추정량 $\hat{\theta}_1$과 $\hat{\theta}_2$의 표본분포

**예제 8.2** $X_1, X_2, X_3$를 평균 $\mu$, 분산 $\sigma^2$ 인 모집단으로부터의 크기 $n=3$인 확률표본이라 하자. 이때 $\mu$ 의 두 추정량

$$T_1 = \frac{X_1 + 2X_2 + X_3}{4}, \quad T_2 = \frac{X_1 + X_2 + X_3}{3}$$

중에서 어느 추정량이 더 유효한지를 보여라.

**풀이** 
$$E(T_1) = \frac{1}{4}E(X_1 + 2X_2 + X_3)$$
$$= \frac{1}{4}[E(X_1) + 2E(X_2) + E(X_3)] = \frac{1}{4}4\mu = \mu,$$
$$E(T_2) = \frac{1}{3}E(X_1 + X_2 + X_3)$$
$$= \frac{1}{3}[E(X_1) + E(X_2) + E(X_3)] = \frac{1}{3}3\mu = \mu$$

이므로 두 추정량 $T_1$, $T_2$ 는 $\mu$의 불편추정량이다.

$$V(T_1) = \frac{1}{4^2}V(X_1 + 2X_2 + X_3)$$
$$= \frac{1}{16}[V(X_1) + 4V(X_2) + V(X_3)] = \frac{1}{16}6\sigma^2 = \frac{3}{8}\sigma^2,$$
$$V(T_2) = \frac{1}{3^2}V(X_1 + X_2 + X_3)$$
$$= \frac{1}{9}[V(X_1) + V(X_2) + V(X_3)] = \frac{1}{9}3\sigma^2 = \frac{1}{3}\sigma^2$$

따라서 $V(T_1) > V(T_2)$ 이므로 추정량 $T_2$ 가 추정량 $T_1$ 보다 더 유효하다. ❀

### 8.1.3 일치성

불편성이 모수의 추정량으로 바람직한 성질이지만 보다 일반적인 개념으로 일치성이란 것이 있다. 일치성이란 표본의 크기를 증가시킴에 따라 추정값과 모수간의 차이가 0에 가까워지는 성질을 말한다.

**TIP 일치성(consistency)**

> 표본의 크기 $n$ 이 무한히 커짐에 따라 추정량 $\hat{\theta_n}$ 이 모수 $\theta$에 수렴해 갈 때 즉,
> $\lim_{n\to\infty} P(|\hat{\theta_n} - \theta| > \epsilon) = 0$ 이면, $\hat{\theta_n}$ 을 $\theta$의 일치추정량(consistent estimator)이라 한다.

일치추정량은 표본의 크기가 무한히 증가함에 따라 추정량 $\hat{\theta_n}$의 분산 $V(\hat{\theta_n})$은 0에 수렴하는 성질을 갖게 된다. 따라서 어떤 추정량이 일치추정량인지의 여부는 $n$을 무한대로 증가할 때 분산이 0으로 수렴하는지의 여부로 판단할 수 있다.[1)]

**예제 8.3** $X_1, \cdots, X_n$ 을 평균 $\mu$, 분산 $\sigma^2$ 인 모집단으로부터의 확률표본이라 할 때 표본평균 $\overline{X}$ 가 모평균 $\mu$ 의 일치추정량이 됨을 보여라.

**풀이** $E(\overline{X}) = \mu$, 그리고 $V(\overline{X}) = \dfrac{\sigma^2}{n}$ 이므로 $\lim_{n\to\infty} V(\overline{X}) = \lim_{n\to\infty} \dfrac{\sigma^2}{n} = 0$ 이므로 $\overline{X}$ 는 $\mu$ 의 일치추정량이 된다. ❀

---

1) 성질 ① $\lim_{n\to\infty} E(\hat{\theta_n}) = \theta$, ② $\lim_{n\to\infty} V(\hat{\theta_n}) = 0$ 을 만족하는 $\hat{\theta_n}$ 을 $\theta$ 의 일치추정량이라 한다.

## 8.1.4 모수의 점추정량

### (1) 모평균 $\mu$의 점추정량

모평균 $\mu$의 점추정량으로는 표본평균, 표본의 중앙값, 표본의 (최대값+최소값)/2 등 여러 가지를 고려할 수 있다. 하지만 이들 중에 표본평균 $\overline{X}$가 불편성과 일치성을 갖는 $\mu$의 좋은 점추정량이 된다.

**TIP 모평균 $\mu$의 점추정량**

> 표본평균 $\overline{X}=\frac{1}{n}\sum_{i=1}^{n}X_i$ 는 불편성과 일치성을 가진 추정량이다.

### (2) 모분산 $\sigma^2$의 점추정량

모분산 $\sigma^2$의 점추정량으로 다음과 같은 추정량이 많이 사용되고 있다.

$$S^2=\frac{1}{n-1}\sum_{i=1}^{n}(X_i-\overline{X})^2$$

$$S_0^2=\frac{1}{n}\sum_{i=1}^{n}(X_i-\overline{X})^2$$

두 추정량 중 $S^2$이 $\sigma^2$의 불편추정량이 되므로 $S^2$이 $S_0^2$보다 더 바람직한 추정량이라 할 수 있다. 하지만 $n$이 클 경우, 두 추정량 $S^2$과 $S_0^2$은 차이가 거의 없다.2)

$$E(S^2)=\sigma^2, \quad E(S_0^2)=\frac{n-1}{n}\sigma^2$$

---

2) $E(S^2)=\frac{1}{n-1}E[\sum(X_i-\overline{X})^2]=\frac{1}{n-1}E[\sum(X_i-\mu)^2-n(\overline{X}-\mu)^2]$

$=\frac{1}{n-1}\left(n\sigma^2-n\frac{\sigma^2}{n}\right)=\sigma^2$

$E(S_0^2)=E\left(\frac{n-1}{n}S^2\right)=\frac{n-1}{n}E(S^2)=\frac{n-1}{n}\sigma^2$

**TIP　모분산 $\sigma^2$ 의 점추정량**

표본분산 $S^2 = \frac{1}{n-1}\sum_{i=1}^{n}(X_i - \overline{X})^2$ 은 불편성을 가진 추정량이다.

## (3) 모비율의 점추정량

확률변수 $X$가 모수 $n$, $p$인 이항분포를 따를 때 모비율 $p$의 점추정량으로는 표본비율 $\hat{p} = X/n$가 사용되며, 이때 표본비율 $\hat{p}$은 불편성, 일치성을 가지고 있다.

**TIP　모비율 $p$의 점추정량**

표본비율 $\hat{p} = \frac{X}{n}$는 불편성과 일치성을 가진 추정량이다.

**예제 8.4** 확률변수 $X$가 모수 $n$, $p$인 이항분포를 따를 때, 표본비율 $\hat{p}$이 모비율 $p$의 불편 및 일치추정량이 됨을 보여라.

**풀이** 확률변수 $X$가 모수 $n$, $p$인 이항분포를 따를 때 $E(X) = np$, $V(X) = np(1-p)$이다. 따라서

$$E(\hat{p}) = E\left(\frac{X}{n}\right) = \frac{1}{n}E(X) = \frac{1}{n}np = p$$

이므로 표본비율 $\hat{p}$은 모비율 $p$의 불편추정량이며, 또한

$$\lim_{n\to\infty} V(\hat{p}) = \lim_{n\to\infty} V\left(\frac{X}{n}\right) = \lim_{n\to\infty}\frac{1}{n^2}np(1-p) = \lim_{n\to\infty}\frac{p(1-p)}{n} = 0$$

이므로, $\hat{p}$은 모비율 $p$의 일치추정량이 된다. ❀

## 8.2 구간추정

전구의 수명조사에서 36개의 전구를 랜덤으로 추출하여 평균수명을 계산한 결과 2,500시간으로 나타났다고 하자. 이때의 의문은 이 추정값이 모수와 얼마나 일치하는지를 알 수가 없다는 것이다. 이러한 경우에는 추정값이 갖게 되는 오차의 범위를 정한 후, 모수가 포함되리라고 기대되는 구간을 구하는 것이 바람직하다. 구간추정(interval estimation)이란 모수를 특정한 하나의 값이 아니라 일정한 확률하에 모수가 포함될 구간을 추정하는 것을 말한다.

구간추정은 통계량의 표본분포에 근거를 두고 이루어진다. 예를 들어 전구의 수명조사에서 표본평균 $\overline{X}$가 근사적으로 평균이 $\mu$, 표준편차가 $\sigma_{\overline{X}} = \sigma / \sqrt{n} = 10$인 정규분포를 따른다고 할 때 정규분포의 68-95-99.7 법칙에 따라 표본평균 $\overline{X}$가 분포의 중심인 $\mu$로부터 $\pm 2 \cdot \sigma_{\overline{X}}$ 이내 즉, $\mu \pm 20$ 이내에 포함될 확률은 약 0.95가 된다. 이때 부등식 $\mu - 20 < \overline{X} < \mu + 20$은 부등식 $\overline{X} - 20 < \mu < \overline{X} + 20$와 동일하므로 $\overline{X}$가 $\mu \pm 20$ 이내에 포함될 확률이 0.95라는 것은 $\mu$가 구간 $\overline{X} \pm 20 = (\overline{X} - 20,\ \overline{X} + 20)$에 포함될 확률이 0.95라는 것과 동일한 의미를 나타낸다. 여기서 $\overline{X} \pm 20$을 모평균 $\mu$의 95% 신뢰구간(confidence interval)이라 부르며, 이때의 95%를 신뢰수준(confidence level)이라 한다.[3)]

**TIP** $100(1-\alpha)\%$ **신뢰구간**

> 동일한 크기의 표본을 반복추출하여 모수에 대한 구간을 구할 때 구해진 구간들 중 약 $100(1-\alpha)\%$에 해당하는 구간들이 모수를 포함하게 되며, 이때 $100(1-\alpha)\%$를 신뢰수준(confidence level)이라 한다.

3) 표본의 크기가 $n=36$인 표본을 무한이 반복 추출하여 구간을 구한다면 구해진 전체 구간의 약 95%에 해당하는 구간들이 모평균 $\mu$를 포함하게 된다는 것이다.

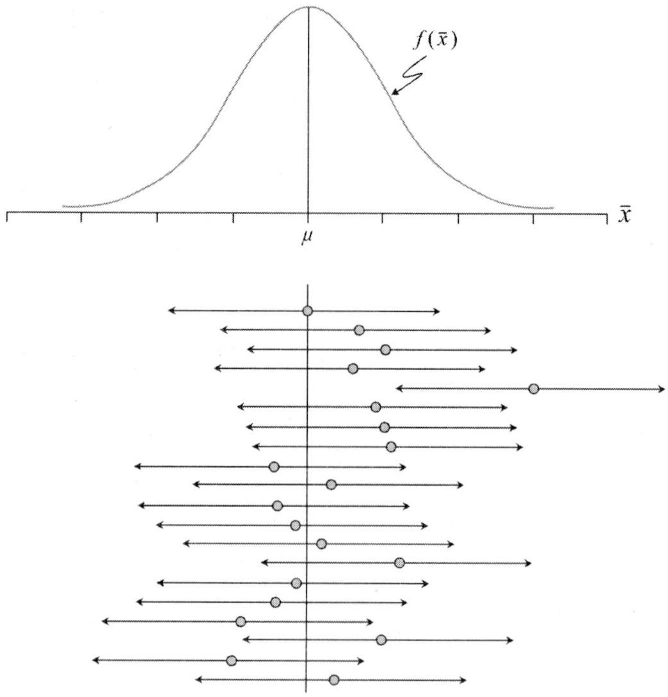


〈그림 8.3〉 20회 반복 추출시 95% 신뢰구간의 의미

## 8.2.1 모평균의 구간추정

### (1) $\sigma^2$ 이 알려져 있는 경우

표본평균 $\overline{X}$ 가 근사적으로 정규분포 $N(\mu, \sigma^2/n)$ 을 따를 경우, 확률변수 $Z = \dfrac{\overline{X} - \mu}{\sigma / \sqrt{n}}$ 는 표준정규분포 $N(0, 1)$ 을 따른다는 사실을 이미 배웠다. 따라서 확률변수 $Z$ 가 $-z_{\alpha/2}$ 와 $z_{\alpha/2}$ 사이에 포함될 확률은

$$
\begin{aligned}
1-\alpha &= P\left(-z_{\alpha/2} \le \frac{\overline{X}-\mu}{\sigma/\sqrt{n}} \le z_{\alpha/2}\right) \\
&= P\left(\overline{X} - z_{\alpha/2}\frac{\sigma}{\sqrt{n}} \le \mu \le \overline{X} + z_{\alpha/2}\frac{\sigma}{\sqrt{n}}\right)
\end{aligned}
$$

따라서 모평균 $\mu$에 대한 $100(1-\alpha)\%$ 신뢰구간은 다음과 같게 된다.

$$\overline{X} \pm z_{\alpha/2}\frac{\sigma}{\sqrt{n}} = \left(\overline{X} - z_{\alpha/2}\frac{\sigma}{\sqrt{n}},\ \overline{X} + z_{\alpha/2}\frac{\sigma}{\sqrt{n}}\right)$$

모수에 대한 구간추정 시 신뢰구간은 "추정량 ± 오차한계" 형태를 취한다. 모평균 $\mu$에 대한 $100(1-\alpha)\%$ 신뢰구간에서 오차한계는 $z_{\alpha/2}\frac{\sigma}{\sqrt{n}}$가 된다.

**TIP 모평균 $\mu$에 대한 $100(1-\alpha)\%$ 신뢰구간($\sigma^2$이 알려져 있는 정규모집단)**

$$\left(\overline{X} - z_{\alpha/2}\frac{\sigma}{\sqrt{n}},\ \overline{X} + z_{\alpha/2}\frac{\sigma}{\sqrt{n}}\right)$$

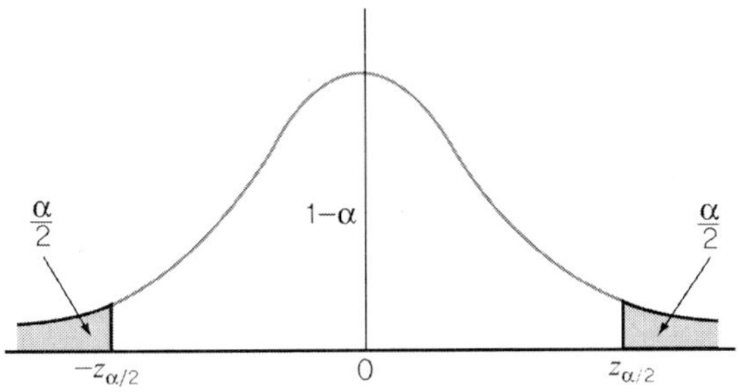


〈그림 8.4〉 확률 $P(-z_{\alpha/2} \le Z \le z_{\alpha/2}) = 1-\alpha$

**예제 8.5** 서울시의 세대당 월소득은 평균 $\mu$, 분산 $\sigma^2 = (14.7\text{만원})^2$인 정규분포를 따른다고 한다. 모평균 $\mu$를 추정하기 위해 81세대를 랜덤으로 추출하여 월소득의 평균을 계산한 결과 $\overline{x} = 149.6\text{만원}$을 얻었다. 모평균 $\mu$에 대한 90% 신뢰구간을 구한 후, 그 의미를 설명하여라.

**풀이** 표준정규분포표로부터 $z_{0.05} = 1.645$이므로, 모평균 $\mu$에 대한 90% 신뢰구간은 다음과 같이 구해진다.

$$\left(149.6\text{만원} - 1.645\frac{14.7\text{만원}}{\sqrt{81}},\ 149.6\text{만원} + 1.645\frac{14.7\text{만원}}{\sqrt{81}}\right)$$

$$\fallingdotseq (146.9\text{만원},\ 152.2\text{만원})$$

(의미) 예를 들어, 표본을 다시 뽑았을 때 $\bar{x}=150$만원이었다면 이때의 신뢰구간을 계산하면 (147.3만원, 152.6만원)이 되고, 또다시 반복하여 뽑은 표본에서 표본평균이 145만원이었다면 이때의 신뢰구간은 (142.3만원, 147.6만원)이 된다. 이렇게 반복하여 뽑은 표본들로부터 구한 신뢰구간들이 모두 모평균 $\mu$를 포함한다고는 이야기할 수는 없다. 단지 동일한 크기의 표본을 무한히 반복하여 추출하여 신뢰구간을 구한다고 할 경우, 구해진 전체의 신뢰구간들 중 약 90%에 해당하는 구간들이 모평균 $\mu$를 포함한다고 이야기할 수 있다. 따라서 위의 예에서 구한 신뢰구간도 이러한 개념하에서 구해진 구간들 중 하나이다. ❀

일반적으로 신뢰구간의 길이는 표본의 크기를 크게 함으로써 줄일 수 있으며, 그에 따라 정확도를 증가시킬 수 있다. 그러나 표본의 크기를 무작정 크게 하는 것은 바람직하지 않다. 왜냐하면, 표본의 크기를 크게 한다는 것은 바로 시간과 비용의 증가를 의미하기 때문이다. 그렇다면 적당한 표본의 크기는 어떻게 정하는 것이 좋을까?

적절한 표본의 크기는 오차한계를 통제함으로써 구할 수 있다. 즉 모평균 $\mu$ 에 대한 추정시 100(1-$\alpha$)% 신뢰수준에서 오차한계는 $z_{\alpha/2}\cdot\sigma/\sqrt{n}$ 이므로, 이때의 오차한계를 $d$ 이내로 통제하면서 적절한 표본의 크기 $n$ 를 정할 수 있는 것이다. 이러한 개념하에서 적절한 표본의 크기는 다음 부등식으로부터 구해질 수 있다.

$$d \le z_{\alpha/2}\cdot\frac{\sigma}{\sqrt{n}}$$

**TIP 모평균 $\mu$ 의 추정시 적절한 표본의 크기($\sigma^2$ 이 알려져 있는 정규모집단)**

100(1−$\alpha$)% 신뢰수준에서 오차한계를 $d$ 이내로 하기 위한 표본의 크기는 부등식

$$n \ge \left(\frac{z_{\alpha/2}\sigma}{d}\right)^2$$

을 만족하는 최소 정수이다.

**예제 8.6** 어떤 종류의 담배 한 개비당 니코틴의 함유량은 정규분포 $N(\mu, 3^2)$를 따른다고 가정하자. $\overline{X}$의 99% 최대 오차한계를 0.1이라 할 때, 모평균 $\mu$를 추정하기 위하여 필요한 표본의 크기를 구하여라.

**풀이** $z_{0.005} = 2.58$, $d = 0.1$ 이므로 $n = \left(\dfrac{2.58 \times 3}{0.1}\right)^2 = 5990.76$ 이다. 따라서 필요한 표본의 크기는 5991개가 된다. ❀

### (2) $\sigma^2$이 알려져 있지 않는 경우

모분산 $\sigma^2$ 을 모르는 정규모집단에서 크기 $n$인 확률표본을 추출할 경우, 확률변수

$$T = \frac{\overline{X} - \mu}{S/\sqrt{n}}$$

는 자유도 $n-1$인 $t-$분포를 따른다. 따라서 확률

$$\begin{aligned} 1-\alpha &= P\left(-t_{\alpha/2}(n-1) \le \frac{\overline{X}-\mu}{S/\sqrt{n}} \le t_{\alpha/2}(n-1)\right) \\ &= P\left(\overline{X} - t_{\alpha/2}(n-1)\frac{S}{\sqrt{n}} \le \mu \le \overline{X} + t_{\alpha/2}(n-1)\frac{S}{\sqrt{n}}\right) \end{aligned}$$

이므로, 모평균 $\mu$에 대한 $100(1-\alpha)\%$ 신뢰구간은 다음과 같게 된다.

$$\overline{X} \pm t_{\alpha/2}(n-1)\frac{S}{\sqrt{n}} = \left(\overline{X} - t_{\alpha/2}(n-1)\frac{S}{\sqrt{n}},\ \overline{X} + t_{\alpha/2}(n-1)\right)$$

**TIP 모평균 $\mu$에 대한 $100(1-\alpha)\%$ 신뢰구간($\sigma^2$이 알려져 있지 않는 정규모집단)**

$$\left(\overline{X} - t(n-1, \alpha/2)\frac{S}{\sqrt{n}},\ \overline{X} + t(n-1, \alpha/2)\frac{S}{\sqrt{n}}\right)$$

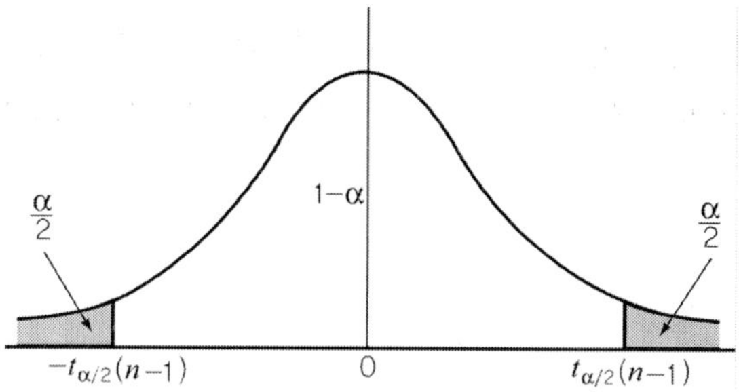


〈그림 8.5〉 확률 $P[-t_{\alpha/2}(n-1) \le T \le t_{\alpha/2}(n-1)] = 1-\alpha$

**예제 8.7** 고속도로의 보수에 사용되는 시멘트가 굳을 때까지의 평균시간을 추정하고자 한다. 10개 지역의 보수공사 기록으로부터 시멘트가 굳을 때까지 걸린 시간의 평균과 표준편차는 각각 32분과 4분이었다. 이 결과를 이용하여 평균시간 $\mu$ 의 90% 신뢰구간을 구하여라. 단, 시멘트가 굳을 때까지의 걸리는 시간은 정규분포를 따른다고 가정하자.

**풀이** $t$-분포표로부터 $t_{0.05}(9) = 1.833$ 이므로, 모평균 $\mu$에 대한 90% 신뢰구간은 다음과 같이 구해진다.

$$\left(32 - 1.833\frac{4}{\sqrt{10}},\ 32 + 1.833\frac{4}{\sqrt{10}}\right) = (29.68,\ 34.32)$$ ❀

$\sigma$ 를 모를 경우 $100(1-\alpha)\%$ 신뢰수준에서의 오차한계는 $t_{\alpha/2}(n-1) \cdot S/\sqrt{n}$ 이다. 따라서 필요한 표본의 크기 $n$은 다음 부등식을 만족하는 최소 정수가 된다. 여기서 $S$는 소수의 예비 표본으로부터 얻어지는 값이다.

$$d \le t_{\alpha/2}(n-1) \cdot \frac{S}{\sqrt{n}}$$

**TIP 모평균 $\mu$의 추정시 적절한 표본의 크기($\sigma^2$이 알려져 있지 않는 정규모집단)**

100(1−$\alpha$)% 신뢰수준에서 오차한계를 $d$ 이내로 하기 위한 표본의 크기는 부등식

$$n \geq \left[\frac{t_{\alpha/2}(n-1) \cdot S}{d}\right]^2$$

을 만족하는 최소 정수이다.

**예제 8.8** 서울시에서는 교통체계를 개선하기 위하여 시민들의 평균 출근소요시간을 조사하고자 한다. 출근소요시간이 정규분포 $N(\mu, \sigma^2)$을 따른다고 가정하고 표본평균 $\overline{X}$의 95% 최대 오차한계를 10분이 되도록 할 때, 모평균 $\mu$를 추정하기 위하여 필요한 표본의 크기를 얼마로 해야 하는가? 단, 예비 표본으로 15명을 랜덤으로 추출하여 $s=30$분을 얻었다고 한다.

**풀이** $s=30,\ d=10,\ t_{0.025}(14)=2.145$이므로 $n \geq \left(\frac{2.145 \times 30}{10}\right)^2 = 41.409$ 이다. 따라서 필요한 표본의 크기는 42개이며, $42-15=27$명의 표본을 추가적으로 추출한 후, 위의 과정을 반복하여 일정한 크기로 수렴하는 $n$을 구하면 된다. ❀

## 8.2.2 모분산의 구간추정

분산 $\sigma^2$이 알려져 있지 않은 정규분포 $N(\mu, \sigma^2)$을 따르는 모집단으로부터 크기 $n$인 표본을 추출할 때, 통계량

$$V = \frac{(n-1)S^2}{\sigma^2}$$

은 자유도 $n-1$인 카이제곱분포를 따른다는 사실을 7.3절에서 배웠다. 따라서 확률

$$1-\alpha = P\left[\chi^2_{1-\alpha/2}(n-1) \le \frac{(n-1)S^2}{\sigma^2} \le \chi^2_{\alpha/2}(n-1)\right]$$
$$= P\left[\frac{(n-1)S^2}{\chi^2_{\alpha/2}(n-1)} \le \sigma^2 \le \frac{(n-1)S^2}{\chi^2_{1-\alpha/2}(n-1)}\right]$$

이므로, 모분산 $\sigma^2$ 에 대한 $100(1-\alpha)\%$ 신뢰구간은 다음과 같이 주어진다.

**TIP 모분산 $\sigma^2$ 에 대한 $100(1-\alpha)\%$ 신뢰구간**

$$\left(\frac{(n-1)S^2}{\chi^2_{\alpha/2}(n-1)},\ \frac{(n-1)S^2}{\chi^2_{1-\alpha/2}(n-1)}\right)$$

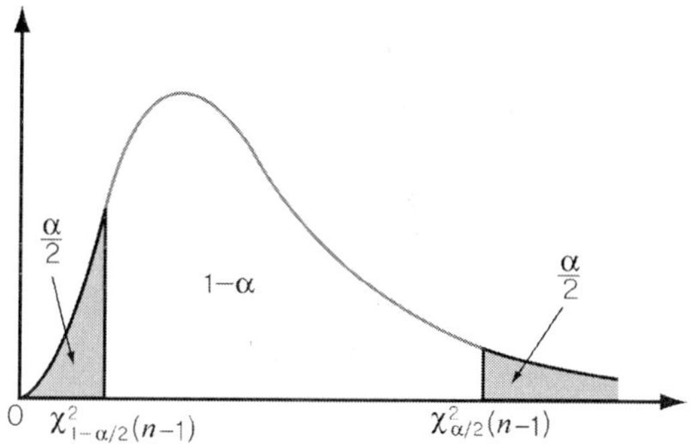


〈그림 8.6〉 확률 $P\left[\chi^2_{1-\alpha/2}(n-1) \le V \le \chi^2_{\alpha/2}(n-1)\right] = 1-\alpha$

**예제 8.9** 어느 환경보호단체에서는 공장지역이 위치한 강으로부터 물 표본을 10번 채취하여 특정 오염물질의 함유량을 측정한 결과 $s^2 = 181.0$ 을 얻었다. 오염물질의 양이 정규분포를 따른다고 할 때 $\sigma^2$ 에 대한 90% 신뢰구간을 구하여라.

**풀이** 카이제곱분포표로부터 $\chi^2_{0.05}(9) = 16.92$, $\chi^2_{0.95}(9) = 3.325$ 이므로 모분산 $\sigma^2$ 에 대한 90% 신뢰구간은 다음과 같이 구해진다.

$$\left(\frac{9\times181}{16.92},\ \frac{9\times181}{3.325}\right) = (96.27,\ 489.92)$$ ❀

### 8.2.3 모비율의 구간추정

모비율 $p$ 인 이항분포로부터 크기가 $n$인 확률표본을 추출할 때, 표본비율 $\hat{p}$은 $n$이 충분히 크면 근사적으로 평균이 $p$, 분산이 $p(1-p)/n$인 정규분포를 따르고, 표준화된 확률변수

$$Z = \frac{\hat{p} - p}{\sqrt{p(1-p)/n}}$$

는 근사적으로 표준정규분포 $N(0, 1)$을 따르게 됨을 7.4절에서 이미 배웠다. 여기서 $n$이 충분히 클 경우, $\hat{p}$과 $p$는 거의 차이가 없을 것이라고 간주할 수 있기 때문에 $p$ 대신 $\hat{p}$를 대입한 확률변수

$$Z = \frac{\hat{p} - p}{\sqrt{\hat{p}(1-\hat{p})/n}}$$

도 근사적으로 표준정규분포 $N(0, 1)$을 따른다고 할 수 있다. 따라서 확률

$$\begin{aligned} 1-\alpha &= P\left(-z_{\alpha/2} \le \frac{\hat{p}-p}{\sqrt{\frac{\hat{p}(1-\hat{p})}{n}}} \le z_{\alpha/2}\right) \\ &= P\left(\hat{p}-z_{\alpha/2}\sqrt{\frac{\hat{p}(1-\hat{p})}{n}} \le p \le \hat{p}+z_{\alpha/2}\sqrt{\frac{\hat{p}(1-\hat{p})}{n}}\right) \end{aligned}$$

모비율 $p$에 대한 신뢰구간은 다음과 같이 주어지게 된다.

**TIP 모비율 $p$ 의 $100(1-\alpha)\%$ 신뢰구간**

$$\left(\hat{p}-z_{\alpha/2}\sqrt{\frac{\hat{p}(1-\hat{p})}{n}},\ \hat{p}+z_{\alpha/2}\sqrt{\frac{\hat{p}(1-\hat{p})}{n}}\right)$$

**예제 8.10** 서울에 거주하는 여자의 취업률을 $p$라고 하자. 취업률 $p$를 추정하기 위해 1000명의 여자를 랜덤으로 추출하여 취업 여부를 조사한 결과 210명이 직업을 가지고 있는 것으로 조사되었다. 이때 모비율 $p$에 대한 95% 신뢰구간을 구하여라.

**풀이** 1000 명의 여자 중에서 직업을 가지고 있는 여자의 수는 $X=210$ 이므로 표본비율은 $\hat{p}=\dfrac{X}{n}=0.21$ 이다. 따라서 모비율 $p$에 대한 95% 신뢰구간은 근사적으로 다음과 같이 구해진다.

$$\begin{aligned} 0.21 \pm 1.96\sqrt{\frac{0.21\times 0.79}{1000}} &= 0.21 \pm (1.96)(0.012) \\ &= (0.186,\ 0.235) \end{aligned}$$

❀

모비율 추정 시 필요한 표본 크기의 결정은 $100(1-\alpha)\%$ 신뢰수준에서 오차한계를 $d$ 이하가 되도록 하는 부등식

$$d \le z_{\alpha/2}\sqrt{\frac{\hat{p}(1-\hat{p})}{n}}$$

를 만족하는 최소 정수 $n$을 결정하면 된다.

**TIP 모비율 $p$를 추정하기 위한 표본의 크기**

$100(1-\alpha)\%$ 신뢰수준에서 오차한계를 $d$ 이내로 하기 위한 표본의 크기는 부등식

$$n \ge \hat{p}(1-\hat{p})\left(\frac{z_{\alpha/2}}{d}\right)^2$$

을 만족하는 최소 정수이다.

$\hat{p}$은 과거의 경험에 의해 추정되거나, 또는 예비조사를 하여 추정된 값을 말한다. 그러나, 모비율에 대한 지식이 전혀 없는 경우에는 $n$의 값을 최대로 하는 $\hat{p}=1/2$를 사용한다.[4)]

**예제 8.11** L 전자회사에서는 중국의 공장에서 생산되고 있는 제품의 불량률을 추정하려고 한다. 95% 신뢰수준에서 오차한계를 0.05이내로 할 경우 필요한 표본의 크기를 구하여라.

**풀이** $z_{0.025} = 1.96,\ d = 0.05$ 이므로 $n \geq \frac{1}{4}\left(\frac{1.96}{0.05}\right)^2 = 384.1$이므로 필요한 표본의 크기는 385개가 된다. ❀

## 8.3 R 실습

(실습 1) 예제 8.5): 모평균 $\mu$에 대한 신뢰구간

〈R 코드〉

```
> xbar = 149.6; sd = 14.7; n = 81
> error = qnorm(0.95,0,1)*sd / sqrt(n); round(error, 3)
  [1] 2.687
> upper = xbar + error; round(upper, 3)
  [1] 152.287
> lower = xbar - error; round(lower, 3)
  [1] 146.913
```

〈R 코드 설명〉

- xbar는 표본평균을, sd는 모표준편차를, n은 표본 크기로 정의하였다.
- 표준정규분포에서 상위 5%의 값 $z_{0.05}$를 구하기 위하여 qnorm(0.95,0,1) 함수가 사용되었다.
- 신뢰구간의 상한값과 하한값은 연산식을 프로그램화하여 작성하였다.

---

4) $n = \hat{p}(1-\hat{p})\left(\frac{z_{\alpha/2}}{d}\right)^2$을 $\hat{p}$에 관해 미분한 후 0으로 놓고 구하면 $\hat{p} = 1/2$가 된다.

$$\frac{dn}{d\hat{p}} = \frac{d}{d\hat{p}}\left[\hat{p}(1-\hat{p})\left(\frac{z_{\alpha/2}}{d}\right)^2\right] = (1-2\hat{p})\left(\frac{z_{\alpha/2}}{d}\right)^2 = 0$$

(실습 2) 예제 8.6): 표본의 크기 계산

〈R 코드〉

```
> d = 0.1; sd = 3
> z = round(qnorm(0.995,0,1), 2)
> n = (z * sd / d)^2; round(n, 2)
  [1] 5990.76
```

〈R 코드 설명〉

○ round(qnorm(0.995,0,1),2)는 $z_{0.005}$를 구하기 위한 qnorm(0.995,0,1) 함수와 소수아래 자리수를 지정하는 round(n, 2)를 함께 결합하여 간단하게 표현한 것이다.

(실습 3) 예제 8.7): 모평균 μ에 대한 신뢰구간

〈R 코드〉

```
> xbar = 32; sd = 4; n = 10
> error = round(qt(0.95, 9), 3)*sd / sqrt(n); round(error, 3)
  [1] 2.319
> upper = xbar + error; round(upper, 3)
  [1] 34.319
> lower = xbar - error; round(lower, 3)
  [1] 29.681
```

(실습 4) 예제 8.8): 표본의 크기 계산

〈R 코드〉

```
> sd = 30; d = 10
> talpha = round(qt(0.975, 14), 3)
> n = (talpha * sd / d)^2; round(n, 2)
  [1] 41.41
```

(실습 5) 예제 8.9): 모분산 $\sigma^2$에 대한 신뢰구간

〈R 코드〉

```
> var = 181; n = 10
> upper = round((n-1)*var / qchisq(0.95, n-1),3)
> upper
  [1] 96.282
> lower = round((n-1)*var / qchisq(0.05, n-1),3)
> lower
  [1] 489.908
```

(실습 6) 예제 8.10): 모비율 $p$에 대한 신뢰구간

〈R 코드〉

```
> phat = 0.21; n = 1000
> error = qnorm(0.975, 0, 1)*sqrt(phat*(1-phat) / n)
> upper = phat+error; round(upper, 3)
> upper
  [1] 0.235
> lower = phat-error; round(lower, 3)
> lower
  [1] 0.185
```

(실습 7) 예제 8.11): 표본의 크기 계산

〈R 코드〉

```
> d = 0.05
> z = qnorm(0.975, 0, 1); round(z, 2)
> n = 0.25 * (z / d)^2; round(n, 1)
  [1] 384.1
```

# 연습문제

1. $\overline{X}$를 구간 $(0, \theta)$ 위의 균등분포를 따르는 모집단으로부터의 크기 $n$ 인 한 확률표본의 표본평균이라 하자. 이때 $\overline{X}$가 $\theta$의 불편추정량이 아님을 보여라.

2. $X_1, X_2, X_3$를 평균 $\mu$와 분산 $\sigma^2$ 인 모집단으로부터의 크기 $n=3$ 인 확률표본이라 하자. 이때 $\mu$에 대한 다음과 같은 세 추정량 중에서 어느 추정량이 가장 유효한 추정량인지 판단하여라.

$$T_1 = \frac{X_1 + X_2 + X_3}{3}, \quad T_2 = \frac{2X_1 + X_2 + 2X_3}{5}, \quad T_3 = \frac{3X_1 + X_2 + X_3}{5}$$

3. 통계학 강의를 수강한 학생들 중에서 16명의 학생을 랜덤으로 추출하여 중간고사 성적을 조사한 결과 다음과 같은 자료를 얻었다.

84 70 66 90 80 60 66 68 76 76 62 62 72 78 68 64

이때 표본평균과 표본분산을 각각 계산하여라.

4. 어느 대학교에서 학생의 I.Q.는 평균 $\mu$, 분산 $\sigma^2 = 36$ 인 정규분포를 따른다고 한다. 모평균 $\mu$를 추정하기 위하여 25명의 학생을 무작위로 추출하였을 때, 학생들의 평균 I.Q.는 124이었다. 이때 $\mu$의 95% 신뢰구간을 구하여라.

5. 어느 대학교 농구팀의 게임당 득점은 정규분포 $N(\mu, \sigma^2)$을 따른다고 한다. 지난 춘계 대학 리그전에서 얻은 게임당 득점은 각각 다음과 같다.

80 92 72 90 84 70 76 68 88

이때 평균 득점 $\mu$에 대한 95% 신뢰구간을 구하여라.

6. 상계동에 있는 1인용 오피스텔을 월세로 임대하기 위하여 10곳의 부동산 중개소에 전화로 가격을 문의한 결과 다음과 같았다(단위: 만원).

50 65 60 50.5 45 55 51.5 49.5 65 39.5

상계동 지역의 1인용 오피스텔의 평균 월세에 대한 95% 신뢰구간을 구하여라.

7. 어느 전구회사에서 생산되는 전구의 수명은 정규분포 $N(\mu, \sigma^2)$를 따른다고 하자. 실제 평균수명 $\mu$와 분산 $\sigma^2$에 대해 알기 위하여, 시중에 판매되고 있는 전구 중 9개를 랜덤으로 추출하여 그 수명시간을 관측한 결과 다음과 같은 자료를 얻었다.

1570 1840 1310 1450 1550 1650 1530 1790 1260

1) 모평균 $\mu$와 모분산 $\sigma^2$의 점추정값을 각각 구하여라.
2) $\sigma = 180$ 이라 할 때, 모평균 $\mu$에 대한 95% 신뢰구간을 구하여라.
3) $\sigma$가 알려져 있지 않을 때, 모평균 $\mu$에 대한 95% 신뢰구간을 구하여라.

8. 대통령 선거에서 후보자들의 지지율을 조사하고자 한다. 지지율에 대한 95% 신뢰구간의 허용오차를 3.5% 이내로 하기 위해서는 최소한 몇 명의 표본을 추출하여야 하는가?

9. 어느 대학에서 남학생의 평균신장 $\mu$를 추정하기 위해 100명을 랜덤으로 추출한 결과 $\overline{X} = 172$, $S = 4$를 얻었다. 이때 모평균 $\mu$에 대한 99% 신뢰구간을 구하여라.

10. 아기들의 출생시 머리둘레에 대한 자료를 얻기 위하여 12명의 표본을 랜덤으로 추출하여 측정한 결과 다음과 같은 자료를 얻었다.

36, 39, 40, 41, 38, 39, 35, 37, 39, 42, 34, 36

1) 모분산 $\sigma^2$ 의 점추정값을 구하여라.
2) 모집단에 대한 가정을 하고, 모분산 $\sigma^2$ 의 90% 신뢰구간을 구하여라.

11. 어떤 치약회사에서는 소비자 100명을 랜덤으로 추출하여 조사한 결과 45명이 자신의 회사제품을 선호한다는 사실을 알았다. 이때 소비자의 선호율에 대한 95% 신뢰구간을 구하여라.

12. 어떤 지역구의 국회의원 선거에 출마한 A후보의 득표율 $p$를 추정하기 위하여 225명의 유권자를 무작위로 추출하여 출구 조사한 결과 득표수는 144명이었다. 이때
   1) $p$의 점추정값과 점추정량의 표준오차의 추정값을 각각 구하여라.
   2) $p$에 대한 90% 신뢰구간을 구하여라.

13. 금년도 대통령 선거에서 한 특정후보의 지지율을 조사하려고 한다. 표본비율의 95% 최대허용오차를 2.5%라고 할 때, 필요한 표본의 크기를 구하여라.

14. 어떤 백화점의 신용판매부에서는 자신의 백화점을 이용하는 고객 중 신용카드에 의한 물품구매를 하는 고객의 비율 $p$를 추정하고자 한다. $\hat{p}$의 90% 최대허용오차를 0.05라고 할 때, 표본의 크기를 얼마로 해야 하는지를 결정하여라.

15. 심리학 실험을 하는 과정에서 다혈질인 사람이 나타내는 반응으로써 A, B 두 가지가 있다. 여기서 반응 A를 나타내는 사람들의 비율 $p$를 추정하고자 한다. $\hat{p}$의 90% 오차한계를 0.04 이내로 하고자 할 때 실험에 필요한 표본의 크기를 구하여라.

16. 다음과 같은 모분산 $\sigma^2$의 두 추정량에 대하여 표준정규분포에서 크기가 10인 표본을 100번 추출하여 $S^2$과 $S_0^2$을 계산하고, 그 값들을 사용하여 어떤 추정량이 $\sigma^2 = 1$에 더 가까운지를 R을 이용한 시뮬레이션을 통하여 조사하여라.

$$S^2 = \frac{1}{n-1}\sum_{i=1}^{n}(X_i - \overline{X})^2, \quad S_0^2 = \frac{1}{n}\sum_{i=1}^{n}(X_i - \overline{X})^2$$

17. R을 이용하여 $N(0, 1)$ 로부터 크기가 10인 표본을 100번 추출하여 모평균 $\mu$에 대한 100개의 신뢰구간을 구하고, 100개의 신뢰구간 중에서 몇 개가 모평균 $\mu=0$을 포함하는지를 조사하여라.

# 9장 통계적 검정

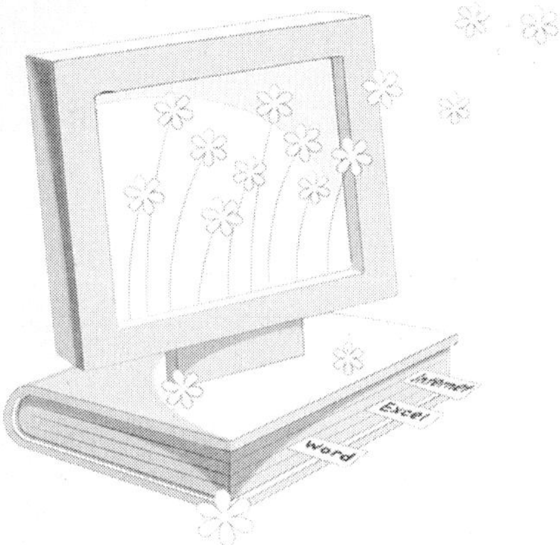

## 9.1 검정의 기본 원리

통계적 검정(statistical testing)이란 모집단의 모수 또는 분포 형태에 대한 추측이나 주장이 제시될 경우, 그러한 추측이나 주장의 옳고 그름을 표본으로부터 관측된 결과를 이용하여 결정하는 통계적 절차이다. 다음 예를 통하여 검정의 기본 원리에 대해서 알아보도록 하자.

**예제 9.1** 식생활의 변화로 인하여 비만인 청소년들이 점점 늘어나고 있는 것으로 추측되고 있다. 이를 확인하기 위하여 전국의 남자 고등학교 1학년 학생들 중에서 100명을 랜덤으로 추출하여 체중을 조사한 결과, 표본평균 $\overline{x}=68.2$kg이었다. 5년 전의 자료에 의하면 우리나라 고등학교 1학년 남학생들의 체중은 근사적으로 평균 $\mu=62.0$kg, 분산 $\sigma^2=400$kg인 정규분포를 따르는 것으로 알려져 있다. 표본으로부터 관측된 결과로부터 "우리나라 고등학교 1학년 남학생들의 평균체중이 5년 전보다 늘었다"고 할 수 있을까?

**풀이** 이러한 의문에 대한 해답은 표본평균 $\overline{X}$가 68.2보다 클 확률이 얼마나 되는지를 이용하여 구할 수 있다. 모집단이 정규분포 $N(\mu=62.0,\ \sigma^2=400)$을 따를 때 표본평균 $\overline{X}$는 평균 $\mu=62.0$, 분산 $\sigma^2/n=4.0$인 정규분포를 따른다는 것은 7.2절에서 배웠다. 이러한 사실을 이용하여 표본평균 $\overline{X}$가 68.2보다 클 확률을 계산하면

$$P(\overline{X}>68.2)=\left(\frac{\overline{X}-62.0}{2.0}>\frac{68.2-62.0}{2.0}\right)=P(Z>3.1)=0.001$$

이 된다. 여기서 확률이 0.001이라는 것은 $\mu=62.0$kg인 모집단에서 크기가 100인 표본을 1,000번 반복 추출하여 표본평균 $\overline{x}$를 계산하였을 경우 68.2kg보다 큰 $\overline{x}$는 1,000 중에서 1번 나타난다는 것을 의미한다. 따라서 이러한 표본이 $\mu=62.0$kg인 모집단에서 추출되었다기보다는 평균이 $\mu>62.0$인 모집단에서 추출되었을 가능성이 크다고 판단하여

최종적으로 "우리나라 고등학교 1학년 남학생들의 평균체중이 5년 전보다 늘었다"고 결정을 내리게 되는 것이다. ❀

위의 예에서 검정이 이루어진 절차를 요약하면 다음과 같다.

단계 1) 우리나라 고등학교 1학년 남학생들의 평균 체중이 5년 전보다 늘었는지에 대한 의문을 가진다.

단계 2) 100명의 표본을 랜덤으로 추출하여 표본자료로부터 평균 $\bar{x}=68.2$를 계산한다.

단계 3) 계산된 표본평균 $\bar{x}=68.2$를 이용하여 의문을 해결하기 위한 증거를 찾는다.

단계 4) 표본자료로부터 관측된 증거를 이용하여 최종 판단을 내린다.

## 9.2 기본 용어

### 9.2.1 귀무가설과 대립가설

통계적 검정은 현재까지 알려져 있는 사실이 옳다는 가정하에서 추출된 표본자료로부터 연구자가 입증하고자 하는 사실에 대한 증거를 찾고자 하는 통계적 기법이다. 이를 위하여 연구자는 두 개의 가설 즉, 귀무가설과 대립가설을 설정하게 된다. 여기서 대립가설(alternative hypothesis: $H_1$로 표기)은 표본자료로부터 입증하고자 하는 사실을 말하며, 반면에 귀무가설(null hypothesis: $H_0$로 표기)은 대립가설에 반대되는 사실을 말한다. 대립가설 $H_1$은 입증하고자 하는 사실(추측 또는 주장 등)을 나타내기 때문에 가설을 설정할 때에는 대립가설 $H_1$을 먼저 설정하며, 그런 후에 지금까지 알려져 있는 사실과 차이가 없다는 표현으로 귀무가설 $H_0$를 설정하게 된다.[1)]

1) 통계적 검정에서는 표본자료로부터 관측된 모수의 추정값이 귀무가설하에서 일어나기 힘든 값, 달리 이야기하면 대립가설하에서 충분히 관측될 수 있는 값일 경우 이를 근거로 귀무가설을 기각하게 된다.

**TIP 귀무가설과 대립가설**

귀무가설은 대립가설에 반대되는 가설로서 $H_0$로 표기하며, 대립가설은 표본으로부터 입증하고자 하는 가설로서 $H_1$으로 표기한다.

대립가설을 설정할 때 검정에서 관심을 가지고 있는 방향이 한쪽(우측 또는 좌측)인지 또는 양쪽인지를 명확히 표현해 주어야 한다. 예제 9.1)은 모집단의 평균 $\mu$가 62.0kg이라는 가정하에서 고등학교 1학년 남학생들의 평균 체중이 증가되었는지의 여부를 판단하는 것이므로 이때의 대립가설은 우측방향이 된다. 따라서 귀무가설 및 대립가설은 각각 다음과 같이 설정되어지는 것이다.

$$H_0 : \mu = 62.0, \qquad H_1 : \mu > 62.0$$

만약 예제 9.1)에서의 관심이 고등학교 1학년 학생들의 평균 체중이 감소하였는지에 있을 경우, 이때의 대립가설은 좌측방향이 되면서 가설은 다음과 같이 설정된다.

$$H_0 : \mu = 62.0, \qquad H_1 : \mu < 62.0$$

그리고 고등학교 1학년 학생들의 평균 체중이 5년 전과 차이가 있는지의 여부에 관심을 가지고 있을 경우 대립가설은 양쪽 방향이 되면서 가설은 다음과 같이 설정된다.

$$H_0 : \mu = 62.0, \qquad H_1 : \mu \neq 62.0$$

대립가설이 한쪽 방향만을 나타낼 경우의 검정을 단측검정(one-sided test), 양쪽 방향을 나타낼 경우의 검정을 양측검정(two-sided test)이라 한다.2)

**TIP 대립가설의 형태에 따른 검정의 구분**

모수를 $\theta$라 할 때

① 우측검정: $H_0 : \theta = \theta_0$, $\quad H_1 : \theta > \theta_0$

② 좌측검정: $H_0 : \theta = \theta_0$, $\quad H_1 : \theta < \theta_0$

③ 양측검정: $H_0 : \theta = \theta_0$, $\quad H_1 : \theta \neq \theta_0$

2) 대립가설을 단측으로 할 것인지 또는 양측으로 할 것인지에 대한 판단은 주어진 문제 속에서 찾으면 된다.

### 9.2.2 검정통계량

가설이 설정되면 표본자료를 이용하여 귀무가설을 채택할 것인지 아니면 기각할 것인지를 결정하여야 하며, 이때 사용되는 통계량을 검정통계량(test statistic)이라 한다. 검정통계량은 가설에서 나타나는 모수를 추정하기 위하여 사용되는 통계량에 기초를 두고 있으며, 대개 모수의 구간추정에서 사용되는 통계량과 동일하다.

검정통계량은 확률표본의 함수이므로 하나의 확률변수가 되며, 따라서 확률분포를 갖게 된다. 가설검정에서는 이러한 검정통계량의 확률분포를 이용하여 귀무가설의 채택 또는 기각 여부를 결정한다. 즉, 표본자료로부터 계산된 검정통계량의 값이 귀무가설 $H_0$에서 주어진 모수값과 비슷할 경우 이를 근거로 귀무가설을 채택하게 되며, 반대로 검정통계량의 값이 모수값과 많은 차이를 보일 경우 이를 근거로 귀무가설을 기각하게 된다.

**TIP 검정통계량**

> 귀무가설과 표본자료 사이의 일치 여부를 측정하게 해주는 통계량으로서, 귀무가설의 채택 또는 기각 여부를 판정하는데 사용된다.

**예제 9.2** 예제 9.1)에서 검정통계량의 값을 계산하여라.

**풀이** 예제 9.1)은 모평균 $\mu$에 대한 검정이므로 검정통계량으로 모평균 $\mu$의 점추정량인 표본평균 $\overline{X}$가 사용되며, 이때 귀무가설 $H_0 : \mu = 62.0$이 옳다는 가정 하에서 표본평균 $\overline{X}$의 표본분포가 $N(62.0,\ 20^2/100)$를 따른다는 사실을 이용하여 검정을 하게 된다. 그러나 실제 검정에서는 표본평균 $\overline{X}$보다 이를 표준화한 통계량

$$Z = \frac{\overline{X} - 62.0}{20/\sqrt{100}}$$

을 사용하는 것이 편리하다. 따라서 표본자료로부터 $\overline{x} = 68.2$이므로 검정통

계량의 값 $z$는 다음과 같이 계산된다.

$$z = \frac{68.2 - 62.0}{20/\sqrt{100}} = 3.1$$

여기서 검정통계량의 값이 $z=3.1$이라는 것은 $\overline{X}$의 표본분포 즉, $N(62.0,\ 20^2/100)$에서 68.2가 평균 $\mu=62.0$로부터 표준편차의 3.1배만큼 떨어져 있다는 것을 의미한다. 이것은 귀무가설이 옳은 상황하에서 나타나기 어려운 값이기 때문에 우리는 이를 귀무가설이 옳지 않다는 증거로 제시하게 된다. ❀

### 9.2.3 $P$-값

검정통계량은 가설에서 주어지는 모수의 형태에 따라 서로 다르다. 하지만 어떤 모수에 대한 검정이든 상관없이 표본자료로부터 계산되는 검정통계량의 값을 동일한 의미를 나타내는 하나의 측도로 바꾸어 귀무가설의 기각 여부를 결정할 수 있다면 매우 편리할 것이다. 이러한 목적으로 사용되는 것이 바로 $P$-값($P$-value)이다.[3)]

$P$-값이란 귀무가설이 옳다는 가정 하에서 표본으로부터 계산된 검정통계량의 값을 기준으로 대립가설에서 주어진 방향으로의 확률로 정의된다. 따라서 $P$-값은 귀무가설에 반대되는 증거의 정도를 나타내는 측도로서 사용될 수 있는 것이다. 즉, $P$-값이 작을 경우 이것은 귀무가설이 참인 상황 하에서 일어나기 힘들다는 것을 나타내기 때문에 결과적으로 대립가설이 옳다는 증거가 될 수 있는 것이고, 반대로 $P$-값이 클 경우 이것은 귀무가설이 참인 상황 하에서 일어날 가능성이 높다는 것을 나타내기 때문에 결과적으로 귀무가설이 옳다는 증거가 될 수 있는 것이다.[4)]

3) $P$-값을 유의확률(significance probability)이라고도 한다.

4) $P$-값이 작으면 작을수록 귀무가설에 반대되는 증거의 정도가 그만큼 강하다는 것을 나타내며, 결과적으로 대립가설이 옳다는 강력한 근거가 될 수 있다. 반대로 $P$-값이 크면 클수록 귀무가설에 반대되는 증거의 강도가 그만큼 약하다는 것을 나타내기 때문에, 결과적으로 귀무가설이 옳다는 확실한 근거가 될 수 있는 것이다.

**TIP** $P$−값

귀무가설이 옳다는 가정하에서 표본으로부터 계산된 검정통계량의 값을 기준으로 대립 가설을 지지하는 방향으로의 확률을 말하며, $P$−값이 작으면 작을수록 관측된 자료는 귀무가설을 기각하게 되는 보다 강력한 증거가 된다.

**예제 9.3** 예제 9.2)에서 계산된 검정통계량을 이용하여 $P$−값을 계산하여라.

**풀이** $P$-값은 검정통계량의 확률분포로부터 계산된다. 여기서 검정통계량은 $Z$이고 $Z$는 표준정규분포를 따르므로, $P$-값은 $Z$가 표본자료로부터 계산된 검정통계량의 값 3.1을 기준으로 대립가설에서 주어진 우측방향으로의 확률 즉,

$$P = P(Z \geq 3.1) = 0.001$$

이 된다. <그림 9.1>에서 빗금친 부분이 $P$-값이다.

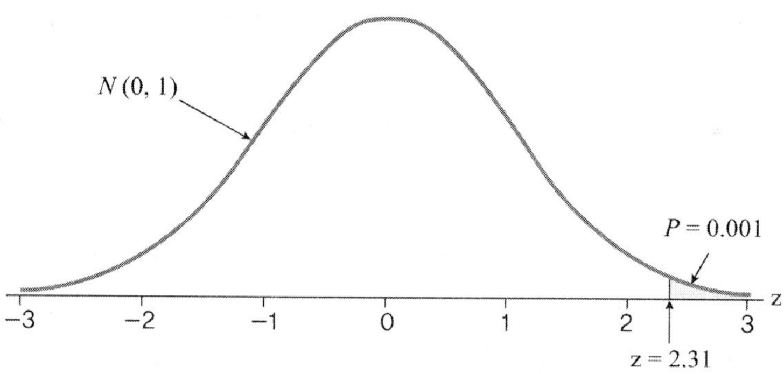


〈그림 9.1〉 $P$−값의 의미

$P$-값이 0.001라는 것은 상위 0.1%에 해당되는 값으로써, 귀무가설 $H_0 : \mu = 62.0$kg이 참일 때 즉, 평균이 $\mu = 62.0$, 분산이 $\sigma^2 = 20^2/100$인 정규분포에서 일어나기 매우 힘든 값을 의미한다. 그리고 이것은 귀무가설 $H_0$를 기각할 충분한 증거가 된다고 할 수 있다. 따라서 우리는 표

본자료가 $\mu = 62.0$kg인 모집단에서 추출되었다기보다는 $\mu > 62.0$kg인 모집단에서 추출되었을 가능성이 높다고 판단하여 "우리나라 고등학교 1학년 남학생들의 평균체중이 5년 전보다 늘었다"고 결정하게 되는 것이다. ❀

### 9.2.4 통계적 유의성

가설검정에서는 표본자료로부터 관측된 결과가 귀무가설보다 대립가설이 옳은 상황하에서 일어날 가능성이 더 크다고 판단될 경우 이를 근거로 귀무가설을 기각(=대립가설 채택)하게 되며, 반대로 귀무가설이 옳다는 가정하에서 일어날 가능성이 더 크다고 판단될 경우에는 이를 귀무가설을 채택(=대립가설 기각)하는 증거로 간주하게 된다. 귀무가설에 반대되는 증거의 강도는 $P-$값으로부터 판단할 수 있다. 이때 $P-$값이 어느 정도이면 귀무가설을 반대하는 증거로 충분하다고 할 것인지 그 기준값을 미리 지정하는 경우가 있으며, 여기서의 기준값을 유의수준(significance level: $\alpha$로 표기)이라 한다.

유의수준 $\alpha$가 사전에 정해질 경우 최종적인 판단은 $P-$값$\geq \alpha$이면 귀무가설 $H_0$를 채택하고, 반대로 $P-$값$< \alpha$이면 귀무가설 $H_0$를 기각하면 된다. 여기서 $P-$값$< \alpha$은 귀무가설에 반대되는 증거의 정도가 기준값 $\alpha$보다 강하다는 것을 의미하며, 이럴 경우 우리는 "수준 $\alpha$에서 통계적으로 유의하다(statistically significant at level $\alpha$)"라고 말하게 된다. 이때 "유의하다"는 말은 "귀무가설에 반대되는 증거가 $\alpha$라는 기준에 도달하였다"라는 것을 의미한다.

**TIP 통계적 유의성**

> $P-$값이 사전에 지정된 $\alpha$보다 같거나 작을 경우, 관측 결과는 "수준 $\alpha$에서 통계적으로 유의하다"라고 말한다.

**예제 9.4** A식품회사에서 생산되고 있는 참치 통조림의 용량은 평균 500g, 분산 900g인 정규분포를 따른다고 한다. 시중에서 판매되고 있는 A식품회사의 참치 통조림 9개를 랜덤으로 추출하여 조사한 결과, 이들의 평균 용량은 476g이었다. 이 결과로부터 "A식품회사에서 생산되는 참치 통조림의 용량은 500g보다 적다"라고 할 수 있는지를 유의수준 $\alpha = 0.05$에서 검정하여라.

**풀이** A식품회사에서 생산되는 통조림 용량의 평균이 500g보다 아주 작으면 귀무가설을 기각하게 될 것이므로 좌측검정이 된다. 따라서 귀무가설 및 대립가설은 각각 다음과 같이 설정된다.

$$H_0 : \mu = 500, \qquad H_1 : \mu < 500$$

귀무가설 $H_0$가 맞다는 가정하에서 표본평균 $\overline{X}$는 정규분포 $N(500,\ 30^2/9)$을 따르므로 검정통계량의 값은

$$z = \frac{\overline{x} - 500}{\sigma / \sqrt{9}} = \frac{476 - 500}{30 / \sqrt{9}} = -2.4$$

가 된다. 따라서 $P$-값은

$$P = P(Z < -2.4) = 0.008$$

이 된다. 이때의 $P$-값은 주어진 유의수준 $\alpha = 0.05$보다 작으므로 검정결과는 "유의수준 $\alpha = 0.05$에서 통계적으로 유의하다"고 할 수 있다. 즉, 귀무가설 $H_0$는 기각되어 표본자료는 "A식품회사에서 생산되는 참치 통조림의 용량은 500g보다 적다"라고 할 수 있는 충분한 근거를 제공하고 있다고 할 수 있는 것이다. ❀

## 9.3 전통적 가설 검정법

통계적 검정은 검정통계량의 확률분포를 고려하여 표본자료로부터 계산된 검정통계량의 값이 유의한 값을 가질 때 이를 근거로 귀무가설을 기각하게 되는 통계적 절차이다. 이러한 절차는 R. A. Fisher에 의해서 고안된 방법으로써 그는 귀무가설에 반대되는 증거의 강도를 $P-$값을 통하여 판단하였다. 이와는 다소 다른 방법으로 J. Neyman과 K. Pearson이 제안한 의사결정론적인 관점에서 가설을 검정하는 방법이 있다. 이 방법은 검정통계량이 가질 수 있는 값의 영역을 미리 정해진 유의수준의 크기를 고려하여 기각역과 채택역으로 나눈 후, 만약 표본자료로부터 계산된 검정통계량의 값이 기각역에 포함된다면 귀무가설을 기각하게 되고, 반대로 검정통계량의 값이 채택역에 포함된다면 귀무가설을 채택하게 하는 것이다.[5)]

**TIP 채택역과 기각역**

> 검정통계량이 가질 수 있는 값의 영역 중 귀무가설 $H_0$를 채택하게 되는 값의 영역을 채택역, 반대로 귀무가설 $H_0$를 기각하게 되는 값의 영역을 기각역이라 한다.

**예제 9.5** 예제 9.4)에서 기각역과 채택역을 결정하고, 검정통계량이 어느 영역에 포함되는 지를 확인하여라.

**풀이** 귀무가설 $H_0: \mu = 500$가 참인 가정하에서 검정통계량 $Z = \dfrac{\overline{x} - 500}{30/\sqrt{9}}$은 표준정규분포 $N(0,\ 1)$을 따른다. 따라서 유의수준 $\alpha = 0.05$인 좌측검정에서의 임계값은 검정통계량의 표본분포 즉, $N(0,\ 1)$에서 귀무가설을 기각하게 될 영역의 면적(왼쪽끝 부분의 확률)이 0.05가 되는 점이다.

$$0.05 = P(Z \le -z_{0.05}) = P(Z \le -1.645)$$

5) 두 영역을 나누는 기준은 유의수준 $\alpha$의 크기에 의해서 결정되며, 이때의 경계값을 임계값(critical value)이라 한다.

따라서 임계값은 $z=-1.645$이므로 기각역은 $z \le -1.645$가 되는 것이다. 그리고 이때 표본으로부터 계산된 검정통계량의 값 -2.529는 기각역에 속하므로 귀무가설 $H_0$는 기각된다.

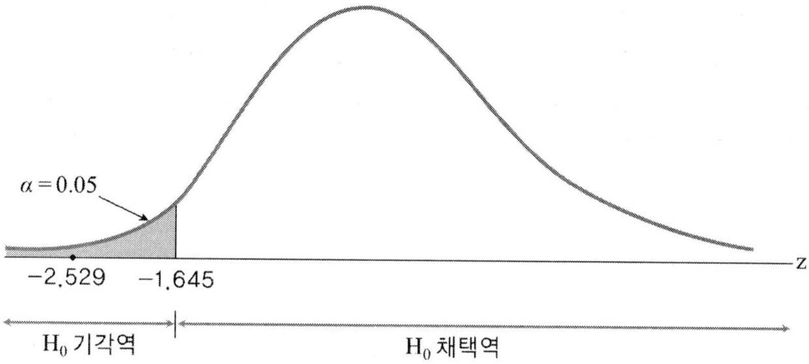


〈그림 9.2〉 기각역과 채택역

❀

기각역은 대립가설의 형태에 따라 결정된다. 만약 예제 9.4)에서 대립가설이 우측검정일 경우 즉, $H_1 : \mu > 500$이면 기각역은 표준정규분포 $N(0,\ 1)$에서 오른쪽 끝부분의 확률이

$$0.05 = P(Z \ge z_{0.05}) = P(Z \ge 1.645)$$

가 되는 $z$ 값의 영역인 $z \ge 1.645$가 되고, 대립가설이 양측검정 즉, $H_1 : \mu \ne 500$이면 기각역은 표준정규분포 $N(0,\ 1)$에서 양쪽 끝부분의 확률이

$$0.05 = P(Z \le -z_{0.025}) + P(Z \ge z_{0.025}) = P(Z \le -1.96) + P(Z \ge 1.96)$$

가 되는 $z$ 값의 영역인 $z \le -1.96$ 또는 $z \ge 1.96$이 된다.

**TIP 대립가설 $H_1$의 형태에 따른 기각역**

검정통계량 $\hat{\theta}$, 유의수준 $\alpha$일 때 귀무가설 $H_0: \theta = \theta_0$에 대하여

① 우측검정 $H_1: \theta > \theta_0$일 때 기각역 : $\hat{\theta} \geq k_1$

② 좌측검정 $H_1: \theta < \theta_0$일 때 기각역 : $\hat{\theta} \leq k_2$

③ 양측검정 $H_1: \theta \neq \theta_0$, 기각역 : $\hat{\theta} \geq k_3$ 또는 $\hat{\theta} \leq k_4$

여기서 $k_1$은 $H_0$ 아래서 우측 확률이 $\alpha$가 되는 점, $k_2$는 좌측 확률이 $\alpha$가 되는 점, $k_3$와 $k_4$는 우측 및 좌측 확률이 각각 $\alpha/2$가 되는 점이다(그림 9.3 참조).

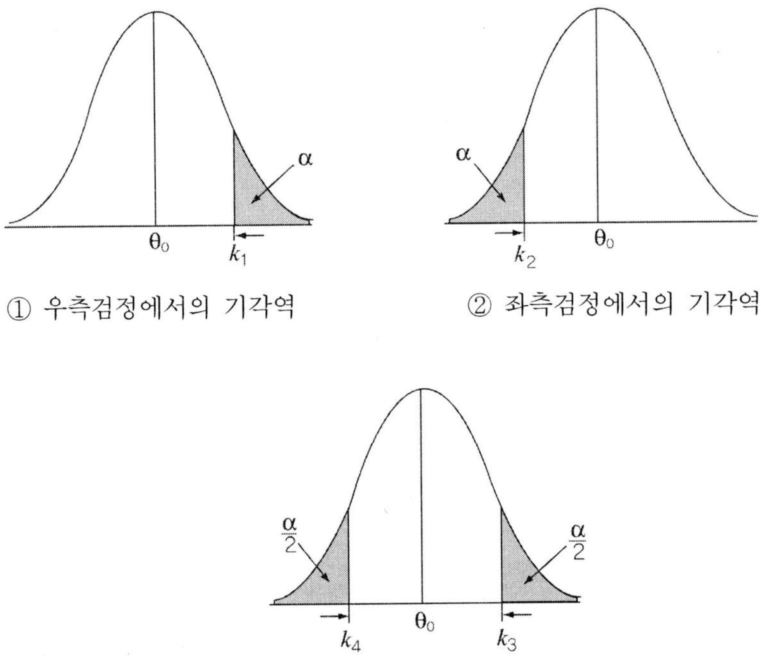


① 우측검정에서의 기각역　② 좌측검정에서의 기각역

③ 양측검정에서의 기각역

〈그림 9.3〉 대립가설과 기각역

## 9.3.1 유의수준의 의미

모집단으로부터 표본을 추출하고, 추출된 표본에 의해 이루어지는 가설검정에서는 두 가지 오류가 발생할 가능성이 항상 존재하게 된다. 즉, 귀무가설 $H_0$가 참인데도 불구하고 $H_0$를 기각하는 오류와 귀무가설 $H_0$가 거짓인데도 불구하고 $H_0$를 기각하지 않는 오류이다. 이때 앞의 오류를 제1종 오류(type I error), 뒤의 오류를 제2종 오류(type II error)라고 한다.

두 종류의 오류가 모두 일어나지 않도록 하기 위해서는 모집단 전체를 조사하여야 한다. 하지만 현실적으로 모집단 전부를 조사한다는 것은 불가능하므로 가설검정에서 두 종류의 오류는 항상 발생 가능하다. 예를 들어 어떤 공장에서 생산되는 볼트에 대한 규격심사를 한다고 할 때 귀무가설 및 대립가설은 다음과 같이 설정될 것이다.

$H_0$ : 공장에서 생산되는 볼트는 규격에 적합하다.

$H_1$ : 공장에서 생산되는 볼트는 규격에 적합하지 않다.

이때 가설을 검정하기 위해서는 공장에서 생산되는 볼트 중 일부를 추출한 후, 이로부터 얻은 결과를 근거로 두 가설 중 어느 하나를 결정하게 될 것이다. 하지만 최종 결정과정에서는 규격에 맞음에도 불구하고 맞지 않다고 판정하는 과오와 규격에 맞지 않음에도 불구하고 맞다고 판정하는 과오 중 어느 하나가 일어날 수 있다. 이러한 과오가 발생시 즉, 두 과오 중 규격에 맞지 않는 볼트를 합격으로 판정하는 과오를 범할 경우 소비자들이 피해를 보게 될 것이고, 반면에 규격에 맞는 볼트를 불합격으로 판정하는 과오를 범할 경우 생산자가 피해를 보게 될 것이다.

**TIP 제 1종 오류와 제 2종 오류**

> 귀무가설 $H_0$가 참인데도 불구하고 $H_0$를 기각하는 것을 제1종 오류(type I error), 귀무가설 $H_0$가 거짓인데도 불구하고 $H_0$를 기각하지 않는 것을 제2종 오류(type II error)라 한다.

제1종 오류와 제2종 오류는 다음과 같이 확률로 정의할 수 있다.

$$\text{제1종 오류를 범할 확률} = P(H_0 \text{ 기각} | H_0 \text{ 참})$$

$$\text{제2종 오류를 범할 확률} = P(H_0 \text{ 채택} | H_1 \text{ 참})$$

이때 제1종 오류를 범할 확률을 유의수준(significance level)이라 하며, $\alpha$로 표기한다. 반면에 제2종 오류를 범할 확률은 $\beta$로 표기하면서 1에서 $\beta$를 뺀 값 즉, 참인 대립가설을 올바르게 채택할 확률을 검정력(power)이라 한다.

**TIP 유의수준과 검정력**

> 유의수준이란 제1종 오류를 범할 확률($\alpha$로 표기)이며, 검정력이란 1에서 제2종 오류를 범할 확률을 뺀 값($1-\beta$로 표기)을 말한다.

예제 9.4)에서 유의수준 $\alpha$는 표준정규분포 $N(0,\ 1)$에서 왼쪽 끝의 확률이 0.05가 되는 것을 의미하기 때문에 다음과 같은 관계가 성립한다.

$$\begin{aligned}\alpha = 0.05 &= P(Z \le -1.645) \\ &= P\left(\frac{\overline{X}-500}{30/\sqrt{9}} \le \frac{c-500}{30/\sqrt{9}}\right)\end{aligned}$$

여기서 $c$를 계산하면 $c = 500-(1.645)\cdot(30/\sqrt{9}) = 483.55$가 된다. 즉, 제1종 오류는 A식품회사에서 생산하는 참치 통조림의 평균 용량이 실제 $\mu = 500$g임에도 불구하고 표본으로부터 관측된 $\overline{x}$의 값이 483.55보다 적을 때 발생하는 오류로서, 이때의 확률값이 바로 유의수준의 크기가 되는 것이다. 이를 수식으로 표현하면 다음과 같다.

$$\alpha = 0.05 = P(\text{제1종 오류}) = P(\overline{X} \le 483.55 | \mu = 500)$$

제2종 오류를 범할 확률 $\beta$의 계산은 대립가설에서 $\mu$가 어느 하나의 특정한 값으로 정해지는 경우에 가능하다. 만약 A식품회사에서 생산하는 참치 통조림의 평균 용량이 500g보다 작은 $\mu = 480$g이라고 한다면 제2종 오류를 범할 확률 $\beta$는 <그림 9.4>에서 보는 바와 같이 $\mu = 480$g일 때 귀무가설 $H_0$를 채택할 확률로서 다음과 같이 계산된다.

$$\beta = P(\text{제2종 오류}) = P(\overline{X} > 483.55 \mid \mu = 480)$$
$$= P\left(\frac{\overline{X} - 480}{30/\sqrt{9}} > \frac{483.55 - 480}{30/\sqrt{9}}\right)$$
$$= P(Z > 1.183) = 0.1184$$

이때 $1 - \beta = 0.8816$을 검정력(power)이라 부르며, 이것은 참인 대립가설 $H_1$을 올바르게 채택할 확률을 나타낸다.

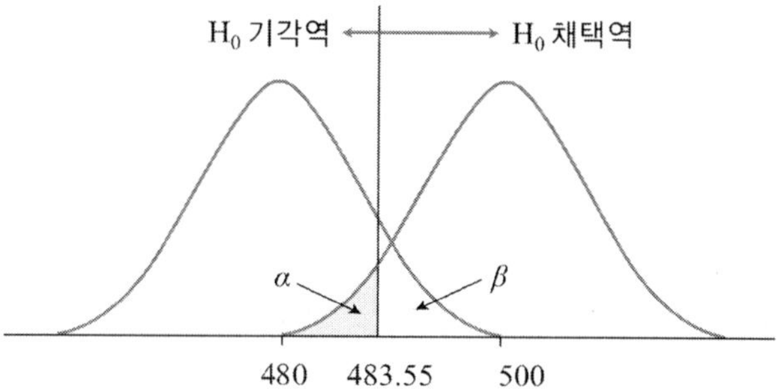


〈그림 9.4〉 $H_1 : \mu < 500$(좌측검정)일 때 제2종 오류를 범할 확률

검정에서는 두 가지 오류 즉, 제1종 오류와 제2종 오류를 범할 확률을 가능한 적게 해주는 것이 바람직하다. 그러나 동일한 표본크기 아래에서 두 가지 오류를 동시에 줄이는 것은 불가능하다. 즉, <그림 9.5>에서 보는 바와 같이 우측검정에서 기각역을 오른쪽으로 이동하여 제1종 오류를 범할 확률을 줄이게 되면 제2종 오류를 범할 확률이 커지게 되고, 반대로 제2종 오류를 범할 확률을 줄이기 위하여 기각역을 왼쪽으로 이동하면 제1종 오류를 범할 확률이 커지게 된다.

그렇다면 두 가지 오류를 어떻게 통제하는 것이 바람직할까? 가설검정은 현재까지 알려져 있는 사실 즉, 귀무가설이 기각되도록 하기 위해서 이에 반대되는 강력한 증거를 제시하도록 요구하는 통계적 절차이다. 따라서 현재의 사실이 잘못이라는 충분한 증거가 없는 한 현재의 상태를 그대로 유지하겠다는 개념하에서 검정은 이루어지기 때문에 $H_0$가 참일 때 $H_0$를 기각하게 될 확률인 $\alpha$의 크기를 적절히 조절함으로서

$\beta$의 크기를 통제하게 된다. 만약 참인 귀무가설 $H_0$을 잘못 기각하게 됨으로써 발생하는 결과가 중대할 것 같으면 $\alpha$를 작게 잡으면 되고, 반대로 거짓인 귀무가설을 채택함으로써 초래되는 결과가 중대할 것 같으면 $\alpha$를 크게 잡으면 되는 것이다. 일반적으로 많이 사용되는 유의수준 $\alpha$의 크기는 0.10, 0.05, 0.01이다.[6)]

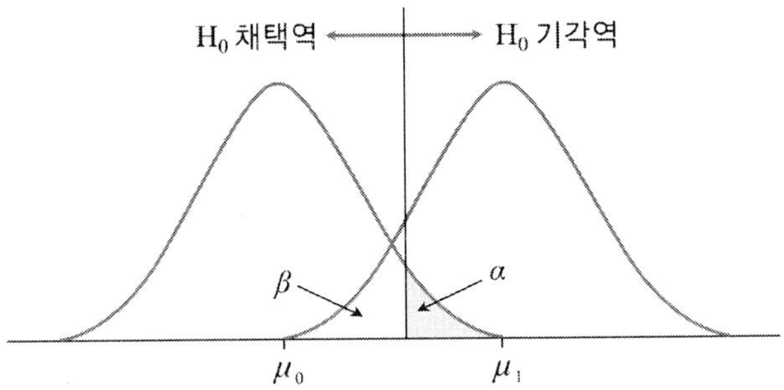


〈그림 9.5〉 $H_1 : \mu > \mu_0$(우측검정)일 때 $\alpha$와 $\beta$의 비교

**예제 9.6** 어떤 공장에서 생산하는 볼트의 직경은 평균 $\mu = 2.0$cm, 분산 $\sigma^2 = 0.01^2 cm$인 정규분포를 따른다고 한다. 이 공장에서 생산되는 볼트 중 5개를 랜덤으로 추출하여 그 직경을 조사하여 평균을 계산한 결과 $\overline{x} = 2.01$cm이었다.

1) 이 공장에서 생산되고 있는 볼트의 평균직경이 2.0cm라고 할 수 있는지를 유의수준 $\alpha = 0.05$에서 검정하여라.
2) 볼트의 평균직경이 $\mu = 2.0$으로부터 0.015cm 차이가 날 경우 대립가설 $H_1 : \mu \neq 2.0$이 참인 것으로 판정한다고 할 때 검정력을 구하여라.

---

6) 유의수준 $\alpha$는 참인 귀무가설을 기각할 확률의 최대허용한계를 나타낸다. 예를 들어 $\alpha = 0.05$라는 것은 모집단으로부터 동일한 크기의 표본을 반복 추출하여 검정을 한다고 할 때 $H_0$가 옳음에도 불구하고 틀렸다고 잘못된 결론을 내리는 최대 허용빈도를 5% 이하 즉, 100번 중에 5번 이하가 되도록 하겠다는 것을 의미한다.

**풀이** 1) 양측검정에 해당되므로 귀무가설 및 대립가설은 각각 다음과 같이 설정된다.

$$H_0: \mu = 2.0, \qquad H_1: \mu \neq 2.0$$

검정통계량의 값을 계산하면

$$z = \frac{\bar{x} - 2.0}{0.01/\sqrt{5}} = \frac{2.01 - 2.0}{0.01/\sqrt{5}} = 2.236$$

이고, 주어진 유의수준 $\alpha = 0.05$에서의 임계값은 양쪽 끝부분의 확률이 각각 0.025가 되도록 만드는 점 즉,

$$\alpha = 0.05 = P(Z \le -z_{0.025}) + P(Z \ge z_{0.025})$$
$$= P(Z \le -1.96) + P(Z \ge 1.96)$$

이 되어 기각역은 다음과 같이 설정된다.

$$Z < -1.96 \text{ 또는 } Z > 1.96$$

계산된 검정통계량의 값이 기각역에 포함되므로 귀무가설 $H_0: \mu = 2.0$은 기각된다. 즉, 이 공장에서 생산되고 있는 볼트의 평균직경은 2.0cm 라고 할 수 없게 된다.

2) 유의수준 $\alpha = 0.05$일 때

$$0.95 = P(-1.96 \le Z \le 1.96)$$
$$= P\left(-1.96 \le \frac{\bar{X} - 2.0}{0.01/\sqrt{5}} \le 1.96\right)$$
$$= P(1.991 \le \bar{X} \le 2.008)$$

이므로 귀무가설 $H_0$의 채택역은 $1.991 \le \bar{X} \le 2.008$가 된다.
따라서 검정력 즉, $\mu = 2.015$일 때 귀무가설 $H_0$를 기각할 확률은 다음과 같이 계산되어진다.

$$1-P(1.991 \le \overline{X} \le 2.008 \mid \mu = 2.015)$$

$$= 1-p\left(\frac{1.991-2.015}{0.01/\sqrt{5}} \le \frac{\overline{X}-2.015}{0.01/\sqrt{5}} \le \frac{2.008-2.015}{0.01/\sqrt{5}}\right)$$

$$= 1-P(-5.367 \le Z \le -1.565)$$

$$= 1-0.059$$

$$= 0.941$$

## 9.4 가설검정 절차

유의수준 $\alpha$를 사전에 정하는 것은 제1종 오류를 범할 위험의 최대값을 제한하기 위해서이다. 그렇지만 이 방법은 검정통계량의 값이 기각역에 가까울 경우 명확한 결론을 내리는데 있어 어려움이 따르게 된다. 예를 들어 예제 9.6)의 가설 $H_0$ : $\mu = 2.0$, $H_1$ : $\mu \ne 2.0$을 검정함에 있어서 검정통계량의 값이 $z = 1.90$이었다고 하자. 이때 오른쪽 끝부분에서의 기각역은 $z \ge 1.96$이고, 표본으로부터 계산된 검정통계량의 값 $z = 1.90$은 채택역에 위치하고 있어 $\alpha = 0.05$에서 귀무가설 $H_0$은 기각되지 않는다. 하지만 이때 $P$-값을 계산하면

$$P = 2 \times P(Z \ge 1.90 \mid \mu = 2.0) = 2 \times 0.0287 = 0.0574$$

로 사전에 정해진 유의수준 $\alpha = 0.05$와 크게 차이가 나지 않는다. 그리고 만약 귀무가설 $H_0$가 기각되었다고 하더라도 제1종 오류를 범할 확률은 별로 심각할 정도는 아니다. 이러한 경우에는 유의수준 $\alpha$의 크기를 미리 정하는 것보다 의사결정자가 최종적인 판단을 내리는데 도움을 줄 수 있는 $P-$값을 제공하는 것이 오히려 바람직하다고 할 수 있다.[7)]

$P-$값의 장점은 유의수준 $\alpha$보다 더 유용한 정보를 제공해 준다는 데 있다. 예를 들어 $\alpha=0.05$인 양측검정에서 $z$값이 2.88이라고 할 때 이 값은 기각역에 포함된다. 하지만 이때 $P-$값이

$$P=2\times P(Z\geq 2.88)=2\times 0.002=0.004$$

가 됨을 알게 된다면 연구자로 하여금 검정통계량의 값은 유의수준이 0.05보다 훨씬 작은 0.01 수준에서도 유의하다는 사실을 알 수 있도록 해 준다. 만약 $z$값이 2.17이라고 할 경우 $P-$값은 0.03이 되어, 검정통계량의 값은 $\alpha=0.05$에서는 유의하지만 $\alpha=0.01$에서는 유의하지 않는다는 사실도 알 수 있도록 해 준다.

사전에 정해진 유의수준의 크기내에서 귀무가설의 채택 또는 기각여부를 결정하기 위해서는 부록에 주어진 확률분포표로부터 임계값을 찾으면 된다. 하지만 컴퓨터의 발달과 더불어 통계 분석에서 사용되고 있는 대부분의 통계프로그램은 검정통계량의 값과 함께 $P$-값을 제공하고 있기 때문에 확률분포표로부터 일일이 임계값을 찾아 가설을 검정하는 방법은 점점 시대에서 뒤떨어져 가고 있는 실정이다. 그리고 $P$-값은 하나의 고정된 유의수준에서 단순히 귀무가설의 기각여부를 결정하는 것보다 더 유용한 정보를 제공한다는 장점도 가지고 있다. 따라서 의사결정의 도구로서 $P$-값을 이용한 검정법이 유의수준의 크기를 사전에 정한 가운데 검정을 하는 전통적인 방법보다 현실적으로 더 유용하다고 할 수 있다. 하지만 가설검정에 대한 전체적인 개념을 이해하기 위해서는 이 두 방법을 모두 잘 알고 있을 필요가 있다.

7) 유의수준을 0.05 또는 0.01을 계속 이용해 온 것은 오랫동안 기준으로 정해져서 관례화된 결과일 뿐이다.

**TIP** $P-$**값을 이용한 검정 절차**

단계 1) 귀무가설 $H_0$와 대립가설 $H_1$을 설정한다.

단계 2) 검정통계량의 값을 계산한다.

단계 3) 단계 2)에서 구한 검정통계량을 이용하여 $P-$값을 계산한다.

단계 4) $P-$값을 이용하여 귀무가설의 기각 또는 채택 여부를 결정한다.

※ 유의수준 $\alpha$ 의 크기가 주어질 경우, $P-$값 $< \alpha$이면 귀무가설 $H_0$를 기각
$P-$값 $\geq \alpha$이면 귀무가설 $H_0$를 채택

**TIP 유의수준** $\alpha$**의 크기를 고정시킨 검정 절차**

단계 1) 귀무가설 $H_0$와 대립가설 $H_1$을 설정한다.

단계 2) 유의수준 $\alpha$ 의 크기를 정한다.

단계 3) 적절한 검정통계량을 결정한 후, 그 값을 계산한다.

단계 4) 유의수준 $\alpha$ 의 크기를 고려하여 기각역을 설정한다.

단계 5) 계산된 검정통계량의 값이 기각역 또는 채택역 중 어느 영역에 포함되는지를 조사하여 귀무가설의 기각 또는 채택 여부를 결정한다.

# 9.5 모평균의 검정

## 9.5.1 $Z-$검정

모분산 $\sigma^2$은 알려져 있지만 모평균 $\mu$를 모르는 정규모집단으로부터 크기 $n$인 확률표본을 추출한 후, 모평균 $\mu$가 어떤 특정한 값 $\mu_0$일 것이라는 귀무가설 $H_0 : \mu = \mu_0$을 검정한다고 하자. 이때 검정통계량으로는 표본평균 $\overline{X}$를 표준화한

$$Z = \frac{\overline{X} - \mu_0}{\sigma / \sqrt{n}}$$

를 사용하며, 통계량 $Z$에 기초를 둔 검정법을 $Z-$검정($Z-$test)이라 한다.

검정통계량 $Z$는 귀무가설 $H_0$가 참($\mu = \mu_0$)이라는 가정 하에서 표준정규분포를 따르게 되므로, 이를 이용하여 모평균 $\mu$에 대한 검정은 이루어진다.

**TIP** $Z-$**검정($\sigma^2$이 알려져 있는 정규모집단)**

- 검정통계량 $Z = \dfrac{\overline{X} - \mu_0}{\sigma / \sqrt{n}}$
- 관측된 검정통계량의 값을 $z$라고 할 때 $P-$값의 계산
  ① 우측검정 $H_0 : \mu = \mu_0$, $H_1 : \mu > \mu_0$일 때 $P-$값$= P(Z \ge z)$
  ② 좌측검정 $H_0 : \mu = \mu_0$, $H_1 : \mu < \mu_0$일 때 $P-$값$= P(Z \le -z)$
  ③ 양측검정 $H_0 : \mu = \mu_0$, $H_1 : \mu \ne \mu_0$일 때 $P-$값$= P(|Z| \ge z)$

**예제 9.7** 우리나라 30대 성인들의 혈압은 평균 $\mu = 128$, 분산 $\sigma^2 = 15^2$인 정규분포를 따르는 것으로 알려져 있다. H기업에서 근무하고 있는 30대 직원 72명의 혈압을 조사한 결과 $\overline{x} = 126.07$이었다. 이러한 사실은 H기업에서 근무하고 있는 30대 직원들의 혈압이 우리나라 30대 성인 전체의 평균 혈압과 차이가 없다고

할 수 있는 지를 유의수준 $\alpha = 0.05$에서 검정하여라.

**풀이** 양측검정에 해당하므로 귀무가설 및 대립가설은 각각 다음과 같이 설정된다.

$$H_0: \mu = 128, \quad H_1: \mu \neq 128$$

모집단은 $\sigma^2 = 15^2$인 정규분포를 따르므로 검정통계량의 값은

$$z = \frac{\overline{x} - \mu_0}{\sigma / \sqrt{n}} = \frac{126.07 - 128}{15/\sqrt{72}}$$
$$= -1.09$$

가 된다. $P$-값은 <그림 9.6>에서 빗금친 부분의 면적 즉,

$$P = P(Z \leq -1.09) + P(Z \geq 1.09) = 2 \times P(Z \geq 1.09)$$
$$= 2 \times (0.1379)$$
$$= 0.2758$$

이 된다. 이때의 $P-$값=0.2758은 주어진 유의수준 $\alpha = 0.05$보다 크므로 귀무가설 $H_0$은 기각되지 않는다. 즉, 관측된 자료는 H기업에서 근무하고 있는 30대들의 혈압이 우리나라 성인들의 혈압평균과 차이가 있다고 할 수 있는 충분한 근거를 제공하지 못하고 있다고 할 수 있다.

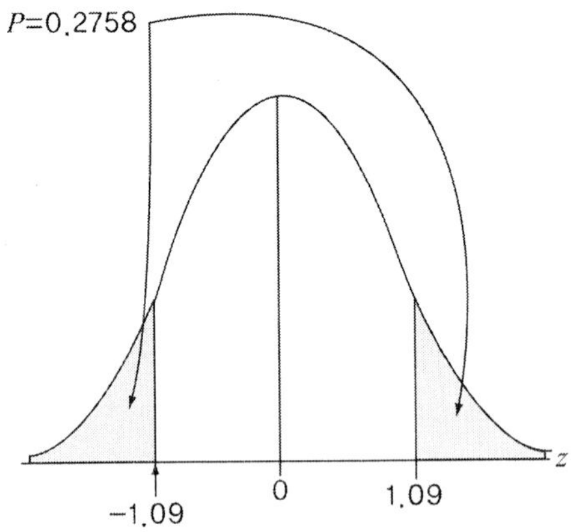


〈그림 9.6〉 $P$-값의 의미

**예제 9.8** 어떤 도시에서 보건소를 이용하는 환자들은 진료를 받기 위해 대기하는 시간이 1시간보다 더 걸린다고 시청에 항의를 하였다. 이를 확인하기 위해 시청에서는 보건소를 방문하는 100명의 환자를 랜덤으로 추출하여 대기시간을 측정한 결과 평균 $\bar{x}=63$분, 표준편차 $s=10$분이었다. 유의수준 $\alpha=0.05$에서 보건소를 방문하는 환자들의 주장이 타당한지를 기각역을 구하여 검정하여라. 단 환자들의 대기시간의 분산 $\sigma^2=(10\text{분})^2$이고, 정규분포를 따른다고 가정한다.

**풀이** 보건소를 이용하는 전체 환자들의 평균 대기시간을 $\mu$분이라고 하면 환자들의 주장에 대한 검정은 우측검정에 해당되므로 귀무가설 및 대립가설은 각각 다음과 같이 설정된다.

$$H_0: \mu=60, \qquad H_1: \mu>60$$

검정통계량의 값을 계산하면

$$z=\frac{\bar{x}-\mu_0}{\sigma/\sqrt{n}}=\frac{63-60}{10/10}=3.0$$

이 되고, 주어진 유의수준 $\alpha=0.05$에서

$$0.05=P(Z\geq z_{0.05})=P(Z\geq 1.645)$$

이므로 기각역은 $z\geq 1.645$가 된다. 이때 검정통계량의 값 $z=3.0$은 기각역에 포함되므로 귀무가설 $H_0$는 기각된다. 즉, 관측값들은 보건소에서 진료를 받기 위해 대기하는 시간이 1시간보다 더 걸린다는 환자들의 주장이 타당하다는 충분한 근거를 제공하고 있다고 할 수 있다. ❀

모분산 $\sigma^2$은 알려져 있지만 모집단이 정규분포를 하지 않을 경우, 검정통계량 $Z$는 표준정규분포를 따르지 않으므로 모평균 $\mu$에 대한 검정은 용이하지 않다. 그러나 $n$이 충분히 크다면 중심극한정리에 의해 $Z$는 근사적으로 표준정규분포 $N(0, 1)$을 따르므로, 위에서와 같이 동일하게 $Z-$검정을 실시하면 된다.

**예제 9.9** 전매청에서는 이번에 새로 시판한 담배의 한 개피당 니코틴의 평균 함유량이 0.6mg 미만, 표준편차는 0.1mg이라 주장한다. 소비자 보호단체에서는 이를 확인하기 위해 100개피를 랜덤으로 추출하여 조사한 결과 니코틴의 평균 함유량은 0.59mg이었다. 이는 전매청의 주장이 옳다고 할 수 있는 충분한 근거를 제공하고 있는지 유의수준 $\alpha = 0.05$에서 검정하여라.

**풀이** 담배의 한 개피당 니코틴의 평균 함유량을 $\mu$라고 할 때 귀무 및 대립가설은 다음과 같이 각각 설정된다.

$$H_0 : \mu = 0.6, \qquad H_1 : \mu < 0.6$$

표본의 크기는 $n = 100$으로 크다고 할 수 있으므로 $Z$-검정을 실시하면 된다. 검정통계량의 값을 계산하면

$$z = \frac{\overline{x} - \mu_0}{\sigma / \sqrt{n}} = \frac{0.59 - 0.6}{0.1/\sqrt{100}} = -1.0$$

이고, 여기서는 좌측검정에 해당되므로 $P$-값은

$$P = P(Z \le -1.0) = 0.1587$$

이 된다. 이때의 $P$-값은 주어진 유의수준 $\alpha = 0.05$보다 크므로 귀무가설 $H_0$는 기각되지 않는다. 즉, 표본자료는 새 담배의 한 개피당 니코틴의 평균 함유량이 0.6미만이라는 전매청의 주장이 옳다고 할 수 있는 충분한 근거를 제공하지 못한다고 할 수 있다. ❀

## 9.5.2 $t$ − 검정

모집단이 정규분포를 따르면서 모분산 $\sigma^2$을 모를 경우, $\sigma$ 대신 $S$를 사용한 통계량

$$T = \frac{\overline{X} - \mu}{S/\sqrt{n}}$$

는 자유도 $n-1$ 인 $t$ − 분포를 따른다는 것을 7.5절에서 배웠다. 따라서 $\sigma^2$를 모르는

정규모집단으로부터 추출된 표본을 이용하여 모평균 $\mu$에 대한 검정 시 검정통계량으로는 $T$를 사용하며, 이러한 검정법을 $t-$검정(t-test)이라 한다.

**TIP** $t-$**검정(**$\sigma^2$**이 알려져 있지 않는 정규모집단)**

- 검정통계량 $T=\dfrac{\overline{X}-\mu_0}{S/\sqrt{n}}$
- 관측된 검정통계량의 값을 $t$라고 할 때 $P-$값의 계산
  ① 우측검정 $H_0:\mu=\mu_0$, $H_1:\mu>\mu_0$일 때 $P-$값$=P(T\ge t)$
  ② 좌측검정 $H_0:\mu=\mu_0$, $H_1:\mu<\mu_0$일 때 $P-$값$=P(T\le -t)$
  ③ 양측검정 $H_0:\mu=\mu_0$, $H_1:\mu\ne\mu_0$일 때 $P-$값$=P(|T|\ge t)$

**예제 9.10** 최근 대기업과 중소기업 직장인을 대상으로 실시한 조사에 따르면 직장인들은 근무시간의 1/4정도는 업무외의 일에 투자하고 있으며, 그 중에는 웹서핑이나 인터넷 쇼핑, 채팅, 컴퓨터 게임 등에 가장 많은 시간을 쓰고 있는 것으로 나타났다. 모 회사의 CEO는 자기 회사의 직원들은 일과시간 중에 업무 이외의 일에 컴퓨터를 사용하는 시간이 85분 이상이 될 것 같다는 생각에 비서에게 10명의 직원을 랜덤으로 뽑아 업무 이외의 일에 컴퓨터를 사용하는 시간 $X$를 조사하도록 지시하였으며, 조사 결과 다음과 같은 자료를 얻었다고 하자.

81 85 90 94 86 97 86 81 78 101

위의 자료는 직원들이 업무 이외의 용도로 일일 평균 85분 이상 컴퓨터를 사용하고 있다고 판단할 수 있는 근거를 제공하고 있는지 유의수준 $\alpha=0.05$에서 검정하여라.

**풀이** 직원들이 업무 이외의 용도로 컴퓨터를 사용하는 평균시간을 $\mu$라고 할 때 귀무가설 및 대립가설은 각각 다음과 같이 설정된다.

$$H_0:\ \mu=85,\qquad H_1:\ \mu>85$$

표본자료로부터 평균과 표준편차를 계산하면

$$\bar{x} = \frac{1}{10}(81 + \cdots + 101) = 87.9$$

$$s = \sqrt{\frac{1}{10-1}\left[(81-87.9)^2 + \cdots + (101-87.9)^2\right]} = 7.49$$

가 된다.

여기서 모표준편차 $\sigma$는 알려져 있지 않고, 표본의 크기도 10으로 작으므로 $T$통계량을 사용한 $t$-검정이 고려될 수 있다. 하지만 $t$-검정은 모집단이 정규분포를 따른다는 것을 가정하고 있다. 따라서 검정통계량을 계산하기 전에 먼저 주어진 자료가 정규분포를 따르는 모집단으로부터 추출되었다고 할 수 있는지를 확인하여야 한다.

* **모집단이 정규분포를 따른다고 할 수 있는지에 대한 판단**: 표본으로 주어진 자료가 정규분포를 따른다고 할 수 있는지는 정규확률도[8] 또는 줄기-잎 그림이나 상자그림을 이용하면 된다. <그림 9.7>에는 관측된 자료를 이용하여 작성된 정규확률도와 상자그림이 주어져 있다. (a)의 상자그림으로부터 자료값들이 좌우 대칭인 형태를 띠고 있으며, 특이값들도 없는 것으로 나타나고 있다. 또 (b)의 정규확률도에서 자료값들은 거의 직선 형태를 띠고 있다. 이러한 결과를 종합할 때 모집단을 정규분포로 가정해도 큰 무리는 없다고 할 수 있다.

검정통계량의 값을 계산하면

$$t = \frac{\bar{x} - \mu_0}{s/\sqrt{n}} = \frac{87.9 - 85}{7.49/\sqrt{10}} = 1.224$$

가 되고, 이때의 $P$-값은

$$P = P(T > 1.224) = 0.1260$$

8) 정규확률도(normal probability plot)는 자료가 정규분포를 따르는지를 판단하기 위하여 사용되는 그림으로써 도표상에 나타난 그림이 직선에 가까울수록 주어진 자료는 정규분포를 따른다고 본다.

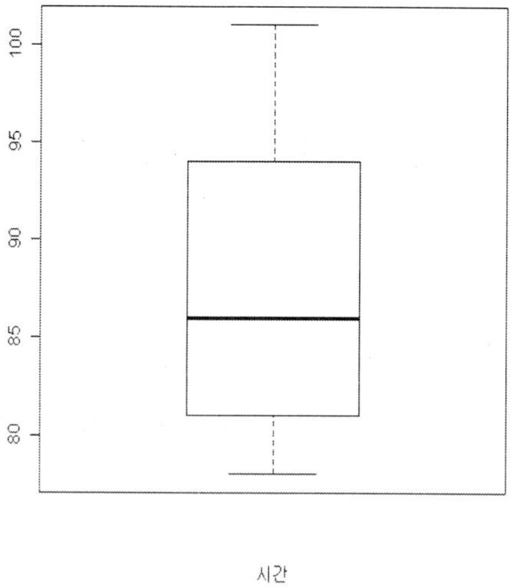


(a) 상자그림

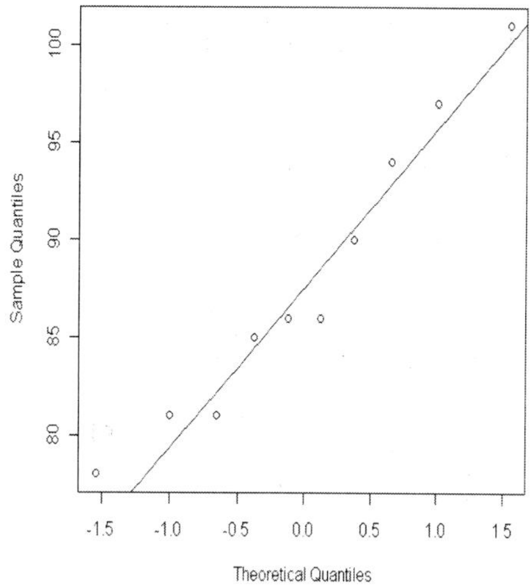


(b) 정규확률도

〈그림 9.7〉 상자그림과 정규확률도

으로 주어진 유의수준 $\alpha = 0.05$보다 크다. 따라서 귀무가설 $H_0$는 기각되지 않는다. 즉, 표본자료는 이 회사에 근무하는 직원들이 업무 이외의 용도로 하루에 평균 85분 이상 컴퓨터를 사용하고 있다고 주장할만한 충분한 증거를 제시하지 못한다고 할 수 있다. ❀

## 9.6 모분산의 검정

정규분포 $N(\mu, \sigma^2)$을 따르는 모집단으로부터 크기 $n$인 확률표본을 추출할 때, 통계량

$$V = \frac{(n-1)S^2}{\sigma^2}$$

은 자유도 $n-1$인 카이제곱분포를 따른다는 사실을 7.3절에서 배웠다. 모분산 $\sigma^2$에 대한 검정은 이러한 사실을 이용하여 이루어진다. 즉 귀무가설 $H_0 : \sigma^2 = \sigma_0^2$에 대한 검정을 위해서 통계량

$$V = \frac{(n-1)S^2}{\sigma_0^2}$$

가 사용되며, 이를 이용한 검정 방법을 카이제곱-검정($\chi^2$-test)이라 한다.

표본으로부터 관측된 검정통계량의 값이 $v$이고, 대립가설이 $H_1 : \sigma^2 > \sigma_0^2$ 일 때 $P-$값은 $P(V \geq v)$가 된다. 반면에 대립가설이 $H_1 : \sigma^2 < \sigma_0^2$ 일 때 $P-$값은 $P(V \leq v)$가 된다. 하지만 대립가설이 $H_1 : \sigma^2 \neq \sigma_0^2$일 경우 모평균에 대한 검정에서와 동일한 요령으로 $P-$값을 계산할 수 없다. 그 이유는 카이제곱분포는 정규분포 또는 $t-$분포와는 달리 대칭인 분포가 아니기 때문이다. 따라서 이러한 경우에는 전통적인 방법에 따라 주어진 유의수준에 따른 기각역을 설정하여 검정을 실시하여야 한다. 즉, 대립가설 $H_1 : \sigma^2 \neq \sigma_0^2$에 대한 검정에서 유의수준이 $\alpha$일 때 기각역은 $V \leq \chi^2_{1-\alpha/2}(n-1)$ 또는 $V \geq \chi^2_{\alpha/2}(n-1)$가 되며, 이때 검정통계량의 값이 기각역에 포함될 경우 귀무가설을 기각하고, 그렇지 않으면 귀무가설을 채택하면 된다.

**TIP 카이제곱검정**[9)]

- 검정통계량 $V=\dfrac{(n-1)S^2}{\sigma_0^2}$
- 관측된 검정통계량의 값을 $v$ 라고 할 때 유의수준 $\alpha$에 대한 기각역과 $P-$값
  ① $H_0: \sigma^2=\sigma_0^2$, $H_1: \sigma^2>\sigma_0^2$, 기각역 : $V\geq \chi^2_{\alpha}(n-1)$, $P-$값$=P(V\geq v)$
  ② $H_0: \sigma^2=\sigma_0^2$, $H_1: \sigma^2<\sigma_0^2$, 기각역 : $V\leq \chi^2_{1-\alpha}(n-1)$, $P-$값$=P(V\leq v)$
  ③ $H_0: \sigma^2=\sigma_0^2$, $H_1: \sigma^2\neq\sigma_0^2$, 기각역 : $V\leq \chi^2_{1-\alpha/2}(n-1)$
  또는 $V\geq \chi^2_{\alpha/2}(n-1)$

**예제 9.11** A 공장에서 생산되고 있는 볼트가 규격에 합격되기 위해서는 볼트 직경의 분산이 1mm이내이어야 한다. 모 건설회사에서 이번에 납품받은 볼트 중에서 21개를 랜덤으로 추출하여 직경을 측정한 결과, 그 분산은 1.42mm이었다. A공장에서 생산되는 볼트의 직경이 정규분포를 따른다고 가정할 때, 건설회사에서 납품받은 볼트의 분산이 1mm를 초과한다고 할 수 있는지를 유의수준 $\alpha=0.05$ 로 검정하여라.

**풀이** 볼트 직경의 분산을 $\sigma^2$ 이라 할 때 귀무 및 대립가설은 각각 다음과 같이 설정된다.

$$H_0: \sigma^2=1, \qquad H_1: \sigma^2>1$$

표본자료로부터 관측된 결과로부터 검정통계량의 값을 계산하면

$$v=\frac{(n-1)s^2}{\sigma_0^2}=\frac{(21-1)(1.42)}{1}=28.4$$

가 되고, 여기서는 우측검정이므로 $P-$값은 다음과 같다.

$$P=P(V\geq 28.4)=0.10$$

---

9) 흩어진 정도를 나타내는 표준편차 $\sigma$는 정규분포와 같이 좌우 대칭인 분포에서 그 의미를 가지고 있다. 하지만 비대칭분포에서는 양쪽 꼬리부분의 모양이 동일하지 않기 때문에 표준편차를 이용하여 흩어진 정도를 표현한다는 것은 적절치 않다. 따라서 비대칭인 분포에서 모분산에 대한 검정은 커다란 의미를 가지지 못한다고 할 수 있다.

계산된 $P-$값은 유의수준 $\alpha = 0.05$보다 크므로 귀무가설은 기각되지 않는다. 즉, 표본자료는 건설회사에서 납품받고 있는 볼트 직경의 분산이 1mm를 초과한다는 증거를 충분히 제공하지 못하고 있다고 할 수 있다. ❀

**참고사항**

통계적 검정에서 사용된 검정방법이 기본 가정(정규성, 등분산성 등)을 벗어나는 것에 대하여 덜 영향을 받을 때 그 검정법은 "로버스트(robust)하다"고 말한다. 모평균 검정에서 사용되는 $t-$검정법은 모집단이 정규분포의 가정에서 벗어나는 것에 대해서 매우 로버스트한 것으로 알려져 있다. 따라서 모집단으로부터 추출된 자료값들이 정확하게 정규분포를 따르지 않더라도 좌우 대칭이며 특이값만 없다면 검정 결과는 커다란 영향을 받지 않게 된다. 그러나 모분산 검정시 사용되는 카이제곱 검정은 정규성에 대하여 매우 민감하며, 따라서 로버스트성이 매우 부족한 검정법이라고 할 수 있다. 그렇기 때문에 모분산에 대한 검정에서 정규성의 성립 여부는 검정의 결과에 커다란 영향을 미친다. 즉, 정규분포의 가정이 성립하지 않을 경우 검정에서 계산되는 $P-$값은 실제와는 매우 다르게 나타날 수 있다. 따라서 검정에서 귀무가설이 기각될 경우 실제로 유의해서라기 보다는 정규성의 가정이 만족되지 않아서 그러한 결과가 나타났을 가능성이 높기 때문에 카이제곱검정을 사용할 때에는 특별한 주의가 필요하다.

## 9.7 모비율의 검정

확률변수 $X$가 모수 $n$, $p$인 이항분포를 따를 때 모비율 $p$의 추정량으로는 표본비율 $\hat{p}= X/n$가 사용된다. 그리고 표본비율 $\hat{p}$은 $n$이 충분히 클 때 근사적으로 평균이 $p$, 분산이 $p(1-p)/n$인 정규분포를 따르게 된다. 따라서 모비율 $p$에 대한 검정은 표본비율 $\hat{p}$을 표준화한 통계량

$$Z = \frac{\hat{p}-p}{\sqrt{p(1-p)/n}}$$

가 표준정규분포 $N(0, 1)$ 을 따른다는 사실을 이용하여 이루어진다.

**TIP 모비율에 대한 검정**

- 검정통계량 $Z = \dfrac{\hat{p} - p_0}{\sqrt{p_0(1-p_0)/n}}$
- 관측된 검정통계량의 값을 $z$ 라고 할 때 대립가설의 형태에 따른 $P$-값의 계산
  ① 우측검정 $H_0 : p = p_0$, $H_1 : p > p_0$ 일 때 $P$-값$= P(Z \geq z)$
  ② 좌측검정 $H_0 : p = p_0$, $H_1 : p < p_0$ 일 때 $P$-값$= P(Z \leq -z)$
  ③ 양측검정 $H_0 : p = p_0$, $H_1 : p \neq p_0$ 일 때 $P$-값$= P(|Z| \geq |z|)$

**예제 9.12** 앞면과 뒷면이 균등한 동전을 던질 때 앞면이 나타날 확률은 0.5이다. 프랑스 학자 Buffon은 동전을 4040번 던져 2048번의 앞면을 얻었다. 이 결과로부터 Buffon이 던진 동전은 균일한 동전이라고 할 수 있는지를 검정하여라.

**풀이** 동전의 앞면이 나타날 확률을 $p$ 라고 할 때 귀무가설 및 대립가설은 다음과 같이 설정된다.

$$H_0 : p = 0.5, \qquad H_1 : p \neq 0.5$$

실험으로부터 얻은 표본비율 $\hat{p} = \dfrac{2,048}{4,040} = 0.5069$ 이며, 따라서 검정통계량의 값은 다음과 같이 계산된다.

$$z = \frac{\hat{p} - 0.5}{\sqrt{(0.5)(0.5)/4040}} = \frac{0.5069 - 0.5}{\sqrt{(0.5)(0.5)/4040}} = 0.88$$

여기서는 양측검정이므로 $P$-값은

$$P(|Z| \geq 0.88) = 2 \times P(Z \leq 0.88) = 2 \times 0.1894 = 0.38$$

이 된다. 이때의 $P$-값은 매우 크므로 귀무가설 $H_0$는 기각되지 않는다. 즉, 실험 결과는 Buffon이 던진 동전이 균일한 동전이라는 충분한 근거를 제공하고 있다고 할 수 있다. ❀

**예제 9.13** 어떤 제약회사에서는 무좀약을 새로 개발하여 일주일만 치료하면 완치율이 70%보다 높다고 주장한다. 소비자보호협회에서는 이를 확인하기 위해 30명의 무좀환자를 랜덤으로 추출하여 이 약을 사용하게 한 결과 이 중 27명이 일주일만에 완치되었다. 유의수준 $\alpha = 0.05$ 에서 기각역을 이용하여 이 제약회사의 주장이 옳은지를 검정하여라.

**풀이** 표본의 크기가 $n = 30$ 으로 크다고 할 수 있으므로, $Z$-검정을 적용하면 된다. 여기서는 우측검정에 해당되므로 귀무가설 및 대립가설은 다음과 같이 각각 설정된다.

$$H_0 : p = 0.7 \qquad H_1 : p > 0.7$$

확률변수 $X$를 완치된 환자수라고 할 때 표본비율은 $\hat{p} = 27/30 = 0.9$ 이고, 따라서 검정통계량의 값은

$$z = \frac{\hat{p} - p_0}{\sqrt{p_0(1-p_0)/n}} = \frac{0.9 - 0.7}{\sqrt{0.7(1-0.7)/30}} = 2.39$$

가 된다. 주어진 유의수준 $\alpha = 0.05$ 에서 기각역은 $Z \geq z_{0.05} = 1.645$ 가 된다. 이때 계산된 검정통계량의 값 $z = 2.39$ 는 기각역에 포함되므로, 귀무가설 $H_0$ 는 기각된다. 즉, 표본자료는 제약회사의 주장이 옳다고 할 수 있는 충분한 근거를 제공하고 있다고 할 수 있다.

※ 여기서의 $P$-값은 $P(Z \geq 2.39) = 0.0084 \doteq 0.01$이므로 귀무가설이 참인 상황하에서 $\hat{p} = 0.9$ 가 관측될 가능성은 100번에 약 1번 정도로 매우 적다고 할 수 있다. 이러한 사실은 대립가설 $H_1 : p > 0.7$이 옳다는 사실을 강력하게 시사하는 증거가 될 수 있다. ❀

## 9.8 R 실습

(실습 1) 예제 9.3): 검정통계량과 $P-$값의 계산

〈R 코드〉

```
> xbar=68.2; mu=62; sigma=20; n=100
> z=(xbar-mu)/(sigma/sqrt(n))
> z
  [1] 3.1
> pvalue=1-pnorm(z); round(pvalue, 3)
  [1] 0.001
```

(실습 2) 예제 9.4): 검정통계량과 $P-$값의 계산

〈R 코드〉

```
> xbar=476; mu=500; sigma=30; n=9
> z=(xbar-mu)/(sigma/sqrt(n))
> z
  [1] -2.4
> pvalue=(pnorm(z)); round(pvalue, 3)
  [1] 0.008
```

(실습 3-1) 예제 9.6): 검정통계량과 임계값의 계산

〈R 코드〉

```
> xbar=2.01; mu=2.0; sigma=0.01; n=5
> z=(xbar-mu)/(sigma/sqrt(n))
> cvalue=qnorm(0.975)
> cvalue;round(cvalue, 3)
 [1] 1.96
```

(실습 3-2) 예제 9.6): $\beta$와 검정력의 계산

〈R 코드〉

```
> mu=2.015; sigma=0.01; n=5
> z1=(1.991-mu)/(sigma/sqrt(n)); round(z1, 3)
  [1] -5.367
> z2=(2.008-mu)/(sigma/sqrt(n)); round(z2, 3)
  [1] -1.565
> beta=pnorm(z2)-pnorm(z1); round(beta, 3)
  [1] 0.059
> power=1-beta; power
  [1] 0.941
```

(실습 4) 예제 9.7): $Z-$검정

〈R 코드〉

```
> xbar=126.07; mu=128; sigma=15; n=72
> z=(xbar-mu)/(sigma/sqrt(n)); round(z, 3)
  [1] -1.09
> pvalue=2*(1-pnorm(abs(z))# abs(z)는 절대값 계산
> round(pvalue, 3)
  [1] 0.275
```

(실습 5) 예제 9.8): $Z-$검정

〈R 코드〉

```
> xbar=63; mu=60; sigma=10; n=100
> z=(xbar-mu)/(sigma/sqrt(n)); round(z, 3)
  [1] 3
> cvalue=qnorm(0.95); round(cvalue, 3)
  [1] 1.645
```

(실습 6) 예제 9.9): $Z-$검정

〈R 코드〉

```
> xbar=0.59; mu=0.6; sigma=0.1; n=100
> z=(xbar-mu)/(sigma/sqrt(n)); round(z, 3)
  [1] -1
> pvalue=pnorm(z); round(pvalue, 3)
  [1] 0.159
```

(실습 7) 예제 9.10): $t-$검정

〈R 코드〉

```
> x=c(81, 85, 90, 94, 86, 97, 86, 81, 78, 101)
> xbar=mean(x); xbar
 [1] 87.9
> xsd=sd(x); xsd
 [1] 7.489993
> mu=85; n=length(x)
> t=(xbar-mu)/(xsd/sqrt(n)); round(t, 3)
 [1] 1.224
> pvalue=1-pt(t,n-1); round(pvalue, 3)
 [1] 0.126
> boxplot(x,xlab="시간") # 상자그림 작성
> qqnorm(x); qqline(x)
```

○ 상자그림을 그리기 위하여 boxplot 함수가 사용되었으며, 정규확률도는 qqnorm 함수을 이용하여 그렸다. 그리고 qqline 함수는 정규확률도에서 점들을 중심으로 직선을 그려주기 위하여 사용되었다.

(실습 8) 예제 9.11): 카이제곱-검정

〈R 코드〉

```
> sigmavar=1; samplevar=1.42; n=21
> V=(n-1)*samplevar/sigmavar
> V
  [1] 28.4
> pvalue=1-pchisq(V, n-1)
> pvalue
  [1] 0.1002635
```

(실습 9) 예제 9.12): $Z-$검정

〈R 코드〉

```
> p=0.5; phat=0.5069; n=4040
> psd=sqrt(p*(1-p))
> z=(phat-p)/(psd/sqrt(n))
> z; round(z, 3)
  [1] 0.88
> pvalue=2*(1-pnorm(z))
> pvalue; round(pvalue, 3)
  [1] 0.38
```

(실습 10) 예제 9.13): $Z-$검정

〈R 코드〉

```
> p=0.7; phat=0.9; n=30
> psd=sqrt(p*(1-p))
> z=(phat-p)/(psd/sqrt(n))
> round(z, 3)
  [1] 2.39
> cvalue=qnorm(0.95)
> cvalue
  [1] 1.645
```

## 연습문제

1. 어떤 질병에 대한 기존 치료법의 치료기간은 평균 15일, 표준편차 3일인 정규분포를 따른다고 알려져 있다. 이 질병에 대한 새로운 치료법을 개발한 의료진들은 이 치료법이 치료기간을 단축시킨다고 주장한다. 이를 확인하기 위해 9명의 환자를 랜덤으로 추출하여 치료기간을 조사한 결과 표본평균 $\overline{X}=13$을 얻었다. 유의수준 $\alpha=0.05$ 로 의료진들의 주장을 검정하여라.

2. 소비자 보호단체에서는 무게가 4kg으로 표시된 설탕제품 중에 36개를 랜덤으로 추출하여 그 무게를 측정해 본 결과 평균이 3.9kg, 표준편차가 0.4kg이었다. 유의수준 $\alpha=0.05$ 로 설탕제품의 함량 미달 여부를 검정하여라(단, 설탕의 무게는 정규분포를 따른다고 가정한다).

3. 펩시콜라 캔에는 용량이 300ml라고 적혀 있으며, 펩시콜라에 들어있는 용량은 표준편차 $\sigma=3$ml인 정규분포를 따른다고 한다. 한 학생이 콜라 1캔에 들어있는 용량이 캔에 표시되어 있는 양보다 작은 것 같다는 의심에 이를 확인하기 위하여 시중에 판매되고 있는 제품 중에서 6개를 구입하여 용량을 측정한 결과 다음과 같은 자료를 얻었다.

   299.4　297.7　301.0　298.9　300.2　297.0

   콜라 한 캔에 들어있는 양은 표시된 용량보다 작다고 할 수 있는 근거가 되는지를 유의수준 $\alpha=0.05$에서 검정하여라.

4. 표준편차가 $\sigma = 1$인 정규분포를 따르는 모집단으로부터 크기가 $n = 16$인 표본을 랜덤으로 추출하여 가설

$$H_0 : \mu = 0, \quad H_1 : \mu > 0$$

을 검정한다고 하자. 이때 표본으로부터 계산된 평균이 $\overline{x} > 0$이면 $H_0$를 기각하고, 그렇지 않으면 $H_0$를 채택한다고 할 때

1) 제1종 오류를 범할 확률을 구하여라.

2) $\mu = 0.2$일 때 제2종 오류를 범할 확률 즉, 실제로 $\mu = 0.2$가 사실일 때 $H_0$를 채택할 확률을 구하여라.

5. 유의수준 $\alpha$를 고정한 후 표본의 크기 $n$을 증가시키면 검정력은 증가한다. 3번 문제에서 통계량 $Z = \dfrac{\overline{X} - 300}{3/\sqrt{n}}$가 $Z \le -1.646$이면 귀무가설 $H_0$는 기각된다.

1) $n = 30$이고 대립가설에서 $\mu = 298$일 때 검정력을 구하여라.

2) $n = 120$이고 대립가설에서 $\mu = 298$일 때 검정력을 구하여라.

6. A제약회사에서는 한 달 동안 복용하면 2kg 이상의 체중 감량 효과가 있다는 약을 개발하였다고 주장한다. 식약청에서는 이에 대한 효과를 검증하기 위하여 12명의 비만 환자를 대상으로 한 달 동안 약을 복용하게 한 후, 감량된 체중을 측정한 결과 다음과 같은 자료를 얻었다.

1.5 0.7 2.2 0.5 1.0 0.8 1.3 3.2 2.5 1.8 2.6 1.2

A제약회사에서의 주장이 옳은지를 유의수준 $\alpha = 0.05$에서 검정하여라.

7. 가설 $H_0 : \mu = 50$, $H_1 : \mu > 50$를 검정하기 위하여 정규분포를 따르는 모집단으로부터 크기가 $n = 20$인 표본을 랜덤으로 추출하여 통계량을 계산한 결과 $t = 2.093$이었다고 하자.

1) 검정통계량의 자유도를 구하여라.

2) $P$-값을 구하여라.

3) $t = 2.093$은 유의수준 $\alpha = 0.05$에서 유의한가? 아니면 유의수준 $\alpha = 0.01$에서 유의한가?

8. 미국에서는 1년에 에이크(acre)당 평균 120부셀(bushel)의 옥수수를 생산된다고 한다. 이를 확인하기 위하여 40농가를 랜덤으로 추출하여 조사한 결과, $\overline{x} = 123.8$부셀(에이크 당)이었다. 미국 전역에서의 옥수수 생산량이 표준편차 $\sigma = 10$인 정규분포를 따른다고 할 때 다음 물음에 답하여라.

1) 가설 $H_0 : \mu = 120$, $H_1 : \mu \neq 120$을 검정한다고 할 때 $P$-값을 구하여라.

2) (1)의 결과로부터 미국에서 에이크(acre)당 평균 120부셀(bushel)의 옥수수가 생산된다고 할 수 있는지를 검정하여라.

9. 건강한 젊은 성인들의 피속에 포함되어 있는 칼슘량은 평균 9.5mg/dl, 표준편차 0.4mg/dl인 정규분포를 따르는 것으로 알려져 있다. 어떤 지방 의료원에서는 180명의 건강한 임산부를 대상으로 피속에 포함되어 있는 칼슘량을 측정한 결과 $\overline{x} = 9.58$mg/dl을 얻었다. 임산부들의 칼슘량은 전체 젊은 성인들의 칼슘량과 차이가 없다고 할 수 있는지를 검정하고자 한다.

1) $H_0$와 $H_1$을 설정하여라.

2) 검정통계량과 $P$-값을 구하여라.

3) 결론을 내려라.

10. 다음과 같은 가설에 대한 검정을 유의수준 $\alpha = 0.05$에서 실시한다고 할 때

$$H_0 : \mu = 0, \quad H_1 : \mu > 0$$

1) 귀무가설을 기각하도록 하는 임계값 $z$를 구하여라.
2) 대립가설을 $H_1 : \mu \neq 0$라고 할 경우, 이때의 임계값 $z$를 구하여라.
3) (1)과 (2)에서 구한 $z$값이 서로 다른 이유를 설명하여라.

11. 제철소의 철판 제조 공정에서 생산되는 철판의 두께가 모두 정확하게 같을 수는 없다. 그러나 두께의 표준편차가 1.5mm를 상회하면 생산 공정에 이상이 있는 것으로 판정하고, 생산되는 철판 중 10개를 랜덤으로 추출하여 그 두께를 측정한 결과 다음의 자료를 얻었다.

226　228　226　225　232　228　227　229　225　230

철판의 두께가 정규분포를 따른다고 가정하고, 생산 공정에 이상이 있는지를 유의수준 $\alpha = 0.05$로 검정하여라.

12. 어느 시의 시장은 기자회견에서 시 자체 조사 결과 시민의 20%만이 공해규제안의 입법 추진에 찬성을 보였기 때문에 그 입법 추진에 반대의사를 표시하였다. 환경되살리기 시민모임에서는 이를 확인하기 위해 81명의 시민을 랜덤으로 추출하여 설문 조사한 결과 찬성자의 수는 33명이었다. 유의수준 $\alpha = 0.01$로 공해규제안의 입법 추진에 대한 찬성률이 20%보다 높은지를 검정하여라.

13. 학생회의 후생 복지부장은 전체 학생들의 80% 이상이 학교식당의 음식수준에 만족하지 못하고 있다고 주장한다. 64명의 학생을 랜덤으로 추출하여 설문 조사한 결과 이 중 10명의 학생이 만족한다고 응답하였다. 유의수준 $\alpha = 0.05$로 후생복지부장의 주장을 검정하여라.

14. 어떤 실험실에서 실험용 쥐를 사육한 결과 100마리 중에 수놈이 45, 암놈이 55마리이었다. 암놈과 수놈의 비를 1 : 1이라고 할 수 있는지를 유의수준 $\alpha = 0.1$ 로 검정하여라.

15. 70%의 적중률을 가진 것으로 알려진 신무기의 정확도를 검증하기 위해 50발을 시험 발사한 결과 이 중에서 30발이 목표물에 명중하였다. 이 무기가 70%의 적중률을 가지고 있다고 할 수 있는지를 유의수준 $\alpha = 0.05$ 로 검정하여라.

# 10장
# 두 집단의 비교

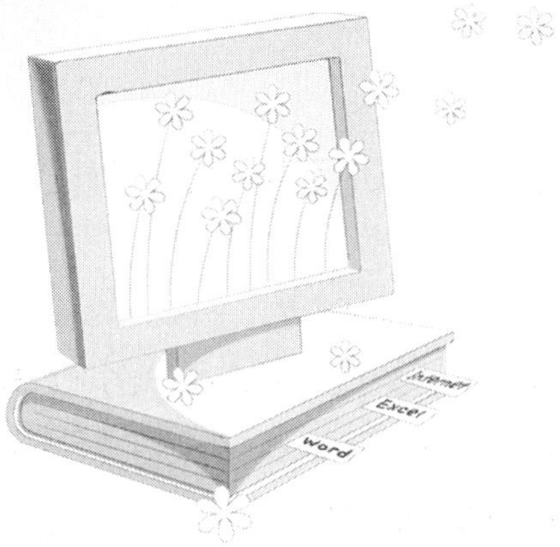

지금까지는 하나의 모집단으로부터 표본을 추출한 후, 이를 이용하여 모집단의 평균, 분산, 그리고 비율 등을 추론하는 방법에 대하여 알아보았다. 그러나 실제 현상에서는 하나의 모집단보다 두 모집단의 모수에 대한 비교가 관심의 대상이 되는 경우가 종종 있다. 예를 들어, 두 전구회사에서 생산되는 전구의 수명간에 차이가 있는지를 비교한다든지, 대통령 선거에서 특정 후보에 대한 남·여간의 지지율에 있어서 차이가 있는지를 비교한다든지, 또는 두 제약회사에서 생산되는 특정 질병에 대한 치료약의 효능을 비교하는 것 등은 두 모집단을 비교하는 문제에 해당된다.

## 10.1 두 모평균의 비교

이 절에서는 이표본 문제(two-sample problem) 즉, 두 모집단에서 각각 독립적으로 추출된 두 표본으로부터 관측된 결과를 비교하는 방법에 대하여 알아보도록 할 것이다. 두 모집단으로부터 추출된 표본자료는 줄기-잎 그림 또는 상자그림을 이용하여 개략적으로 비교할 수도 있다. 하지만 여기서는 이론적인 체계하에서 두 표본자료를 비교하는 방법에 대하여 공부하게 될 것이다.

### 10.1.1 이표본 $Z$ 통계량

두 모집단으로부터 서로 독립적으로 추출된 두 표본에 대하여 다음과 같이 표기를 사용할 때 두 모집단의 평균에 대한 비교는 두 모평균의 차 $\mu_1 - \mu_2$를 이용하여 이루어진다.

| 모집단 | | | 표본 | | |
|---|---|---|---|---|---|
| 구분 | 평균 | 분산 | 표본 크기 | 평균 | 분산 |
| 1 | $\mu_1$ | $\sigma_1^2$ | $n_1$ | $\overline{X_1}$ | $S_1^2$ |
| 2 | $\mu_2$ | $\sigma_2^2$ | $n_2$ | $\overline{X_2}$ | $S_2^2$ |

$\mu_1-\mu_2$의 점추정량으로는 $\overline{X_1}-\overline{X_2}$가 사용되며, 따라서 $\mu_1-\mu_2$에 대한 추론을 위해서는 통계량 $\overline{X_1}-\overline{X_2}$의 표본분포를 알아야 한다. 통계량 $\overline{X_1}-\overline{X_2}$의 평균과 분산은 기대값과 분산의 가법성에 의하여 다음과 같이 각각 구해진다.

$$E(\overline{X_1}-\overline{X_2})=E(\overline{X_1})-E(\overline{X_2})=\mu_1-\mu_2$$

$$V(\overline{X_1}-\overline{X_2})=V(\overline{X_1})+V(\overline{X_2})=\frac{\sigma_1^2}{n_1}+\frac{\sigma_2^2}{n_2}$$

그리고 두 모집단이 정규분포를 따를 경우, 정규분포의 가법성에 의하여 통계량 $\overline{X_1}-\overline{X_2}$의 분포 역시 정규분포를 따르게 된다.1)

**TIP 이표본 $Z$통계량의 표본분포**

> 정규분포 $N(\mu_1,\ \sigma_1^2)$과 $N(\mu_2,\ \sigma_2^2)$을 따르는 두 모집단으로부터 크기가 각각 $n_1,\ n_2$인 표본를 서로 독립적으로 랜덤추출할 때, 통계량
>
> $$Z=\frac{(\overline{X_1}-\overline{X_2})-(\mu_1-\mu_2)}{\sqrt{\dfrac{\sigma_1^2}{n_1}+\dfrac{\sigma_2^2}{n_2}}}$$
>
> 는 표준정규분포 $N(0,\ 1)$를 따르게 된다.

**예제 10.1** 여자의 키 $X$는 $N(166,\ 3^2)$를 따르고, 남자의 키 $Y$는 $N(170,\ 4^2)$을 따르는 두 집단에서 서로 독립적으로 여자 3명, 남자 4명을 랜덤하게 추출한다고 하자. 이때 뽑힌 여자들의 평균키가 남자들의 평균키보다 클 확률을 구하여라.

**풀이** 뽑힌 여자들의 평균키를 $\overline{X}$, 뽑힌 남자들의 평균키를 $\overline{Y}$라고 할 때 두 표본평균의 차 $\overline{X}-\overline{Y}$는 평균과 분산이 각각 다음과 같은 정규분포를 따르게 된다.

$$E(\overline{X}-\overline{Y})=E(\overline{X})-E(\overline{Y})=\mu_X-\mu_Y=166-170=-4$$

1) 두 모집단이 정규분포를 따르지 않는다고 하더라도 표본의 크기 $n_1,\ n_2$를 충분히 크게 하면, 중심극한정리에 의하여 통계량 $\overline{X_1}-\overline{X_2}$는 근사적으로 정규분포를 따르게 된다.

$$V(\overline{X}-\overline{Y}) = V(\overline{X}) + V(\overline{Y}) = \frac{\sigma_X^2}{n_X} + \frac{\sigma_Y^2}{n_Y} = \frac{9}{3} + \frac{16}{4} = 3+4=7$$

따라서

$$\begin{aligned} P(\overline{X} > \overline{Y}) &= P(\overline{X}-\overline{Y} > 0) = P\left(\frac{(\overline{X}-\overline{Y})-(-4)}{\sqrt{7}} > \frac{0-(-4)}{\sqrt{7}}\right) \\ &= P(Z > 1.51) = 1 - P(Z \le 1.51) \\ &= 1 - 0.9345 = 0.0655 \end{aligned}$$

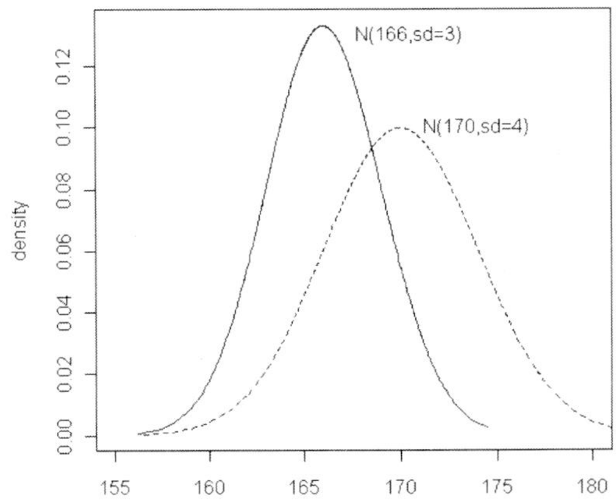


(a) 남자와 여자 키의 확률분포

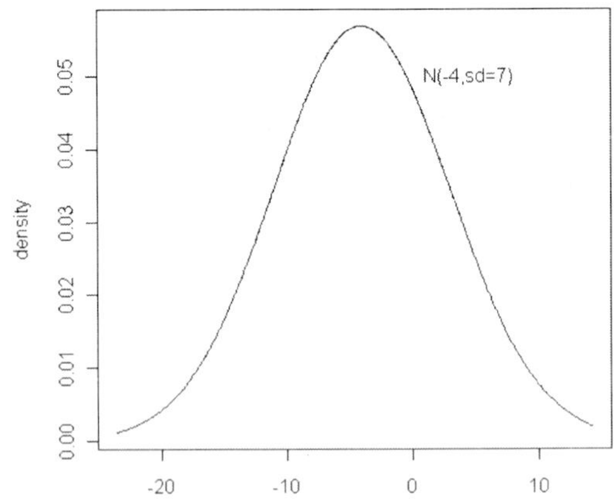


(b) 남자와 여자 평균키의 차 $\overline{X}-\overline{Y}$에 대한 표본분포

〈그림 10.1〉 남자와 여자의 키에 대한 분포 ❀

### 10.1.2 이표본 $T$ 통계량

#### (1) $\sigma_1^2$과 $\sigma_2^2$이 서로 다를 때

일반적으로 모집단의 분산은 알려져 있지 않은 경우가 대부분이다. 이러한 경우에는 모집단이 하나일 때와 마찬가지로 $t$ 분포를 이용하여 추론을 하게 된다. 모분산 $\sigma_1^2$과 $\sigma_2^2$이 알려져 있지 않을 경우, 이들의 추정량으로 표본분산 $S_1^2$과 $S_2^2$을 사용한다. 즉, 이표본 $Z$ 통계량에서 $\sigma_1^2$과 $\sigma_2^2$ 대신 $S_1^2$과 $S_2^2$으로 대체한 통계량

$$T = \frac{(\overline{X}_1 - \overline{X}_2) - (\mu_1 - \mu_2)}{\sqrt{\dfrac{S_1^2}{n_1} + \dfrac{S_2^2}{n_2}}}$$

를 사용하여 $\mu_1 - \mu_2$에 대한 추론을 하게 된다. 하지만 이때의 통계량 $T$는 정확히 $t$ 분포를 따르지 않는다. 왜냐 하면 모집단이 하나일 경우 $\sigma^2$ 대신 $S^2$를 사용한 통계량은 정확히 $t$ 분포를 따르게 되지만, 모집단이 두 개일 경우 $\sigma_1^2$과 $\sigma_2^2$ 대신 표본분산 $S_1^2$과 $S_2^2$을 사용한 통계량에 대해서는 이러한 성질이 성립하지 않기 때문이다. 이러한 경우 우리는 Satterthwaite에 의해 제안된 근사적인 방법 즉, 검정통계량 $T$가 근사적으로 다음과 같은 자유도를 가지는 $t$ 분포를 따른다는 사실을 이용하여 추론을 하게 된다.2)

$$\psi = \frac{\left(\dfrac{s_1^2}{n_1} + \dfrac{s_2^2}{n_2}\right)^2}{\dfrac{1}{n_1 - 1}\left(\dfrac{s_1^2}{n_1}\right)^2 + \dfrac{1}{n_2 - 1}\left(\dfrac{s_2^2}{n_2}\right)^2}$$

2) 두 표본의 크기 $n_1$과 $n_2$가 5보다 클 경우 그 근사 정도는 매우 좋은 것으로 알려져 있다.

**TIP 이표본 $T$ 통계량의 표본분포($\sigma_1^2$과 $\sigma_2^2$이 서로 다를 때)**

$\sigma_1^2$, $\sigma_2^2$이 알려져 있지 않는 두 정규모집단 $N(\mu_1, \sigma_1^2)$과 $N(\mu_2, \sigma_2^2)$으로부터 크기가 각각 $n_1$, $n_2$인 표본을 서로 독립적으로 랜덤하게 추출하였다고 하자. 이때 통계량

$$T=\frac{(\overline{X}_1-\overline{X}_2)-(\mu_1-\mu_2)}{\sqrt{\dfrac{S_1^2}{n_1}+\dfrac{S_2^2}{n_2}}}$$

는 근사적으로 자유도 $\psi$인 $t$ 분포를 따른다.

**예제 10.2** 어떤 고등학교 영어 교사가 독해력을 향상시킬 수 있는 새로운 독서방법을 개발하였다고 한다. 학교에서는 이를 확인하기 위하여 A반(21명)과 B반(23명)을 대상으로 A반에는 새로운 독서방법을, B반은 이전과 동일한 독서방법으로 8주 동안 독해력 교육을 실시하는 실험을 실시하였다. 8주간의 교육이 끝난 후 시험을 치룬 결과 다음과 같은 자료를 얻었다고 하자.

| A반(새로운 독서방법) | | | | | | | | B반(이전 독서방법) | | | | | | | |
|---|---|---|---|---|---|---|---|---|---|---|---|---|---|---|---|
| 34 | 61 | 59 | 46 | 43 | 44 | 52 | 43 | 42 | 33 | 46 | 37 | 43 | 41 | 10 | 42 |
| 58 | 67 | 62 | 57 | 71 | 49 | 54 | 43 | 55 | 19 | 17 | 55 | 26 | 54 | 60 | 28 |
| 53 | 57 | 49 | 56 | 33 | | | | 62 | 20 | 53 | 48 | 37 | 69 | 42 | |

(1) 두 모평균의 차 $\mu_A-\mu_B$에 대한 95% 신뢰구간을 구하여라.

(2) 새로운 독서방법은 독해력을 향상시킨다고 할 수 있는지를 유의수준 $\alpha=0.05$에서 검정하여라.

**풀이** 이표본 $t$ 분포를 이용한 검정은 두 모집단이 정규분포를 따른다는 것을 가정하고 있다. 따라서 주어진 자료가 정규분포를 따른다고 할 수 있는지를 확인하기 위한 줄기-잎 그림과 정규확률도는 <그림 10.2>에 주어져 있다. (a)의 줄기-잎 그림에서 A반과 B반 모두 특이값으로 의심되는 값은 존재하지 않으며, 두 반의 전체적인 분포모양은 좌우대칭인 형태

를 띠고 있음을 알 수 있다. 또한 (b)의 정규확률도에서 자료값들은 직선 형태에서 크게 벗어나지 않고 있기 때문에 정규성의 가정은 성립한다고 보아도 무방하다.

| A반 | B반 |
|---|---|
| 3 \| 34 | 0 \| 079 |
| 4 \| 3334699 | 2 \| 068377 |
| 5 \| 23467789 | 4 \| 12223683455 |
| 6 \| 127 | 6 \| 029 |
| 7 \| 1 | |

(a) 줄기-잎 그림

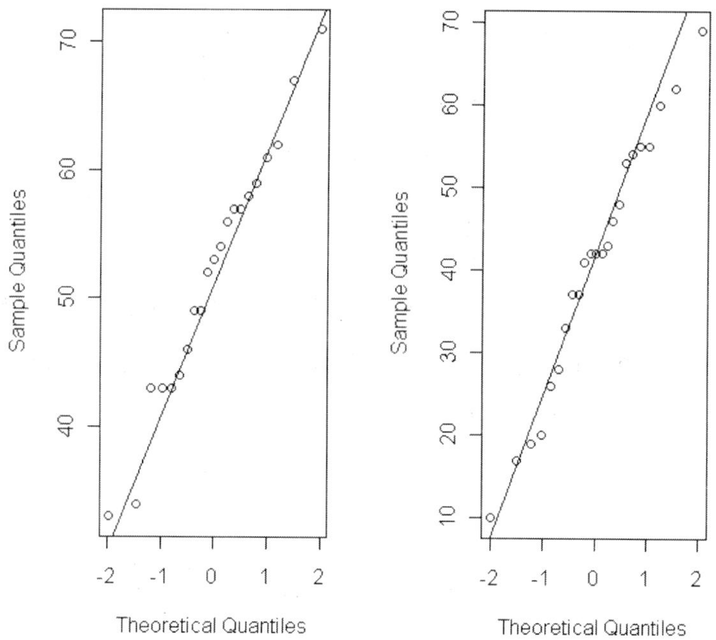


(b) 정규확률도

〈그림 10.2〉 A반과 B반의 줄기-잎 그림과 정규확률도

실험 결과로부터 계산된 통계량의 값을 요약한 결과는 다음과 같다.

| 구분 | $n$ | $\overline{x}$ | $s^2$ |
|---|---|---|---|
| A반 | 21 | 51.95 | 98.45 |
| B반 | 23 | 40.82 | 241.97 |

(1) 두 모평균의 차 $\mu_A - \mu_B$에 대한 100(1-$\alpha$)% 신뢰구간은

$$(\overline{x_A} - \overline{x_B}) \pm t_{\alpha/2}(\psi)\sqrt{\frac{s_A^2}{n_A} + \frac{s_B^2}{n_B}}$$

이며, 여기서 $t_{\alpha/2}(\psi)$는 자유도 $\psi$인 $t$분포에서의 상위 $\frac{\alpha}{2}$가 되는 값을 나타낸다. 먼저, 자유도 $\psi$를 계산하면

$$\psi = \frac{\left(\frac{s_A^2}{n_A} + \frac{s_B^2}{n_B}\right)^2}{\frac{1}{n_A - 1}\left(\frac{s_A^2}{n_A}\right)^2 + \frac{1}{n_B - 1}\left(\frac{s_B^2}{n_B}\right)^2}$$

$$= \frac{\left(\frac{98.45}{21} + \frac{241.97}{23}\right)^2}{\frac{1}{20}\left(\frac{98.45}{21}\right)^2 + \frac{1}{22}\left(\frac{241.97}{23}\right)^2} = 37.73 \simeq 37.8$$

이 되고, 자유도 37.8인 $t$분포에서 상위 2.5%가 되는 값 $t_{0.025}(37.8) = 2.025$이다. 따라서 두 모평균의 차 $\mu_A - \mu_B$에 대한 95% 신뢰구간은 다음과 같이 구해진다.

$$(\overline{x_1} - \overline{x_2}) \pm t_{\alpha/2}(\psi)\sqrt{\frac{s_A^2}{n_A} + \frac{s_B^2}{n_B}}$$

$$= (51.95 - 40.82) \pm (2.025)\sqrt{\frac{98.45}{21} + \frac{241.97}{23}}$$

$$= (3.23,\ 19.023)$$

(2) 새로운 독서법이 이전의 독서법보다 독해력을 향상시킨다고 할 수 있는지를 검정하는 것이므로 우측검정이다. 따라서 귀무가설 및 대립가설은 각각 다음과 같으며

$$H_0 : \mu_A = \mu_B, \quad H_1 : \mu_A > \mu_B$$

이표본 검정통계량 $T$값을 계산하면

$$t = \frac{(\overline{x_A} - \overline{x_B})}{\sqrt{\frac{s_A^2}{n_A} + \frac{s_B^2}{n_B}}} = \frac{(51.95 - 40.82)}{\sqrt{\frac{98.45}{21} + \frac{241.97}{23}}} = 2.853$$

이 된다. 이때의 $P-$값은 $P(T \geq 2.853) = 0.003$이 되고, 이 값은 주어진 유의수준 $\alpha = 0.05$보다 작으므로 귀무가설 $H_0$는 기각된다. 즉, 실험 결과는 새로운 독서법이 독해력을 향상시킨다는 강력한 증거를 제공하고 있다고 할 수 있다. ❀

### (2) $\sigma_1^2$과 $\sigma_2^2$이 같을 때

두 모집단의 평균을 비교할 때 사용되는 통계량 $T$가 정확히 $t$분포를 따르는 경우가 있다. 그것은 두 모집단의 분산이 동일할 때 즉, 동일한 분산 $\sigma^2$을 가지는 두 정규모집단으로부터 크기가 $n_1$, $n_2$인 표본을 서로 독립적으로 랜덤하게 추출한다고 할 때 통계량 $Z$에서 $\sigma^2$ 대신 $S^2$을 사용한 통계량 $T$는 정확히 자유도가 $n_1 + n_2 - 2$인 $t$분포를 따르게 된다. 이때 공통인 모분산 $\sigma^2$의 추정량으로는 두 표본분산 $S_1^2$과 $S_2^2$의 자유도를 가중치로 하여 계산한 평균이 사용된다. 즉, 공통 모분산 $\sigma^2$의 점추정량은

$$S_p^2 = \frac{(n_1 - 1)S_1^2 + (n_2 - 1)S_2^2}{n_1 + n_2 - 2}$$

이 되며, 이때 $S_p^2$은 두 표본이 포함하고 있는 정보를 모두 합한 것이라고 하여 $\sigma^2$의 합동추정량(pooled estimator)이라 부른다.

두 모집단의 분산이 $\sigma^2$으로 동일할 때 두 표본평균의 차 $\overline{X_1} - \overline{X_2}$의 분산은 가법성

에 의하여 다음과 같게 되며,

$$V(\overline{X_1}-\overline{X_2})=V(\overline{X_1})+V(\overline{X_2})$$
$$=\frac{\sigma^2}{n_1}+\frac{\sigma^2}{n_2}=\sigma^2\left(\frac{1}{n_1}+\frac{1}{n_2}\right)$$

따라서 $\overline{X}_1-\overline{X}_2$를 표준화한 통계량

$$Z=\frac{(\overline{X_1}-\overline{X_2})-(\mu_1-\mu_2)}{\sigma\sqrt{\frac{1}{n_1}+\frac{1}{n_2}}}$$

는 표준정규분포 $N(0,\ 1)$를 따르게 된다. 그리고 통계량 $Z$에서 $\sigma$ 대신 $S$를 대입한 통계량 $T$는 정확히 자유도가 $n_1+n_2-2$인 $t$분포를 따르게 되는 것이다.

**TIP 이표본 $T$ 통계량의 표본($\sigma_1^2$과 $\sigma_2^2$이 같을 때)**

$\sigma^2$이 알려져 있지 않은 두 정규모집단 $N(\mu_1,\ \sigma^2)$과 $N(\mu_2,\ \sigma^2)$으로부터 크기가 각각 $n_1$, $n_2$인 표본을 서로 독립적으로 랜덤하게 추출할 때 통계량

$$T=\frac{(\overline{X_1}-\overline{X_2})-(\mu_1-\mu_2)}{S\sqrt{\frac{1}{n_1}+\frac{1}{n_2}}}$$

는 자유도가 $n_1+n_2-2$인 $t$분포를 따른다.

**예제 10.3** 쥐를 대상으로 한 실험에서 칼슘이 혈압을 낮추는 효과가 있는 것으로 나타났다. 이러한 효과가 사람에게도 나타나는지를 알아보기 위하여 나이와 건강 상태가 비슷한 20명의 사람을 각각 10명씩 두 그룹(그룹 1과 그룹 2)으로 나눈 후 그룹 1에는 칼슘을, 그룹 2에는 가짜약을 12주 동안 복용시키는 실험을 실시하였다. 12주 후 감소된 혈압을 측정한 결과가 다음과 같다고 할 때, 이로부터 칼슘의 복용은 혈압을 낮춘다고 할 수 있는지를 검정하여라. 단, 두 집단은 동일한 분산 $\sigma^2$을 가지는 정규분포를 따른다고 가정한다.

| | 감소된 혈압 | | | | | | | | | |
|---|---|---|---|---|---|---|---|---|---|---|
| 그룹 1(칼슘 복용) | 9 | 6 | 8 | 1 | 2 | -2 | 4 | -3 | 4 | 5 |
| 그룹 2(가짜약 복용) | 5 | 3 | -1 | 2 | 6 | 3 | -1 | -3 | -1 | -4 |

**풀이** 두 모집단이 정규분포를 따른다는 가정을 만족하고 있는지를 확인하기 위하여 상자그림과 정규확률도를 그린 결과는 <그림 10.3>의 (a)와 (b)에 주어져 있다. 그림 (a)의 상자그림에서 두 그룹 모두 특이값으로 의심되는 값은 존재하지 않으며, 두 그룹의 전체적인 분포모양은 좌우대칭인 형태를 띠고 있음을 알 수 있다. 또한 그림 (b)의 정규확률도에서 두 자료값들은 직선 형태에서 크게 벗어나지 않고 있기 때문에 정규분포를 따른다고 볼 수 있다.

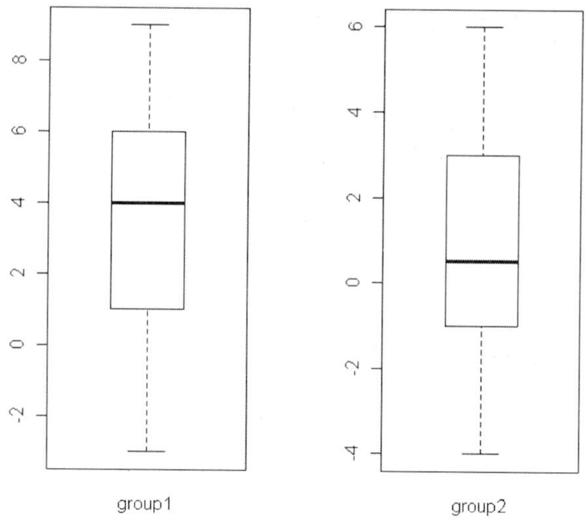


(a) 상자그림

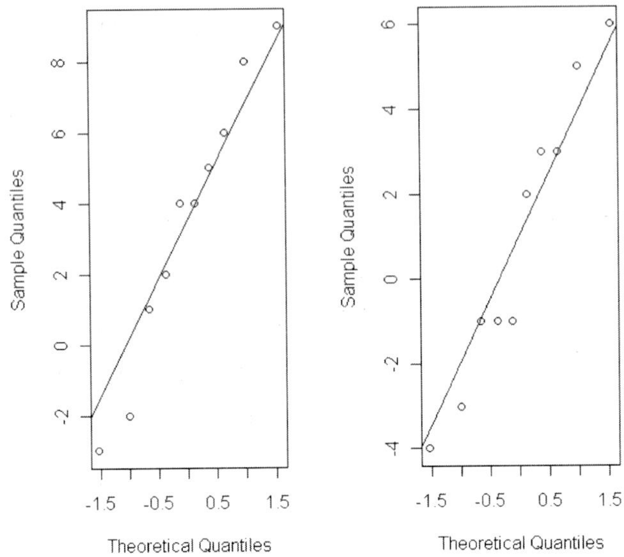


(b) 정규확률도

〈그림 10.3〉 그룹1과 그룹2에 대한 상자그림과 정규확률도

칼슘을 복용한 그룹1이 가짜약을 복용한 그룹2보다 감소된 혈압의 양이 많은지를 알아보는 것이므로 여기서는 우측검정이 된다. 따라서 귀무가설 및 대립가설은 각각 다음과 같이 설정된다.

$$H_0: \mu_1 = \mu_2, \quad H_1: \mu_1 > \mu_2$$

합동표본분산을 계산하면

$$s_p^2 = \frac{(n_1-1)s_1^2 + (n_2-1)s_2^2}{n_1 + n_2 - 2}$$

$$= \frac{(9)(15.6) + (9)(11.433)}{10 + 10 - 2} = 13.516$$

이므로 $s_p = \sqrt{13.516} = 3.676$이 된다.

검정통계량 $T$의 값을 계산하면

$$t = \frac{(\overline{x_1} - \overline{x_2})}{s\sqrt{\frac{1}{n_1} + \frac{1}{n_2}}} = \frac{3.4 - 0.9}{3.676\sqrt{\frac{1}{10} + \frac{1}{10}}} = 1.520$$

이며, $P-$값은 $P(T \geq 1.520)$이 된다. 검정통계량 $T$는 자유도 18인 $t$ 분포를 따르므로 부록의 <표 5>에 주어져 있는 $t$분포표로부터 $P-$값은 0.10과 0.05사이에 있음을 알 수 있다(실제$P(T \geq 1.520) = 0.072$임). 따라서 $P-$값>0.05이므로 귀무가설 $H_0$는 기각되지 않는다. 즉, 실험 결과는 유의수준 $\alpha = 0.05$에서 칼슘의 섭취가 혈압을 줄여준다고 하기에는 그 증거가 불충분하다고 할 수 있다. ❀

**예제 10.4** 예제 10.3에서 두 모평균의 차 $\mu_1 - \mu_2$에 대한 90% 신뢰구간을 구하여라.

**풀이** 부록의 <표 5>로부터 $t_{0.05}(18) = 1.734$이므로 $\mu_1 - \mu_2$에 대한 90% 신뢰구간은 다음과 같이 계산된다.

$$\begin{aligned}
&(\overline{x_1} - \overline{x_2}) \pm t_{\alpha/2}(n_1 + n_2 - 2)s\sqrt{\frac{1}{n_1} + \frac{1}{n_2}} \\
&\quad = (3.4 - 0.9 \pm (1.734)(3.676)\sqrt{\frac{1}{10} + \frac{1}{10}} \\
&\quad = (-0.343,\ 5.343)
\end{aligned}$$

❀

## 10.2 대응비교

앞 절에서는 두 모집단에서 서로 독립적으로 추출된 두 표본을 비교하는 방법에 대해서 다루었다. 그러나 어떤 경우에는 두 표본이 서로 독립적으로 추출된다 해도 표본 하나하나의 특성 차이가 심해 그 결과의 분석이 무의미해질 때가 있다. 예를 들어, 사료의 효능을 비교하기 위하여 젖소를 두 그룹으로 나누어 한 그룹에는 사료 1을, 다른 그룹에는 사료 2를 주어 일정한 기간 후에 우유의 생산량을 측정하는 실험을 한다고 하자. 이때 실제로 사료의 종류에 따라 우유생산량이 차이가 있음에도 불구하고, 젖소의 건강 상태나 나이 등에 따른 차이로 우유 생산량에 변동이 심할 경우에는 이러한 차이를 판별할 수 없게 된다. 이와 같은 문제점을 해결하기 위하여 대응의 개념 즉, 실험단위를 동질적인 짝으로 묶어 각 짝에서 두 관측값의 차이를 계산하여 두 모집단의 평균을 비교하는 추론을 하게 된다. 이러한 방법을 대응비교(paired comparison)라고 한다.

| 구 분 | 1 | 2 | …… | $n$ | 평균 | 표준편차 |
|---|---|---|---|---|---|---|
| 표본 1 | $X_1$ | $X_2$ | …… | $X_n$ | | |
| 표본 2 | $Y_1$ | $Y_2$ | …… | $Y_n$ | | |
| $D_i = X_i - Y_i$ | $D_1$ | $D_2$ | …… | $D_n$ | $\overline{D}$ | $S_D$ |

대응비교를 할 경우에는 대응하는 두 관측값의 차 $D_i = X_i - Y_i$ 에 근거를 두고 추론을 한다. 따라서 $D_1, \cdots, D_n$ 을 정규분포를 따르는 하나의 모집단으로부터 추출된 크기 $n$ 인 표본이라고 간주할 때, 통계량

$$T = \frac{\overline{D} - (\mu_1 - \mu_2)}{S_D / \sqrt{n}}$$

는 자유도 $n-1$ 인 $t$ 분포를 따르게 되며, 이러한 사실을 이용하여 두 모평균의 차 $\mu_1 - \mu_2$ 에 관한 추론을 하면 된다.3)

3) 대응비교에서는 두 관측값의 차이 $D$를 이용하여 추론을 하게 되므로, 결과적으로 모집단이 하나인 경우의 모평균 $\mu$에 관한 추론과 동일하게 된다.

**TIP 대응비교에 대한 검정**

(1) $\mu_1 - \mu_2$에 대한 $100(1-\alpha)\%$ 신뢰구간: $\overline{D} \pm t_{\alpha/2}(n-1)\dfrac{S_D}{\sqrt{n}}$

(2) $t$-검정: • 검정통계량 $T = \dfrac{\overline{D}}{S_D/\sqrt{n}}$

• 관측된 검정통계량의 값을 $t$라고 할 때 $P$-값의 계산

① 우측검정 $H_0 : \mu_1 = \mu_2$, $H_1 : \mu_1 > \mu_2$일 때 $P$-값$= P(T \geq t)$

② 좌측검정 $H_0 : \mu_1 = \mu_2$, $H_1 : \mu_1 < \mu_2$일 때 $P$-값$= P(T \leq -t)$

③ 양측검정 $H_0 : \mu_1 = \mu_2$, $H_1 : \mu_1 \neq \mu_2$일 때 $P$-값$= P(|T| \geq |t|)$

**예제 10.5** 사료의 종류에 따라 젖소의 우유생산량에 차이가 있는지를 조사하기 위하여 16마리의 젖소를 영양상태와 나이가 비슷한 8쌍으로 나누고, 각 쌍에 사료 $X$와 사료 $Y$를 먹이는 실험을 3주 동안 실시하였다. 3주 후 젖소의 우유생산량을 조사하여 다음과 같은 자료를 얻었다고 하자(단, 우유생산량은 정규분포를 따른다고 가정한다).

| 번호 | 사료 $X$ | 사료 $Y$ | 차($D_i = X_i - Y_i$) |
|---|---|---|---|
| 1 | 52 | 58 | -6 |
| 2 | 60 | 62 | -2 |
| 3 | 63 | 62 | 1 |
| 4 | 43 | 48 | -5 |
| 5 | 46 | 50 | -4 |
| 6 | 56 | 55 | 1 |
| 7 | 62 | 68 | -6 |
| 8 | 50 | 57 | -7 |

(1) 두 평균 우유생산량의 차에 대한 95% 신뢰구간을 구하여라.

(2) 사료의 종류에 따라 우유생산량에 차이가 있는지를 검정하여라.

**풀이** 주어진 자료로부터 우유생산량의 차 $D_i$의 평균과 표준편차를 계산하면 다음과 같다.

$$\bar{d} = \frac{1}{8}\sum d_i = -3.5, \quad s_D = \sqrt{\frac{1}{7}\sum (d_i - \bar{d})^2} = 3.16$$

(1) 두 모평균의 차 $\mu_1 - \mu_2$에 대한 95% 신뢰구간은 다음과 같이 구해진다.

$$\bar{d} \pm t_{\alpha/2}(n-1)\frac{s_D}{\sqrt{n}} = -3.5 \pm 2.365 \times \frac{3.16}{\sqrt{8}}$$

$$= -3.5 \pm 2.644 \text{ 또는 } (-6.144, -0.856)$$

(2) 귀무가설 및 대립가설은 각각 다음과 같이 설정된다.

$$H_0: \mu_1 = \mu_2, \qquad H_1: \mu_1 \neq \mu_2$$

검정통계량의 값을 계산하면

$$t = \frac{\bar{d}}{s_D/\sqrt{n}} = \frac{-3.5}{3.16/\sqrt{8}} = -3.132$$

이고, 양측검정이므로 $P-$값은 $2 \times P(T > 3.132)$이 된다. 검정통계량 $T$는 자유도 7인 $t$분포를 따르므로 부록 <표5>의 $t$분포표로부터 확률 $P(T > 3.132)$는 0.00833과 0.00625 사이에 있다(정확한 값은 $P = 0.00828$임), 따라서 귀무가설 $H_0$는 유의수준 $\alpha = 0.05$ 또는 $\alpha = 0.01$에서 기각된다. 즉, 실험에서 나타난 결과는 사료의 종류에 따라 젖소의 우유생산량은 차이가 있다는 강력한 증거를 제공하고 있다고 할 수 있다. ❀

표본의 크기가 큰 경우($n > 30$)에는 모집단의 분포가 정규분포를 따르지 않더라도 중심극한정리에 의해 통계량

$$Z = \frac{\bar{D}}{S_D/\sqrt{n}}$$

가 근사적으로 표준정규분포 $N(0, 1)$을 따른다는 사실을 이용하여 두 모평균의 차 $\mu_1 - \mu_2$에 관한 추론을 하면 된다.

## 10.3 두 모분산의 비교

하나의 분포를 표현할 때 가장 기본적인 것은 중심위치가 어디이며, 그것을 중심으로 자료값들이 어떻게 흩어져 있는지를 나타내는 것이다. 정규분포의 경우 이것은 $\mu$와 $\sigma^2$에 의해서 표현되어진다. 지금까지는 두 모집단이 정규분포를 따른다는 가정하에서 모집단의 평균을 비교하는 방법에 대해서 공부하였다. 이 절에서는 두 모집단이 정규분포를 따른다고 할 경우 그 흩어진 상태가 동일한지의 여부를 비교하는 $F$검정에 대해서 알아보도록 할 것이다.

정규분포를 따르는 두 모집단 $N(\mu_1,\ \sigma_1^2)$, $N(\mu_2,\ \sigma_2^2)$으로부터 크기가 $n_1$, $n_2$인 표본을 서로 독립적으로 추출한다고 가정하자. 이때 두 모분산의 동일성 여부에 대한 가설 즉,

$$H_0:\ \sigma_1^2=\sigma_2^2, \qquad H_1:\ \sigma_1^2\neq\sigma_2^2$$

의 검정은 두 표본분산의 비 $S_1^2/S_2^2$을 검정통계량으로 사용한다.

**TIP $F$ 통계량과 $F$ 분포**

> $S_1^2$, $S_2^2$을 두 정규모집단으로부터 독립적으로 추출된 크기가 $n_1$, $n_2$인 표본의 분산이라고 할 때 통계량 $F=S_1^2/S_2^2$은 귀무가설 $H_0:\sigma_1^2=\sigma_2^2$이 참일 때 자유도 $(n_1-1,\ n_2-1)$인 $F$ 분포를 따르게 된다.

$F$분포는 두 모수 즉, 분자에 있는 표본분산의 자유도 $j$와 분모에 있는 표본분산의 자유도 $k$에 의해 분포의 모양이 결정되며, 표기는 $F(j,\ k)$로 한다.4) $F$분포는 자유도 $j$와 $k$에 따라 그 모양이 변하며, <그림 10.4>에서 보는 바와 같이 분포 모양은 왼쪽으로 치우쳐 있으면서 오른쪽으로 꼬리가 긴 비대칭형 분포이다.

$F$분포의 밀도곡선은 1 부근에서 최고점을 가진다. 따라서 가설검정 시 계산된 $F$값이 1로부터 멀리 떨어질수록 모분산이 동일하다는 귀무가설이 참일 가능성은 희박하며, 우리는 이를 귀무가설을 기각하는 근거로 사용하게 되는 것이다.

4) 분자에 있는 자유도가 항상 먼저 나오며, 자유도가 바뀌게 되면 분포의 모양도 달라진다.

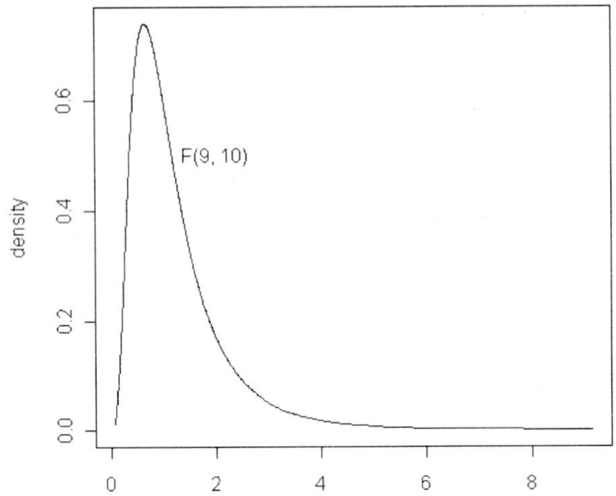


〈그림 10.4〉 자유도가 (9, 10)인 $F$분포의 밀도 곡선

부록의 <표 7>에 주어진 $F$분포표에는 여러 가지 자유도에 대하여 $P(F > f) = \alpha$를 만족하는 상위 $100\alpha\%$ 백분위수값 $f$가 주어져 있다. 예를 들어, $F(9,\ 10)$분포에서 $\alpha = 0.10,\ 0.05,\ 0.025$인 백분위수값은 다음과 같다.

| $\alpha$ | 0.10 | 0.05 | 0.025 |
|---|---|---|---|
| $f$ | 2.35 | 3.02 | 3.78 |

**예제 10.6** 예제 10.3)에서 두 모집단의 분산이 같다고 할 수 있는지를 유의수준 $\alpha = 0.05$에서 검정하여라.

**풀이** 귀무가설 및 대립가설은 다음과 같이 각각 설정되어진다.

$$H_0 : \sigma_1^2 = \sigma_2^2 \qquad H_1 : \sigma_1^2 \neq \sigma_2^2$$

그룹 1의 표본분산은 $s_1^2 = 15.6$이고, 그룹 2의 표본분산은 $s_2^2 = 11.433$이다. 따라서 검정통계량 $F$의 값은

$$f = \frac{15.6}{11.433} = 1.36$$

이고, 이때의 $P-$값은 $2 \times P(F \geq 1.36) = 0.654$가 된다. 그리고 $P-$값은 주어진 유의수준 0.05보다 크므로 모집단이 정규분포라는 가정이 만족된다는 조건하에서 귀무가설 $H_0$는 기각되지 않는다. 즉, 관측된 자료는 두 모분산이 같지 않다고 의심할만한 이유를 충분히 제공하지 못한다고 할 수 있다.[5]

❀

## 10.4 두 모비율의 비교

특정 정책에 대한 지지도에 있어서 성별간에 차이가 존재하는지 또는 두 회사에서 생산되고 있는 LCD TV의 불량률이 동일한 지에 대한 조사는 두 집단의 비율을 비교하는 문제에 해당된다. 여기서 비교하고자 하는 두 집단의 지지율 또는 불량률을 $p_1$, $p_2$라고 하고, 각 집단으로부터 서로 독립적이면서 랜덤하게 추출된 두 표본 $n_1$, $n_2$로부터 추정된 비율을 $\widehat{p_1}$, $\widehat{p_2}$라고 하자.

5) $t$검정과는 달리 $F$검정은 모집단이 정규분포를 따르지 않는 것에 대해서 매우 민감하게 반응하기 때문에 로버스트성(robustness)이 매우 결여된 검정법이라고 할 수 있다. 그리고 이러한 로버스트성의 결여는 표본의 크기를 증가시켜도 개선되지 않는다. 따라서 표본으로부터 계산된 검정통계량 $F$의 값이 유의한 결과를 나타내었다고 하더라도 그 유의함이 모집단의 분산이 동일하지 않기 때문에 그러한 것인지 또는 모집단이 정규분포를 따르지 않기 때문에 그러한 것인지 그 이유를 명확히 설명하기는 어렵다.

| 모집단 | 모비율 | 표본의 크기 | 지지자수 | 표본비율 |
|---|---|---|---|---|
| 1 | $p_1$ | $n_1$ | $X_1$ | $\hat{p_1}=X_1/n_1$ |
| 2 | $p_2$ | $n_2$ | $X_2$ | $\hat{p_2}=X_2/n_2$ |

두 집단의 비율에 대한 비교는 두 모비율의 차 $p_1-p_2$를, 그리고 이들의 점추정량으로는 표본비율의 차 $\hat{p_1}-\hat{p_2}$를 사용한다. 두 모비율의 차에 대한 추론을 위해서는 통계량 $\hat{p_1}-\hat{p_2}$의 표본분포를 알아야 한다.

두 표본비율 $\hat{p_1}$과 $\hat{p_2}$은 서로 독립이므로, $\hat{p_1}-\hat{p_2}$의 평균과 분산은 기대값과 분산의 가법성에 의하여 각각 다음과 같이 구해진다.

$$E(\hat{p_1}-\hat{p_2})=E(\hat{p_1})-E(\hat{p_2})=p_1-p_2 \tag{1}$$

$$V(\hat{p_1}-\hat{p_2})=V(\hat{p_1})+V(\hat{p_2})=\frac{p_1(1-p_1)}{n_1}+\frac{p_2(1-p_2)}{n_2} \tag{2}$$

이때 표본의 크기 $n_1$, $n_2$가 충분히 크다고 할 경우, $\hat{p_1}-\hat{p_2}$의 표본분포는 평균과 분산이 각각 (1)과 (2)와 같은 정규분포를 근사적으로 따르게 되고, 따라서 $\hat{p_1}-\hat{p_2}$를 표준화한 통계량

$$Z=\frac{(\hat{p_1}-\hat{p_2})-(p_1-p_2)}{\sqrt{p_1(1-p_1)/n_1+p_2(1-p_2)/n_2}}$$

는 근사적으로 $N(0,\ 1)$을 따르게 된다.

### (1) 두 모비율의 차 $p_1-p_2$에 대한 신뢰구간

표본의 크기 $n_1$과 $n_2$가 충분히 큰 경우에는 $\hat{p_1}$과 $\hat{p_2}$은 각각 $p_1$과 $p_2$에 매우 가까울 것이라고 생각할 수 있다. 따라서 두 모비율의 차 $p_1-p_2$에 대한 신뢰구간을 구하고자 할 경우에는 알려져 있지 않은 모수 $p_1$과 $p_2$ 대신에 표본으로부터 추정된 값 $\hat{p_1}$과 $\hat{p_2}$을 사용한다.

**TIP 두 모비율의 차 $p_1 - p_2$의 100(1−$\alpha$)% 신뢰구간**

$$(\hat{p_1} - \hat{p_2}) \pm z_{\alpha/2}\sqrt{\frac{\hat{p_1}(1-\hat{p_1})}{n_1} + \frac{\hat{p_2}(1-\hat{p_2})}{n_2}}$$

## (2) 두 모비율의 차 $p_1 - p_2$ 에 대한 검정

귀무가설 $H_0: p_1 = p_2 (= p)$가 성립한다고 가정할 때 두 표본비율의 차 $\hat{p_1} - \hat{p_2}$의 평균과 분산은 각각 다음과 같다.

$$E(\hat{p_1} - \hat{p_2}) = E(\hat{p_1}) - E(\hat{p_2}) = p_1 - p_2 = p - p = 0$$

$$V(\hat{p_1} - \hat{p_2}) = V(\hat{p_1}) + V(\hat{p_2}) = \frac{p_1(1-p_1)}{n_1} + \frac{p_2(1-p_2)}{n_2} = p(1-p) \cdot \left(\frac{1}{n_1} + \frac{1}{n_2}\right)$$

여기서 $p$는 알려져 있지 않은 두 모집단에서의 공통비율이기 때문에 각각의 표본크기를 가중치로 한 평균 즉,

$$\hat{p} = \frac{n_1\hat{p_1} + n_2\hat{p_2}}{n_1 + n_2}$$

을 추정량으로 사용한다. 따라서 표본의 크기 $n_1$, $n_2$가 충분히 클 때, 통계량

$$Z = \frac{\hat{p_1} - \hat{p_2}}{\sqrt{\hat{p}(1-\hat{p})\left(\frac{1}{n_1} + \frac{1}{n_2}\right)}}$$

은 근사적으로 표준정규분포 $N(0, 1)$를 따르게 되고, 이를 이용하여 두 모비율의 차에 대한 검정은 이루어진다.

**TIP 두 모비율의 차 $p_1 - p_2$ 에 대한 검정**

- 검정통계량 $Z = \dfrac{\hat{p_1} - \hat{p_2}}{\sqrt{\hat{p}(1-\hat{p})\left(\dfrac{1}{n_1} + \dfrac{1}{n_2}\right)}}$
- 관측된 검정통계량의 값을 $z$ 라고 할 때 $P-$값의 계산
  ① 우측검정 $H_0: p_1 = p_2$, $H_1: p_1 > p_2$ 일 때 $P-$값$= P(Z \geq z)$
  ② 좌측검정 $H_0: p_1 = p_2$, $H_1: p_1 < p_2$ 일 때 $P-$값$= P(Z \leq -z)$
  ③ 양측검정 $H_0: p_1 = p_2$, $H_1: p_1 \neq p_2$ 일 때 $P-$값$= P(|Z| \geq |z|)$

**예제 10.7** 폐렴의 치료에 사용되는 항생제가 인체에 미치는 영향을 조사하기 위하여 신장이 정상인 집단과 이상이 있는 집단으로부터 각각 100명씩 랜덤으로 추출하여 일정 기간동안 항생제를 투여하는 실험을 실시하였다. 실험 결과 신장이 정상적인 사람들 중 21명, 신장에 이상이 있는 사람들 중 38명이 알레르기성 반응을 나타내었다. 신장이 정상인 사람과 이상이 있는 사람이 알레르기성 반응을 나타낼 비율을 각각 $p_1, p_2$ 라고 할 때

(1) 두 모비율의 차 $p_1 - p_2$ 에 대한 95% 신뢰구간을 구하여라.

(2) 신장에 이상이 있는 사람에게 알레르기성 반응이 나타날 가능성이 더 높다고 할 수 있는지를 유의수준 $\alpha = 0.05$ 로 검정하여라.

**풀이** 두 표본비율은 각각 $\hat{p_1} = \dfrac{21}{100} = 0.21$, $\hat{p_2} = \dfrac{38}{100} = 0.38$이므로, 공통 모비율 $p$ 의 점추정값은

$$\hat{p} = \frac{21+38}{100+100} = 0.295$$

가 된다.

(1) 두 모비율의 차 $p_1 - p_2$ 에 대한 95% 신뢰구간은 다음과 같이 구해진다.

$$(\hat{p_1} - \hat{p_2}) \pm z_{\alpha/2}\sqrt{\frac{\hat{p_1}(1-\hat{p_1})}{n_1} + \frac{\hat{p_2}(1-\hat{p_2})}{n_2}}$$

$$= (0.21 - 0.38) \pm 1.96\sqrt{\frac{0.21 \times 0.79}{100} + \frac{0.38 \times 0.62}{100}}$$

$$= -0.17 \pm 0.124$$

따라서 $p_1 - p_2$ 의 95% 신뢰구간은 $(-0.294, -0.046)$이다.

(2) 여기서는 좌측검정이므로 귀무가설 및 대립가설은 각각 다음과 같이 설정된다.

$$H_0 : p_1 = p_2 \qquad H_1 : p_1 < p_2$$

검정통계량의 값을 계산하면

$$z = \frac{\widehat{p_1} - \widehat{p_2}}{\sqrt{\hat{p}(1-\hat{p})\left(\frac{1}{n_1} + \frac{1}{n_2}\right)}}$$

$$= \frac{0.21 - 0.38}{\sqrt{(0.295 \times 0.705)\left(\frac{1}{100} + \frac{1}{100}\right)}} = -2.636$$

이고, 이때의 $P$-값은 $P(Z \le -2.636) = 0.004$로서 주어진 유의수준 $\alpha = 0.05$ 보다 작으므로 귀무가설 $H_0$는 기각된다. 즉, 실험 결과는 신장에 이상이 있는 사람에게 알레르기성 반응이 나타날 비율이 더 높다고 할 수 있는 충분한 근거를 제공한다고 할 수 있다. ❀

## 10.5 R 실습

(실습 1) 예제 10.1): 확률 계산

〈R 코드〉

```
> n1=3; n2=4; fmu=166;  mmu=170; fvar=9; mvar=16
> sumvar=fvar/n1+mvar/n2
> z = (0-(fmu-mmu))/sqrt(sumvar)
> prob = 1 - pnorm(z); round(prob, 3)
  [1] 0.065
```

(실습 2-1) 예제 10.2): 줄기-잎 그림과 정규확률도의 작성

〈R 코드〉

```
> Aclass =
  c(34,61,59,46,43,44,52,43,58,67,62,57,71,49,54,43,53,57,49,56,33)
> Bclass =
  c(42,33,46,37,43,41,10,42,55,19,17,55,26,54,60,28,62,20,53,48,37,69,42)
> stem(Aclass); stem(Bclass)
> par(mfrow=c(1,2)); qqnorm(Aclass); qqline(Aclass)
> qqnorm(Bclass); qqline(Bclass)
```

〈R 코드 설명〉

○ Aclass와 Bclass의 자료를 입력한 후에 stem 함수를 이용하여 각 반에 대한 줄기-잎 그림을 그렸다.

○ par(mfrow=c(1,2)) 함수는 A반과 B반의 정규확률도를 한 행에 나란히 그리기 위하여 사용되었으며, 정규확률도는 qqnorm 함수을 이용하여 그렸다. 여기서 qqline 함수는 정규확률도에서 점들을 중심으로 직선을 그려주기 위하여 사용되었다.

(실습 2-2) 예제 10.2): 신뢰구간의 계산

⟨R 코드⟩

```
> Amean = mean(Aclass); Avar = var(Aclass);
> Bmean = mean(Bclass); Bvar = var(Bclass);
> n1 = length(Aclass); n2 = length(Bclass);
> DF = (Avar/n1 + Bvar/n2)^2/(1/(n1-1)*(Avar/n1)^2 +
  1/(n2-1)*(Bvar/n2)^2)
> DF
  [1] 37.7334
> lower = Amean - Bmean - qt(0.975, DF)*sqrt(Avar/n1 + Bvar/n2)
> upper = Amean - Bmean + qt(0.975, DF)*sqrt(Avar/n1 + Bvar/n2);
> round(lower, 3); round(upper, 3)
  [1] 3.23
  [1] 19.023
```

(실습 2-3) 예제 10.2): 검정통계량과 $P-$값의 계산

⟨R 코드⟩

```
>  t=(Amean-Bmean)/sqrt((98.45/21)+(241.97/23));round(t,3)
  [1] 2.853
> prob=1-pt(t,DF);round(prob,3)
  [1] 0.003
```

(실습 2-4) 예제 10.2): t.test 함수를 이용한 검정(두 모집단의 분산이 다를 경우)

〈R 코드〉

```
>  t.test(Aclass, Bclass)
        Welch Two Sample t-test
data:  Aclass and Bclass
t = 2.8531, df = 37.733, p-value = 0.006991
alternative hypothesis: true difference in means is not equal to 0
95 percent confidence interval:
  3.229754 19.022834
sample estimates:
mean of x mean of y
 51.95238  40.82609
```

〈R 코드 설명〉

- 두 모평균의 차이에 대한 검정 시 수식에 맞추어 프로그램을 직접 작성하지 않고 t.test 함수를 이용하면 보다 편리하다. t.test 함수는 두 모집단의 분산이 다르다는 것을 기본가정으로 하고 있기 때문에 두 모집단의 분산이 동일한 경우에는 옵션으로 명령어 var.equal=T를 추가하여야 한다(실습 3-4 참조).
- t.test 함수는 양측검정을 기본으로 하고 있기 때문에 $P-$값은 양측검정에 대한 값이 출력된다.

(실습 3-1) 예제 10.3): 상자그림과 정규확률도의 작성

〈R 코드〉

```
> group1 = c(9,6,8,1,2,-2,4,-3,4,5)
> group2 = c(5,3,-1,2,6,3,-1,-3,-1,-4)
> par(mfrow=c(1,2))
> boxplot(group1, xlab="group1"); boxplot(group2, xlab="group2")
> par(mfrow=c(1,2))
> qqnorm(group1); qqline(group1); qqnorm(group2); qqline(group2)
```

(실습 3-2) 예제 10.3): 검정통계량과 $P-$값의 계산

〈R 코드〉

```
> n1=length(group1); n2=length(group2)
> group1.mean=mean(group1); group2.mean=mean(group2)
> group1.var=var(group1); group2.var=var(group2)
> pooled.sd=sqrt(((n1-1)*group1.var+(n2-1)*group2.var)/(n1+n2-2))
> t=(group1.mean-group2.mean)/(pooled.sd*sqrt(1/n1+1/n2))
> tvalue
> pvalue=1-pt(tvalue, 19)
> pvalue
```

(실습 3-3) 예제 10.4): 신뢰구간의 계산

〈R 코드〉

```
> lower=group1.mean-group2.mean-qt(0.95,19)*pooled*sqrt(1/n1+1/n2)
> lower
> upper=group1.mean-group2.mean+qt(0.95,19)*pooled.sd*sqrt(1/n1+1/n2)
> upper
```

(실습 3-4) 예제 10.2): t.test 함수를 이용한 검정(두 모집단의 분산이 같을 경우)

〈R 코드〉

```
> t.test(group1, group1, var.equal=T)
          Two Sample t-test
  data:  group1 and group2
  t = 1.5205, df = 18, p-value = 0.1458
  alternative hypothesis: true difference in means is not equal to 0
  95 percent confidence interval:
  -0.9542975  5.9542975
  sample estimates:
  mean of x mean of y
       3.4       0.9
```

실습 4) 예제 10.5): 대응비교

〈R 코드〉

```
> x=c(52, 60, 63, 43, 46, 56, 62, 50)
> y=c(58, 62, 62, 48, 50, 55, 68, 57)
> diff=x-y; diff.mean = mean(diff);
> diff.sd=sd(diff); n=length(x)
> lower= diff.mean-qt(0.975, n-1)*diff.sd/sqrt(n); round(lower, 3)
  [1] -6.144
> upper=diff.mean+qt(0.975, n-1)*diff.sd/sqrt(n); round(upper, 3)
  [1] -0.856
> t=diff.mean/(diff.sd/sqrt(n)); round(t, 3)
  [1] -3.13
> pvalue=2*pt(t, n-1); round(pvalue, 3)
  [1] 0.017
```

(실습 5-1) 예제 10.6): 두 모분산의 동일성에 대한 검정#1

〈R 코드〉

```
> group1=c(9, 6, 8, 1, 2, -2, 4, -3, 4, 5)
> group2=c(5, 3, -1, 2, 6, 3, -1, -3, -1, -4)
> group1.var=var(group1); group2.var=var(group2)
> f= group1.var/group2.var; round(f, 2)
  [1] 1.36
> pvalue = 2*(1-pf(f, 9, 9)); round(pvalue, 3)
  [1] 0.654
```

(실습 5-2) 예제 10.6): 두 모분산의 동일성에 대한 검정#2

〈R 코드〉

```
> var.test(group1, group2)
             F test to compare two variances
      data:  group1 and group2
      F = 1.3644, num df = 9, denom df = 9, p-value = 0.6509
      alternative hypothesis: true ratio of variances is not equal to 1
      95 percent confidence interval:
      0.3389055 5.4931932
      sample estimates:
      ratio of variances
          1.364431
```

〈R 코드 설명〉

- var.test 함수는 두 집단의 분산이 동일한지의 여부를 검정할 때 사용하는 함수이다. 검정결과, 여기서의 $P-$값은 0.6509이므로 두 집단의 분산을 동일하다고 할 수 있다.

(실습 6-1) 예제 10.7): 신뢰구간의 계산

〈R 코드〉

```
> n1=100; x1=21; p1=x1/n1
> n2=100; x2=38; p2=x2/n2
> phat=(x1+x2)/(n1+n2)
> lower=p1-p2-qnorm(0.975)*sqrt(p1*(1-p1)/n1 + p2*(1-p2)/n2)
> round(lower, 3)
  [1] -0.294
> upper=p1-p2+qnorm(0.975)*sqrt(p1*(1-p1)/n1 + p2*(1-p2)/n2)
> round(upper, 3)
  [1] -0.046
```

(실습 6-2) 예제 10.7): 검정통계량과 $P-$값의 계산

〈R 코드〉

```
> z=(p1-p2)/(sqrt(phat*(1-phat)*(1/n1 + 1/n2))); round(z, 3)
  [1] -2.636
> pvalue=pnorm(z); round(pvalue, 4)
  [1] 0.0042
```

## 연습문제

1. A와 B 두 대의 자동주입장치를 이용하여 5.50 ℓ 병에 어떤 용액을 주입한다고 하자. 이때 두 대의 주입장치를 이용하여 병속에 주입되는 용액의 양은 각각 정규분포를 따르고, $\sigma_1^2 = 0.04, \sigma_2^2 = 0.09$ 라 가정한다. 이 두 장치에서 주입되는 용액의 평균량에 차이가 있는지를 알아보기 위해 A로부터 10개의 표본과 B로부터 15개의 표본을 무작위로 추출하여 관측한 결과 표본평균 $\overline{x_1} = 5.65$, $\overline{x_2} = 5.40$ 이었다.
   1) 두 평균량의 차에 대한 95% 신뢰구간을 구하여라.
   2) 두 평균량에 차이가 있는지를 유의수준 $\alpha = 0.05$ 로 검정하여라.

2. 새로운 강의방법이 학생들의 독해력을 향상시킨다고 예상된다. 이를 확인하기 위해 16명의 학생을 대상으로 8명씩 랜덤으로 추출하여 두 조로 나누고 한 조에는 새로운 강의방법을, 다른 한 조에는 기존의 강의방법을 적용한 후 시험을 치른 결과가 다음과 같다.

| 기존의 방법 | 65 | 70 | 76 | 63 | 72 | 71 | 67 | 68 |
|---|---|---|---|---|---|---|---|---|
| 새로운 방법 | 75 | 79 | 72 | 77 | 69 | 81 | 71 | 76 |

   주어진 자료를 이용하여 두 강의방법에 따른 독해력 성적에 차이가 있는지를 유의수준 $\alpha = 0.05$ 로 검정하여라(단, 시험점수는 정규분포를 따른다고 가정한다).

3. 어느 제약회사에서 비만증 환자를 위한 약을 개발하였다. 이 약이 환자에게 부작용이 있는지 없는지를 알아보기 위해 12명의 환자를 랜덤으로 추출하여 약을 복용하기 전과 복용하고 난 후의 혈압을 측정한 결과 다음과 같은 자료를 얻었다.

| 환 자 | 1 | 2 | 3 | 4 | 5 | 6 | 7 | 8 | 9 | 10 | 11 | 12 |
|---|---|---|---|---|---|---|---|---|---|---|---|---|
| 복용 전 | 128 | 176 | 110 | 149 | 183 | 136 | 118 | 158 | 150 | 130 | 126 | 162 |
| 복용 후 | 134 | 174 | 118 | 152 | 187 | 136 | 125 | 168 | 152 | 128 | 130 | 161 |

주어진 자료를 이용하여 두 혈압에 차이가 있는지를 유의수준 $\alpha = 0.05$로 검정하여라(단, 혈압은 정규분포를 따른다고 가정한다).

4. 어느 TV 방송사에서 전국의 150가구를 랜덤으로 추출하여 주당 TV 시청시간을 조사한 결과 평균 40시간, 표준편차 10시간이었고, 서울시의 36가구를 랜덤으로 추출하여 조사한 결과 평균은 30시간, 표준편차는 13시간이었다.
   1) 두 지역의 시청시간의 차에 대한 90% 신뢰구간을 구하여라.
   2) 두 지역의 시청시간에 차이가 있는지를 유의수준 $\alpha = 0.1$로 검정하여라.

5. 두 기능공 A와 B가 제작한 선반 회전축의 정밀도를 검사하기 위해 각각 크기 $n_1 = 25$, $n_2 = 30$인 표본을 랜덤으로 추출하여 그 지름을 측정한 결과(단위 : mm) $s_1^2 = 1.44$, $s_2^2 = 1.80$을 얻었다(단, 기계의 지름은 정규분포를 따른다고 가정한다). 두 기계의 정밀도에 차이가 있는지를 유의수준 $\alpha = 0.05$로 검정하여라.

6. 어느 지역의 국회의원 선거에서 특정후보에 대한 남녀의 지지율에 차이가 있는지를 알아보기 위해 남녀별로 표본을 랜덤으로 추출하여 관측한 결과 남자는 225명 중 54명, 여자는 175명 중 52명이 그 특정후보를 지지하였다.
   1) 두 지지율의 차에 대한 90% 신뢰구간을 구하여라.
   2) 두 지지율에 차이가 있는지를 유의수준 $\alpha = 0.1$로 검정하여라.

7. 공기중의 수은 농도를 측정하는 두 가지 기기 A, B의 정밀도를 검사하기 위해 각각의 기기로 측정한 결과 다음과 같은 자료를 얻었다(단위 : ppm/cm$^3$).

| 기기 A | 0.95 | 0.83 | 0.78 | 0.96 | 0.72 | 0.86 | 0.99 |
|---|---|---|---|---|---|---|---|
| 기기 B | 0.90 | 0.92 | 0.94 | 0.91 | 0.90 | 0.89 | |

1) 두 모분산의 비에 대한 90% 신뢰구간을 구하여라.

2) 기기 B의 정밀도가 기기 A의 정밀도보다 좋다고 할 수 있는지를 유의수준 $\alpha = 0.05$로 검정하여라.

# 참고문헌


Frank, H. & Steven, C. A. (1994). *Statistics: Concepts and applications workbook.* Cambridge University. Press.

Frederick, M., Kruskal, W. H., Link, R. F., Pieters, R. S., & Rising, G. R. (1973). *Statistics by example-finding models.* Addison-Wesley Publishing Co.

Frederick, M., William, H., Kruskal, R. F., Link, Richard S. Pieters, & Gerald R. R. (1973). *Statistics by example-exploring data.* Addison-Wesley Publishing Co.

Freeman, W. H. (2000). *The basic practice of statistics.* 2nd edition.

Gravetter, F. J. (2000). *Statistics for the behavioral science.* 5th edition. Wadsworth Publishing Co.

Moore, D. S. & Mccabe, G. P. (2002). Introduction to the Practical Statistics. 4th. edition.

Mosteller, F., Kruskal, W. H., Link, R. F., Pieters, R. S., & Rising, G. R. (1973). *Statistics by example-detecting patterns.* Addison-Wesley Publishing Co.

Peck, R., Olsen, C., & Devore, J. (2005). *Statistics and data analysis.* Brooks/Cole.

Sprinthall, R. C. (1982). *Basic statistical analysis.* 5th edition, Allen & Bacon.

Venables, W. N. & Smith, D. M. (2008). An Introduction to R.

Wackerly, D. D., Mendelhall, W., & Scheaffer, R. L. (1995). *Mathematical statistics.*

김기영 외 8인. 2002. 통계적 탐구, 교우사.

배현웅, 2001. Excel을 이용한 통계학의 기초와 이해, 교우사.

배현웅, 2006. 생활속에서의 통계학의 이해와 적용, 교우사.

허문열 외 4인, 2005. R과 통계계산, 박영사.

# 부록

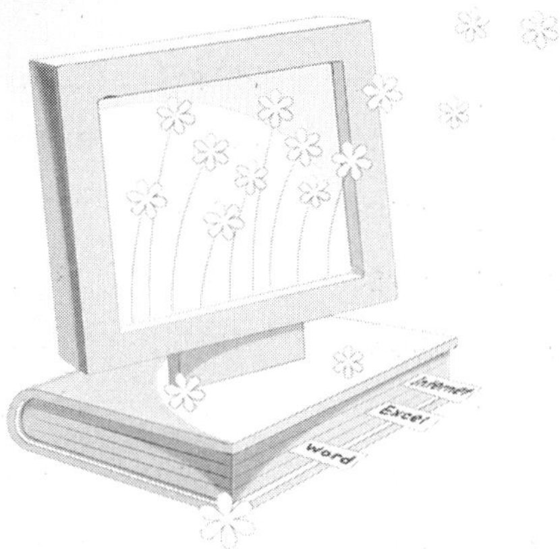

[표 1] 난수표

| *Line* | 01~05 | 06~10 | 11~15 | 16~20 | 21~25 | 26~30 | 31~35 |
|---|---|---|---|---|---|---|---|
| **101** | 13284 | 16834 | 74151 | 92027 | 24670 | 36665 | 00770 |
| **102** | 21224 | 00370 | 30420 | 03883 | 94648 | 89428 | 41583 |
| **103** | 99052 | 47887 | 81085 | 64933 | 66279 | 80432 | 65793 |
| **104** | 00199 | 50993 | 98603 | 38452 | 87890 | 94624 | 69721 |
| **105** | 60578 | 06483 | 28733 | 37867 | 07936 | 98710 | 98539 |
| **106** | 91240 | 18312 | 17441 | 01929 | 18163 | 69201 | 31211 |
| **107** | 97458 | 14229 | 12063 | 59611 | 32249 | 90466 | 33216 |
| **108** | 35249 | 38646 | 34475 | 72417 | 60514 | 69257 | 12489 |
| **109** | 38980 | 46600 | 11759 | 11900 | 46743 | 27860 | 77940 |
| **110** | 10750 | 52745 | 38749 | 87365 | 58959 | 53731 | 89295 |
| **111** | 36247 | 27850 | 73958 | 20673 | 37800 | 63835 | 71051 |
| **112** | 70994 | 66986 | 99744 | 72438 | 01174 | 42159 | 11392 |
| **113** | 99638 | 94702 | 11463 | 18148 | 81386 | 80431 | 90628 |
| **114** | 72055 | 15774 | 43857 | 99805 | 10419 | 76939 | 25993 |
| **115** | 24038 | 65541 | 85788 | 55835 | 38835 | 59399 | 13790 |
| **116** | 74976 | 14631 | 35908 | 28221 | 39470 | 91548 | 12854 |
| **117** | 35553 | 71628 | 70189 | 26436 | 63407 | 91178 | 90348 |
| **118** | 35676 | 12797 | 51434 | 82976 | 42010 | 26344 | 92920 |
| **119** | 74815 | 67523 | 72985 | 23183 | 02446 | 63594 | 98924 |
| **120** | 45246 | 88048 | 65173 | 50989 | 91060 | 89894 | 36036 |
| **121** | 76509 | 47069 | 86378 | 41797 | 11910 | 49672 | 88575 |
| **122** | 19689 | 90332 | 04315 | 21358 | 97248 | 11188 | 39062 |
| **123** | 42751 | 35318 | 97513 | 61537 | 54955 | 08159 | 00337 |
| **124** | 11946 | 22681 | 45045 | 13964 | 57517 | 59419 | 58045 |

(계속)

| Line | 01~05 | 06~10 | 11~15 | 16~20 | 21~25 | 26~30 | 31~35 |
|---|---|---|---|---|---|---|---|
| 125 | 96518 | 48688 | 20996 | 11090 | 48396 | 57177 | 83867 |
| 126 | 35726 | 58643 | 76869 | 84622 | 39098 | 36083 | 72505 |
| 127 | 39737 | 42750 | 48968 | 70536 | 84864 | 64952 | 38404 |
| 128 | 97025 | 66492 | 56177 | 04049 | 80312 | 48028 | 26408 |
| 129 | 62814 | 08075 | 09788 | 56350 | 76787 | 51591 | 54509 |
| 130 | 25578 | 22950 | 15227 | 83291 | 41737 | 59599 | 96191 |
| 131 | 68763 | 69576 | 88991 | 49662 | 46704 | 63362 | 56625 |
| 132 | 17900 | 00813 | 64361 | 60725 | 88974 | 61005 | 99709 |
| 133 | 71944 | 60227 | 63551 | 71109 | 05624 | 43836 | 58254 |
| 134 | 54684 | 93691 | 85132 | 64399 | 29182 | 44324 | 14491 |
| 135 | 25946 | 27623 | 11258 | 65204 | 52832 | 50880 | 22273 |
| 136 | 01353 | 39318 | 44961 | 44972 | 91766 | 90262 | 56073 |
| 137 | 99083 | 88191 | 27662 | 99113 | 57174 | 35571 | 99884 |
| 138 | 52021 | 45406 | 37945 | 75234 | 24327 | 86978 | 22644 |
| 139 | 78755 | 47744 | 43776 | 83098 | 03225 | 14281 | 83637 |
| 140 | 25282 | 69106 | 59180 | 16257 | 22810 | 43609 | 12224 |
| 141 | 11959 | 94202 | 02743 | 86847 | 79725 | 51811 | 12998 |
| 142 | 11644 | 13792 | 98190 | 01424 | 30078 | 28197 | 55583 |
| 143 | 06307 | 97912 | 68110 | 59812 | 95448 | 43244 | 31262 |
| 144 | 76285 | 75714 | 89585 | 99296 | 52640 | 46518 | 55486 |
| 145 | 55322 | 07598 | 39600 | 60866 | 63007 | 20007 | 66819 |
| 146 | 78017 | 90928 | 90220 | 92503 | 83375 | 26986 | 74399 |
| 147 | 44768 | 43342 | 20696 | 26331 | 43140 | 69744 | 82928 |
| 148 | 25100 | 19336 | 14605 | 86603 | 51680 | 97678 | 24261 |
| 149 | 83612 | 46623 | 62876 | 85197 | 07824 | 91392 | 58317 |
| 150 | 41347 | 81666 | 82961 | 60413 | 71020 | 83658 | 02415 |

[표 2] 이항분포표 : 한 점 $x$에서의 확률값 $P(X=x)=\binom{n}{x}p^x(1-p)^{n-x}$(계속)

| $n$ | $x$ | $p=$**0.1** | $p=$**0.2** | $p=$**0.3** | $p=$**0.4** | $p=$**0.5** |
|---|---|---|---|---|---|---|
| 2 | 0 | 0.8100 | 0.6400 | 0.4900 | 0.3600 | 0.2500 |
| | 1 | 0.1800 | 0.3200 | 0.4200 | 0.4800 | 0.5000 |
| | 2 | 0.0100 | 0.0400 | 0.0900 | 0.1600 | 0.2500 |
| 3 | 0 | 0.7290 | 0.5120 | 0.3430 | 0.2160 | 0.1250 |
| | 1 | 0.2430 | 0.3840 | 0.4410 | 0.4320 | 0.3750 |
| | 2 | 0.0270 | 0.0960 | 0.1890 | 0.2880 | 0.3750 |
| | 3 | 0.0010 | 0.0080 | 0.0270 | 0.0640 | 0.1250 |
| 4 | 0 | 0.6561 | 0.4096 | 0.2401 | 0.1296 | 0.0625 |
| | 1 | 0.2916 | 0.4096 | 0.4116 | 0.3456 | 0.2500 |
| | 2 | 0.0486 | 0.1536 | 0.2646 | 0.3456 | 0.3750 |
| | 3 | 0.0036 | 0.0256 | 0.0756 | 0.1536 | 0.2500 |
| | 4 | 0.0001 | 0.0016 | 0.0081 | 0.0256 | 0.0625 |
| 5 | 0 | 0.5905 | 0.3277 | 0.1681 | 0.0778 | 0.0313 |
| | 1 | 0.3281 | 0.4096 | 0.3602 | 0.2592 | 0.1563 |
| | 2 | 0.0729 | 0.2048 | 0.3087 | 0.3456 | 0.3125 |
| | 3 | 0.0081 | 0.0512 | 0.1323 | 0.2304 | 0.3125 |
| | 4 | 0.0005 | 0.0064 | 0.0284 | 0.0768 | 0.1563 |
| | 5 | 0.0000 | 0.0003 | 0.0024 | 0.0102 | 0.0313 |
| 6 | 0 | 0.5314 | 0.2621 | 0.1176 | 0.0467 | 0.0156 |
| | 1 | 0.3543 | 0.3932 | 0.3025 | 0.1866 | 0.0938 |
| | 2 | 0.0984 | 0.2458 | 0.3241 | 0.3110 | 0.2344 |
| | 3 | 0.0146 | 0.0819 | 0.1852 | 0.2765 | 0.3125 |
| | 4 | 0.0012 | 0.0154 | 0.0595 | 0.1382 | 0.2344 |
| | 5 | 0.0001 | 0.0015 | 0.0102 | 0.0369 | 0.0938 |
| | 6 | 0.0000 | 0.0001 | 0.0007 | 0.0041 | 0.0156 |

(계속)

| $n$ | $x$ | $p=$**0.1** | $p=$**0.2** | $p=$**0.3** | $p=$**0.4** | $p=$**0.5** |
|---|---|---|---|---|---|---|
| 7 | 0 | 0.4783 | 0.2097 | 0.0824 | 0.0280 | 0.0078 |
| | 1 | 0.3720 | 0.3670 | 0.2471 | 0.1306 | 0.0547 |
| | 2 | 0.1240 | 0.2753 | 0.3177 | 0.2613 | 0.1641 |
| | 3 | 0.0230 | 0.1147 | 0.2269 | 0.2903 | 0.2734 |
| | 4 | 0.0026 | 0.0287 | 0.0972 | 0.1935 | 0.2734 |
| | 5 | 0.0002 | 0.0043 | 0.0250 | 0.0774 | 0.1641 |
| | 6 | 0.0000 | 0.0004 | 0.0036 | 0.0172 | 0.0547 |
| | 7 | 0.0000 | 0.0000 | 0.0002 | 0.0016 | 0.0078 |
| 8 | 0 | 0.4305 | 0.1678 | 0.0576 | 0.0168 | 0.0039 |
| | 1 | 0.3826 | 0.3355 | 0.1977 | 0.0896 | 0.0313 |
| | 2 | 0.1488 | 0.2936 | 0.2965 | 0.2090 | 0.1094 |
| | 3 | 0.0331 | 0.1468 | 0.2541 | 0.2787 | 0.2188 |
| | 4 | 0.0046 | 0.0459 | 0.1361 | 0.2322 | 0.2734 |
| | 5 | 0.0004 | 0.0092 | 0.0467 | 0.1239 | 0.2188 |
| | 6 | 0.0000 | 0.0011 | 0.0100 | 0.0413 | 0.1094 |
| | 7 | 0.0000 | 0.0001 | 0.0012 | 0.0079 | 0.0313 |
| | 8 | 0.0000 | 0.0000 | 0.0001 | 0.0007 | 0.0039 |
| 9 | 0 | 0.3874 | 0.1342 | 0.0404 | 0.0101 | 0.0020 |
| | 1 | 0.3874 | 0.3020 | 0.1556 | 0.0605 | 0.0176 |
| | 2 | 0.1722 | 0.3020 | 0.2668 | 0.1612 | 0.0703 |
| | 3 | 0.0446 | 0.1762 | 0.2668 | 0.2508 | 0.1641 |
| | 4 | 0.0074 | 0.0661 | 0.1715 | 0.2508 | 0.2461 |
| | 5 | 0.0008 | 0.0165 | 0.0735 | 0.1672 | 0.2461 |
| | 6 | 0.0001 | 0.0028 | 0.0210 | 0.0743 | 0.1641 |
| | 7 | 0.0000 | 0.0003 | 0.0039 | 0.0212 | 0.0703 |
| | 8 | 0.0000 | 0.0000 | 0.0004 | 0.0035 | 0.0176 |
| | 9 | 0.0000 | 0.0000 | 0.0000 | 0.0003 | 0.0020 |

(계속)

| $n$ | $x$ | $p=$**0.1** | $p=$**0.2** | $p=$**0.3** | $p=$**0.4** | $p=$**0.5** |
|---|---|---|---|---|---|---|
| 10 | 0 | 0.3487 | 0.1074 | 0.0282 | 0.0060 | 0.0010 |
| | 1 | 0.3874 | 0.2684 | 0.1211 | 0.0403 | 0.0098 |
| | 2 | 0.1937 | 0.3020 | 0.2335 | 0.1209 | 0.0439 |
| | 3 | 0.0574 | 0.2013 | 0.2668 | 0.2150 | 0.1172 |
| | 4 | 0.0112 | 0.0881 | 0.2001 | 0.2508 | 0.2051 |
| | 5 | 0.0015 | 0.0264 | 0.1029 | 0.2007 | 0.2461 |
| | 6 | 0.0001 | 0.0055 | 0.0368 | 0.1115 | 0.2051 |
| | 7 | 0.0000 | 0.0008 | 0.0090 | 0.0425 | 0.1172 |
| | 8 | 0.0000 | 0.0001 | 0.0014 | 0.0106 | 0.0439 |
| | 9 | 0.0000 | 0.0000 | 0.0001 | 0.0016 | 0.0098 |
| | 10 | 0.0000 | 0.0000 | 0.0000 | 0.0001 | 0.0010 |
| 15 | 0 | 0.2059 | 0.0352 | 0.0047 | 0.0005 | 0.0000 |
| | 1 | 0.3432 | 0.1319 | 0.0305 | 0.0047 | 0.0005 |
| | 2 | 0.2669 | 0.2309 | 0.0916 | 0.0219 | 0.0032 |
| | 3 | 0.1285 | 0.2501 | 0.1700 | 0.0634 | 0.0139 |
| | 4 | 0.0428 | 0.1876 | 0.2186 | 0.1268 | 0.0417 |
| | 5 | 0.0105 | 0.1032 | 0.2061 | 0.1859 | 0.0916 |
| | 6 | 0.0019 | 0.0430 | 0.1472 | 0.2066 | 0.1527 |
| | 7 | 0.0003 | 0.0138 | 0.0811 | 0.1771 | 0.1964 |
| | 8 | 0.0000 | 0.0035 | 0.0348 | 0.1181 | 0.1964 |
| | 9 | 0.0000 | 0.0007 | 0.0116 | 0.0612 | 0.1527 |
| | 10 | 0.0000 | 0.0001 | 0.0030 | 0.0245 | 0.0916 |
| | 11 | 0.0000 | 0.0000 | 0.0006 | 0.0074 | 0.0417 |
| | 12 | 0.0000 | 0.0000 | 0.0001 | 0.0016 | 0.0139 |
| | 13 | 0.0000 | 0.0000 | 0.0000 | 0.0003 | 0.0032 |
| | 14 | 0.0000 | 0.0000 | 0.0000 | 0.0000 | 0.0005 |
| | 15 | 0.0000 | 0.0000 | 0.0000 | 0.0000 | 0.0000 |

(계속)

| $n$ | $x$ | $p=$**0.1** | $p=$**0.2** | $p=$**0.3** | $p=$**0.4** | $p=$**0.5** |
|---|---|---|---|---|---|---|
| 20 | 0 | 0.1216 | 0.0115 | 0.0008 | 0.0000 | 0.0000 |
| | 1 | 0.2702 | 0.0576 | 0.0068 | 0.0005 | 0.0000 |
| | 2 | 0.2852 | 0.1369 | 0.0278 | 0.0031 | 0.0002 |
| | 3 | 0.1901 | 0.2054 | 0.0716 | 0.0123 | 0.0011 |
| | 4 | 0.0898 | 0.2182 | 0.1304 | 0.0350 | 0.0046 |
| | 5 | 0.0319 | 0.1746 | 0.1789 | 0.0746 | 0.0148 |
| | 6 | 0.0089 | 0.1091 | 0.1916 | 0.1244 | 0.0370 |
| | 7 | 0.0020 | 0.0545 | 0.1643 | 0.1659 | 0.0739 |
| | 8 | 0.0004 | 0.0222 | 0.1144 | 0.1797 | 0.1201 |
| | 9 | 0.0001 | 0.0074 | 0.0654 | 0.1597 | 0.1602 |
| | 10 | 0.0000 | 0.0020 | 0.0308 | 0.1171 | 0.1762 |
| | 11 | 0.0000 | 0.0005 | 0.0120 | 0.0710 | 0.1602 |
| | 12 | 0.0000 | 0.0001 | 0.0039 | 0.0355 | 0.1201 |
| | 13 | 0.0000 | 0.0000 | 0.0010 | 0.0146 | 0.0739 |
| | 14 | 0.0000 | 0.0000 | 0.0002 | 0.0049 | 0.0370 |
| | 15 | 0.0000 | 0.0000 | 0.0000 | 0.0013 | 0.0148 |
| | 16 | 0.0000 | 0.0000 | 0.0000 | 0.0003 | 0.0046 |
| | 17 | 0.0000 | 0.0000 | 0.0000 | 0.0000 | 0.0011 |
| | 18 | 0.0000 | 0.0000 | 0.0000 | 0.0000 | 0.0002 |
| | 19 | 0.0000 | 0.0000 | 0.0000 | 0.0000 | 0.0000 |
| | 20 | 0.0000 | 0.0000 | 0.0000 | 0.0000 | 0.0000 |

[표 3] **푸아송분포표** : 한 점 $x$에서의 확률값 $P(X=x)=\dfrac{e^{-\lambda}\lambda^{x}}{x!}$(계속)

| $x$ | $\lambda$=.1 | .2 | .3 | .4 | .5 | .6 | .7 | .8 | .9 | 1.0 |
|---|---|---|---|---|---|---|---|---|---|---|
| 0 | .9048 | .8187 | .7408 | .6703 | .6065 | .5488 | .4966 | .4493 | .4066 | .3679 |
| 1 | .0905 | .1637 | .0000 | .2681 | .3033 | .3293 | .3476 | .3595 | .3659 | .3679 |
| 2 | .0045 | .0164 | .0333 | .0536 | .0758 | .0988 | .1217 | .1438 | .1647 | .1839 |
| 3 | .0002 | .0011 | .0033 | .0072 | .0126 | .0198 | .0284 | .0383 | .0494 | .0613 |
| 4 | .0000 | .0001 | .0003 | .0007 | .0016 | .0030 | .0050 | .0077 | .0111 | .0153 |
| 5 | .0000 | .0000 | .0000 | .0001 | .0002 | .0004 | .0007 | .0012 | .0020 | .0031 |
| 6 | .0000 | .0000 | .0000 | .0000 | .0000 | .0000 | .0001 | .0002 | .0003 | .0005 |
| 7 | .0000 | .0000 | .0000 | .0000 | .0000 | .0000 | .0000 | .0000 | .0000 | .0001 |
| 8 | .0000 | .0000 | .0000 | .0000 | .0000 | .0000 | .0000 | .0000 | .0000 | .0000 |

| $x$ | $\lambda$=1.5 | 2 | 3 | 4 | 5 | 6 | 7 | 8 | 9 | 10 |
|---|---|---|---|---|---|---|---|---|---|---|
| 0 | .2231 | .1353 | .0498 | .0183 | .0067 | .0025 | .0009 | .0003 | .0001 | .0000 |
| 1 | .3347 | .2707 | .1494 | .0733 | .0337 | .0149 | .0064 | .0027 | .0011 | .0005 |
| 2 | .2510 | .2707 | .2240 | .1465 | .0842 | .0446 | .0223 | .0107 | .0050 | .0023 |
| 3 | .1255 | .1804 | .2240 | .1954 | .1404 | .0892 | .0521 | .0286 | .0150 | .0076 |
| 4 | .0471 | .0902 | .1680 | .1954 | .1755 | .1339 | .0912 | .0573 | .0337 | .0189 |
| 5 | .0141 | .0361 | .1008 | .1563 | .1755 | .1606 | .1277 | .0916 | .0607 | .0378 |
| 6 | .0035 | .0120 | .0504 | .1042 | .1462 | .1606 | .1490 | .1221 | .0911 | .0631 |
| 7 | .0008 | .0034 | .0216 | .0595 | .1044 | .1377 | .1490 | .1396 | .1171 | .0901 |
| 8 | .0001 | .0009 | .0081 | .0298 | .0653 | .1033 | .1304 | .1396 | .1318 | .1126 |
| 9 | .0000 | .0002 | .0027 | .0132 | .0363 | .0688 | .1014 | .1241 | .1318 | .1251 |
| 10 | .0000 | .0000 | .0008 | .0053 | .0181 | .0413 | .0710 | .0993 | .1186 | .1251 |
| 11 | .0000 | .0000 | .0002 | .0019 | .0082 | .0225 | .0452 | .0722 | .0970 | .1137 |
| 12 | .0000 | .0000 | .0001 | .0006 | .0034 | .0113 | .0264 | .0481 | .0728 | .0948 |
| 13 | .0000 | .0000 | .0000 | .0002 | .0013 | .0052 | .0142 | .0296 | .0504 | .0729 |
| 14 | .0000 | .0000 | .0000 | .0001 | .0005 | .0022 | .0071 | .0169 | .0324 | .0521 |

(계속)

| $x$ | $\lambda=1.5$ | 2 | 3 | 4 | 5 | 6 | 7 | 8 | 9 | 10 |
|---|---|---|---|---|---|---|---|---|---|---|
| 15 | .0000 | .0000 | .0000 | .0000 | .0002 | .0009 | .0033 | .0090 | .0194 | .0347 |
| 16 | .0000 | .0000 | .0000 | .0000 | .0000 | .0003 | .0014 | .0045 | .0109 | .0217 |
| 17 | .0000 | .0000 | .0000 | .0000 | .0000 | .0001 | .0006 | .0021 | .0058 | .0128 |
| 18 | .0000 | .0000 | .0000 | .0000 | .0000 | .0000 | .0002 | .0009 | .0029 | .0071 |
| 19 | .0000 | .0000 | .0000 | .0000 | .0000 | .0000 | .0001 | .0004 | .0014 | .0037 |
| 20 | .0000 | .0000 | .0000 | .0000 | .0000 | .0000 | .0000 | .0002 | .0006 | .0019 |
| 21 | .0000 | .0000 | .0000 | .0000 | .0000 | .0000 | .0000 | .0001 | .0003 | .0009 |
| 22 | .0000 | .0000 | .0000 | .0000 | .0000 | .0000 | .0000 | .0000 | .0001 | .0004 |
| 23 | .0000 | .0000 | .0000 | .0000 | .0000 | .0000 | .0000 | .0000 | .0000 | .0002 |
| 24 | .0000 | .0000 | .0000 | .0000 | .0000 | .0000 | .0000 | .0000 | .0000 | .0001 |
| 25 | .0000 | .0000 | .0000 | .0000 | .0000 | .0000 | .0000 | .0000 | .0000 | .0000 |

[표 4] **표준정규분포표** : 누적확률값 $P(Z \le z) = \int_{-\infty}^{z} \frac{1}{\sqrt{2\pi}} exp(-\frac{1}{2}t^2)dt$

| $z$ | 0.00 | 0.01 | 0.02 | 0.03 | 0.04 | 0.05 | 0.06 | 0.07 | 0.08 | 0.09 |
|---|---|---|---|---|---|---|---|---|---|---|
| **0.0** | 0.5000 | 0.5040 | 0.5080 | 0.5120 | 0.5160 | 0.5199 | 0.5239 | 0.5279 | 0.5319 | 0.5359 |
| **0.1** | 0.5398 | 0.5438 | 0.5478 | 0.5517 | 0.5557 | 0.5596 | 0.5636 | 0.5675 | 0.5714 | 0.5754 |
| **0.2** | 0.5793 | 0.5832 | 0.5871 | 0.5910 | 0.5948 | 0.5987 | 0.6026 | 0.6064 | 0.6103 | 0.6141 |
| **0.3** | 0.6179 | 0.6217 | 0.6255 | 0.6293 | 0.6331 | 0.6368 | 0.6406 | 0.6443 | 0.6480 | 0.6517 |
| **0.4** | 0.6554 | 0.6591 | 0.6628 | 0.6664 | 0.6700 | 0.6736 | 0.6772 | 0.6808 | 0.6844 | 0.6879 |
| **0.5** | 0.6915 | 0.6950 | 0.6985 | 0.7019 | 0.7054 | 0.7088 | 0.7123 | 0.7157 | 0.7190 | 0.7224 |
| **0.6** | 0.7258 | 0.7291 | 0.7324 | 0.7357 | 0.7389 | 0.7422 | 0.7454 | 0.7486 | 0.7518 | 0.7549 |
| **0.7** | 0.7580 | 0.7612 | 0.7642 | 0.7673 | 0.7704 | 0.7734 | 0.7764 | 0.7794 | 0.7823 | 0.7852 |
| **0.8** | 0.7881 | 0.7910 | 0.7939 | 0.7967 | 0.7996 | 0.8023 | 0.8051 | 0.8079 | 0.8106 | 0.8133 |
| **0.9** | 0.8159 | 0.8186 | 0.8212 | 0.8238 | 0.8264 | 0.8289 | 0.8315 | 0.8340 | 0.8365 | 0.8389 |
| **1.0** | 0.8413 | 0.8438 | 0.8461 | 0.8485 | 0.8508 | 0.8531 | 0.8554 | 0.8577 | 0.8599 | 0.8621 |
| **1.1** | 0.8643 | 0.8665 | 0.8686 | 0.8708 | 0.8729 | 0.8749 | 0.8770 | 0.8790 | 0.8810 | 0.8830 |
| **1.2** | 0.8849 | 0.8869 | 0.8888 | 0.8907 | 0.8925 | 0.8944 | 0.8962 | 0.8980 | 0.8997 | 0.9015 |
| **1.3** | 0.9032 | 0.9049 | 0.9066 | 0.9082 | 0.9099 | 0.9115 | 0.9131 | 0.9147 | 0.9162 | 0.9177 |
| **1.4** | 0.9192 | 0.9207 | 0.9222 | 0.9236 | 0.9251 | 0.9265 | 0.9279 | 0.9292 | 0.9306 | 0.9319 |
| **1.5** | 0.9332 | 0.9345 | 0.9357 | 0.9370 | 0.9382 | 0.9394 | 0.9406 | 0.9418 | 0.9430 | 0.9441 |
| **1.6** | 0.9452 | 0.9463 | 0.9474 | 0.9485 | 0.9495 | 0.9505 | 0.9515 | 0.9525 | 0.9535 | 0.9545 |
| **1.7** | 0.9554 | 0.9564 | 0.9573 | 0.9582 | 0.9591 | 0.9599 | 0.9608 | 0.9616 | 0.9625 | 0.9633 |
| **1.8** | 0.9641 | 0.9649 | 0.9656 | 0.9664 | 0.9671 | 0.9678 | 0.9686 | 0.9693 | 0.9700 | 0.9706 |
| **1.9** | 0.9713 | 0.9719 | 0.9726 | 0.9732 | 0.9738 | 0.9744 | 0.9750 | 0.9756 | 0.9762 | 0.9767 |
| **2.0** | 0.9773 | 0.9778 | 0.9783 | 0.9788 | 0.9793 | 0.9798 | 0.9803 | 0.9808 | 0.9812 | 0.9817 |
| **2.1** | 0.9821 | 0.9826 | 0.9830 | 0.9834 | 0.9838 | 0.9842 | 0.9846 | 0.9850 | 0.9854 | 0.9857 |
| **2.2** | 0.9861 | 0.9865 | 0.9868 | 0.9871 | 0.9875 | 0.9878 | 0.9881 | 0.9884 | 0.9887 | 0.9890 |
| **2.3** | 0.9893 | 0.9896 | 0.9898 | 0.9901 | 0.9904 | 0.9906 | 0.9909 | 0.9911 | 0.9913 | 0.9916 |
| **2.4** | 0.9918 | 0.9920 | 0.9922 | 0.9925 | 0.9927 | 0.9929 | 0.9931 | 0.9932 | 0.9934 | 0.9936 |
| **2.5** | 0.9938 | 0.9940 | 0.9941 | 0.9943 | 0.9945 | 0.9946 | 0.9948 | 0.9949 | 0.9951 | 0.9952 |
| **2.6** | 0.9953 | 0.9955 | 0.9956 | 0.9957 | 0.9959 | 0.9960 | 0.9961 | 0.9962 | 0.9963 | 0.9964 |
| **2.7** | 0.9965 | 0.9966 | 0.9967 | 0.9968 | 0.9969 | 0.9970 | 0.9971 | 0.9972 | 0.9973 | 0.9974 |
| **2.8** | 0.9974 | 0.9975 | 0.9976 | 0.9977 | 0.9977 | 0.9978 | 0.9979 | 0.9980 | 0.9980 | 0.9981 |
| **2.9** | 0.9981 | 0.9982 | 0.9983 | 0.9983 | 0.9984 | 0.9984 | 0.9985 | 0.9985 | 0.9986 | 0.9986 |
| **3.0** | 0.9987 | 0.9987 | 0.9987 | 0.9988 | 0.9988 | 0.9989 | 0.9989 | 0.9989 | 0.9990 | 0.9990 |
| **3.1** | 0.9990 | 0.9991 | 0.9991 | 0.9991 | 0.9992 | 0.9992 | 0.9992 | 0.9992 | 0.9993 | 0.9993 |
| **3.2** | 0.9993 | 0.9993 | 0.9994 | 0.9994 | 0.9994 | 0.9994 | 0.9994 | 0.9995 | 0.9995 | 0.9995 |
| **3.3** | 0.9995 | 0.9995 | 0.9996 | 0.9996 | 0.9996 | 0.9996 | 0.9996 | 0.9996 | 0.9996 | 0.9997 |
| **3.4** | 0.9997 | 0.9997 | 0.9997 | 0.9997 | 0.9997 | 0.9997 | 0.9997 | 0.9997 | 0.9998 | 0.9998 |

[표 5] $t$-분포표 : $t$ 분포의 상위 100 $\alpha$% 백분위수 $t_{\alpha}(df)$

| $df$ | $\alpha$ | | | | | | | |
|---|---|---|---|---|---|---|---|---|
| | **0.25** | **0.1** | **0.05** | **0.025** | **0.01** | **0.00833** | **0.00625** | **0.005** |
| **1** | 1.000 | 3.078 | 6.314 | 12.706 | 31.821 | 38.204 | 50.923 | 63.657 |
| **2** | 0.816 | 1.886 | 2.920 | 4.303 | 6.965 | 7.650 | 8.860 | 9.925 |
| **3** | 0.765 | 1.638 | 2.353 | 3.182 | 4.541 | 4.857 | 5.392 | 5.841 |
| **4** | 0.741 | 1.533 | 2.132 | 2.776 | 3.747 | 3.961 | 4.315 | 4.604 |
| **5** | 0.727 | 1.476 | 2.015 | 2.571 | 3.365 | 3.534 | 3.810 | 4.032 |
| **6** | 0.718 | 1.440 | 1.943 | 2.447 | 3.143 | 3.288 | 3.521 | 3.707 |
| **7** | 0.711 | 1.415 | 1.895 | 2.365 | 2.998 | 3.128 | 3.335 | 3.499 |
| **8** | 0.706 | 1.397 | 1.860 | 2.306 | 2.896 | 3.016 | 3.206 | 3.355 |
| **9** | 0.703 | 1.383 | 1.833 | 2.262 | 2.821 | 2.934 | 3.111 | 3.250 |
| **10** | 0.700 | 1.372 | 1.812 | 2.228 | 2.764 | 2.870 | 3.038 | 3.169 |
| **11** | 0.697 | 1.363 | 1.796 | 2.201 | 2.718 | 2.820 | 2.981 | 3.106 |
| **12** | 0.695 | 1.356 | 1.782 | 2.179 | 2.681 | 2.780 | 2.934 | 3.055 |
| **13** | 0.694 | 1.350 | 1.771 | 2.160 | 2.650 | 2.746 | 2.896 | 3.012 |
| **14** | 0.692 | 1.345 | 1.761 | 2.145 | 2.624 | 2.718 | 2.864 | 2.977 |
| **15** | 0.691 | 1.341 | 1.753 | 2.131 | 2.602 | 2.694 | 2.837 | 2.947 |
| **16** | 0.690 | 1.337 | 1.746 | 2.120 | 2.583 | 2.673 | 2.813 | 2.921 |
| **17** | 0.689 | 1.333 | 1.740 | 2.110 | 2.567 | 2.655 | 2.793 | 2.898 |
| **18** | 0.688 | 1.330 | 1.734 | 2.101 | 2.552 | 2.639 | 2.775 | 2.878 |
| **19** | 0.688 | 1.328 | 1.729 | 2.093 | 2.539 | 2.625 | 2.759 | 2.861 |
| **20** | 0.687 | 1.325 | 1.725 | 2.086 | 2.528 | 2.613 | 2.744 | 2.845 |
| **21** | 0.686 | 1.323 | 1.721 | 2.080 | 2.518 | 2.602 | 2.732 | 2.831 |
| **22** | 0.686 | 1.321 | 1.717 | 2.074 | 2.508 | 2.591 | 2.720 | 2.819 |
| **23** | 0.685 | 1.319 | 1.714 | 2.069 | 2.500 | 2.582 | 2.710 | 2.807 |
| **24** | 0.685 | 1.318 | 1.711 | 2.064 | 2.492 | 2.574 | 2.700 | 2.797 |
| **25** | 0.684 | 1.316 | 1.708 | 2.060 | 2.485 | 2.566 | 2.692 | 2.787 |
| **26** | 0.684 | 1.315 | 1.706 | 2.056 | 2.479 | 2.559 | 2.684 | 2.779 |
| **27** | 0.684 | 1.314 | 1.703 | 2.052 | 2.473 | 2.553 | 2.676 | 2.771 |
| **28** | 0.683 | 1.313 | 1.701 | 2.048 | 2.467 | 2.547 | 2.669 | 2.763 |
| **29** | 0.683 | 1.311 | 1.699 | 2.045 | 2.462 | 2.541 | 2.663 | 2.756 |
| **30** | 0.683 | 1.310 | 1.697 | 2.042 | 2.457 | 2.536 | 2.657 | 2.750 |
| **40** | 0.681 | 1.303 | 1.684 | 2.021 | 2.423 | 2.499 | 2.616 | 2.704 |
| **60** | 0.679 | 1.296 | 1.671 | 2.000 | 2.390 | 2.463 | 2.575 | 2.660 |
| **120** | 0.677 | 1.289 | 1.658 | 1.980 | 2.358 | 2.428 | 2.536 | 2.617 |
| $\infty$ | 0.675 | 1.282 | 1.645 | 1.960 | 2.327 | 2.395 | 2.498 | 2.576 |

[표 6] **카이제곱분포표** : 카이제곱분포의 상위 100 $\alpha$% 백분위수 $\chi^2_\alpha(df)$

| $df$ | $\alpha$ | | | | | | | | |
|---|---|---|---|---|---|---|---|---|---|
| | **0.99** | **0.975** | **0.95** | **0.9** | **0.5** | **0.1** | **0.05** | **0.025** | **0.01** |
| **1** | 0.0002 | 0.001 | 0.004 | 0.02 | 0.45 | 2.71 | 3.84 | 5.02 | 6.63 |
| **2** | 0.02 | 0.05 | 0.10 | 0.21 | 1.39 | 4.61 | 5.99 | 7.38 | 9.21 |
| **3** | 0.11 | 0.22 | 0.35 | 0.58 | 2.37 | 6.25 | 7.81 | 9.35 | 11.34 |
| **4** | 0.30 | 0.48 | 0.71 | 1.06 | 3.36 | 7.78 | 9.49 | 11.14 | 13.28 |
| **5** | 0.55 | 0.83 | 1.15 | 1.61 | 4.35 | 9.24 | 11.07 | 12.83 | 15.09 |
| **6** | 0.87 | 1.24 | 1.64 | 2.20 | 5.35 | 10.64 | 12.59 | 14.45 | 16.81 |
| **7** | 1.24 | 1.69 | 2.17 | 2.83 | 6.35 | 12.02 | 14.07 | 16.01 | 18.48 |
| **8** | 1.65 | 2.18 | 2.73 | 3.49 | 7.34 | 13.36 | 15.51 | 17.53 | 20.09 |
| **9** | 2.09 | 2.70 | 3.33 | 4.17 | 8.34 | 14.68 | 16.92 | 19.02 | 21.67 |
| **10** | 2.56 | 3.25 | 3.94 | 4.87 | 9.34 | 15.99 | 18.31 | 20.48 | 23.21 |
| **11** | 3.05 | 3.82 | 4.57 | 5.58 | 10.34 | 17.28 | 19.68 | 21.92 | 24.72 |
| **12** | 3.57 | 4.40 | 5.23 | 6.30 | 11.34 | 18.55 | 21.03 | 23.34 | 26.22 |
| **13** | 4.11 | 5.01 | 5.89 | 7.04 | 12.34 | 19.81 | 22.36 | 24.74 | 27.69 |
| **14** | 4.66 | 5.63 | 6.57 | 7.79 | 13.34 | 21.06 | 23.68 | 26.12 | 29.14 |
| **15** | 5.23 | 6.26 | 7.26 | 8.55 | 14.34 | 22.31 | 25.00 | 27.49 | 30.58 |
| **16** | 5.81 | 6.91 | 7.96 | 9.31 | 15.34 | 23.54 | 26.30 | 28.85 | 32.00 |
| **17** | 6.41 | 7.56 | 8.67 | 10.09 | 16.34 | 24.77 | 27.59 | 30.19 | 33.41 |
| **18** | 7.01 | 8.23 | 9.39 | 10.86 | 17.34 | 25.99 | 28.87 | 31.53 | 34.81 |
| **19** | 7.63 | 8.91 | 10.12 | 11.65 | 18.34 | 27.20 | 30.14 | 32.85 | 36.19 |
| **20** | 8.26 | 9.59 | 10.85 | 12.44 | 19.34 | 28.41 | 31.41 | 34.17 | 37.57 |
| **21** | 8.90 | 10.28 | 11.59 | 13.24 | 20.34 | 29.62 | 32.67 | 35.48 | 38.93 |
| **22** | 9.54 | 10.98 | 12.34 | 14.04 | 21.34 | 30.81 | 33.92 | 36.78 | 40.29 |
| **23** | 10.20 | 11.69 | 13.09 | 14.85 | 22.34 | 32.01 | 35.17 | 38.08 | 41.64 |
| **24** | 10.86 | 12.40 | 13.85 | 15.66 | 23.34 | 33.20 | 36.42 | 39.36 | 42.98 |
| **25** | 11.52 | 13.12 | 14.61 | 16.47 | 24.34 | 34.38 | 37.65 | 40.65 | 44.31 |
| **26** | 12.20 | 13.84 | 15.38 | 17.29 | 25.34 | 35.56 | 38.89 | 41.92 | 45.64 |
| **27** | 12.88 | 14.57 | 16.15 | 18.11 | 26.34 | 36.74 | 40.11 | 43.19 | 46.96 |
| **28** | 13.56 | 15.31 | 16.93 | 18.94 | 27.34 | 37.92 | 41.34 | 44.46 | 48.28 |
| **29** | 14.26 | 16.05 | 17.71 | 19.77 | 28.34 | 39.09 | 42.56 | 45.72 | 49.59 |
| **30** | 14.95 | 16.79 | 18.49 | 20.60 | 29.34 | 40.26 | 43.77 | 46.98 | 50.89 |
| **40** | 22.16 | 24.43 | 26.51 | 29.05 | 39.34 | 51.81 | 55.76 | 59.34 | 63.69 |
| **50** | 29.71 | 32.36 | 34.76 | 37.69 | 49.33 | 63.17 | 67.50 | 71.42 | 76.15 |
| **60** | 37.48 | 40.48 | 43.19 | 46.46 | 59.33 | 74.40 | 79.08 | 83.30 | 88.38 |
| **70** | 45.44 | 48.76 | 51.74 | 55.33 | 69.33 | 85.53 | 90.53 | 95.02 | 100.43 |
| **80** | 53.54 | 57.15 | 60.39 | 64.28 | 79.33 | 96.58 | 101.88 | 106.63 | 112.33 |
| **90** | 61.75 | 65.65 | 69.13 | 73.29 | 89.33 | 107.57 | 113.15 | 118.14 | 124.12 |
| **100** | 70.06 | 74.22 | 77.93 | 82.36 | 99.33 | 118.50 | 124.34 | 129.56 | 135.81 |

[표 7] ***F*-분포표** : $F$ 분포의 상위 10% 백분위수 $F_{0.1}(i, k)$

| $k$ \ $i$ | **1** | **2** | **3** | **4** | **5** | **6** | **7** | **8** | **9** | **10** |
|---|---|---|---|---|---|---|---|---|---|---|
| **1** | 39.86 | 49.50 | 53.59 | 55.83 | 57.24 | 58.20 | 58.91 | 59.44 | 59.86 | 60.19 |
| **2** | 8.53 | 9.00 | 9.16 | 9.24 | 9.29 | 9.33 | 9.35 | 9.37 | 9.38 | 9.39 |
| **3** | 5.54 | 5.46 | 5.39 | 5.34 | 5.31 | 5.28 | 5.27 | 5.25 | 5.24 | 5.23 |
| **4** | 4.54 | 4.32 | 4.19 | 4.11 | 4.05 | 4.01 | 3.98 | 3.95 | 3.94 | 3.92 |
| **5** | 4.06 | 3.78 | 3.62 | 3.52 | 3.45 | 3.40 | 3.37 | 3.34 | 3.32 | 3.30 |
| **6** | 3.78 | 3.46 | 3.29 | 3.18 | 3.11 | 3.05 | 3.01 | 2.98 | 2.96 | 2.94 |
| **7** | 3.59 | 3.26 | 3.07 | 2.96 | 2.88 | 2.83 | 2.78 | 2.75 | 2.72 | 2.70 |
| **8** | 3.46 | 3.11 | 2.92 | 2.81 | 2.73 | 2.67 | 2.62 | 2.59 | 2.56 | 2.54 |
| **9** | 3.36 | 3.01 | 2.81 | 2.69 | 2.61 | 2.55 | 2.51 | 2.47 | 2.44 | 2.42 |
| **10** | 3.29 | 2.92 | 2.73 | 2.61 | 2.52 | 2.46 | 2.41 | 2.38 | 2.35 | 2.32 |
| **11** | 3.23 | 2.86 | 2.66 | 2.54 | 2.45 | 2.39 | 2.34 | 2.30 | 2.27 | 2.25 |
| **12** | 3.18 | 2.81 | 2.61 | 2.48 | 2.39 | 2.33 | 2.28 | 2.24 | 2.21 | 2.19 |
| **13** | 3.14 | 2.76 | 2.56 | 2.43 | 2.35 | 2.28 | 2.23 | 2.20 | 2.16 | 2.14 |
| **14** | 3.10 | 2.73 | 2.52 | 2.39 | 2.31 | 2.24 | 2.19 | 2.15 | 2.12 | 2.10 |
| **15** | 3.07 | 2.70 | 2.49 | 2.36 | 2.27 | 2.21 | 2.16 | 2.12 | 2.09 | 2.06 |
| **16** | 3.05 | 2.67 | 2.46 | 2.33 | 2.24 | 2.18 | 2.13 | 2.09 | 2.06 | 2.03 |
| **17** | 3.03 | 2.64 | 2.44 | 2.31 | 2.22 | 2.15 | 2.10 | 2.06 | 2.03 | 2.00 |
| **18** | 3.01 | 2.62 | 2.42 | 2.29 | 2.20 | 2.13 | 2.08 | 2.04 | 2.00 | 1.98 |
| **19** | 2.99 | 2.61 | 2.40 | 2.27 | 2.18 | 2.11 | 2.06 | 2.02 | 1.98 | 1.96 |
| **20** | 2.97 | 2.59 | 2.38 | 2.25 | 2.16 | 2.09 | 2.04 | 2.00 | 1.96 | 1.94 |
| **21** | 2.96 | 2.57 | 2.36 | 2.23 | 2.14 | 2.08 | 2.02 | 1.98 | 1.95 | 1.92 |
| **22** | 2.95 | 2.56 | 2.35 | 2.22 | 2.13 | 2.06 | 2.01 | 1.97 | 1.93 | 1.90 |
| **23** | 2.94 | 2.55 | 2.34 | 2.21 | 2.11 | 2.05 | 1.99 | 1.95 | 1.92 | 1.89 |
| **24** | 2.93 | 2.54 | 2.33 | 2.19 | 2.10 | 2.04 | 1.98 | 1.94 | 1.91 | 1.88 |
| **25** | 2.92 | 2.53 | 2.32 | 2.18 | 2.09 | 2.02 | 1.97 | 1.93 | 1.89 | 1.87 |
| **26** | 2.91 | 2.52 | 2.31 | 2.17 | 2.08 | 2.01 | 1.96 | 1.92 | 1.88 | 1.86 |
| **27** | 2.90 | 2.51 | 2.30 | 2.17 | 2.07 | 2.00 | 1.95 | 1.91 | 1.87 | 1.85 |
| **28** | 2.89 | 2.50 | 2.29 | 2.16 | 2.06 | 2.00 | 1.94 | 1.90 | 1.87 | 1.84 |
| **29** | 2.89 | 2.50 | 2.28 | 2.15 | 2.06 | 1.99 | 1.93 | 1.89 | 1.86 | 1.83 |
| **30** | 2.88 | 2.49 | 2.28 | 2.14 | 2.05 | 1.98 | 1.93 | 1.88 | 1.85 | 1.82 |
| **40** | 2.84 | 2.44 | 2.23 | 2.09 | 2.00 | 1.93 | 1.87 | 1.83 | 1.79 | 1.76 |
| **60** | 2.79 | 2.39 | 2.18 | 2.04 | 1.95 | 1.87 | 1.82 | 1.77 | 1.74 | 1.71 |
| **120** | 2.75 | 2.35 | 2.13 | 1.99 | 1.90 | 1.82 | 1.77 | 1.72 | 1.68 | 1.65 |
| $\infty$ | 2.71 | 2.30 | 2.08 | 1.94 | 1.85 | 1.77 | 1.72 | 1.67 | 1.63 | 1.60 |

(계속)

| k \ i | 12 | 15 | 20 | 24 | 30 | 40 | 60 | 120 | ∞ |
|---|---|---|---|---|---|---|---|---|---|
| **1** | 60.71 | 61.22 | 61.74 | 62.00 | 62.26 | 62.53 | 62.79 | 63.06 | 63.33 |
| **2** | 9.41 | 9.42 | 9.44 | 9.45 | 9.46 | 9.47 | 9.47 | 9.48 | 9.49 |
| **3** | 5.22 | 5.20 | 5.18 | 5.18 | 5.17 | 5.16 | 5.15 | 5.14 | 5.13 |
| **4** | 3.90 | 3.87 | 3.84 | 3.83 | 3.82 | 3.80 | 3.79 | 3.78 | 3.76 |
| **5** | 3.27 | 3.24 | 3.21 | 3.19 | 3.17 | 3.16 | 3.14 | 3.12 | 3.11 |
| **6** | 2.90 | 2.87 | 2.84 | 2.82 | 2.80 | 2.78 | 2.76 | 2.74 | 2.72 |
| **7** | 2.67 | 2.63 | 2.59 | 2.58 | 2.56 | 2.54 | 2.51 | 2.49 | 2.47 |
| **8** | 2.50 | 2.46 | 2.42 | 2.40 | 2.38 | 2.36 | 2.34 | 2.32 | 2.29 |
| **9** | 2.38 | 2.34 | 2.30 | 2.28 | 2.25 | 2.23 | 2.21 | 2.18 | 2.16 |
| **10** | 2.28 | 2.24 | 2.20 | 2.18 | 2.16 | 2.13 | 2.11 | 2.08 | 2.06 |
| **11** | 2.21 | 2.17 | 2.12 | 2.10 | 2.08 | 2.05 | 2.03 | 2.00 | 1.97 |
| **12** | 2.15 | 2.10 | 2.06 | 2.04 | 2.01 | 1.99 | 1.96 | 1.93 | 1.90 |
| **13** | 2.10 | 2.05 | 2.01 | 1.98 | 1.96 | 1.93 | 1.90 | 1.88 | 1.85 |
| **14** | 2.05 | 2.01 | 1.96 | 1.94 | 1.91 | 1.89 | 1.86 | 1.83 | 1.80 |
| **15** | 2.02 | 1.97 | 1.92 | 1.90 | 1.87 | 1.85 | 1.82 | 1.79 | 1.76 |
| **16** | 1.99 | 1.94 | 1.89 | 1.87 | 1.84 | 1.81 | 1.78 | 1.75 | 1.72 |
| **17** | 1.96 | 1.91 | 1.86 | 1.84 | 1.81 | 1.78 | 1.75 | 1.72 | 1.69 |
| **18** | 1.93 | 1.89 | 1.84 | 1.81 | 1.78 | 1.75 | 1.72 | 1.69 | 1.66 |
| **19** | 1.91 | 1.86 | 1.81 | 1.79 | 1.76 | 1.73 | 1.70 | 1.67 | 1.63 |
| **20** | 1.89 | 1.84 | 1.79 | 1.77 | 1.74 | 1.71 | 1.68 | 1.64 | 1.61 |
| **21** | 1.87 | 1.83 | 1.78 | 1.75 | 1.72 | 1.69 | 1.66 | 1.62 | 1.59 |
| **22** | 1.86 | 1.81 | 1.76 | 1.73 | 1.70 | 1.67 | 1.64 | 1.60 | 1.57 |
| **23** | 1.84 | 1.80 | 1.74 | 1.72 | 1.69 | 1.66 | 1.62 | 1.59 | 1.55 |
| **24** | 1.83 | 1.78 | 1.73 | 1.70 | 1.67 | 1.64 | 1.61 | 1.57 | 1.53 |
| **25** | 1.82 | 1.77 | 1.72 | 1.69 | 1.66 | 1.63 | 1.59 | 1.56 | 1.52 |
| **26** | 1.81 | 1.76 | 1.71 | 1.68 | 1.65 | 1.61 | 1.58 | 1.54 | 1.50 |
| **27** | 1.80 | 1.75 | 1.70 | 1.67 | 1.64 | 1.60 | 1.57 | 1.53 | 1.49 |
| **28** | 1.79 | 1.74 | 1.69 | 1.66 | 1.63 | 1.59 | 1.56 | 1.52 | 1.48 |
| **29** | 1.78 | 1.73 | 1.68 | 1.65 | 1.62 | 1.58 | 1.55 | 1.51 | 1.47 |
| **30** | 1.77 | 1.72 | 1.67 | 1.64 | 1.61 | 1.57 | 1.54 | 1.50 | 1.46 |
| **40** | 1.71 | 1.66 | 1.61 | 1.57 | 1.54 | 1.51 | 1.47 | 1.42 | 1.38 |
| **60** | 1.66 | 1.60 | 1.54 | 1.51 | 1.48 | 1.44 | 1.40 | 1.35 | 1.29 |
| **120** | 1.60 | 1.55 | 1.48 | 1.45 | 1.41 | 1.37 | 1.32 | 1.26 | 1.19 |
| ∞ | 1.55 | 1.49 | 1.42 | 1.38 | 1.34 | 1.30 | 1.24 | 1.17 | 1.00 |

$F$ 분포의 상위 5% 백분위수 $F_{0.05}(i,\ k)$

| $k$ \ $i$ | **1** | **2** | **3** | **4** | **5** | **6** | **7** | **8** | **9** | **10** |
|---|---|---|---|---|---|---|---|---|---|---|
| **1** | 161.4 | 199.5 | 215.7 | 224.6 | 230.2 | 234.0 | 236.8 | 238.9 | 240.5 | 241.9 |
| **2** | 18.51 | 19.00 | 19.16 | 19.25 | 19.30 | 19.33 | 19.35 | 19.37 | 19.38 | 19.40 |
| **3** | 10.13 | 9.55 | 9.28 | 9.12 | 9.01 | 8.94 | 8.89 | 8.85 | 8.81 | 8.79 |
| **4** | 7.71 | 6.94 | 6.59 | 6.39 | 6.26 | 6.16 | 6.09 | 6.04 | 6.00 | 5.96 |
| **5** | 6.61 | 5.79 | 5.41 | 5.19 | 5.05 | 4.95 | 4.88 | 4.82 | 4.77 | 4.74 |
| **6** | 5.99 | 5.14 | 4.76 | 4.53 | 4.39 | 4.28 | 4.21 | 4.15 | 4.10 | 4.06 |
| **7** | 5.59 | 4.74 | 4.35 | 4.12 | 3.97 | 3.87 | 3.79 | 3.73 | 3.68 | 3.64 |
| **8** | 5.32 | 4.46 | 4.07 | 3.84 | 3.69 | 3.58 | 3.50 | 3.44 | 3.39 | 3.35 |
| **9** | 5.12 | 4.26 | 3.86 | 3.63 | 3.48 | 3.37 | 3.29 | 3.23 | 3.18 | 3.14 |
| **10** | 4.96 | 4.10 | 3.71 | 3.48 | 3.33 | 3.22 | 3.14 | 3.07 | 3.02 | 2.98 |
| **11** | 4.84 | 3.98 | 3.59 | 3.36 | 3.20 | 3.09 | 3.01 | 2.95 | 2.90 | 2.85 |
| **12** | 4.75 | 3.89 | 3.49 | 3.26 | 3.11 | 3.00 | 2.91 | 2.85 | 2.80 | 2.75 |
| **13** | 4.67 | 3.81 | 3.41 | 3.18 | 3.03 | 2.92 | 2.83 | 2.77 | 2.71 | 2.67 |
| **14** | 4.60 | 3.74 | 3.34 | 3.11 | 2.96 | 2.85 | 2.76 | 2.70 | 2.65 | 2.60 |
| **15** | 4.54 | 3.68 | 3.29 | 3.06 | 2.90 | 2.79 | 2.71 | 2.64 | 2.59 | 2.54 |
| **16** | 4.49 | 3.63 | 3.24 | 3.01 | 2.85 | 2.74 | 2.66 | 2.59 | 2.54 | 2.49 |
| **17** | 4.45 | 3.59 | 3.20 | 2.96 | 2.81 | 2.70 | 2.61 | 2.55 | 2.49 | 2.45 |
| **18** | 4.41 | 3.55 | 3.16 | 2.93 | 2.77 | 2.66 | 2.58 | 2.51 | 2.46 | 2.41 |
| **19** | 4.38 | 3.52 | 3.13 | 2.90 | 2.74 | 2.63 | 2.54 | 2.48 | 2.42 | 2.38 |
| **20** | 4.35 | 3.49 | 3.10 | 2.87 | 2.71 | 2.60 | 2.51 | 2.45 | 2.39 | 2.35 |
| **21** | 4.32 | 3.47 | 3.07 | 2.84 | 2.68 | 2.57 | 2.49 | 2.42 | 2.37 | 2.32 |
| **22** | 4.30 | 3.44 | 3.05 | 2.82 | 2.66 | 2.55 | 2.46 | 2.40 | 2.34 | 2.30 |
| **23** | 4.28 | 3.42 | 3.03 | 2.80 | 2.64 | 2.53 | 2.44 | 2.37 | 2.32 | 2.27 |
| **24** | 4.26 | 3.40 | 3.01 | 2.78 | 2.62 | 2.51 | 2.42 | 2.36 | 2.30 | 2.25 |
| **25** | 4.24 | 3.39 | 2.99 | 2.76 | 2.60 | 2.49 | 2.40 | 2.34 | 2.28 | 2.24 |
| **26** | 4.23 | 3.37 | 2.98 | 2.74 | 2.59 | 2.47 | 2.39 | 2.32 | 2.27 | 2.22 |
| **27** | 4.21 | 3.35 | 2.96 | 2.73 | 2.57 | 2.46 | 2.37 | 2.31 | 2.25 | 2.20 |
| **28** | 4.20 | 3.34 | 2.95 | 2.71 | 2.56 | 2.45 | 2.36 | 2.29 | 2.24 | 2.19 |
| **29** | 4.18 | 3.33 | 2.93 | 2.70 | 2.55 | 2.43 | 2.35 | 2.28 | 2.22 | 2.18 |
| **30** | 4.17 | 3.32 | 2.92 | 2.69 | 2.53 | 2.42 | 2.33 | 2.27 | 2.21 | 2.16 |
| **40** | 4.08 | 3.23 | 2.84 | 2.61 | 2.45 | 2.34 | 2.25 | 2.18 | 2.12 | 2.08 |
| **60** | 4.00 | 3.15 | 2.76 | 2.53 | 2.37 | 2.25 | 2.17 | 2.10 | 2.04 | 1.99 |
| **120** | 3.92 | 3.07 | 2.68 | 2.45 | 2.29 | 2.18 | 2.09 | 2.02 | 1.96 | 1.91 |
| $\infty$ | 3.84 | 3.00 | 2.60 | 2.37 | 2.21 | 2.10 | 2.01 | 1.94 | 1.88 | 1.83 |

(계속)

| k \ i | 12 | 15 | 20 | 24 | 30 | 40 | 60 | 120 | ∞ |
|---|---|---|---|---|---|---|---|---|---|
| **1** | 243.9 | 245.9 | 248.0 | 249.1 | 250.1 | 251.1 | 252.2 | 253.3 | 254.3 |
| **2** | 19.41 | 19.43 | 19.45 | 19.45 | 19.46 | 19.47 | 19.48 | 19.49 | 19.50 |
| **3** | 8.74 | 8.70 | 8.66 | 8.64 | 8.62 | 8.59 | 8.57 | 8.55 | 8.53 |
| **4** | 5.91 | 5.86 | 5.80 | 5.77 | 5.75 | 5.72 | 5.69 | 5.66 | 5.63 |
| **5** | 4.68 | 4.62 | 4.56 | 4.53 | 4.50 | 4.46 | 4.43 | 4.40 | 4.37 |
| **6** | 4.00 | 3.94 | 3.87 | 3.84 | 3.81 | 3.77 | 3.74 | 3.70 | 3.67 |
| **7** | 3.57 | 3.51 | 3.44 | 3.41 | 3.38 | 3.34 | 3.30 | 3.27 | 3.23 |
| **8** | 3.28 | 3.22 | 3.15 | 3.12 | 3.08 | 3.04 | 3.01 | 2.97 | 2.93 |
| **9** | 3.07 | 3.01 | 2.94 | 2.90 | 2.86 | 2.83 | 2.79 | 2.75 | 2.71 |
| **10** | 2.91 | 2.85 | 2.77 | 2.74 | 2.70 | 2.66 | 2.62 | 2.58 | 2.54 |
| **11** | 2.79 | 2.72 | 2.65 | 2.61 | 2.57 | 2.53 | 2.49 | 2.45 | 2.41 |
| **12** | 2.69 | 2.62 | 2.54 | 2.51 | 2.47 | 2.43 | 2.38 | 2.34 | 2.30 |
| **13** | 2.60 | 2.53 | 2.46 | 2.42 | 2.38 | 2.34 | 2.30 | 2.25 | 2.21 |
| **14** | 2.53 | 2.46 | 2.39 | 2.35 | 2.31 | 2.27 | 2.22 | 2.18 | 2.13 |
| **15** | 2.48 | 2.40 | 2.33 | 2.29 | 2.25 | 2.20 | 2.16 | 2.11 | 2.07 |
| **16** | 2.42 | 2.35 | 2.28 | 2.24 | 2.19 | 2.15 | 2.11 | 2.06 | 2.01 |
| **17** | 2.38 | 2.31 | 2.23 | 2.19 | 2.15 | 2.10 | 2.06 | 2.01 | 1.96 |
| **18** | 2.34 | 2.27 | 2.19 | 2.15 | 2.11 | 2.06 | 2.02 | 1.97 | 1.92 |
| **19** | 2.31 | 2.23 | 2.16 | 2.11 | 2.07 | 2.03 | 1.98 | 1.93 | 1.88 |
| **20** | 2.28 | 2.20 | 2.12 | 2.08 | 2.04 | 1.99 | 1.95 | 1.90 | 1.84 |
| **21** | 2.25 | 2.18 | 2.10 | 2.05 | 2.01 | 1.96 | 1.92 | 1.87 | 1.81 |
| **22** | 2.23 | 2.15 | 2.07 | 2.03 | 1.98 | 1.94 | 1.89 | 1.84 | 1.78 |
| **23** | 2.20 | 2.13 | 2.05 | 2.01 | 1.96 | 1.91 | 1.86 | 1.81 | 1.76 |
| **24** | 2.18 | 2.11 | 2.03 | 1.98 | 1.94 | 1.89 | 1.84 | 1.79 | 1.73 |
| **25** | 2.16 | 2.09 | 2.01 | 1.96 | 1.92 | 1.87 | 1.82 | 1.77 | 1.71 |
| **26** | 2.15 | 2.07 | 1.99 | 1.95 | 1.90 | 1.85 | 1.80 | 1.75 | 1.69 |
| **27** | 2.13 | 2.06 | 1.97 | 1.93 | 1.88 | 1.84 | 1.79 | 1.73 | 1.67 |
| **28** | 2.12 | 2.04 | 1.96 | 1.91 | 1.87 | 1.82 | 1.77 | 1.71 | 1.65 |
| **29** | 2.10 | 2.03 | 1.94 | 1.90 | 1.85 | 1.81 | 1.75 | 1.70 | 1.64 |
| **30** | 2.09 | 2.01 | 1.93 | 1.89 | 1.84 | 1.79 | 1.74 | 1.68 | 1.62 |
| **40** | 2.00 | 1.92 | 1.84 | 1.79 | 1.74 | 1.69 | 1.64 | 1.58 | 1.51 |
| **60** | 1.92 | 1.84 | 1.75 | 1.70 | 1.65 | 1.59 | 1.53 | 1.47 | 1.39 |
| **120** | 1.83 | 1.75 | 1.66 | 1.61 | 1.55 | 1.50 | 1.43 | 1.35 | 1.26 |
| ∞ | 1.75 | 1.67 | 1.57 | 1.52 | 1.46 | 1.39 | 1.32 | 1.22 | 1.00 |

$F$ 분포의 상위 2.5% 백분위수 $F_{0.025}(i,\ k)$

| $k$ \ $i$ | 1 | 2 | 3 | 4 | 5 | 6 | 7 | 8 | 9 | 10 |
|---|---|---|---|---|---|---|---|---|---|---|
| **1** | 647.8 | 799.5 | 864.2 | 899.6 | 921.8 | 937.1 | 948.2 | 956.7 | 963.3 | 968.6 |
| **2** | 38.51 | 39.00 | 39.17 | 39.25 | 39.30 | 39.33 | 39.36 | 39.37 | 39.39 | 39.40 |
| **3** | 17.44 | 16.04 | 15.44 | 15.10 | 14.88 | 14.73 | 14.62 | 14.54 | 14.47 | 14.42 |
| **4** | 12.22 | 10.65 | 9.98 | 9.60 | 9.36 | 9.20 | 9.07 | 8.98 | 8.90 | 8.84 |
| **5** | 10.01 | 8.43 | 7.76 | 7.39 | 7.15 | 6.98 | 6.85 | 6.76 | 6.68 | 6.62 |
| **6** | 8.81 | 7.26 | 6.60 | 6.23 | 5.99 | 5.82 | 5.70 | 5.60 | 5.52 | 5.46 |
| **7** | 8.07 | 6.54 | 5.89 | 5.52 | 5.29 | 5.12 | 4.99 | 4.90 | 4.82 | 4.76 |
| **8** | 7.57 | 6.06 | 5.42 | 5.05 | 4.82 | 4.65 | 4.53 | 4.43 | 4.36 | 4.30 |
| **9** | 7.21 | 5.71 | 5.08 | 4.72 | 4.48 | 4.32 | 4.20 | 4.10 | 4.03 | 3.96 |
| **10** | 6.94 | 5.46 | 4.83 | 4.47 | 4.24 | 4.07 | 3.95 | 3.85 | 3.78 | 3.72 |
| **11** | 6.72 | 5.26 | 4.63 | 4.28 | 4.04 | 3.88 | 3.76 | 3.66 | 3.59 | 3.53 |
| **12** | 6.55 | 5.10 | 4.47 | 4.12 | 3.89 | 3.73 | 3.61 | 3.51 | 3.44 | 3.37 |
| **13** | 6.41 | 4.97 | 4.35 | 4.00 | 3.77 | 3.60 | 3.48 | 3.39 | 3.31 | 3.25 |
| **14** | 6.30 | 4.86 | 4.24 | 3.89 | 3.66 | 3.50 | 3.38 | 3.29 | 3.21 | 3.15 |
| **15** | 6.20 | 4.77 | 4.15 | 3.80 | 3.58 | 3.41 | 3.29 | 3.20 | 3.12 | 3.06 |
| **16** | 6.12 | 4.69 | 4.08 | 3.73 | 3.50 | 3.34 | 3.22 | 3.12 | 3.05 | 2.99 |
| **17** | 6.04 | 4.62 | 4.01 | 3.66 | 3.44 | 3.28 | 3.16 | 3.06 | 2.98 | 2.92 |
| **18** | 5.98 | 4.56 | 3.95 | 3.61 | 3.38 | 3.22 | 3.10 | 3.01 | 2.93 | 2.87 |
| **19** | 5.92 | 4.51 | 3.90 | 3.56 | 3.33 | 3.17 | 3.05 | 2.96 | 2.88 | 2.82 |
| **20** | 5.87 | 4.46 | 3.86 | 3.51 | 3.29 | 3.13 | 3.01 | 2.91 | 2.84 | 2.77 |
| **21** | 5.83 | 4.42 | 3.82 | 3.48 | 3.25 | 3.09 | 2.97 | 2.87 | 2.80 | 2.73 |
| **22** | 5.79 | 4.38 | 3.78 | 3.44 | 3.22 | 3.05 | 2.93 | 2.84 | 2.76 | 2.70 |
| **23** | 5.75 | 4.35 | 3.75 | 3.41 | 3.18 | 3.02 | 2.90 | 2.81 | 2.73 | 2.67 |
| **24** | 5.72 | 4.32 | 3.72 | 3.38 | 3.15 | 2.99 | 2.87 | 2.78 | 2.70 | 2.64 |
| **25** | 5.69 | 4.29 | 3.69 | 3.35 | 3.13 | 2.97 | 2.85 | 2.75 | 2.68 | 2.61 |
| **26** | 5.66 | 4.27 | 3.67 | 3.33 | 3.10 | 2.94 | 2.82 | 2.73 | 2.65 | 2.59 |
| **27** | 5.63 | 4.24 | 3.65 | 3.31 | 3.08 | 2.92 | 2.80 | 2.71 | 2.63 | 2.57 |
| **28** | 5.61 | 4.22 | 3.63 | 3.29 | 3.06 | 2.90 | 2.78 | 2.69 | 2.61 | 2.55 |
| **29** | 5.59 | 4.20 | 3.61 | 3.27 | 3.04 | 2.88 | 2.76 | 2.67 | 2.59 | 2.53 |
| **30** | 5.57 | 4.18 | 3.59 | 3.25 | 3.03 | 2.87 | 2.75 | 2.65 | 2.57 | 2.51 |
| **40** | 5.42 | 4.05 | 3.46 | 3.13 | 2.90 | 2.74 | 2.62 | 2.53 | 2.45 | 2.39 |
| **60** | 5.29 | 3.93 | 3.34 | 3.01 | 2.79 | 2.63 | 2.51 | 2.41 | 2.33 | 2.27 |
| **120** | 5.15 | 3.80 | 3.23 | 2.89 | 2.67 | 2.52 | 2.39 | 2.30 | 2.22 | 2.16 |
| $\infty$ | 5.02 | 3.69 | 3.12 | 2.79 | 2.57 | 2.41 | 2.29 | 2.19 | 2.11 | 2.05 |

(계속)

| k \ i | 12 | 15 | 20 | 24 | 30 | 40 | 60 | 120 | ∞ |
|---|---|---|---|---|---|---|---|---|---|
| **1** | 976.7 | 984.9 | 993.1 | 997.2 | 1001 | 1006 | 1010 | 1014 | 1018 |
| **2** | 39.41 | 39.43 | 39.45 | 39.46 | 39.46 | 39.47 | 39.48 | 39.49 | 39.50 |
| **3** | 14.34 | 14.25 | 14.17 | 14.12 | 14.08 | 14.04 | 13.99 | 13.95 | 13.90 |
| **4** | 8.75 | 8.66 | 8.56 | 8.51 | 8.46 | 8.41 | 8.36 | 8.31 | 8.26 |
| **5** | 6.52 | 6.43 | 6.33 | 6.28 | 6.23 | 6.18 | 6.12 | 6.07 | 6.02 |
| **6** | 5.37 | 5.27 | 5.17 | 5.12 | 5.07 | 5.01 | 4.96 | 4.90 | 4.85 |
| **7** | 4.67 | 4.57 | 4.47 | 4.41 | 4.36 | 4.31 | 4.25 | 4.20 | 4.14 |
| **8** | 4.20 | 4.10 | 4.00 | 3.95 | 3.89 | 3.84 | 3.78 | 3.73 | 3.67 |
| **9** | 3.87 | 3.77 | 3.67 | 3.61 | 3.56 | 3.51 | 3.45 | 3.39 | 3.33 |
| **10** | 3.62 | 3.52 | 3.42 | 3.37 | 3.31 | 3.26 | 3.20 | 3.14 | 3.08 |
| **11** | 3.43 | 3.33 | 3.23 | 3.17 | 3.12 | 3.06 | 3.00 | 2.94 | 2.88 |
| **12** | 3.28 | 3.18 | 3.07 | 3.02 | 2.96 | 2.91 | 2.85 | 2.79 | 2.73 |
| **13** | 3.15 | 3.05 | 2.95 | 2.89 | 2.84 | 2.78 | 2.72 | 2.66 | 2.60 |
| **14** | 3.05 | 2.95 | 2.84 | 2.79 | 2.73 | 2.67 | 2.61 | 2.55 | 2.49 |
| **15** | 2.96 | 2.86 | 2.76 | 2.70 | 2.64 | 2.59 | 2.52 | 2.46 | 2.40 |
| **16** | 2.89 | 2.79 | 2.68 | 2.63 | 2.57 | 2.51 | 2.45 | 2.38 | 2.32 |
| **17** | 2.82 | 2.72 | 2.62 | 2.56 | 2.50 | 2.44 | 2.38 | 2.32 | 2.25 |
| **18** | 2.77 | 2.67 | 2.56 | 2.50 | 2.44 | 2.38 | 2.32 | 2.26 | 2.19 |
| **19** | 2.72 | 2.62 | 2.51 | 2.45 | 2.39 | 2.33 | 2.27 | 2.20 | 2.13 |
| **20** | 2.68 | 2.57 | 2.46 | 2.41 | 2.35 | 2.29 | 2.22 | 2.16 | 2.09 |
| **21** | 2.64 | 2.53 | 2.42 | 2.37 | 2.31 | 2.25 | 2.18 | 2.11 | 2.04 |
| **22** | 2.60 | 2.50 | 2.39 | 2.33 | 2.27 | 2.21 | 2.14 | 2.08 | 2.00 |
| **23** | 2.57 | 2.47 | 2.36 | 2.30 | 2.24 | 2.18 | 2.11 | 2.04 | 1.97 |
| **24** | 2.54 | 2.44 | 2.33 | 2.27 | 2.21 | 2.15 | 2.08 | 2.01 | 1.94 |
| **25** | 2.51 | 2.41 | 2.30 | 2.24 | 2.18 | 2.12 | 2.05 | 1.98 | 1.91 |
| **26** | 2.49 | 2.39 | 2.28 | 2.22 | 2.16 | 2.09 | 2.03 | 1.95 | 1.88 |
| **27** | 2.47 | 2.36 | 2.25 | 2.19 | 2.13 | 2.07 | 2.00 | 1.93 | 1.85 |
| **28** | 2.45 | 2.34 | 2.23 | 2.17 | 2.11 | 2.05 | 1.98 | 1.91 | 1.83 |
| **29** | 2.43 | 2.32 | 2.21 | 2.15 | 2.09 | 2.03 | 1.96 | 1.89 | 1.81 |
| **30** | 2.41 | 2.31 | 2.20 | 2.14 | 2.07 | 2.01 | 1.94 | 1.87 | 1.79 |
| **40** | 2.29 | 2.18 | 2.07 | 2.01 | 1.94 | 1.88 | 1.80 | 1.72 | 1.64 |
| **60** | 2.17 | 2.06 | 1.94 | 1.88 | 1.82 | 1.74 | 1.67 | 1.58 | 1.48 |
| **120** | 2.05 | 1.94 | 1.82 | 1.76 | 1.69 | 1.61 | 1.53 | 1.43 | 1.31 |
| ∞ | 1.94 | 1.83 | 1.71 | 1.64 | 1.57 | 1.48 | 1.39 | 1.27 | 1.00 |

# 연습문제 해답

# 연습문제 해답

## 3장 자료의 정리와 요약

1. 질적변수 : 성별, 인종, 흡연 여부
   양적변수 : 나이, 혈압, 키, 몸무게

2. (1) 변수 : 이름, 전공, 점수, 학점
   (2) 변수 종류로 구분
   질적변수 : 이름, 전공, 학점
   양적변수 : 점수

3. 도수분포표

| 고장횟수 | 도수 | 상대도수 | 고장횟수 | 도수 | 상대도수 |
|---|---|---|---|---|---|
| 0 | 9 | 30.0 | 4 | 2 | 6.7 |
| 1 | 10 | 33.3 | 5 | 0 | 0 |
| 2 | 5 | 16.7 | 6 | 1 | 3.3 |
| 3 | 3 | 10.0 | | | |

4. 2 | 25
   3 | 45
   4 | 1166679
   5 | 449
   6 | 0

5. 범위 = 367-154 = 213 이므로, 구간 간격 = 213 / 6 = 35.5

(1)

| 구 분 | 도 수 | 고장횟수 | 도 수 |
|---|---|---|---|
| 154 ≤ x < 189.5 | 6 | 260.5 ≤ x < 296 | 6 |
| 189.5 ≤ x < 225 | 11 | 296 ≤ x < 331.5 | 4 |
| 225 ≤ x < 260.5 | 13 | 331.5 ≤ x < 367 | 2 |

(2)

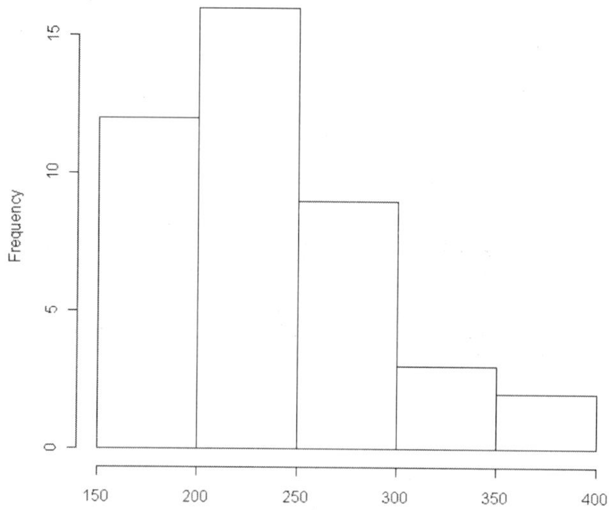


히스토그램 설명 : 콜레스테롤 수치의 분포 모양이 왼쪽으로 치우쳐 있다. 이는 콜레스테롤 수치가 낮은 학생들이 수치가 높은 학생들보다는 많다는 것을 의미한다.

6. (1) 줄기-잎 그림

```
(남학생)
10 | 1395
12 | 66977
14 | 08244
16 | 558
18 |
20 | 0
```

```
(여학생)
 7 | 05
 8 | 8
 9 | 12
10 | 489
11 | 3455
12 | 6
13 | 2
14 | 06
15 | 1
16 | 9
17 |
18 | 07
```

(2)

| 구 분 | 중앙값 | 범 위 | 사분위수 범위 |
|---|---|---|---|
| 남자 | 138.5 | 199 | 15.5 |
| 여자 | 114.5 | 117 | 39.5 |

(3) 남자

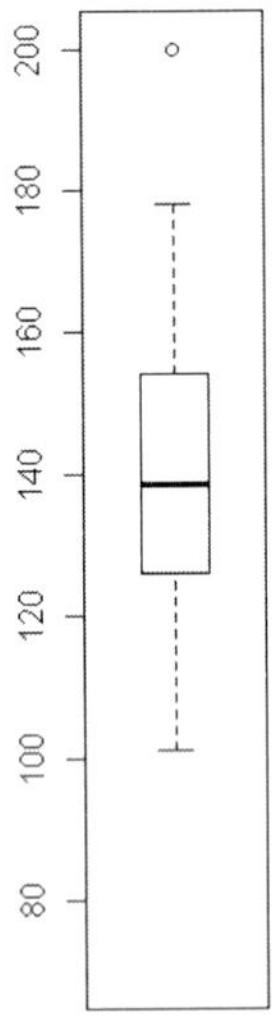


여자

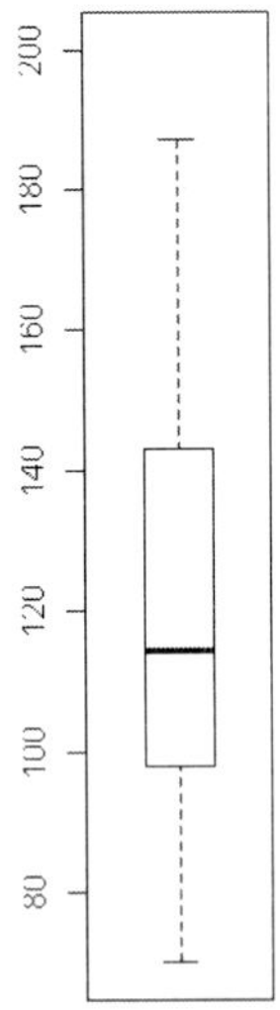

남자의 평균이 여자의 평균보다 높고, 남자의 분포가 평균을 중심으로 밀집되어 있음. 특이값(outlier)은 남자의 경우에 한 명(200)이 있음.

7 (1) 줄기-잎 그림

```
 4 | 4
 6 | 6
 8 | 5
10 | 551
12 | 069
14 | 01
16 | 1
18 |
20 | 9
22 |
24 | 43
26 | 013
28 | 04
```

(2) 상자그림

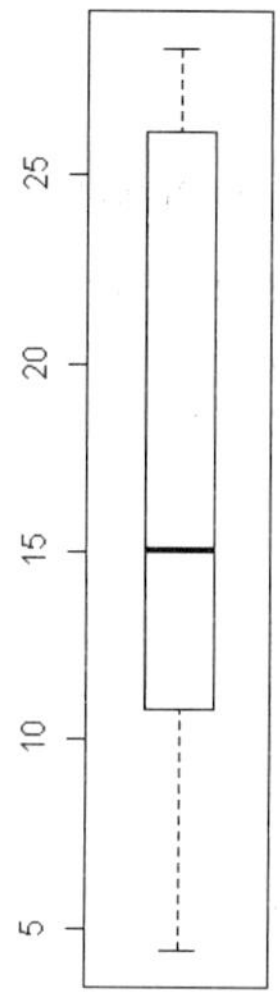


8. (1) 평균 : 959,000원 중앙값 : 590,000원

(2) 중앙값이 더 적합함. (주어진 자료에서 평균은 특이값에 영향을 많이 받고 있음)

(3) 표준편차 : 115

9. 주어진 6명의 연봉을 순서대로 정렬하면 아래와 같음.

60 70 80 90 120 240

여기서 240은 다섯 명의 연봉에 비해서 특이한 값임. 대표값으로는 특이값에 덜 영향을 받는 중앙값을 사용하는 것이 적당함. 중앙값 : 8,500만원.

10. (1) 한국 : 평균 117, 표준편차 1

스웨덴 : 평균 111.33, 표준편차 7.09

(2) 평균이 높고 표준편차(기복이 적음)가 적은 한국 선수가 우수

11. (1) 평균 : 77.81, 표준편차 : 4.18

(2) 줄기-잎 그림

```
70 | 00000
72 | 0000000
74 | 000000
76 | 0000000000
78 | 0000000
80 | 00000000000
82 | 0000000000
84 | 0000
```

대략적으로 오른쪽으로 치우쳐있는 분포임.

12. (1) 줄기-잎 그림 및 상자 그림

```
70 | 45
72 | 81
74 | 1229
76 | 48
78 | 712
80 |
82 | 1245678889
84 | 969
86 | 02
88 | 02
```

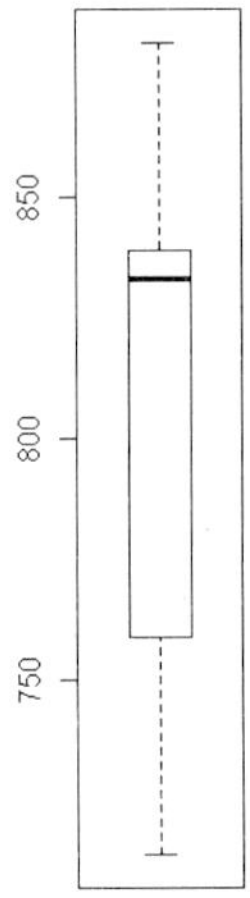


(2) 사분위수 : 일사분위수 762.8, 삼사분위수 838.8

(3) 줄기잎 그림과 상자그림을 통해서 볼 때에 전체적인 분포가 오른쪽으로 치우쳐 있음.

# 4장 표본의 추출

1. **모집단** : 한국의 20대 남성
   **표　본** : 각 시, 도에서 뽑은 500명의 20대 남성

2. **모집단** : 전구회사에서 생산되는 전구 전체, **표본** : 추출된 36개의 전구
   **표본추출 방법** : 단순랜덤추출법

3. **확률추출법** : 뽑히는 표본 하나하나가 확률법칙을 따르도록 표본을 추출하는 방법
   **비확률추출법** : 표본을 추출하는 사람의 주관적인 판단에 의해서 표본을 뽑는 방법

4. **표본오차** : 대상 전체를 조사하지 않고 표본을 조사함에 의해서 발생하는 오차
   **비표본오차** : 표본 추출 이외의 요인에 의해서 발생되는 오차

5. 자료의 측정 · 수집 · 처리 과정에서 생기는 부주의나 실수, 응답자의 잘못된 응답 등

6. (1)

7. (4)

8. (4)

9.

| 학 년 \ 구 분 | 학생수 | 표본수 | |
|---|---|---|---|
| | | 비례배분 | 최적배분 |
| 1학년 | 5,220 | 139명 | 76명 |
| 2학년 | 4,780 | 127명 | 124명 |
| 3학년 | 4,550 | 121명 | 153명 |
| 4학년 | 4,250 | 113명 | 147명 |

10. 집락추출법

11. (1) 복원추출의 경우: 모집단 $\{A, B, C\}$에서 크기가 2인 표본을 뽑는 방법의 수는 $3^2 = 9$가지 즉, $(A, A), (A, B), (A, C), (B, B), (B, C), (C, C)$이므로 각각이 뽑힐 확률은 1/6임.

(2) 비복원추출의 경우: 뽑는 방법의 수는 ${}_3C_2 = 3$가지 즉, $(A, B), (A, C), (B, C)$이므로 각각이 뽑힐 확률은 1/3임.

(3) 원소 A가 뽑히는 경우는 $(A, B), (A, C)$의 두 가지일 때뿐이므로 확률은 2/3가 된다. 원소 B가 뽑히는 경우도 $(A, B), (B, C)$의 두 가지가 있으므로 확률은 역시 2/3가 된다. 원소 C가 뽑히는 경우도 $(A, C), (B, C)$의 두 가지가 있으므로 역시 확률은 2/3이다. 따라서 비복원으로 표본을 추출할 경우에도 $A, B, C$ 각각이 뽑힐 확률은 동일함을 알 수 있다.

12. 난수표로부터 난수를 읽어 들여 짝수일 때에는 H(앞), 홀수일 때에는 T(뒤)로 기록하면 동전을 던지는 결과와 동일하게 된다. 예를 들어, 난수표로부터 10개의 난수 9 4 7 8 8 1 4 9 2 7를 읽었다고 할 때 시뮬레이션을 통한 10개의 동전을 던진 결과는 다음과 같게 된다.

T H T H H T H T H T

13. 주사위의 각 면에는 1에서 6까지의 숫자가 기록되어 있으며, 각각이 일어날 확률은 1/6로 동일하다. 이러한 경우에는 난수표로부터 난수를 읽어 들인 후 0, 7, 8, 9 등 4개의 수를 무시하면 된다. 예를 들어 부록의 <표 1>에서 6번째 열을 선택하였을 경우, 위에서부터 아래로 하나씩 계속 읽어 내려가면 다음과 같다.

0 1 1 3 4 5 2 6 9 1 6 8 4 8 6 2 7 6

여기서 난수가 0, 7, 8, 9인 숫자를 버리면 시뮬레이션 결과는 다음과 같게 된다.

1 1 3 4 5 2 6 1 6 4 6 2 6

14. 난수표에는 0에서 9까지의 10개의 숫자로 구성되어 있으므로 5명에게 각각 다음 표와 같이 2개의 숫자를 부여한다.

| 이름 | 배용준 | 최지우 | 이영애 | 김정은 | 권상우 |
|---|---|---|---|---|---|
| 할당 번호 | 1, 2 | 3, 4 | 5, 6 | 7, 8 | 9, 0 |

예를 들어 부록의 <표 1>로부터 3행 4열을 시작으로 옆으로 가면서 숫자를 차례대로 읽어 들인다고 할 경우 5 8 1 4 2 2 9 1 2 0 6 3이 된다. 여기서 첫 번째 수는 5이므로 이영애를 첫 번째로, 두 번째 수는 8이므로 김정은을 두 번째로, 세 번째 수는 1이므로 배용준을, 네 번째는 4이므로 최지우를. 마지막으로 권상우를 초청하면 된다.

## 5장 확률

1. 표본공간은

$$S=\{(TTT),(TTF),(TFT),(TFF),(FTT),(FTF),(FFT),(FFF),\}$$

앞면의 수가 뒷면의 수보다 적게 나타나는 사건을 A라 할 때

$$A=\{(TFF),(FTF),(FFT),(FFF)\}$$

$$P(A)=0.5$$

2. 표본공간은

$$S=\{(1,\ 1),\ (1,\ 2),\ (1,\ 3),\ (1,\ 4),\ (1,\ 5),\ (1,\ 6)$$

$$\vdots$$

$$(6,\ 1),\ (6,\ 2),\ (6,\ 3),\ (6,\ 4),\ (6,\ 5),\ (6,\ 6)\}$$

(1) 사건 $A$와 $B$를 두 눈의 합이 각각 7과 11이 되는 사건이라 할 때

$$A=\{(1,\ 6),\ (2,\ 5),\ (3,\ 4),\ (4,\ 3),\ (5,\ 2),\ (6,\ 1)\}$$

$$B=\{(5,\ 6),\ (6,\ 5)\}$$

$A\cap B=\varnothing$ 이므로 두 눈의 합이 7 또는 11이 될 확률은

$$P(A \cup B) = P(A) + P(B) - P(A \cap B) = \frac{6}{36} + \frac{2}{36} - 0$$

$$= \frac{8}{36} = \frac{2}{9} = 0.222$$

(2) 두 눈의 합이 2가 되는 사건을 $C$ 라고 할 때 $C = \{(1,\ 1)\}$. 따라서 두 눈의 합이 3 이상이 될 확률은 $P(C^c) = 1 - P(C) = 1 - \frac{1}{36} = \frac{35}{36}$이 된다.

3. $A$를 $T < 8$인 사건이고 $B$를 $T$가 홀수인 사건이라 할 때 $AB$는 $T$가 3, 5, 7인 사건

이므로 $P(AB) = \frac{2}{36} + \frac{4}{36} + \frac{6}{36} = \frac{12}{36} = \frac{1}{3} = 0.333$

그리고 $P(B) = \frac{2}{36} + \frac{4}{36} + \frac{6}{36} + \frac{4}{36} + \frac{2}{36} = \frac{18}{36} = \frac{1}{2} = 0.5$

따라서 $P(A|B) = \frac{P(AB)}{P(B)} = \frac{2}{3} = 0.667$

4. A를 재수 경험이 없는 학생의 사건, B를 재수 경험이 있는 학생의 사건, 통계학 학점을 A 받을 사건을 C라고 할 때,

$$P(A) = 0.4,\ P(B) = 0.6,\ P(C|A) = 0.2,\ P(C|B) = 0.3$$

따라서

$$P(B|C) = \frac{P(B) \cdot P(C|B)}{P(C)} = \frac{P(B) \cdot P(C|B)}{P(B) \cdot P(C|B) + P(A) \cdot P(C|A)}$$

$$= \frac{0.6 \cdot 0.3}{0.4 \cdot 0.2 + 0.6 \cdot 0.3} = 0.69$$

5. $P(A) = 0.5,\ P(B) = 0.2,\ P(A \cap B) = 0.1$이므로

두 신문 중에 적어도 하나를 보는 가구의 비율은 $P(A \cup B)$를 의미하므로,

$$P(A \cup B) = P(A) + P(B) - P(A \cap B) = 0.5 + 0.2 - 0.1 = 0.6$$

따라서 두 신문 중에 적어도 하나를 보는 가구의 비율은 60%이다.

6. $P(A)=0.7, P(B)=0.3, P(D|A)=0.1, P(D|B)=0.3$이므로

$$P(B|D)=\frac{P(B)\cdot P(D|B)}{P(D)}=\frac{P(B)\cdot P(D|B)}{P(A)\cdot P(D|A)+P(B)\cdot P(D|B)}$$

$$=\frac{0.3\cdot 0.3}{0.7\cdot 0.1+0.3\cdot 0.3}=0.56$$

7. (1) $\frac{1}{3}=0.333$

(2) $\frac{5}{15}\cdot\frac{3}{14}\cdot\frac{2}{13}=\frac{1}{91}=0.011$

(3) $2\cdot(\frac{5}{15}\cdot\frac{3}{15})=\frac{2}{15}=0.133$

8. $P(A)=0.5, P(B)=0.5, A\cap B=4, P(A\cap B)=0.167$

$P(A\cap B)\neq P(A)P(B)$이므로 사건 A와 B는 독립이 아니다.

9. $A$를 남자가 뽑히는 사건, $B$를 서울 출신이 뽑히는 사건

$$P(A)=\frac{1}{3}, P(B)=\frac{1}{2}, P(A\cap B)=\frac{1}{6}$$

$P(A\cap B)=P(A)P(B)$이므로 사건 $A$와 $B$는 독립이다.

10. $P(\text{부품}1)=0.98, P(\text{부품}2)=0.95$

(1) 기계의 신뢰도 =

$P(\text{부품}1\cap\text{부품}2)=P(\text{부품}1)P(\text{부품}2)=0.98\cdot 0.95=0.931$

(2) 기계의 신뢰도 =

$P(\text{부품}1\cup\text{부품}2)=P(\text{부품}1)+P(\text{부품}2)-P(\text{부품}1\cap\text{부품}2)=0.999$

11. $P(\text{냉각}1)=0.98, P(\text{냉각}2)=0.90, P(\text{냉각}1\cap\text{냉각}2)$

$=P(\text{냉각}1)P(\text{냉각}2)$(서로 독립)

냉각장치의 신뢰도 =

$P(\text{냉각}1\cup\text{냉각}2)=P(\text{냉각}1)+P(\text{냉각}2)-P(\text{냉각}1)P(\text{냉각}2)=0.998$

12. $A$를 다른 사람을 비방하는 사건, $B$를 다른 사람으로부터 비방을 받아온 사건이라 할 때

$$P(A) = \frac{27}{193} = 0.1399,\ P(B) = \frac{42}{193} = 0.2176,\ P(A \cap B) = \frac{19}{193} = 0.0984$$

따라서 $P(A|B) = \dfrac{P(A \cap B)}{P(B)} = \dfrac{19/193}{42/193} = 0.4524$이다. 즉, 다른 사람으로부터 비방을 받아온 사람들 중 45% 정도는 다른 사람을 비방하고 있다고 할 수 있다.

13. $P(A) = P(B) = 0.5,\ P(A \cap B) = 0.3$

(1) $P(A \cup B) = P(A) + P(B) - P(A \cap B) = 0.7$

(2) $P(B|A) = \dfrac{P(A \cap B)}{P(A)} = \dfrac{0.3}{0.5} = 0.6$

14. 첫 번째 가방에서 빨간 공이 뽑힐 사건을 $R_1$, 흰 공이 뽑힐 사건을 $W_1$이라 하고, 두 번째 가방에서 빨간 공이 뽑힐 사건을 $R_2$라 할 때 구하고자 하는 확률은

$$P(R_1 \cap R_2) + P(W_1 + R_2) = P(R_1)P(R_2 | R_1) + P(W_1)P(R_2 | W_1)$$
$$= \left(\frac{4}{7}\right)\left(\frac{6}{10}\right) + \left(\frac{3}{7}\right)\left(\frac{5}{10}\right) = \left(\frac{39}{70}\right) = 0.557$$

15. $B$를 긴 볼트를 뽑는 사건이라 할 때

$P(A_1) = P(A_2) = 0.5,\ P(B|A_1) = 0.6,\ P(B|A_2) = 0.4$이므로

$$P(B) = P(A_1)P(B|A_1) + P(A_2)P(B|A_2) = (0.5)(0.6) + (0.5)(0.4) = 0.5$$

따라서

$$P(A_1|B) = \frac{P(A_1)P(B|A_1)}{P(B)} = \frac{0.3}{0.5} = 0.6$$

16. 뽑힌 사람이 질병을 가지고 있는 사건을 $E$, 검사 결과 양성반응을 보이는 사건을 $F$라고 할 때, $P(E) = 0.1,\ P(E^c) = 0.9,\ P(F|E) = 0.9,\ P(F|E^c) = 0.05$이므로

$$P(E|F) = \frac{P(E)P(F|E)}{P(E)P(F|E) + P(E^c)P(F|E^c)} = \frac{(0.1)(0.9)}{(0.1)(0.9) + (0.9)(0.05)} = 0.952$$

# 6장 확률분포

1. (1) 연속형, (2) 이산형, (3) 이산형, (4) 연속형

2. 기대값 $= \frac{12}{52} \cdot 5000 + \frac{4}{52} \cdot 10000 - \frac{36}{52} \cdot 1000 \approx 1{,}230$원

3. $E(X) = \sum_x xf(x) = 2 \cdot \frac{1}{8} + 3 \cdot \frac{5}{8} + 4 \cdot \frac{1}{8} + 9 \cdot \frac{1}{8} = 3.75$

$E(X^2) = \sum_x x^2 f(x) = 4 \cdot \frac{1}{8} + 9 \cdot \frac{5}{8} + 16 \cdot \frac{1}{8} + 81 \cdot \frac{1}{8} = 18.25$

$V(X) = E(X^2) - [E(X)]^2 = 18.25 - 3.75^2 \approx 4.19$

4. (1) $P(1/3 \le X \le 1/2) = \int_{1/3}^{1/2} x\,dx = 0.069$

(2) $E(X) = \int_0^2 xf(x)dx = \int_0^1 x^2 dx + \int_1^2 x(2-x)dx = 1$

$E(X^2) = \int_0^2 x^2 f(x)dx = \int_0^1 x^3 dx + \int_1^2 x^2(2-x)dx = \frac{7}{6}$

$V(X) = E(X^2) - [E(X)]^2 = \frac{7}{6} - 1 = \frac{1}{6}$

5. (1)

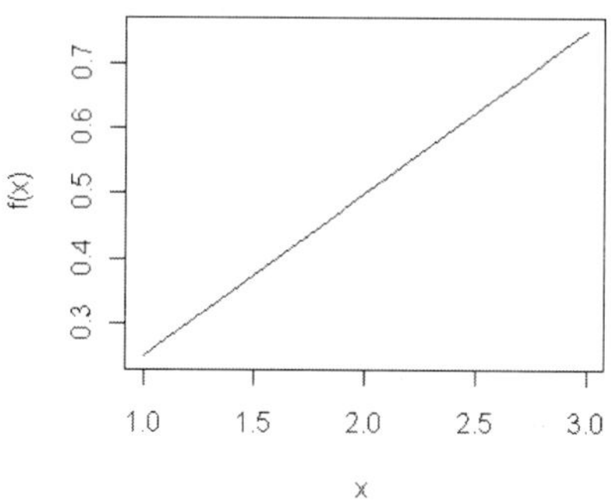


(2) $P(1 < X < 2) = \frac{3}{8}$

6. (1) $P(2.5 \le X \le 3.5) = \int_{2.5}^{3.5} 0.5dx = 0.5$

여기서 확률이 0.5라는 것은 이 연구원이 타이핑하는 50페이지짜리 보고서들 중 절반(50%) 정도는 2.5시간에서 3.5시간이 걸린다는 것을 의미하고 있다.

(2) $\mu_X = E(X) = \int_2^4 x f(x)dx = \int_2^4 0.5x dx = 3.0$(시간)

$\sigma_X^2 = \int_2^4 (x-\mu_x)^2 f(x)dx = \int_2^4 (x-3.0)^2(0.5)dx = 0.333$

7. 안타수를 확률변수 X라고 할 때

$E(X) = \sum_{x=0}^{5} xf(x) = 1.43$이므로,

경기당 평균 수입 $Y = a + bx = 200$만원 $+ 10$만원 $\times 1.43 = 214.3$만원

$E(X^2) = \sum_{x=0}^{5} x^2 f(x) = 3.53$

$V(X) = E(X^2) - [E(X)]^2 = 1.49$이므로

$V(Y) = V(a+bX) = b^2 V(X) = (10\text{만원})^2 1.49 = 149$만원

따라서 $\sqrt{V(Y)} = 12.2$만원

8. (1) $\int_0^{\infty} ce^{-y/3}dy = 1$을 만족하는 c 값 : 1/3

(2) $\int_0^1 \frac{1}{3}e^{-y/3}dy = 0.283$

(3) $\int_0^5 \frac{1}{3}e^{-y/3}dy = 0.811$

9. (1) $P(X \ge 10) = 1 - P(X < 10) = 1 - \sum_{x=0}^{9} \frac{e^{-3}3^x}{x!} = 0.0011$

(2) $P(X=0) = \frac{e^{-3}3^0}{0!} = = 0.0498$

10. (1) $P(X \le 10) = \int_0^{1/6} 4e^{-4x}dx = 0.486$

(2) $E(X) = \int_0^{\infty} 4x\,e^{-4x}dx = 0.25$

11. (1) $P(0 < X \le 2) = P(X=1) + P(X=2) = \frac{1}{2^3}\left[\binom{3}{1} + \binom{3}{2}\right] = \frac{3}{4}$

(2) $E(X) = \sum_{x=0}^{3} xf(x) = 1.5,\ E(X^2) = \sum_{x=0}^{3} x^2 f(x) = 3$

$V(X) = E(X^2) - [E(X)]^2 = 0.75$

12. $E(X) = \sum_{x=0}^{6} xf(x) = 2.18,\ E(X^2) = \sum_{x=0}^{6} x^2 f(x) = 6$

$V(X) = E(X^2) - [E(X)]^2 = 1.2476$

13. 단위시간당 환자의 수는 푸아송 분포를 따르므로, 시간당 7명의 환자가 올 확률은

$P(X=7) = \frac{e^{-5}5^7}{7!} = 0.1044$

14. 단위시간당 정비 차량수는 푸아송 분포를 따르고, 2시간당 평균 정비 차량대수는 20대 이므로 2시간 동안 25대의 차량이 정비하러 올 확률은

$P(X=25) = \frac{e^{-20}20^{25}}{25!} = 0.0446$

15. 예약 담당자와 통화할 때까지의 전화 횟수 $X$는 기하분포를 따르므로

$P(X=5) = 0.03(1-0.03)^{5-1} = 0.0266$

16. X를 패혈증에 걸린 환자 중에서 살아나는 사람 수라고 하면, $X$는 $n = 100, p = 0.6$인 이항분포를 따른다. 그리고 평균 $np = 60$, 분산 $npq = 24$이므로

$P(X \ge 65) \approx P(Z \ge \frac{65-60}{\sqrt{24}}) = P(Z \ge 1.02) = 0.1539$

17. $P(X=1)=\dfrac{\binom{5}{1}\binom{95}{9}}{\binom{100}{10}}=0.3393$

18. $P(X\geq 3)=\dfrac{\binom{5}{3}\binom{10}{4}+\binom{5}{4}\binom{10}{3}+\binom{5}{5}\binom{10}{2}}{\binom{15}{7}}$

19. $P(X=10)=\dfrac{\binom{700}{10}\binom{1300}{10}}{\binom{2000}{20}}$

20. $P(X\geq 6)=1-P(X\leq 5)=1-\displaystyle\sum_{x=0}^{5}\frac{e^{-3}3^x}{x!}=0.0839$

21. $X$를 불량품의 개수라고 하면, $X$는 $n=100, p=0.01$인 이항분포를 따른다.

(1) $P(X=5)=\binom{100}{5}(0.01)^5(0.99)^{95}=0.0028$

(2) $\lambda=np=1$이므로 $P(X=5)=\dfrac{e^{-1}1^5}{5!}=0.0030$

22. 야구선수가 처음으로 안타칠 때까지의 타석수 $X$는 $p=0.3$인 기하분포를 따른다.

$P(X=5)=(0.3)(0.7)^4=0.072$

23. A가 3번 이길 때까지의 시합횟수를 $X$라고 하면, $X$는 $r=3,\ p=0.6$인 음이항분포를 따른다. $P(X=5)=\binom{4}{2}(0.6)^3(0.4)^2=0.207$

24. $X$를 포도의 무게라고 하면, $X$는 $N(250, 10^2)$을 따른다.

$P(230\leq X\leq 260)=P(-2\leq Z\leq 1)=0.8186$

25. $X$를 완전대피에 소용되는 시간이라고 하면, $X$는 $N(330, 30^2)$을 따른다.

$$P(0 \leq X \leq 240) = P(-11 \leq Z \leq -3) = 0.0013$$

26. 확률변수$X$를 뽑힌 여자의 키, $Y$를 뽑힌 남자의 키라고 하면, $X-Y$는 평균 $160-170=-10$, 분산 $3^2+4^2=5^2$ 인 정규분포를 따르게 된다. 따라서

$$P(X>Y) = P(X-Y>0) = P\left(\frac{X-Y+10}{5} > \frac{10}{5}\right)$$
$$= P(Z>2) = 1-P(Z\leq 2) = 0.0227$$

27. $X$를 차량의 엔진 수명이라고 하면, $X$는 $N(124, 2.2^2)$을 따른다.

$$P(X\leq 10) = P(\frac{X-12.4}{2.2} \leq \frac{10-12.4}{2.2}) = P(Z\leq -1.09) = 0.1378$$

그러므로 100대일 경우는 13.78대 이므로, 14대의 엔진을 수리 또는 교환해 주어야 한다.

28. $X$를 통계학 기말시험 점수라고 하면, $X$는 $N(65, 5^2)$을 따른다.

(1) $P(60 \leq X \leq 75) = P(-1 \leq Z \leq 2) = 0.8186$

(2) $P(\frac{X-65}{5} \geq z_{0.15}) = 0.15$, $\frac{X-65}{5} = z_{0.15} = 1.04$

그러므로 $X = 65+(5)(1.04) = 70.2$이므로, 71점 이상을 받아야 한다.

29. $X$를 출근하는데 걸리는 시간이라고 하면, $X$는 $N(30, 6^2)$을 따른다.

(1) $P(X\leq 35) = P(Z\leq \frac{5}{6}) = 0.7967$

(2) $P(\frac{X-30}{6} \leq z_{0.05}) = 0.95$

그러므로 $X = 30+(6)(1.645) = 39.87$이므로, 늦어도 8시 20분에 출발하여야 한다.

30. $X$를 예약을 취소 또는 변경하는 사람 수라고 하면, $X$는 $n=230$, $p=0.1$인 이항분포를 따른다.

$$P(X \geq 23) = 1 - \sum_{x=0}^{22} \binom{230}{x} (0.1)^x (0.9)^{230-x}$$

31. $P(X \leq 1) = 1 - e^{-\frac{1}{3}}$

## 7장 표본분포

1. (1) 모평균 $\mu = 9,895,271 / 25 = 395,808.7$명

   (2) 세 개의 표본평균을 구하여 보면 다음과 같다.

   $\overline{x_1} = 446,670.8$명, $\overline{x_2} = 334,616.8$명, $\overline{x_3} = 434,684.4$명

   (3) $\overline{X} = 405,324$명으로 표본의 크기가 커질수록 모평균 $\mu = 395,808.7$명에 보다 가까운 값을 얻을 수 있음을 알 수 있다.

2. $X$를 전구의 수명이라고 할 때,

$$P(\overline{X} \leq 1990) = P(\frac{\overline{X} - 2000}{5} < \frac{1990 - 2000}{5}) \approx P(Z \leq -2) = 0.0227$$

3. $X$를 뽑힌 학생의 언어영역 모의고사 성적이라고 할 때

   (1) $P(X \geq 70) = P(\frac{X-\mu}{\sigma} \geq \frac{70-65}{8}) = P(Z \geq 0.625) = 0.266$

   (2) $E(\overline{X}) = \mu = 65,\ V(\overline{X}) = \frac{\sigma^2}{n} = \frac{64}{50} = 1.28$

   (3) $P(\overline{X} \geq 70) = P(\frac{\overline{X}-\mu}{\sigma/\sqrt{n}} \geq \frac{70-65}{1.28}) = P(Z \geq 3.906) = 4.69 \times 10^{-5}$

4. (1) $\mu = E(X) = \sum xf(x) = 2.45$

$\sigma^2 = E(X^2) - E^2(X) = 7.21 - 2.45^2 = 1.2075$

(2) $E(\overline{X}) = \mu = 2.45,\ V(\overline{X}) = \dfrac{\sigma^2}{n} = \dfrac{1.2075}{30} = 0.0403$

5. (1) $\overline{X}$ 는 중심극한정리에 의해 $N(2.2, \dfrac{1.4^2}{52})$을 따른다고 할 수 있다.

(2) $P(\overline{X} \le 2.0) = P(\dfrac{\overline{X} - E(\overline{X})}{\sqrt{V(\overline{X})}} \le \dfrac{2.0 - 2.2}{0.1941}) \approx P(Z \le -1.0304) = 0.1514$

(3) $P(\overline{X} \le 100/52) = P(\dfrac{\overline{X} - E(\overline{X})}{\sqrt{V(\overline{X})}} \le \dfrac{1.923 - 2.2}{0.1941}) \approx P(Z \le -1.4271) = 0.0768$

6. $P(|\overline{X} - \mu| \le 0.1) = P(\dfrac{|\overline{X} - \mu|}{2/\sqrt{n}} < \dfrac{0.1}{2/\sqrt{n}}) = P(|Z| \le \dfrac{0.1}{2/\sqrt{n}}) \ge 0.95$

$\dfrac{0.1}{2/\sqrt{n}} = z_{0.025} = 1.96 \quad \therefore n = 1537$

7. $X$를 학생의 체중이라고 하면, $X$는 $N(66, 4^2)$을 따른다.

$P(66 \le X \le 67) = P(0 \le Z < 1.25) = 0.3944$

8. $X$를 강철빔의 장력이라고 하면, $X$는 $N(\mu, 10^2)$, $V = \dfrac{10S^2}{100}$ 을 따른다.

$P(S^2 > 205) = P(V > 20.5) \approx 0.025$

9. 시청률을 $\hat{p}$이라고 할 때,

$$P(\hat{p} > 0.52) = P\left(\frac{\hat{p} - 0.6}{\sqrt{p(1-p)/n}} > \frac{0.52 - 0.6}{\sqrt{(0.6)(0.4)/150}}\right) \approx P(Z > -2) = 0.9773$$

10. $X$가 $n = 64$, $p = 0.2$인 이항분포를 따르므로

$$P(X > 16) = P\left(\frac{X - np}{\sqrt{npq}} > \frac{16 - 12.8}{\sqrt{10.24}}\right) \approx P(Z > 1) = 0.1587$$

# 8장 추정

1. $f(x) = \frac{1}{\theta}, \quad 0 < x < \theta$

$E(\overline{X}) = \frac{\theta}{2} \neq \theta \qquad \therefore\ \overline{X}$는 불편추정량이 아님.

2. $E(T_1) = E(T_2) = E(T_3) = \mu$이므로, $T_1$, $T_2$, $T_3$는 $\theta$의 불편추정량

$V(T_1) = \frac{1}{3}\sigma^2, \ V(T_2) = \frac{9}{25}\sigma^2, \ V(T_3) = \frac{11}{25}\sigma^2$이므로,

통계량 $T_1$이 가장 유효함.

3. 표본평균 : 71.375, 표본분산 : 8.601

4. $124 \pm z_{0.025}\frac{6}{\sqrt{25}} = (121.675,\ 126.325)$

5. $80 \pm t_{0.025}(8)\frac{3}{\sqrt{9}} = (77.694,\ 82.306)$

6. $53.1 \pm t_{0.025}(9)\frac{8.279}{\sqrt{10}} = (47.178,\ 59.022)$

7. (1) $\bar{x}=\frac{1}{9}(1570+1840+\ldots+1260)=1550,$

$s^2=\frac{1}{8}[(1570-1550)^2+\ldots+(1260-1550)^2]=195^2$

(2) $1550\pm z_{0.025}\frac{180}{\sqrt{9}}=(1432.4,\ 1667.6)$

(3) $1550\pm t_{0.025}(8)\frac{195}{\sqrt{9}}=(1400.11,\ 1699.89)$

8. $n\geq 0.5\times 0.5\left(\frac{1.96}{0.035}\right)^2=784$ ∴ 필요한 표본크기 $n=784$명

9. $172\pm z_{0.005}\frac{4}{\sqrt{100}}=(170.97,\ 173.03)$

10. (1) $S^2=6$

(2) 가정 : 정규모집단

$\left(\frac{(11)(6)}{\chi^2_{0.05}(11)},\ \frac{(11)(6)}{\chi^2_{0.95}(11)}\right)=(3.35,\ 14.43)$

11. $\hat{p}\pm z_{0.025}\sqrt{\frac{\hat{p}\hat{q}}{n}}=0.45\pm 1.96\sqrt{\frac{(0.45)(0.55)}{100}}=(0.3526,\ 0.5474)$

12. (1) $\hat{p}=\frac{144}{225}=0.64$

(2) 표준오차의 추정값 $\sqrt{\frac{\hat{p}\hat{q}}{n}}=\sqrt{\frac{(0.64)(0.36)}{225}}=0.032$

(3) $\hat{p}\pm z_{0.025}\sqrt{\frac{\hat{p}\hat{q}}{n}}=0.64\pm(1.645)(0.032)=(0.5874,\ 0.6926)$

13. $n\geq 0.5\times 0.5\left(\frac{1.96}{0.025}\right)^2=1536.64$ ∴ 표본크기 $n=1537$명

14. $n \geq 0.5 \times 0.5\left(\frac{1.645}{0.05}\right)^2 = 270.60$ $\therefore$ 표본크기 $n = 271$명

15. $n \geq 0.5 \times 0.5\left(\frac{1.645}{0.04}\right)^2 = 422.8164$ $\therefore$ 표본크기 $n = 423$명

## 9장 통계적 검정

1. 가설 $H_0 : \mu = 15$ $H_1 : \mu < 15$

   검정통계량 $z = \frac{13-15}{3/\sqrt{9}} = -2 < -z_{0.05} = -1.645$이므로, $H_0$기각

2. 가설 $H_0 : \mu = 4$ $H_1 : \mu < 4$

   검정통계량 $z = \frac{3.9-4}{0.4/\sqrt{36}} = -1.5 > -z_{0.05} = -1.645$이므로, $H_0$채택

3. 가설: $H_0 : \mu = 300$ $H_1 : \mu < 300$

   검정통계량: $z = \frac{\overline{x}-\mu_0}{\sigma/\sqrt{n}} = \frac{299.03-300}{3/\sqrt{6}} = -0.792$

   기각역: $Z \leq -1.645$이면 $H_0$ 기각

   계산된 검정통계량의 값은 -0.792로 기각역에 포함되지 않으므로 $H_0$ 채택

4. (1) $P(H_0 \text{ 기각} \mid H_0 \text{ 참}) = P(\overline{X} > 0 \mid H_0 \text{ 참}) = P(\frac{\overline{X}-\mu}{\sigma/\sqrt{n}} > \frac{0-\mu}{1/\sqrt{16}})$

   $= P(Z > 0) = 0.5$

   (2) $P(H_0 \text{ 채택} \mid H_1 \text{ 참}) = P(\overline{X} \leq 0 \mid H_1 \text{ 참}) = P(\frac{\overline{X}-\mu}{\sigma/\sqrt{n}} \leq \frac{0-0.2}{1/\sqrt{16}})$

   $= P(Z \leq -0.8) = 0.212$

5. (1) 검정통계량: $z=\dfrac{\bar{x}-\mu}{\sigma/\sqrt{n}}=\dfrac{299.03-298}{3/\sqrt{30}}=0.841$

$\beta=P(Z>0.841)$ ∴ 검정력 $=1-\beta=P(Z<0.841)=0.7998$

(2) 검정통계량: $z=\dfrac{\bar{x}-\mu}{\sigma/\sqrt{n}}=\dfrac{299.03-298}{3/\sqrt{120}}=3.76$

$\beta=P(Z>3.76)$ ∴ 검정력 $=1-\beta=P(Z<3.76)=0.9999$

6. $H_0:\ \mu=2$ $H_0:\ \mu>2$

$\bar{x}=\dfrac{1}{12}(1.5+0.7+\cdots+1.2)=2.08,$

$s=\sqrt{\dfrac{1}{12-1}[(1.5-2.08)^2+(0.7-2.08)^2+\cdots+(1.2-2.08)^2]}=0.41$

검정통계량 $t=\dfrac{\bar{x}-\mu_0}{s/\sqrt{n}}=\dfrac{2.08-2}{0.41/\sqrt{12}}=0.7026$

$P-$값은 $P=P(T\geq 0.7026)=0.248>\alpha=0.05$보다 크므로 귀무가설 $H_0$는 기각되지 않음.

7. (1) 자유도 : n-1 = 19

(2) P-값 : 0.025

(3) 유의수준 $\alpha=0.05$에서 유의함.

8. (1) $|z|=\left|\dfrac{\bar{x}-\mu}{\sigma/\sqrt{n}}\right|=\left|\dfrac{123.8-120}{10/\sqrt{40}}\right|=2.4039$

$P-$값: $P(|Z|>2.403)=0.0162$

(2) $|z|=2.403>z_{0.975}=1.96$ 이므로 유의수준 $\alpha=0.05$ 내에서 $H_0$기각

9. (1) 임산부들의 칼슘량 $\mu$

가설 $H_0:\ \mu=9.5$ $H_1:\ \mu\neq 9.5$

(2) 검정통계량

$$|z| = \left|\frac{\overline{x}-\mu}{\sigma/\sqrt{n}}\right| = \left|\frac{9.58-9.5}{0.4/\sqrt{180}}\right| = 2.683$$

$P-$값: $P(|Z| > 2.683) = P(Z > 2.683) + P(Z < -2.683) = 2 \times 0.0036 = 0.0072$

(3) 유의수준 $\alpha = 0.01$에서 $P-$값이 더 작으므로 임산부들의 칼슘량이 건강한 젊은 성인들의 칼슘량과 같다고 할 수 없다.

10. (1) 기각역 $z = \dfrac{\overline{x}-\mu}{\sigma/\sqrt{n}} = \dfrac{\overline{x}}{\sigma/\sqrt{n}} \geq z_{0.95}$ $\therefore$ 임계값 $z_{0.95}$

(2) $|z| = \left|\dfrac{\overline{x}-\mu}{\sigma/\sqrt{n}}\right| = \left|\dfrac{\overline{x}}{\sigma/\sqrt{n}}\right|$ $\therefore$ 임계값 $z_{0.975}$

(3) 동일한 유의수준 내에서 단측검정($H_1 : \mu > 0$)과 양측검정($H_1 : \mu \neq 0$)의 차이

11. 가설 $H_0 : \sigma^2 = 1.5^2$ $\quad H_1 : \sigma^2 > 1.5^2$

검정통계량 $v = \dfrac{(9)(5.155)}{1.5^2} = 20.622 > \chi^2_{0.05}(9) = 16.92$이므로, $H_0$기각

12. 가설 $H_0:\ p = 0.2$ $\quad H_1 : p > 0.2$

검정통계량 $z = \dfrac{0.4074-0.2}{\sqrt{(0.2)(0.8)/81}} = 4.6665 > z_{0.01} = 2.23$이므로, $H_0$기각

13. 가설 $H_0:\ p = 0.8$ $\quad H_1 : p > 0.8$

검정통계량 $z = \dfrac{0.84375-0.8}{\sqrt{(0.8)(0.2)/64}} = 0.875 < z_{0.05} = 1.645$이므로, $H_0$ 채택

14. 가설 $H_0:\ p = 0.5$ $\quad H_1 : p \neq 0.5$

검정통계량 $|z| = \left|\dfrac{0.45-0.5}{\sqrt{(0.5)(0.5)/100}}\right| = 1.0 < z_{0.05} = 1.645$이므로, $H_0$ 채택

15. 가설 $H_0:\ p = 0.7$ $\quad H_1 : p \neq 0.7$

검정통계량 $|z| = \left|\dfrac{0.6-0.7}{\sqrt{(0.7)(0.3)/50}}\right| = 1.5432 < z_{0.025} = 1.96$이므로, $H_0$ 채택

# 10장 두 집단의 비교

1. (1) $(\bar{x}-\bar{y})\pm z_{\alpha/2}\sqrt{\dfrac{\sigma_1^2}{n_1}+\dfrac{\sigma_2^2}{n_2}}=(0.054,\ 0.446)$

   (2) 가설 : $H_0:\mu_1=\mu_2 \qquad H_1:\mu_1\neq\mu_2$

   $$|z|=\left|\frac{\bar{X}-\bar{Y}}{\sqrt{\sigma_1^2/n_1+\sigma_2^2/n_2}}\right|=2.5>z_{0.025}=1.96\text{이므로, } H_0\text{기각}$$

2. $s_p^2=\dfrac{(8-1)(17.1428)+(8-1)(16.8571)}{16-2}=16.9999$

   가설 : $H_0:\mu_1=\mu_2 \qquad H_1:\mu_1\neq\mu_2$

   $$|t|=\left|\frac{69-75}{\sqrt{16.9999(\frac{1}{8}+\frac{1}{8})}}\right|=2.9105>t_{0.025}(14)=2.145\text{이므로, } H_0\text{기각}$$

3. 가설 :

   $H_0:\mu_1=\mu_2 \qquad H_1:\mu_1\neq\mu_2$

   $$|t|=\left|\frac{\bar{d}}{s_D\sqrt{n}}\right|=\left|\frac{-3.25}{4.0028\sqrt{12}}\right|=2.8125>t_{0.025}(11)=2.201\text{이므로, } H_0\text{기각}$$

4. (1) $(\bar{x}-\bar{y})\pm z_{0.05}\sqrt{\dfrac{s_1^2}{n_1}+\dfrac{s_2^2}{n_2}}=(6.1912,\ 13.8088)$

   (2) 가설 : $H_0:\mu_1=\mu_2 \qquad H_1:\mu_1\neq\mu_2$

   $$|z|=\left|\frac{\bar{x}-\bar{y}}{\sqrt{s_1^2/n_1+s_2^2/n_2}}\right|=4.3189>z_{0.05}=1.645\text{이므로, } H_0\text{기각}$$

5. 가설 :

$$H_0 : \frac{\sigma_1^2}{\sigma_2^2}=1 \qquad H_1 : \frac{\sigma_1^2}{\sigma_2^2} \neq 1$$

기각역 : $F \geq F_{0.025}(24,\ 29) = 2.15$ 또는 $F \leq F_{0.975}(24,\ 29) = 0.45$

검정통계량의 값은 $F_{0.025}(24,\ 29) > F = 0.8 > F_{0.975}(24,\ 29)$이므로, $H_0$채택

6. (1) $(\hat{p_1} - \hat{p_2}) \pm z_{0.05}\sqrt{\dfrac{\hat{p_1}(1-\hat{p_1})}{n_1} + \dfrac{\hat{p_2}(1-\hat{p_2})}{n_2}} = (-0.131,\ 0.017)$

(2) 가설 :

$p$의 합동추정량 $\hat{p} = \dfrac{54+52}{225+175} = 0.265$

가설 : $H_0 : p_1 = p_2 \qquad H_1 : p_1 \neq p_2$

$|z| = \left| \dfrac{\hat{p_1} - \hat{p_2}}{\sqrt{\hat{p}(1-\hat{p})(\frac{1}{n_1} + \frac{1}{n_2})}} \right| = 1.281 < z_{0.05} = 1.645$이므로, $H_0$채택

7. (1) $\left( \dfrac{s_1^2}{s_2^2} \times \dfrac{1}{F_{0.05}(6,\ 5)},\ \dfrac{s_1^2}{s_2^2} \times F_{0.05}(5,\ 6) \right) = (6.868,\ 149.26)$

(2) 가설 : $H_0 : \dfrac{\sigma_1^2}{\sigma_2^2} = 1 \qquad H_1 : \dfrac{\sigma_1^2}{\sigma_2^2} > 1$

$$f = \frac{s_1^2}{s_2^2} = \frac{0.0102}{0.0003} = 34 > F_{0.05}(6, 5) = 4.95$$이므로, $H_0$기각

# 찾아보기(국문)

**ㅅ**



**ㅇ**



**ㅈ**

# 찾아보기(영문)

## P



## Q



## R

## S



## T



## U

R 통계학 총서 ①

# R과 함께하는 통계학(개정판)

2010년 1월 11일 초 판 발행
2016년 3월 07일 개정판 발행

저 자 배현웅·문호석
발행자 오판근
발행처 교우사

주 소 서울특별시 동대문구 약령시로 8 교우빌딩 2층
전 화 925-2861~2, 편집부 / 925-2825, 홈쇼핑 / 969-5762
팩 스 925-2860

E-mail kyowoo@kyowoo.co.kr
홈페이지 http://www.kyowoo.co.kr
북스토어(쇼핑몰) http://www.kyowoo.co.kr

등 록 1994. 3. 24 제6-0256호

ISBN 978-89-8172-827-4
값 28,000원